建筑工程施工现场专业人员
岗位资格培训教材

施工员
专业管理实务

Shigongyuan Zhuanye Guanli Shiwu

第 2 版

主　编　孙翠兰
副主编　赵天雨
参　编　卢秀梅　万东颖　董学军
　　　　严树海　张　鸿

中国电力出版社
CHINA ELECTRIC POWER PRESS

内 容 提 要

本书紧扣住房和城乡建设部颁布的《建筑与市政工程施工现场专业人员职业标准》(JGJ/T 250—2011)，以"专业技能任务"为原则和思路，内容体现实用性。本书共 11 章，包括施工员岗位相关标准和管理规定，建筑施工测量、放线，建筑工程施工技术要求与施工质量验收标准，施工组织设计准备知识和编制规定，单位工程施工组织设计的编制及案例，流水施工进度，网络计划技术，施工质量控制及质量保证措施，施工安全、职业健康、环境技术管理、施工信息资料管理及建筑工程造价相关知识，最后附三套模拟题。

本书既能满足建设行业施工管理岗位人员持证上岗培训需求，又可满足建筑类职业院校毕业生顶岗实习前的岗位培训需求，也兼顾了职业岗位技能培训和职业资格考试培训需求。

图书在版编目（CIP）数据

施工员专业管理实务/孙翠兰主编. —2 版. —北京：中国电力出版社，2015.7
建筑工程施工现场专业人员岗位资格培训教材
ISBN 978-7-5123-7582-6

Ⅰ.①施… Ⅱ.①孙… Ⅲ.①建筑工程－工程施工－技术培训－教材 Ⅳ.①TU712

中国版本图书馆 CIP 数据核字（2015）第 078153 号

中国电力出版社出版、发行
北京市东城区北京站西街 19 号　100005　http：//www.cepp.sgcc.com.cn
责任编辑：周娟华　E-mail：juanhuazhou@163.com
责任印制：蔺义舟　责任校对：闫秀英
北京市同江印刷厂印刷·各地新华书店经售
2011 年 4 月第 1 版·2015 年 7 月第 2 版·第 4 次印刷
787mm×1092mm　1/16·17.75 印张·433 千字
定价：45.00 元

敬告读者

本书封底贴有防伪标签，刮开涂层可查询真伪
本书如有印装质量问题，我社发行部负责退换

版权专有　翻印必究

前 言

根据住房和城乡建设部颁布的《建筑与市政工程施工现场专业人员职业标准》(JGJ/T 250—2011) 要求和有关部署，为了做好建筑工程施工现场专业人员的岗位培训工作，提高从业人员的职业素质和专业技能水平，我们组织相关职业培训机构、职业院校的专家和老师，参照最新颁布的新标准、新规范，以岗位所需的专业知识和能力编写了这套《建筑工程施工现场专业人员岗位资格培训教材》，涉及施工员、质量员、安全员、材料员、资料员等关键岗位，以满足培训工作的需求。

《施工员专业管理实务》(第2版) 紧扣《建筑与市政工程施工现场专业人员职业标准》，以"专业技能任务"为原则和思路，内容体现实用性。本教材以够用、实用为目标，以建筑工程的任务背景作为载体，通过具体的专业技能任务来学习相关理论知识，了解现场施工员的职业能力和工作职责，掌握建筑工程各分部分项工程的施工工艺、施工方法和质量验收，达到能编织施工组织设计、施工方案和技术交底的能力。熟悉建筑工程测量和建筑施工组织、现场质量、安全文明、信息化施工要求，最终达到施工员专业知识和专业技能考试成绩同时合格，能通过专业能力评价考试。

本书共11章，包括施工员岗位相关标准和管理规定，建筑施工测量、放线，建筑工程施工技术要求与施工质量验收标准，施工组织设计准备知识和编制规定，单位工程施工组织设计的编制及案例，流水施工进度，网络计划技术，施工质量控制及质量保证措施，施工安全、职业健康、环境技术管理、施工信息资料管理及建筑工程造价相关知识，最后附三套模拟题。本书既能满足建设行业施工管理岗位人员持证上岗培训需求，又可满足建筑类职业院校毕业生顶岗实习前的岗位培训需求，也兼顾了职业岗位技能培训和职业资格考试培训需求。

本书由河北城乡建设学校高级讲师孙翠兰担任主编，参与编写的人员有赵天雨、卢秀梅、万东颖、董学军、严树海、张鸿。由于时间较仓促，水平有限，不足之处还请各有关培训单位、职业院校及时提出宝贵意见。

在本书编写过程中，得到编者所在单位、中国电力出版社有关领导、编辑的大力支持，同时还参阅了大量的参考文献，在此一并致以由衷的感谢。

编 者

目 录

前言
第1章 施工员岗位相关标准和管理规定 ·· 1
  1.1 建筑工程施工现场专业施工员应具备以下职业素养 ·· 1
  1.2 施工现场专业施工员工作职责 ·· 1
  1.3 施工员应具备的专业技能 ··· 4
  1.4 施工程序和施工员工作程序 ·· 4
  1.5 职业能力评价 ··· 6
  本章练习题 ·· 7
第2章 建筑施工测量、放线 ·· 8
  2.1 民用建筑测量施工设备和测量基本要求 ··· 8
  2.2 民用建筑施工测量前的准备工作 ··· 8
  2.3 建筑物的定位 ··· 9
  2.4 建筑物的放线 ·· 10
  2.5 基础工程施工测量 ··· 10
  2.6 墙体施工测量 ·· 12
  2.7 建筑物的轴线投测 ··· 12
  2.8 建筑物的高程传递 ··· 13
  2.9 高层建筑物施工测量 ·· 13
  2.10 建筑物的沉降观测 ·· 14
  本章练习题 ·· 16
第3章 建筑工程施工技术要求与施工质量验收标准 ··· 17
  3.1 地基与基础分部工程专项施工技术要求与质量验收 ··· 17
  本节练习题 ·· 54
  3.2 主体分部工程施工技术要求和质量验收 ·· 56
  本节练习题 ··· 121
  3.3 屋面防水工程 ··· 123
  本节练习题 ··· 139
  3.4 建筑节能工程施工 ·· 141
  本节练习题 ··· 147
  3.5 装饰装修工程 ··· 148

本节练习题 ··· 165
第 4 章　施工组织设计准备知识和编制规定 ·· 166
　4.1　基本建设程序与建筑施工程序 ·· 166
　4.2　施工组织设计分类及编制要求 ·· 167
　4.3　施工组织总设计包括的内容 ··· 169
　　　本章练习题 ··· 171
第 5 章　单位工程施工组织设计的编制及案例 ··· 172
　5.1　单位工程施工组织设计编制的规定 ·· 172
　5.2　单位工程施工组织设计案例 ··· 174
　　　本章练习题 ··· 187
第 6 章　流水施工进度 ··· 188
　6.1　流水施工的概述 ·· 188
　6.2　流水施工组织方式 ·· 191
　　　本章练习题 ··· 197
第 7 章　网络计划技术 ··· 199
　7.1　基本概念 ·· 199
　7.2　网络计划的表达方法 ··· 199
　7.3　时标网络计划 ·· 207
　7.4　单代号网络图的基本概念 ··· 208
　　　本章练习题 ··· 210
第 8 章　施工质量控制及质量保证措施 ·· 211
　8.1　工程质量目标 ·· 211
　8.2　确保工程质量措施 ·· 212
　8.3　质量通病的预防措施 ··· 215
　8.4　主要工序控制措施 ·· 217
　8.5　编制质量技术交底 ·· 219
　　　本章练习题 ··· 225
第 9 章　施工安全、职业健康、环境技术管理 ··· 226
　9.1　施工安全管理 ·· 226
　9.2　施工安全管理制度 ·· 231
　9.3　安全专项施工方案 ·· 233
　9.4　文明施工、环境职业健康安全保证措施 ··· 237
　　　本章练习题 ··· 240
第 10 章　施工信息资料管理 ·· 241
　　　本章练习题 ··· 244
第 11 章　建筑工程造价相关知识 ··· 245
　11.1　建筑安装工程费用项目组成 ··· 245
　11.2　建筑工程计量 ·· 248
　11.3　建设工程工程量清单计价规范的运用 ·· 252

本章练习题……………………………………………………………………… 261
　　施工员专业管理实务模拟考试习题一……………………………………… 263
　　施工员专业管理实务模拟考试习题二……………………………………… 267
　　施工员专业管理实务模拟考试习题三……………………………………… 271
附录 A　危险性较大的分部分项工程范围………………………………………… 275
附录 B　超过一定规模的危险性较大的分部分项工程范围……………………… 276

第1章 施工员岗位相关标准和管理规定

1.1 建筑工程施工现场专业施工员应具备以下职业素养

(1) 具有社会责任感和良好的职业操守,诚实守信,严谨务实,爱岗敬业,团结协作;
(2) 遵守相关法律法规、标准和管理规定;
(3) 树立安全至上、质量第一的理念,坚持安全生产、文明施工;
(4) 具有节约资源、保护环境的意识;
(5) 具有终生学习理念,不断学习新知识、新技能。

1.2 施工现场专业施工员工作职责

1. 施工组织策划

(1) 参与施工组织管理策划。主要指施工组织管理实施规划(施工组织设计)的编制,由项目经理负责组织,技术负责人实施,施工员参与。编制完成后应经企业技术部门及技术负责人审批后,报总监理工程师批准后实施。

(2) 参与制定管理制度。施工现场专业施工员应以项目经理为核心,以工程质量、施工工期和成本控制为主要内容,以科学化管理为手段,以先进技术为基础,以目标管理为形式。同时,以"公司—项目经理部—专业施工队"的纵向管理和由"施工单位、建设单位、工程监理单位、其他社会协作单位"全方位的横向管理相结合的系统管理机制,确保完成各项既定的任务,实现对社会和业主的承诺。

2. 施工技术管理

(1) 参与图纸会审、技术核定。熟悉审查施工图图纸及有关资料,参与施工图自审和会审;审理和解决图纸中的疑难问题,当碰到大的技术问题时负责与甲方和设计部门联系,妥善解决。及时整理图纸会审纪要和签证工作。学习、掌握和贯彻工程施工中的各项规章、规范和标准,并严格按照施工图相关规范和施工组织设计的计划要求组织施工。

【例 1-1】 施工图会审的基本内容。

【分析】 图纸会审是指承担施工阶段监理的监理单位组织施工单位以及建设单位,材料、设备供货等相关单位,在收到审查合格的施工图设计文件后,在设计交底前全面、细致地熟悉和审查施工图。图纸会审的目的:一是使施工单位和各参建单位熟悉设计图纸,了解工程特点和设计意图,找出需要解决的技术难题,并制订解决方案;二是为了解决图纸中存在的问题,减少图纸中的差错,将图纸中的质量隐患消灭在萌芽之中。

1) 图纸会审的基本内容。

①是否无证设计或越级设计；图纸是否经设计单位正式签署的。

②地质勘探资料是否齐全。

③设计图纸与说明是否符合当地要求。

④设计地震烈度是否符合当地要求。

⑤几个设计单位共同设计的图纸相互间有无矛盾；专业图纸之间，平、立、剖面图之间有无矛盾；标注有无遗漏。

⑥总平面图与施工图的几何尺寸、平面位置、标高等是否一致。

⑦防火、消防是否满足。

⑧建筑结构与各专业图纸本身是否有差错及矛盾；结构图与建筑图的平面尺寸及标高是否一致；建筑图与结构图的表示方法是否清楚；是否符合制图标准；预埋件是否表示清楚；有无钢筋明细表或钢筋的构造要求在图中是否表示清楚。

⑨施工单位是否具有施工图中所列的各种标准图册。

⑩材料来源有无保证，能否代换；图中所要求的条件能否满足；新材料、新技术的应用是否有问题。

⑪地基处理方法是否合理，建筑与结构构造是否存在不能施工、不便于施工的技术问题，或容易导致质量、安全、工程费用增加等方面的问题。

⑫工艺管道、电气线路、设备装置、运输道路与建筑物之间或相互间有无矛盾，布置是否合理。

⑬施工安全、环境卫生有无保证。

⑭图纸是否符合监理大纲所提出的要求。

2) 会审的程序。图纸会审应开工前进行。如施工图纸在开工前未全部到齐，可先进行分部工程图纸会审。

①图纸会审的一般程序：业主或监理方主持人发言→设计方图纸交底→施工方、监理方代表提问题→逐条研究→形成会审记录文件→签字、盖章后生效。

②图纸会审前必须组织预审。阅图中发现的问题应归纳汇总，会上派一代表发言，其他人可视情况适当解释、补充。

③施工方及设计方设专人对提出和解答的问题做好记录，以便查核。

④整理成为图纸会审记录，由各方代表签字盖章认可（见表1-1）。参加图纸会审的单位，由监理单位负责组织，施工单位、建设单位、设计单位等参加。

表1-1　　　　　　　图 纸 会 审 记 录

工程名称：某商务会馆			第1页（共　页）
建设单位	某高科技有限责任公司	监理单位	某建设监理有限公司
设计单位	某建筑工程设计事务所	施工单位	某建筑工程有限公司
图　号	图纸问题		图纸问题交底
	一、结构 1. 问：A/12-13轴一层造型柱做法 2. 问：首层A/15-16轴中间是否为构造柱		一、结构 1. 答：采用GRC构件 2. 答：250mm×250mm构造柱，按设计总说明配筋

续表

二、建施 1. 问：电梯井墙体做法 2. 问：建筑物南立面窗线条造型做法 三、水暖 1. 问：排水铸铁管能否改为 UPVC 管 2. 问：给水管能否改为 PPR 管 3. 问：卫生间自来水是否暗装	二、建施 1. 答：240mm 厚砖墙 2. 答：采用颜色变化以做出线条造型 三、水暖 1. 答：排水铸铁管变更为 UPVC 管 2. 答：给水管变更为铝塑 PPR 管 3. 答：是
建设单位签栏　　　　　　　　　　　（公章） 项目负责人：　　　　　　　年　月　日	设计单位签栏 （公章） 项目负责人：　　　　　　　年　月　日
施工单位签栏　　　　　　　　　　　（公章） 技术负责人：　　　　　　　年　月　日	监理单位签栏　　　　　　　　　　　（公章） 总监理工程师：　　　　　　年　月　日

（2）负责施工作业技术交底。负责单位工程、分部分项工程技术交底，负责对应用新技术、新材料、新工艺的技术攻关和技术交底，参与班组技术交底、工程质量交底、安全生产交底、操作方法交底。严守施工操作规程，严抓质量，确保安全，负责工人上岗前培训，教育、督促工人不违章作业。

（3）负责组织施工测量放线、参与技术复核。熟悉建筑工程结构特征与关键部位，掌握施工现场的周围环境、社会（含拆迁等）和经济技术条件；全面负责本工程施工项目的施工现场勘察，工程的定位、放线、抄平、沉降观测记录等，施工组织和现场交通安全防护设置等具体工作，安排临时设施修筑等工程任务，对施工中的有关问题及时解决，向上级报告并保证施工进度。

3．施工进度成本控制

（1）参与制定并调整施工进度计划、施工资源需求计划，编制施工作业计划。

（2）参与做好施工现场组织协调工作，合理调配（生产）资源；落实施工进度计划。

（3）参与现场经济技术签证、成本控制和核算。

（4）负责施工平面布置的动态管理。

4．质量安全环境管理

（1）参与质量、环境与职业健康安全的预控。

（2）负责施工作业的质量、环境与职业健康安全过程控制，参与隐蔽、分项、分部和单位工程的质量验收。

（3）参与质量、环境与职业健康安全问题的调查，提出整改措施并监督落实。

5．施工信息资料管理

（1）负责编写施工日志、施工记录，编制、审查相关施工资料。及时、准确地搜集并整理施工生产过程、技术活动、材料使用、劳力调配、资金周转、经济活动分析的原始记录、台账和统计报表，记好施工日记。按时下达各部位混凝土、砂浆强度等级及配合比。负责安排各分部、分项、检验批的检测，同时对施工现场出现的变更及时进行工程量的签证及收集。

（2）负责汇总、整理、移交施工资料。绘制竣工图，组织单位工程竣工质量预检，负责整理好全部技术档案。参与竣工后的回访活动，对需返修、检修的项目，尽快组织人员落实。完成项目经理交办的其他任务。

1.3 施工员应具备的专业技能

1. 施工组织策划

能够参与编制施工组织设计和专项施工方案。

2. 施工技术管理

（1）能够识读施工图和其他工程设计、施工等文件。

（2）能够编写技术交底文件，并实施技术交底。

（3）能够正确使用测量仪器，进行施工测量。

3. 施工进度成本控制

（1）能够正确划分施工区段，合理确定施工顺序。

（2）能够进行资源平衡计算，参与编制施工进度计划及资源需求计划，控制调整计划。

（3）能够进行工程量计算及初步的工程计价。

4. 质量安全环境管理

（1）能够确定施工质量控制点，参与编制质量控制文件、实施质量交底。

（2）能够确定施工安全防范重点，参与编制职业健康安全与环境技术文件、实施安全和环境交底。

（3）能够识别、分析、处理施工质量缺陷和危险源。

（4）能够参与施工质量、职业健康安全与环境问题的调查分析。

5. 施工信息资料管理

（1）能够记录施工情况，编制相关工程技术资料。

（2）能够利用专业软件对工程信息资料进行处理。

1.4 施工程序和施工员工作程序

1.4.1 施工程序的一般原则

施工程序是指一个建设项目或单位工程在施工过程中应遵循的合理施工顺序，即施工前有准备、施工过程有安排。一般原则为：

（1）先红线外（上下水、电、电信、煤气、热力、交通道路等），后红线内。

（2）红线内工程，先全场（包括场地平整、道路管线等）后单项。一般要坚持先地下后地上、先主体后围护、先结构后装修、先土建后设备的原则。场内与场外、土建与安装各个工序统筹安排，合理交叉。

（3）全部工程项目施工安排时，主体工程和配套工程（包括变电室、热力站、空压站、污水处理等）要相适应，力争配套工程为施工服务，主体工程竣工时能投产使用。

（4）庭院、道路、花圃的施工收尾与施工撤离相适应。

1.4.2 施工员工作程序

1. 技术准备

（1）熟悉图纸。了解设计要求、质量要求和工程部位做法，了解图纸中采用的标准图集，熟悉地质、水文等勘察资料，了解设计概算和工程预算、预算采用的定额。

（2）熟悉施工组织设计。了解施工部署、施工方法、施工顺序、施工进度计划、施工平面布置和施工技术措施。

（3）准备施工技术交底。一般工程应准备简要的操作要点和技术措施要求，特殊工程必须准备图纸（或施工大样）和细部做法。

（4）选择、确定比较科学、合理的施工（作业）方法和施工程序。

2. 现场准备

（1）临时设施的准备。搭好生产、生活的临时设施。

（2）工作面的准备。包括现场清理、道路畅通、临时水电引到现场和准备好操作面。

（3）施工机械的准备。施工机械进场按照施工平面图的布置安装就位，并进行试运转及检查安全装置。

（4）材料工具的准备。材料按施工平面图的布置进行堆放，工具按班组人员配备。

3. 作业队伍组织准备

（1）掌握施工班组情况，包括人员配备、技术力量和生产能力。

（2）研究施工工序。

（3）确定工种间的搭接次序、搭接时间和搭接部位。

（4）协助施工班组长做好人员安排。根据工作面、流水施工段数分段和技术力量进行人员分配，根据人员分配情况配备机器、工具、运输、供料的力量。

4. 向施工班组交底

（1）计划交底。包括生产任务数量，任务的开始及完成时间，工程中对其他工序的影响和重要程度。

（2）定额交底。包括劳动定额、材料消耗定额和机械配合台班及台班产量。

（3）施工技术和操作方法交底。包括施工规范及工艺标准的有关部分，施工组织设计中的有关规定和有关设备图纸及细部做法。

（4）安全生产交底。包括施工操作运输过程中的安全事项、机电设备安全事项、消防事项。

（5）工程质量交底。包括自检、互检、交接的时间和部位，分部分项工程质量验收标准和要求。

（6）管理制度交底。包括现场场容管理制度的要求，成品保护制度的要求，样板工程的建立和要求。

5. 施工中的具体指导和检查

（1）检查测量、抄平、放线准备工作是否符合要求。

（2）施工班组能否按交底要求施工。

(3) 关键部位是否符合要求,有问题及时向施工班组提出改正。

(4) 经常提醒施工班组在安全、质量和现场场容管理中的倾向性问题。

(5) 根据工程进度及时进行隐蔽工程预检和交接检查,配合质量检查人员做好分部分项工程的质量检查与验收。

6. 做好施工日志

施工日记记载的主要内容包括气候实况、工程进展及施工内容,工人调动情况,材料供应情况,材料及构件检验试验情况,施工中的质量及安全问题,设计变更和其他重大决定,施工中的经验和教训。

7. 工程质量的检查与验收

工程质量验收的顺序是:首先验收检验批或分项工程质量验收,再验收分部(子分部)工程质量,最后验收单位(子单位)工程的质量。完成分部分项工程后,施工员一方面须检查技术资料是否齐全,另一方面须通知技术员、质量检查员、施工班组长对所施工的部位或项目按质量标准进行检查验收,合格后必须填写表格并进行签字,不合格应立即组织原施工班组进行返修或返工。单位工程有分包单位施工时,督促分包单位对所承包的工程项目应按标准规定的程序检查评定。分包工程完工后,应将工程有关资料交总包单位。

8. 搞好工程档案

主要负责提供隐蔽验收、工程签证、设计变更、竣工图等工程结算资料,协助结算员办理工程结算。

1.5 职业能力评价

1.5.1 一般要求

(1) 建筑工程施工现场专业人员的职业能力评价,采取专业学历、职业经历和专业能力评价考试相结合的综合评价方法。

(2) 专业能力评价考试包括专业知识和专业技能考试,应重点考查运用相关专业知识和专业技能解决工程实际问题的能力。

(3) 建筑工程施工现场专业人员参加职业能力评价,其施工现场职业实践年限应不少于表1-2的规定。

表1-2　　　　　　　　　施工现场职业实践最少年限　　　　　　　　　(年)

岗位名称	土建类本专业专科及以上学历	土建类相关专业专科及以上学历	土建类本专业中职学历	土建类相关专业中职学历	非土建类中职及以上学历
施工员、质量员、标准员	1	2	3	4	—
安全员、材料员、机械员、劳务员、资料员	1	2	3	4	4

(4) 建筑工程施工现场专业人员专业能力评价考试的内容,应符合相关标准中的规定。

(5) 建筑工程施工现场专业人员专业能力评价考试,专业知识部分应采取闭卷笔试方式;专业技能部分应以闭卷笔试方式为主,具备条件的可部分采用现场实操测试。专业知识考试时间宜为2h,专业技能考试时间宜为2.5h。

(6) 建筑工程施工现场专业人员专业能力评价考试,专业知识和专业技能考试均采取百分制,成绩60分为合格。专业知识和专业技能考试成绩同时合格,方能通过专业能力评价考试。

(7) 已通过施工员、质量员职业能力评价的专业人员,参加其他岗位的职业能力评价,可免试专业知识考试。

(8) 建筑工程施工现场专业人员的职业能力评价考试,应由省级住房和城乡建设行政主管部门统一组织实施。

(9) 对通过建筑工程施工现场专业人员专业能力评价考试的人员,由省级住房和城乡建设行政主管部门颁发全国统一的职业能力评价合格证书。

1.5.2 专业能力评价考试权重

施工员专业能力评价考试权重应符合表1-3的规定。

表1-3　　　　　　　　　　　施工员职业能力评价权重

项次	分类	评价权重	项次	分类	评价权重
专业技能	施工组织策划	0.10	专业知识	通用知识	0.20
	施工技术管理	0.3		基础知识	0.40
	施工进度成本控制	0.3		岗位知识	0.40
	质量安全环境管理	0.20			
	施工信息资料管理	0.10			
	小　计	1.00		小　计	1.00

本 章 练 习 题

1. 施工程序的一般原则是什么?
2. 施工员向施工班组交底的内容有哪些?
3. 工程质量验收的顺序是什么?
4. 施工员在现场记载的施工日志的主要内容有哪些?
5. 作为一名施工员,其岗位职责是什么?

第2章 建筑施工测量、放线

2.1 民用建筑测量施工设备和测量基本要求

1. 测量施工设备

民用建筑是指住宅楼、办公楼、食堂、俱乐部、医院和学校等建筑物。民用建筑施工测量的基本任务是按照设计要求，把建筑物的位置测设到地面上，并配合施工以保证工程质量。在施工测量前，应先校验使用的测量仪器和工具，见表2-1。

表2-1 主要测量施工设备配置

序 号	仪器名称	数量/台	用 途
1	DC1—J测距经纬仪	1	建筑定位
2	DJJ2—2电子激光经纬仪	2	轴线投测
3	AL132—C水准仪	1	高程及结构标高抄平
4	DS3水准仪	2	标高测量

2. 施工测量的基本要求

测量的工作贯穿于整个施工过程，在施工中起主导作用，是保证工程质量和工程进度的基本工作之一。其基本要求如下：

（1）遵守先整体后局部、高精度控制低精度的工作程序。

（2）严格审核原始依据（包括设计图纸、测量起始点位、数据等）的正确性，坚持测量作业与计算工作步步有校核的工作方法。

（3）在测量精度满足工作需要的前提下，力争做到省工、省时、省费用；执行一切定位放线工作在经自检、互检合格后才可申请主管技术部门预检及质检人员验收的工作制度。

（4）紧密配合施工，利用施工间隙放线，主动为施工创造条件。

2.2 民用建筑施工测量前的准备工作

1. 了解设计意图，熟悉设计图纸

从图纸中首先了解工程全貌和主要设计意图，以及对测量的要求等内容，然后熟悉核对与放样有关的建筑总平面图、建筑施工图和结构施工图，并检查总的尺寸是否与各部分尺寸之和相符，总平面图与大样详图尺寸是否一致，以免出现差错。

（1）总平面图。如图2-1所示，从总平面图上，可以查取或计算设计建筑物与原有建筑物测量控制点之间的平面尺寸和高差，作为测设建筑物总体位置的依据。

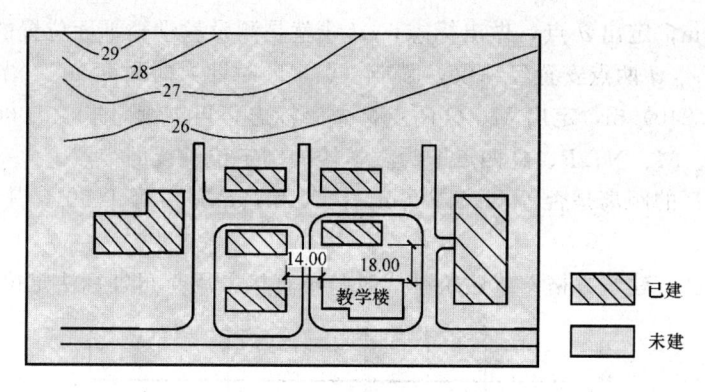

图 2-1　建筑总平面图

(2) 建筑平面图。从建筑平面图中，可以查取建筑物的总尺寸，以及内部各定位轴线之间的关系尺寸，这是施工测设的基本资料。

(3) 基础平面图。从基础平面图上，可以查取基础边线与定位轴线的平面尺寸，这是测设基础轴线的必要数据。

(4) 基础详图。从基础详图中，可以查取基础立面尺寸和设计标高，这是基础高程测设的依据。

(5) 建筑物的立面图和剖面图。从建筑物的立面图和剖面图中，可以查取基础、地坪、门窗、楼板、屋架和屋面等设计高程，这是高程测设的主要依据。

2. 现场踏勘并校核定位的平面控制点和水准点

目的是了解现场的地物、地貌以及控制点的分布情况，并调查与施工测量有关的问题。对建筑物地面上的平面控制点，在使用前应校核点位是否正确，并应实地检测水准点的高程。通过校核，取得正确的测量起始数据和点位。

3. 施工场地整理

平整和清理施工场地，以便进行测设工作。

4. 制订测设方案

根据设计要求、定位条件、现场地形和施工方案等因素，制订测设方案，包括测设方法、测设数据计算和绘制测设略图。

2.3　建筑物的定位

建筑物的定位就是将建筑设计总平面图中建筑物外轮廓的轴线交点测设到地面上用木桩标定出来，桩顶上钉小铁钉指示点位，称轴线桩，然后根据轴线桩进行细部测设。

由于定位条件的不同，民用建筑除了根据测量控制点、建筑基线或建筑红线、建筑方格网定位外，还可以根据已有的建筑物来进行定位，如图 2-2 所示。

(1) 用钢尺沿宿舍楼的东、西墙，延长出一小段距离 $l=4000mm$ 得 a、b 两点，并打入木桩，在桩顶钉上铁钉作为标志（各点均以桩顶铁钉标志为准）。

(2) 在 a 点安置经纬仪，瞄准 b 点，并从 b 点沿 ab 方向量取 14.240m（因为教学楼的外墙厚 370mm，轴线偏里，离外墙皮 240mm），定出 c 点，做出标志，再继续沿 ab 方向从 c

点起量取25.800m，定出d点，做出标志，cd线就是测设教学楼平面位置的建筑基线。

（3）分别在c、d两点安置经纬仪，瞄准a点，顺时针方向测设90°，沿此视线方向量取距离（4.000+0.240）m，定出M、Q两点，做出标志，再继续量取15.000m，定出N、P两点，做出标志。M、N、P、Q四点即为教学楼外廓定位轴线的交点。

（4）检查NP的距离是否等于25.800m，$\angle N$和$\angle P$是否等于90°，其误差应在允许范围内。

如施工场地已有建筑方格网或建筑基线时，可直接采用直角坐标法定位。

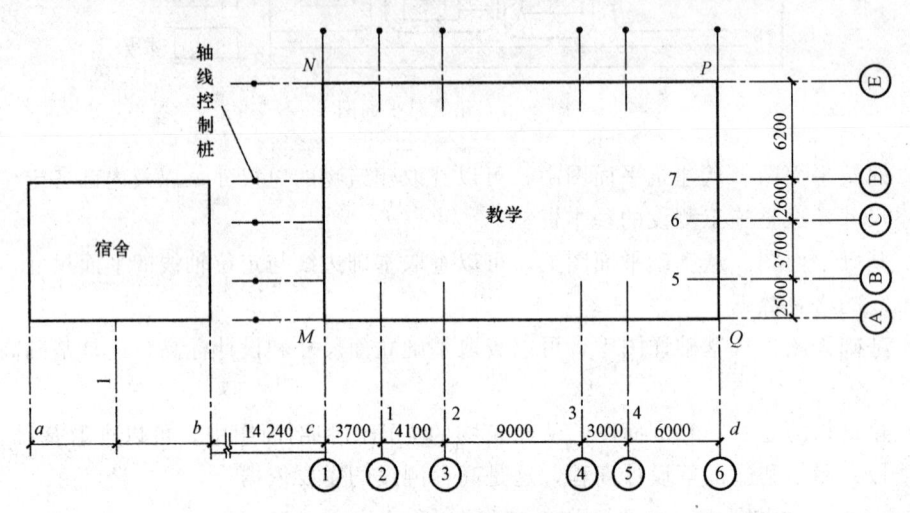

图2-2 建筑物的定位和放线

2.4 建筑物的放线

建筑物的放线，是指根据已定位的外墙轴线交点桩（角桩），详细测设出建筑物各轴线的交点桩（或称中心桩），然后，根据交点桩用白灰撒出基槽开挖边界线。

2.5 基础工程施工测量

1. 基槽抄平

建筑施工中的高程测设，又称抄平。

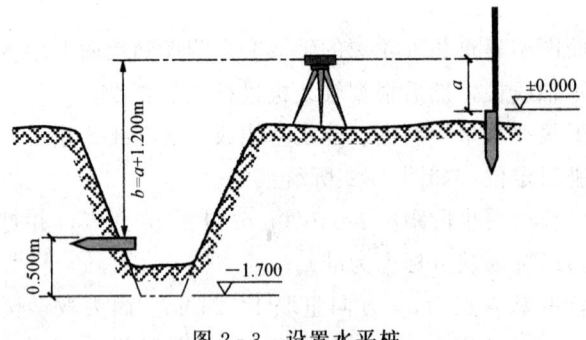

图2-3 设置水平桩

（1）设置水平桩。为了控制基槽的开挖深度，当快挖到槽底设计标高时，应用水准仪根据地面上±0.000点，在槽壁上测设一些水平小木桩（称为水平桩），如图2-3所示，使木桩的上表面离槽底的设计标高为一固定值（如0.500m）。

为了施工时使用方便，一般在槽壁各拐角处、深度变化处和基槽壁上每隔3~4m测设一水平桩。水平桩可作为挖槽深度、修平槽底和打基础垫层的依据。

（2）水平桩的测设方法。如图2-3所示，槽底设计标高为-1.700m，欲测设比槽底设计标高高0.500m的水平桩，测设方法如下：

1）在地面适当地方安置水准仪，在±0.000标高线位置上立水准尺，读取后视读数为1.318m。

2）计算测设水平桩的应读前视读数为1.318m-(-1.700+0.500)m=2.518m。

3）在槽内一侧立水准尺，并上下移动，直至水准仪视线读数为2.518m时，沿水准尺尺底在槽壁打入一小木桩。

2. 垫层中线的投测图

基础垫层打好后，根据轴线控制桩或龙门板上的轴线钉，用经纬仪或用拉绳挂垂球的方法，把轴线投测到垫层上，如图2-4所示，并用墨线弹出墙中心线和基础边线，作为砌筑基础的依据。

3. 基础墙标高的控制

房屋基础墙是指±0.000以下的砖墙，它的高度是用基础皮数杆来控制的。

（1）基础皮数杆是一根木制的标杆，如图2-5所示，在杆上事先按照设计尺寸，将砖、灰缝厚度画出线条，并标明±0.000和防潮层的标高位置。

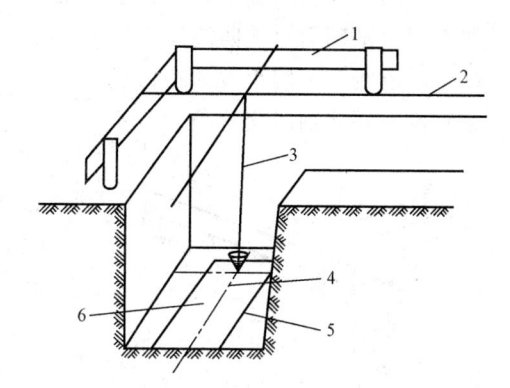

图2-4 垫层中线的投测
1—龙门板；2—细线；3—拉绳挂垂球；
4—墙中线；5—基础边线；6—垫层

（2）立皮数杆时，先在立杆处打一木桩，用水准仪在木桩侧面定出一条高于垫层某一数值（如100mm）的水平线，然后将皮数杆上标高相同的一条线与木桩上的水平线对齐，并用大铁钉把皮数杆与木桩钉在一起，作为基础墙的标高依据。

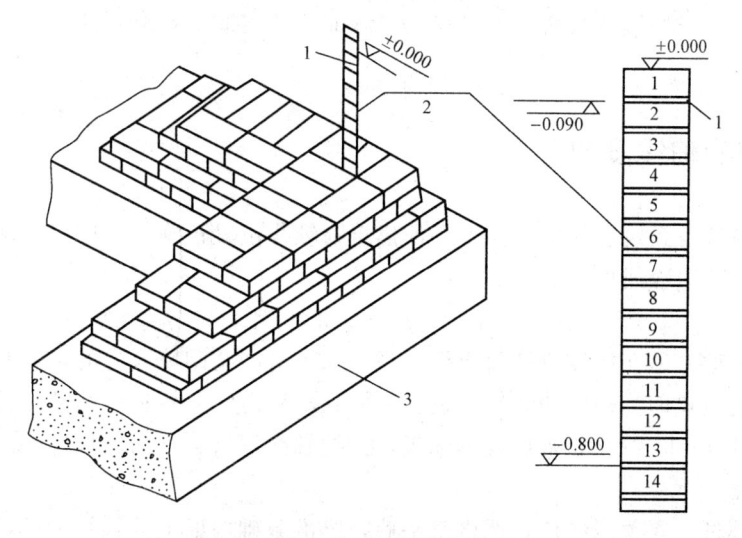

图2-5 基础墙标高的控制
1—防潮层；2—皮数杆；3—垫层

4. 基础面标高的检查

基础施工结束后，应检查基础面的标高是否符合设计要求（也可检查防潮层）。可用水准仪测出基础面上若干点的高程，和设计高程比较，允许误差为±10mm。

2.6 墙体施工测量

1. 墙体定位

(1) 利用轴线控制桩或龙门板上的轴线和墙边线标志，用经纬仪或拉细绳挂垂球的方法将轴线投测到基础面上或防潮层上。

(2) 用墨线弹出墙中线和墙边线。

(3) 检查外墙轴线交角是否等于90°。

(4) 把墙轴线延伸并画在外墙基础上，如图2-6所示，作为向上投测轴线的依据。

(5) 把门、窗和其他洞口的边线，也在外墙基础上标定出来。

2. 墙体各部位标高控制

在墙体施工中，墙身各部位标高通常也是用皮数杆控制。

(1) 在墙身皮数杆上，根据设计尺寸，按砖、灰缝的厚度画出线条，并标明±0.000、门、窗、楼板等的标高位置。

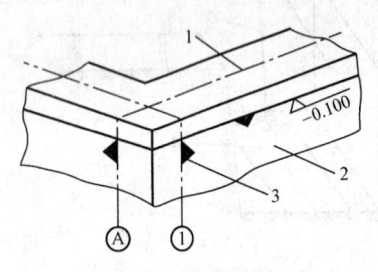

图2-6 墙体定位
1—墙中心线；2—外墙基础；3—轴线

(2) 墙身皮数杆的设立与基础皮数杆相同，使皮数杆上的±0.000标高与房屋的室内地坪标高相吻合。在墙的转角处，每隔10～15m设置一根皮数杆。

(3) 在墙身砌起1m以后，就在室内墙身上定出0.500m的标高线，作为该层地面施工和室内装修用。对于框架结构的民用建筑，墙体砌筑是在框架施工后进行的，故可在柱面上画线，代替皮数杆。

2.7 建筑物的轴线投测

在多层建筑墙身砌筑过程中，为了保证建筑物轴线位置正确，可用吊垂球或经纬仪将轴线投测到各层楼板边缘或柱顶上。

1. 吊垂球法

将较重的垂球悬吊在楼板或柱顶边缘，当垂球尖对准基础墙面上的轴线标志时，线在楼板或柱顶边缘的位置即为楼层轴线端点位置，并画出标志线。各轴线的端点投测完后，用钢尺检核各轴线的间距，符合要求后继续施工，并把轴线逐层自下向上传递。

2. 经纬仪投测法

在轴线控制桩上安置经纬仪，严格整平后，瞄准基础墙面上的轴线标志，用盘左、盘右分中投点法，将轴线投测到楼层边缘或柱顶上。将所有端点投测到楼板上后，用钢尺检查其间距，相对误差不得大于1/2000。检查合格后，才能在楼板分间弹线，继续施工。

2.8 建筑物的高程传递

在多层建筑施工中,要由下层向上层传递高程,以便楼板、门、窗等的标高符合设计要求。高程传递的方法有以下几种。

1. 利用皮数杆传递高程

一般建筑物可用墙体皮数杆传递高程。具体方法参照本章第 2.6 节中的"墙体各部位标高控制"。

2. 利用钢尺直接丈量

对于高程传递精度要求较高的建筑物,通常用钢尺直接丈量来传递高程。对于二层以上的各层,每砌高一层,就从楼梯间用钢尺从下层的"0.500m"标高线,向上量出层高,测出上一层的"0.500m"标高线。这样,用钢尺逐层向上引测。

3. 吊钢尺法

用悬挂钢尺代替水准尺,用水准仪读数,从下向上传递高程。

2.9 高层建筑物施工测量

1. 高层建筑物的轴线投测

高层建筑物施工测量中的主要问题是控制竖向偏差,也就是各层轴线如何精确地向上引测的问题。《高层建筑混凝土结构技术规程》中指出:竖向误差在本层内不得超过 5mm,全楼的累积误差不得超过 20mm。

高层建筑物轴线的投测,一般分为经纬仪引桩投测法和激光铅垂仪投测法及吊线坠法三种,现在多用激光铅垂仪投测法。下面分别介绍这三种方法。

(1) 经纬仪引桩投测法。经纬仪引桩投测法的操作方法如下:

1) 选择中心轴线。

2) 向上投测中心轴线。

3) 增设轴线引桩。当楼房逐渐增高,而轴线控制桩距建筑物又较近时,望远镜的仰角较大,操作不便,投测精度将随仰角的增大而降低。为此,要将原中心轴线控制桩引测到更远、安全的地方,或者附近大楼的屋顶上。

(2) 激光铅垂仪投测法。为了把建筑物首层轴线投测到各层楼面上,使激光束能从底层直接打到顶层,各层楼板上应预留孔洞,大小约 300mm×300mm,有时也可利用电梯井、通风道、垃圾道向上投测。**注意:** 不能在各层轴线上预留孔洞,应在距轴线 500~800mm 处,投测一条轴线的平行线,至少有两个投测点。如图 2-7 所示,激光铅垂仪安置在底层测站点 C_0,严格对中、整平,接通激光电

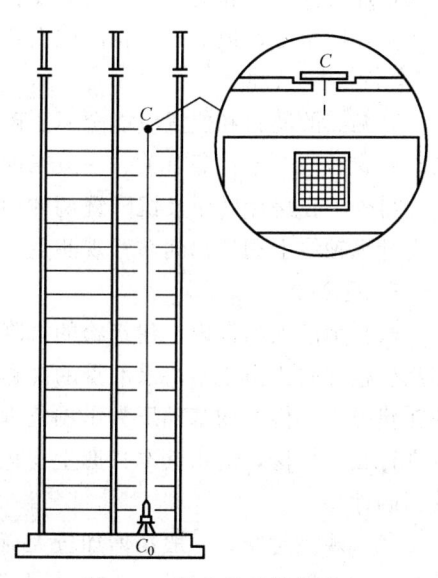

图 2-7 激光铅垂仪投测法

源，启动激光器，即可发射出铅直的激光直线。在高层楼板孔洞上水平放置绘有坐标格网的接收靶 C，水平移动接收靶，使靶心与红色光斑重合，此靶心位置即为测站点 C_0 铅垂仪位置，C 点作为该层楼面的一个控制点。

(3) 吊线坠法。此种方法适用于高度在 50～100m 的高层建筑施工中。它是利用钢丝悬挂重垂球的方法，进行轴线竖向投测。垂球重量随施工楼面高度而异，一般重为 15～25kg，钢丝直径为 1mm 左右。投测方法如下：在预留孔上面安置十字架，挂上垂球，对准首层预埋标志。当垂球线静止时，固定十字架，并在预留孔四周做出标记，作为以后恢复轴线及放样的依据。此时，中心即为轴线控制点在该楼面上的投测点。

2. 高层建筑物的高程传递

(1) 利用皮数杆传递高程。在皮数杆上自 ±0.000 标高线起，将门窗洞口、过梁、楼板等构件的标高均已注明。第一层楼砌好后，则从第一层皮数杆起逐层往上接。

(2) 利用钢尺直接丈量。在标高精度要求较高时，可用钢尺沿某一墙角自 ±0.000 标高处起向上直接丈量，把高程传递上去。然后根据由下面传递上来的高程立皮数杆，作为该层墙身砌筑和安装门窗、过梁及室内装修、地坪抹灰等控制标高的依据。

(3) 悬吊钢尺法。在楼梯间悬吊钢尺，钢尺下端挂一重锤，使钢尺处于铅垂状态，用水准仪在下面与上面楼层分别读数，按水准测量原理把高程传递上去。

2.10 建筑物的沉降观测

1. 沉降观测的意义及观测的建筑物

在工业与民用建筑中，为了掌握建筑物的沉降情况，及时发现对建筑物不利的下沉现象，以便采取措施保证建筑物安全使用，同时也为今后合理的设计提供资料，因此，在建筑物施工过程中和建筑物投入使用后，必须进行沉降观测。

下列建筑物和构筑物应进行系统的沉降观测：高层建筑物，重要厂房的柱基及主要设备基础，连续性生产和受振动较大的设备基础，高大的构筑物（如水塔、烟囱等），人工加固的地基，回填土，地下水位较高或大孔隙土地基的建筑物等。

2. 观测点的布置

观测点的数目和位置应能全面正确反映建筑物沉降的情况，这与建筑物的大小、荷重、基础形式和地质条件等有关。一般来说，在民用建筑中，沿房屋的周围每隔 6～12m 设立一点；另外，在房屋转角及沉降缝两侧也应布设观测点。当房屋宽度大于 15m 时，还应在房屋内部纵轴线上和楼梯间布置观测点。

3. 观测方法

(1) 水准点的布设。建筑物的沉降观测是依据埋设在建筑物附近的水准点进行的，为了相互校核并防止由于某个水准点的高程变动造成差错，一般至少埋设三个水准点。由于它们埋在建筑物、构筑物基础压力影响范围以外，所以这些水准点必须坚固、稳定。为了对水准点进行相互校核，防止其本身产生变化，水准点要定期进行高程检测，以保证沉降观测成果的正确性。

(2) 观测时间。一般在增加较大荷重后（如浇筑基础、回填土、砌筑砖墙、设备安装、设备运转、烟囱高度每增加 15m 左右等）要进行沉降观测。施工中，如果中途停工时间较长，应在停工时和复工前进行观测。当基础附近地面荷重突然增加，周围由于暴雨及地震后大量积水或周围大量挖方等，均应观测。竣工后要按沉降量的大小，定期进行观测。开始可隔 1～2 个月观测一次，以每次沉降量在 5～10mm 以内为限度，否则要增加观测次数。以后，随着沉降量的减小，可逐渐延长观测周期，直至沉降稳定为止。

（3）沉降观测。沉降观测实质上是根据水准点用精密水准仪定期进行水准测量，测出建筑物上观测点的高程，从而计算其下沉量。

【例 2-1】 某高层住宅工程位于某市某大街与某大路交汇处地段，处于某大街以东、规划路以西、某路以南、某大路以北。如图 2-8 所示。总建筑面积约为 73 684.10m²，地上共 28 层。地上商业 3 层、住宅 25 层，地下两层，高度为 8.4m，标准层为 2.9m，总高度约为 90m。

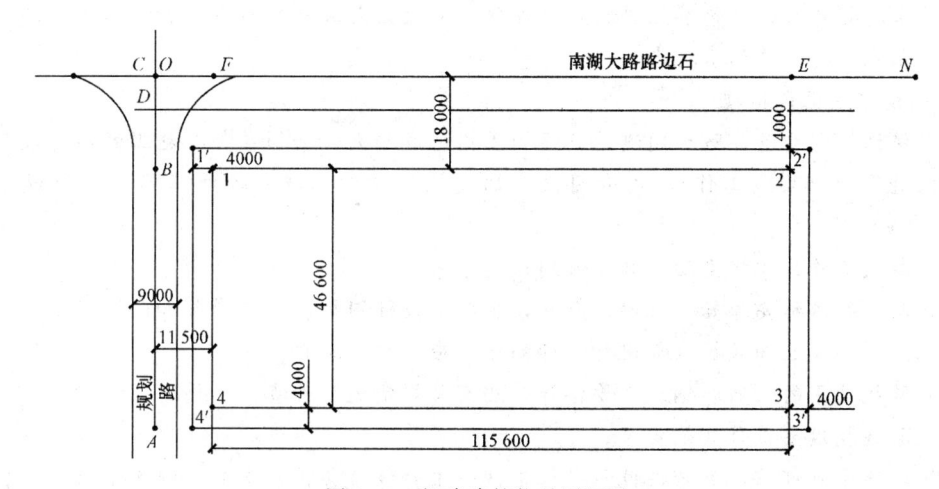

图 2-8 拟建建筑物总平面图

建筑结构为二级，地基基础设计等级为二级，建筑抗震重要性等级为丙类。建筑抗震设防烈度为 7 度。本工程采用现浇钢筋混凝土框架-剪力墙结构。基础采用人工挖孔灌注桩基础。试编制该工程基础施工测量放线的测量方案。验线工作应遵守哪些基本原则？

【分析】

1. 测量前的准备工作与基础测量的主要方法

（1）进行基础施工测量前检查。主要对拟建建筑物外轮廓各轴线交点进行检查，如矩形建筑场地的各边长是否等于设计长，每个角是否等于 90°。误差控制在允许范围内。由于轴线桩在基础开挖时将被挖掉，故设轴线控制桩，以便恢复各轴线。除在轴线处设置控制桩外，在距离轴线为 1～1.5m 的位置，设置控制桩，在施工中将这些控制线投测到基础底板上，在基础底板上将轴线的距离、角度进行闭合。如图 2-9 所示。

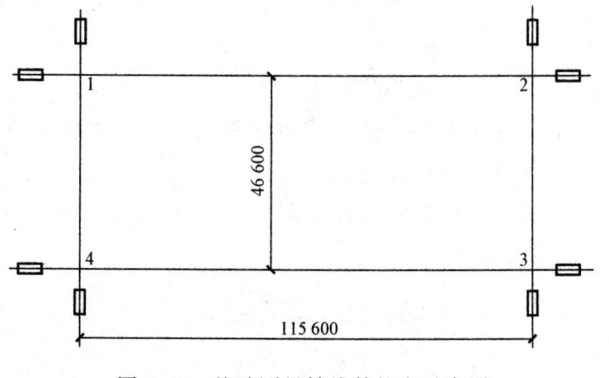

图 2-9 基础测量轴线外挖点示意图

基础开挖时，应随时注意挖土的深度。当基槽挖到离设计槽底 30～50cm 时，用水准仪在槽壁上每隔 3～4m 测设一个距设计槽底 0.5m 的水平桩，用以控制挖槽深度。挖土机进行大面积的开挖。当基坑较深时，其高程传递如图 2-10 所示，在基坑内悬挂一钢尺，零点向下，下悬一个线坠，地面上设置一台水准仪，观测水准点。

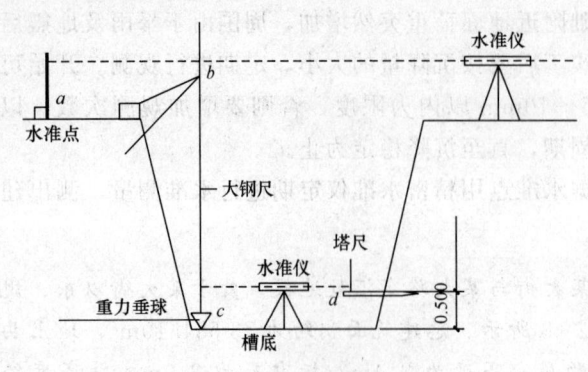

图 2-10 基坑高程传递

（2）垫层放线：基础挖土完成以后，按设计要求打好垫层，在垫层上进行基础弹线，即放出大放脚的边界线。具体用经纬仪根据上面的控制点，把点传到基坑内。

2. 测量质量保证措施

为了保证工程质量，防止因测量放线的差错造成损失，必须在整个施工的各阶段和各主要部位做好复检（验线工作），由专门设立的复检测量组承担，验线工作应遵守以下基本原则：

（1）验线工作应积极主动，真正做到防患于未然。

（2）验线的依据要原始、正确、有效，主要是设计图纸、变更通知和起测点位（如红线桩、水准点等）及已知数据（如坐标、标高等）应为原始资料。

（3）验线使用的仪器和钢尺，要按计量法有关规定进行检查。

（4）验线精度要符合规范要求。

（5）验线重点部位：原始桩位与定位条件；主轴线与其控制木桩；原始水准点，引测标高和±0.000 标高线。

3. 验线处理等级

（1）建筑红线与房屋定位线，由甲方申请市规划局测绘、验线。

（2）基础验线、首层线由项目技术主管报请甲方监理公司验线。

（3）控制网的线，每一层的竖向投测点与标高测点的控制及每一流水段的测量放线，由项目工程技术主管、质检以及测量负责人一同验线确认后，填好预检单，并存档。

本 章 练 习 题

1. 民用建筑施工测量包括哪些主要工作？
2. 轴线控制桩和龙门板的作用是什么？如何设置？
3. 高层建筑轴线投测的方法有哪几种？
4. 何谓建筑物的沉降观测？在建筑物的沉降观测中，水准基点和沉降观测点的布设要求分别是什么？

第3章

建筑工程施工技术要求与施工质量验收标准

建筑工程是由土建工程和建筑设备安装工程共同组成的。土建工程可分为地基与基础、主体结构、建筑装饰装修、建筑屋面四个分部工程,建筑设备安装工程可分为建筑给水、排水及采暖,建筑电气,建筑智能,通风与空调,建筑节能及电梯六个分部工程。本章根据《建筑工程施工质量验收统一标准》(GB 50300—2013),主要介绍土建工程四个分部工程施工。

3.1 地基与基础分部工程专项施工技术要求与质量验收

【工程背景】 某学校实训楼,建筑面积为6985m²,建筑物高度为22.05m,建筑层数为主楼6层,局部5层。层高:1~6层为3.6m。建筑长度、宽度分别为61.0m、32m。结构设计情况:实训楼为框架结构,钢筋混凝土柱下独立基础和局部条形基础,抗震等级为三级,垫层的混凝土采用C15,基础及梁、板、柱、楼梯的混凝土采用C30,其余圈梁、构造柱等混凝土采用C20。依据地质勘察资料,本工程地基持力层为第2层黄土状粉质黏土层,地基承载力特征值$f_{ak}=130$kPa,天然地基不能满足设计要求,需要进行地基处理。本工程采用夯实水泥土桩进行地基处理,并在桩顶铺设200mm厚的碎石褥垫层,处理后满足沉降要求。

通过案例主要介绍地基与基础分部工程中的土方工程、基坑支护、地基基础、地下防水等子分部工程的施工工艺、施工方法、质量验收标准、技术安全措施等内容。

3.1.1 土方工程施工

土方工程是建筑工程地基与基础分部工程中子分部工程之一,包括土方的准备工作、土方开挖、运输、填筑、压实等主要施工过程。

1. 土方工程施工准备的主要内容

(1) 施工机具、设备。应根据工程规模、合同工期以及现场施工条件,合理确定采用符合施工方法的设备型号、数量等。一般土方开挖工程采用液压挖掘机、自卸汽车、推土机、铲运机等。

(2) 施工现场要求。

1) 土方工程应在定位放线后施工。在施工区域内,有碍施工的已有建筑物和构筑物、道路、沟渠、管线、坟墓、树木等,应在施工前妥善处理。

2) 尽可能利用自然地形和永久性排水设施,采用排水沟、截水沟或挡水坝措施,把施工区域内的雨雪自然水、低洼地区的积水及时排除,使场地保持干燥,便于土方工程施工。山区施工,应事先了解当地地层岩性、地质构造、地形、地貌和水文地质等。如因土方施工可能产生滑坡时，应采取措施。在陡峻山坡脚下施工，应事先检查山坡坡面情况，如有危岩、孤石、崩塌体、古滑坡体等不稳定迹象时，应作妥善处理。

3）施工前应检查定位放线、排水和降水系统，合理安排土方运输车辆的行走路线和弃土场地，修建施工场地内的临时道路。

4）施工机械进入现场所经过的道路、桥梁和卸车设施等，应事先做好必要的加宽、加固等准备工作。

5）修好临时道路、电力、通信及供水设施，以及生活和生产用临时房屋建筑。

（3）技术准备。

1）组织土方工程施工前，建设单位应向施工单位提供当地实测地形图［其比例一般为（1：500）～（1：1000）］，原有地下管线或构筑物竣工图，以及工程地质、气象等技术资料，编制施工组织设计或施工方案。

2）设置平面控制桩和水准点，作为施工测量和工程验收的依据。

3）向施工人员进行技术、质量、安全施工交底工作。

2. 土方量计算

（1）土方工程的分类。土方工程按施工方法和施工内容不同可分为：

1）场地平整：一般的场地平整是指±30cm以内的挖、填、找平工作。

2）基坑（槽）及管沟开挖：基坑是指基底面积在20m²以内的土方工程；基槽是指宽度在3m以内，长度是宽度的3倍以上的土方工程。

3）挖土方：槽宽大于3m，或坑底面积大于20m²或场地平整挖填厚度超过300mm的挖土。

4）土方的填筑与压实：对填筑的土方、严格要求选择土料、压实方法，达到规定的密实度。

（2）基坑、基槽的土方量计算。

1）土方的边坡坡度。基坑、沟槽在开挖过程中，为防止土壁塌方，确保施工安全，当挖方超过一定深度或填方超过一定高度时，其边沿应放出足够的边坡。

边坡坡度应根据土质、开挖深度、开挖方法、施工工期、地下水位、坡顶荷载等因素确定。边坡可做成直线形、折线形或阶梯形。土方边坡坡度用挖方深度 H 与边坡底宽 B 之比来表示。

土方边坡坡度 $=H/B=1/(B/H)=1/m=1:m$，其中，m 是土方边坡坡度系数，边坡坡度系数是以土方边坡底宽与挖土深度之比来表示的。如图 3-1（a）所示。

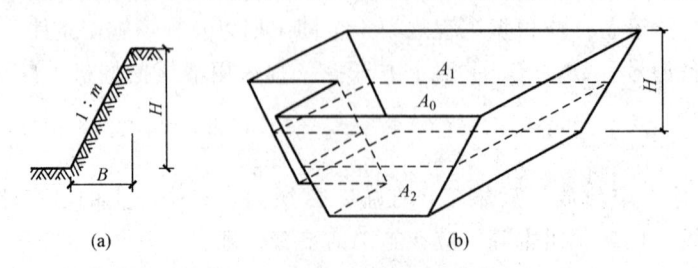

图 3-1 基坑土方量计算
(a) 土方边坡坡度；(b) 基坑土方量计算

2) 基坑的土方量计算。计算的方法有两种：

第一种方法：可近似按立体几何中拟柱体（由两个平行的平面做底的一种多面体，如图3-1所示）的体积计算。计算式为

$$V = (H/6) \times (A_1 + 4A_0 + A_2)$$

式中 A_1、A_2——上、下底面积；
  A_0——中截面的面积；
  H——开挖深度。

第二种方法：按锥体体积计算，计算式为

$$V = (a + 2c + mH) \times (b + 2c + mH) \times H + m^2 H^3/3$$

式中 a、b——基坑底长、底宽；
  c——工作面；
  m——放坡系数；
  H——开挖深度。

【例3-1】 已知一个普硬土地坑，如图3-2所示，基坑底长为80m，宽为40m，深为4m，四边放坡，边坡坡度为1:0.5，求挖土方体积。

【分析】 已知条件底长$a=80$m，$b=40$m，$H=4$m，$m=0.5$，不考虑工作面c，求$V=?$

解：第一种方法：$V = (H/6) \times (A_1 + 4A_0 + A_2)$

下口底面积 $A_1 = 80\text{m} \times 40\text{m} = 3200\text{m}^2$
中截面面积 $A_0 = 82\text{m} \times 42\text{m} = 3444\text{m}^2$
上口面积 $A_2 = 84\text{m} \times 44\text{m} = 3696\text{m}^2$

$$V = (4\text{m}/6) \times (3200 + 4 \times 3444 + 3696)\text{m}^2 \approx 13\,781.3\text{m}^3$$

第二种方法：由题意代入公式

$$V = (a + mH)(b + mH)H + m^2 H^3/3$$

$$V = (80 + 0.5 \times 4)\text{m} \times (40 + 0.5 \times 4)\text{m} \times 4\text{m} + 0.5 \times 0.5 \times 4^3/3\text{m}^3$$

$$\approx 13\,781.3\text{m}^3$$

3) 大开挖土方量计算。凡平整场地厚度在30cm以上，坑底宽度在3m以上及坑底面积在20m^{2}以上的挖土为挖土方（大开挖）。土方的工程量计算方法同挖基坑。

3. 挖土机与汽车配套计算

多层和高层建筑工程多采用大开挖，挖土机械一般采用反铲挖土机。反铲挖土机的工作特点是"后退向下，强制切土"。其使用范围是用于开挖停机面以下的一～三类土，适用于挖掘深度不大于4m的基坑、基槽、管沟，也适用于湿土、含水量较大及地下水位以下的土壤开挖。反铲挖土机的作业方式有沟端开挖和沟侧开挖两种。在组织土方的机械化施工时，必须使

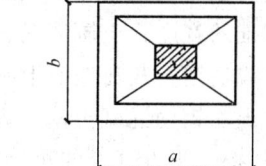

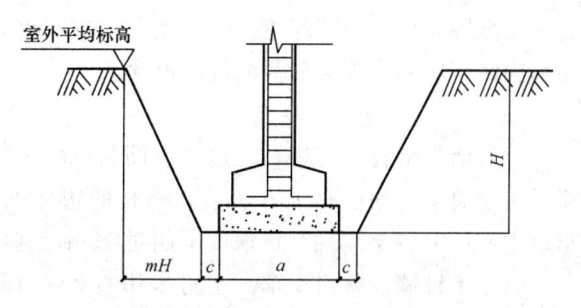

图3-2 基坑放坡土方量计算示意图

主导机械和辅助机械的台数相互配套，协调作业。

(1) 挖土机数量的确定。其计算式为

$$N = \frac{Q}{P} \times \frac{1}{TCK}$$

$$P = \frac{8 \times 3600}{t} \times \frac{qK_cK_b}{K_s}$$

式中　Q——土方量；

　　　T——工期；

　　　C——每天工作班数；

　　　K——时间利用系数，取 0.8～0.9；

　　　P——挖土机的生产率；

　　　t——挖土机每次循环作业延续时间，用 s 表示，即每挖一斗的时间；

　　　q——挖土机的斗容量；

　　　K_c——土斗的充盈系数，可取 0.8～1.1；

　　　K_b——工作时间利用系数，一般取 0.6～0.8；

　　　K_s——土的最初可松性系数。

(2) 自卸汽车与挖土机的配套。

1) 原则：保证挖土机连续工作。

2) 汽车载重量：以装 3～5 斗土为宜。

3) 汽车数量：$N=$汽车每一工作循环的延续时间 T/每次装车时间 t

或　　　　　　$N=$（挖土机台班产量/汽车台班产量）+1

4. 基坑的土方施工过程

(1) 基坑开挖顺序（图 3-3）。

(2) 施工方法。

1) 建筑物定位、放线。建筑物定位就是将建筑设计总平面图中建筑物外轮廓的轴线交点测设到地面上用木桩标定出来，在桩顶上钉小铁钉指示点位，称轴线桩，然后根据轴线桩进行细部测设。根据主轴线建立控制点，用混凝土保护好，以便在施工全过程中对平面进行控制。根据基础的宽度、土质情况、基础埋置深度及施工方法，计算确定基槽（坑）上口开挖宽度，拉通线后用石灰在地面上画出基槽（坑）开挖的上口边线，即放线。工作面的留出要求是：混凝土、钢筋混凝土基础为 300mm。

2) 土方开挖。土方开挖的顺序、方法必须与设计工况一致，并遵循"开槽支撑，先撑后挖，分层开挖，严禁超挖"的原则。土方开挖宜从上到下、分层分段依次进行，当基底标高不同时，应遵守先深后浅的施工顺序。

5. 土钉墙边坡加固施工

土钉墙是指将基坑边坡通过由钢筋制成的土钉进行加固，边坡表面铺设一道钢筋网，再喷射一层混凝土面层和土方边坡相结合的边坡加固的施工方法。这种方法适用于一般黏性土、中密以上砂土，且基坑深度不超过 15m，基坑边坡坡度一般为 70°～80°。

(1) 土钉墙的材料要求。土钉采用直径为 16～25mm 的 HRB335 级钢筋制成，长度为基坑开挖深度的 0.7～1 倍。土钉的排列方式为网格和梅花形布置。土钉与水平面倾角为

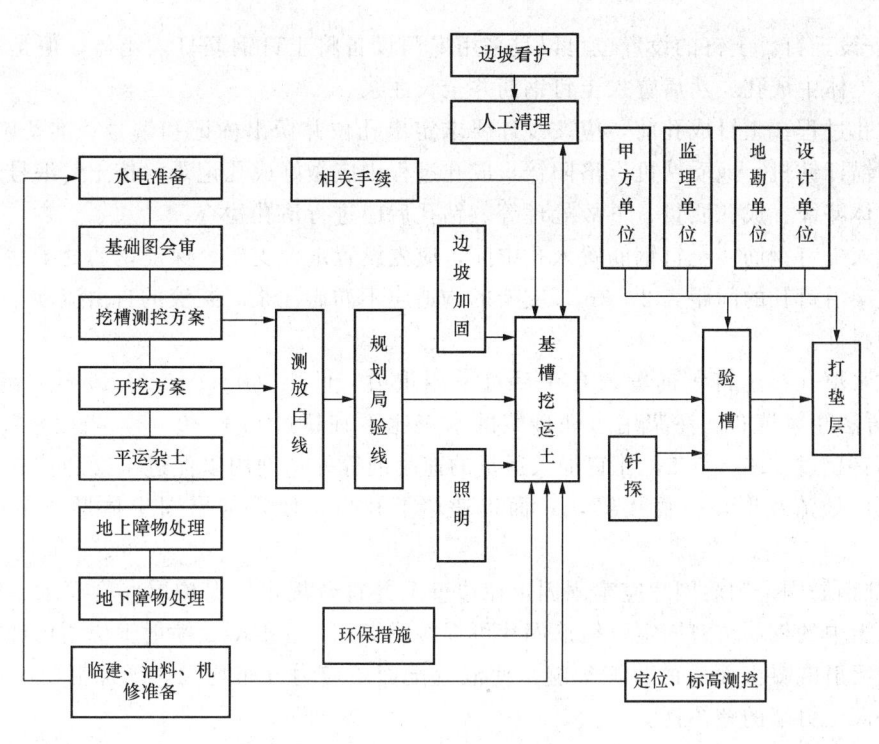

图 3-3 基坑开挖顺序

5°～20°。钢筋网由 $\phi 6$～$\phi 10$ 的钢筋组成,间距为 150～300mm。喷射混凝土的强度等级不低于 C20,厚度一般为 80～150mm。

(2) 土钉墙的施工过程及施工方法。施工过程是:基坑开挖与修坡→定位放线→安设土钉→挂钢筋网→喷射混凝土,如图 3-4 所示。

图 3-4 土钉墙的施工过程
(a) 钻孔安设土钉;(b) 挂钢筋网、喷射混凝土

1) 基坑开挖和修坡。土钉墙支护应按设计规定的分层开挖深度及顺序施工,当用机械进行土方作业时,严禁边壁出现超挖或造成边壁土体松动。基坑的边壁宜采用小型机具或铲锹进行切削清坡,以保证边坡平整并符合设计规定的坡度。

2) 进行施工放线。定出土钉的孔位,土钉的倾斜角。

3) 安设土钉。土钉的设置也可以是采用专门设备将土钉钢筋打入土体，但是通常的做法是先在土体中成孔，然后置入土钉钢筋并全长注浆。

①成孔过程。土钉成孔前，应按设计要求定出孔位并做出标记和编号。准备施工机具，一般采用锚杆钻机、地质钻机、洛阳铲。成孔过程中应做好成孔记录，按土钉编号逐一记载取出的土体特征、成孔质量、事故处理等。钻孔后应进行清孔检查。

②置入土钉钢筋。土钉钢筋置入孔中前，应先设置定位支架，保证钢筋处于钻孔的中心部位，支架沿钉长的间距为2~3m，支架的构造应不妨碍注浆时浆液的自由流动。支架可为金属或塑料件。

③注浆填孔。土钉钢筋置入孔中后可采用重力、低压（0.4~0.6MPa）或高压（1~2MPa）方法注浆填孔。注浆用水泥砂浆的水灰比不宜超过0.4~0.45，当用水泥净浆时，水灰比不宜超过0.45~0.5，并宜加入适量的速凝剂等外加剂用以促进早凝和控制泌水。待浆液自孔口处流出时，一面拔管，一面迅速堵上孔口，使之与周围土体形成粘结密实的土钉。

4) 挂钢筋网。钢筋网片应牢固固定在边壁上并符合规定的保护层厚度要求。钢筋网片可与插入土中的钢筋土钉固定，钢筋网片可焊接或绑扎，在混凝土喷射下应不出现振动，这样可减少喷射混凝土面层的收缩裂缝，使混凝土面层应力分布均匀，增加混凝土面层的强度，以提高土钉墙的整体性。

5) 喷射混凝土。将混凝土拌和料装入喷射机，以一定的压力和距离喷射，使混凝土与边坡粘结牢固。喷射顺序应自下而上，喷头与受喷面距离宜控制在0.8~1.5m范围内，射流方向垂直指向喷射面。

(3) 基槽（坑）开挖深度控制。当基槽（坑）挖到离坑底0.5m左右时，根据龙门板上标高及时用水准仪抄平，在土壁上打上水平桩，作为控制开挖深度的依据。

(4) 开挖过程的注意事项。

1) 土方开挖应连续进行，尽量缩短施工时间。雨期施工或基槽（坑）开挖后不能及时进行下一道工序施工时，可在基底标高以上留15~30cm的土不挖，待下一道工序开工前再挖除。

2) 采用机械挖土时，为避免机械扰动基底土，应在基底标高以上预留20~30cm厚度的土用人工清除。

3) 冬期施工时，还应注意基底土不要受冻，下一道工序施工前应认真检查。禁止受冻土被隐蔽覆盖。为防止基底土冻结，可预留松土层或采用保温材料覆盖措施，待下一道工序施工前，再清除松土层或去掉保温材料覆盖层。

4) 在施工过程中，基槽（坑）、管沟边堆置土方不应超过设计荷载。当土质较好时，堆土或材料应距挖方边缘0.8m以外，高度不宜超过1.5m。

5) 基槽（坑）开挖时，要加强垂直高度方向的测量，防止超挖，防止搅动基底土层。如个别地方发生超挖，严禁用虚土回填。处理方法应征得设计单位的同意。

6) 对特大型基坑，应分区分块挖至设计标高，分区分块及时浇筑垫层。

7) 土方开挖施工中，若发现古墓及文物等要保护好现场，并立即通知文物管理部门，经查看处理后才可施工。

6. 基坑（槽）钎探和验槽

基槽（坑）挖至基底设计标高后，为防止基础的不均匀沉降，对地基应进行严格的检查，主要是钎探和验槽。

（1）钎探。钎探主要用来检验地基土每 2m 范围的土质是否均匀一致，是否有局部过硬或过软的部位，以及是否有地洞、墓穴等异常情况。

钎探方法是：将一定长度的钢钎打入槽底以下的土层内，根据每打入一定深度的锤击次数，间接地判断地基土质的情况。打钎分人工和机械两种方法。

1）钢钎的规格和数量。人工打钎时，钢钎用直径为 22～25mm 的钢筋制成，钎尖为 60°尖锥状，钎长为 1.8～2.0m，如图 3-5 所示。打钎用的锤重为 3.6～4.5kg，举锤高度为 50～70cm，将钢钎垂直打入土中，并记录每打入土层 30cm 的锤击数。用打钎机打钎时，其锤重约 10kg，锤的落距为 50cm，钢钎直径为 25mm，长 1.8m。

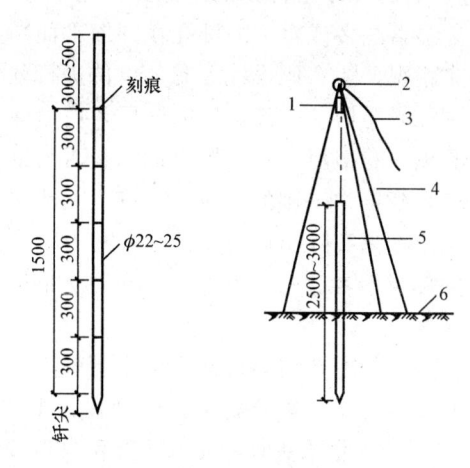

图 3-5 基坑钎探示意图
1—重锤；2—滑轮；3—操纵绳；4—三脚架；
5—钢钎；6—基坑底

2）钎孔布置和钎探深度。钎孔布置和钎探深度应根据地基土质的复杂情况和基槽宽度、形状而定，一般参考表 3-1 确定。

表 3-1　　　　　　　　　　　钎探孔布置

槽宽/cm	排列方式	间距/m	钎探深度/m
小于 80	中心一排	1～2	1.2
80～200	两排错开	1～2	1.5
大于 200	梅花形	1～2	2.0
柱基	梅花形	1～2	大于或等于 1.5m，并不浅于短边宽度

注：对于较软弱的新近沉积黏性土和人工杂填土的地基，钎孔间距应不大于 1.5m。

3）钎探的施工要求。

①首先，根据基槽（坑）底的平面尺寸绘制基槽平面图，在图上根据要求确定钎探点的平面位置，并依次编号绘制成钎探平面图。

②钎探时按钎探平面图标定的钎探点顺序进行，钎探时大锤应靠自重下落，以保持外力均匀，最后整理成钎探记录表，见表 3-2。

表 3-2　　　　　　　　　　　钎探记录

探孔号	打入长度/m	每 30cm 锤击数								总锤击数	备注
		1	2	3	4	5	6	7	8		
打钎者		施工员					质检员				

23

③钎探完毕后，用砖等块材状材料盖住钎探孔，待验槽时还要验孔。

④待验槽完毕后，用粗砂灌孔。

4）钎探结果分析。全部钎探完毕后，逐层地分析研究钎探记录，逐点进行比较，将锤击数显著过多或过少的钎孔在钎探平面图上做上记号，然后再在该部位进行重点检查，如有异常情况，要会同设计等有关单位进行处理（地基处理方法详见第 4 章）。

(2) 验槽。全部钎探完毕后，应由建设单位会同设计、勘察、监理、施工单位等共同进行验槽，验槽目的在于检查地基是否与勘察设计资料相符合。因一般设计依据的地质勘察资料取自建筑物基础的有限几个点，无法反映钻孔之间的土质变化，只有在开挖后才能确切地了解。如果实际土质与设计地基土不符，则应由结构设计人员提出地基处理方案，处理后经有关单位签署后归档备查。经处理合格后，再进行基础工程施工。这是确保工程质量的关键程序之一。

验槽的主要内容包括：①主要观察基槽、基底和侧壁土质情况，土层构成及其走向，是否有异常现象，以判断是否达到设计要求的土层。由于地基土开挖后的情况复杂、变化多样，这里将常见基槽观察的项目和内容进行简要说明（见表 3-3）；②检查基底标高和平面尺寸、坡度是否符合设计要求。土方开挖质量检验标准应符合《建筑地基基础工程施工质量验收规范》(GB 50202—2002) 的规定。验槽合格后，应立即进行基础工程的施工（基础施工见本章有关内容）。

表 3-3 验 槽 观 察 内 容

观察目的		观察内容
槽壁土层		土层分布情况及走向
重点部位		柱基、墙角、承重墙下及其他受力较大部位
整个槽底	槽底土质	是否挖到老土层上（地基持力层）
	土的颜色	是否均匀一致，有无异常过干过湿
	土的软硬	是否软硬一致
	土的虚实	有无振颤现象，有无空穴声音

7. 土方填筑和压实方法、要求

(1) 土料选择。选择的填方土料应符合设计要求。如设计无要求时，应符合下列规定：

1）碎石类土、砂土（使用细、粉砂时应取得设计单位同意）和爆破石碴，可用作表层以下的填料；其最大粒径不得超过每层铺填厚度的 2/3。

2）含水量符合压实要求的黏性土，可用作各层填料。

3）碎块草皮和有机质含量大于 8% 的土，仅用于无压实要求的填方工程。

4）淤泥和淤泥质土一般不能用作填料，但在软土或沼泽地区，经过处理其含水量符合压实要求后，可用于填方中的次要部位；含盐量符合规定的盐渍土一般可以使用，但填料中不得含有盐晶、盐块或含盐植物的根茎。

5）含冻土块的土不得用于室内回填。

(2) 作业条件。

1）施工前应根据工程特点、填方土料种类、密实度要求、施工条件等，合理地确定填方土料含水量控制范围、虚铺厚度和压实遍数等参数；重要回填土方工程，其参数应通过压实试验来确定。

2）填土前，应对填方基底和已完工程进行检查和中间验收，合格后要做好隐蔽和验收手续。

3）施工前，应做好水平高程标志布置。如大型基坑或沟边上，每隔1m钉上水平桩或在邻近的固定建筑物上抄上标准高程点。大面积场地上或地坪每隔一定距离钉上水平桩。

4）确定好土方机械车辆的行走路线，应事先经过检查，必要时要进行加固、加宽等准备工作。同时，要编好施工方案。

（3）施工工艺流程。基坑底清理→检验土质→分层铺土→分层压实→检验密实度→修整找平、验收。

1）填土前，应将基土上的洞穴或基底表面上的树根、垃圾等杂物都处理完毕，清除干净。

2）检验土质。检验回填土料的种类、粒径，有无杂物，是否符合规定，以及土料的含水量是否在控制的范围内。如含水量偏高，可采用翻松、晾晒或均匀掺入干土等措施；如遇填料含水量偏低，可采用预先洒水润湿等措施。

3）填土应分层铺摊，分层压实。每层铺土的厚度应根据土质、密实度要求和机具性能确定。填土应尽量采用同类土填筑。如采用不同类填料分层填筑时，上层宜填筑透水性较小的填料，下层宜填筑透水性较大的填料。填方基土表面应做成适当的排水坡度，边坡不得用透水性较小的填料封闭。填方施工应接近水平的分层填筑。当填方位于倾斜的地面时，应先将斜坡挖成阶梯状，然后分层填筑以防填土横向移动。分段填筑时，每层接缝处应做成斜坡形，辗迹重叠0.5~1.0m。上、下层错缝距离不应小于1m。

4）回填土每层压实后，应按规定进行环刀取样，测出干土的质量密度；达到要求后，再进行上一层的铺土。

5）填方全部完成后，应进行表面拉线找平。凡超过标准高程的地方，及时依线铲平，凡低于标准高程的地方，应补土找平夯实。

（4）填土的压实方法。填土的压实方法有碾压、夯实和振动三种，此外还可利用运土工具压实。

1）碾压法。碾压法是利用沿着表面滚动的鼓筒或轮子的压力压实土壤。一切拖动和自动的碾压机具，如平滚碾、羊足碾和气胎碾等的工作都属于同一原理。主要用于大面积填土。

2）夯实法。夯实法是利用夯锤自由下落的冲击力来夯实土壤，主要用于小面积的回填土。夯实机具类型较多，有木夯、石夯、蛙式打夯机，以及利用挖土机或起重机装上夯板后的夯土机等。其中，蛙式打夯机轻巧灵活，构造简单，在小型土方工程中应用最广。

3）振动法。振动法是将重锤放在土层的表面或内部，借助于振动设备使重锤振动，土壤颗粒即发生相对位移达到紧密状态。此法用于振实非黏性土效果较好。

（5）影响填土压实质量的因素。

1）压实功的影响。填土压实后的密实度与压实机械在其上所施加的功有一定的关系。当土的含水量一定，在开始压实时，土的密实度急剧增加，待到接近土的最大密实度时，压实功虽然增加许多，而土的密度则变化甚小。在实际施工中，对于砂土只需碾压2~3遍，对粉质黏土或黏土只需碾压5~6遍。

2) 含水量的影响。土的含水量对填土压实有很大影响。较干燥的土,由于土颗粒之间的摩擦阻力大,所以填土不易被夯实。而当土的含水量较大。超过一定限度时,土颗粒间的空隙全部被水充填而呈饱和状态,填土也不易被压实,且容易形成橡皮土。只有当土具有适当的含水量,土颗粒之间的摩擦阻力由于水的润滑作用而减少,土才易被压实。为了保证填土在压实过程中具有最优的含水量,当土过湿时,应予翻松、晾晒或掺入同类干土及其他吸水性材料;当土料过干时,则应预先洒水湿润。土的含水量一般以手握成团,落地开花为宜。

3) 铺土厚度的影响。土在压实功的作用下,其应力随深度增加而逐渐减少。在压实过程中,土的密实度也是表层最大,而随深度加深而逐渐减少。超过一定深度后,虽经反复碾压,土的密实度仍与未压实前一样。铺土厚度及压实遍数见表3-4。

表 3-4 填方每层的铺土厚度和压实遍数

序号	压实机具	分层厚度/mm	每层压实遍数
1	平碾(8~12t)	200~300	6~8
2	羊足碾(5~16t)	200~350	6~16
3	蛙式打夯机(200kg)	200~250	3~4
4	振动碾(8~15t)	60~130	6~8
5	振动压路机2t,振动力98kN	120~150	10
6	推土机	200~300	6~8
7	拖拉机	200~300	8~16
8	人工打夯	不大于200	3~4

8. 填土压实的质量检查

填土压实后土要达到一定的密实度要求。填土的密实度要求和质量指标通常以压实系数 λ_c 表示。压实系数是土的施工控制干密度和土的最大干密度的比值。压实系数一般根据工程结构性质、使用要求以及土的性质确定。根据《建筑地基基础设计规范》(GB 50007—2011)规定:地坪垫层以下及基础底面标高以上的压实填土,压实系数应不小于0.94。砌体承重结构和框架结构的填土部位:在地基主要持力层范围内,压实系数大于0.96;在地基主要持力层范围以下,压实系数为0.93~0.96。一般工程的填土部位:基础四周或两侧一般回填土,压实系数为0.90;室内地坪、管道地沟回填土,压实系数为0.90。

(1) 检验项目。检验项目一般依据施工图样要求而定。

在建筑工程的施工图样上如果规定有压实系数指标,则先委托击实试验(击实试验提供给施工单位该土最佳含水率 ω_{op} 状态下的最大干密度 ρ_{dmax} 及控制干密度),然后现场按击实试验报告中的最佳含水率和控制干密度回填后再委托密度试验,实测干密度应不小于击实试验报告中的控制干密度。

(2) 取样方法。密度试验常用取样方法有环刀法、灌砂法、灌水法、蜡封法。其中,环刀法与灌砂法应用较为广泛。

(3) 取样部位和取样数量。应使环刀在测点处垂直而下,并应在夯实层2/3处取样。取样数量:

1) 基槽回填,每层按20~50m取一组,但不少于一组。

2) 基坑和室内回填，每层按 100～500m² 取样一组，但不少于一组。
3) 场地平整填方，每层按 400～900m² 取样一组，但不少于一组。

9. 土方工程质量检验标准

(1) 土方开挖工程的质量检验标准。土方开挖工程质量检验标准应符合表 3-5 的规定。

表 3-5　　　　　　　　　　土方开挖工程质量检验标准

项目	序号	检查项目	允许偏差或允许值/mm					检查方法
^	^	^	桩基基坑基槽	挖方场地平整		管沟	地（路）面基层	^
^	^	^	^	人工	机械	^	^	^
主控项目	1	标高	-50	±30	±50	-50	-50	水准仪
^	2	长度、宽度（由设计中心线向两边量）	+200 -50	+300 -100	+500 -150	100		经纬仪，用钢尺量
^	3	边坡	设计要求					观察或用坡度尺检查
一般项目	1	表面平整度	20	20	50	20	20	用2m靠尺和楔形塞尺检查
^	2	基底土性	设计要求					观察或土样分析

注：地（路）面基层的偏差只适用于直接在挖、填方上做地（路）面的基层。

(2) 土方回填的质量验收标准。

1) 土方回填前应清除基底的垃圾、树根等杂物，抽除坑穴积水、淤泥，验收基底标高，如在耕植土或松土上填方，应在基底压实后再进行。

2) 对填方土料应按设计要求验收后才可填入。

3) 填方施工过程中应检查排水措施、每层填筑厚度、含水量控制、压实程度。填筑厚度及压实遍数应根据土质、压实系数及所用机具确定。

4) 填方施工结束后，应检查标高、边坡坡度、压实程度等，检验标准应符合表 3-6 的规定。

表 3-6　　　　　　　　　　填土工程质量检验标准　　　　　　　　　　（mm）

项目	序号	检查项目	允许偏差					检查方法
^	^	^	桩基基坑基槽	场地平整		管沟	地（路）面基层	^
^	^	^	^	人工	机械	^	^	^
主控项目	1	标高	-50	±30	±50	-50	-50	水准仪
^	2	分层压实系数	设计要求					按规定方法
一般项目	1	回填土料	设计要求					取样检查或直观鉴别
^	2	分层厚度及含水量	设计要求					水准仪及抽样检查
^	3	表面平整度	20	20	30	20	20	用靠尺或水准仪

10. 主要土方工程质量通病及技术防治措施

(1) 场地积水（场地范围内局部积水）。

产生原因：①场地周围未做排水沟或场地未做成一定排水坡度，或存在反向排水坡；②测量偏差，使场地标高不一。

防治措施：按要求做好场地排水坡和排水沟；做好测量复核，避免出现标高错误。

(2) 挖方边坡塌方。

产生原因：①基坑（槽）开挖较深，未按规定放坡；②在有地表水、地下水作用的土层开挖基坑（槽），未采取有效降排水措施；③坡顶堆载过大或受外力振动影响，使坡体内剪切应力增大，土体失去稳定而导致塌方；④土质松软，开挖次序、方法不当而造成塌方。

防治措施：根据不同土层土质情况采用适当的挖方坡度；做好地面排水措施，基坑开挖范围内有地下水时，采取降水措施；坡顶上弃土、堆载，使远离挖方土边缘3~5m；土方开挖应自上而下分段分层依次进行，并随时做成一定坡度，以利于泄水；避免先挖坡脚，造成坡体失稳；相邻基坑（槽）开挖，应遵循先深后浅或同时进行的施工顺序。

处理方法：可将坡脚塌方清除，做临时性支护措施（如堆装土草袋、设支撑护墙）。

(3) 超挖。

产生原因：①采用机械开挖，操作控制不严，局部挖得多；②边坡上存在松软土层，受外界因素影响自行滑塌，造成坡面凹洼不平；③测量放线错误。

防治措施：机械开挖，预留0.3m厚采用人工修坡；加强测量复测，进行严格定位。

(4) 基坑（槽）泡水（地基被水淹泡，造成地基承载力降低）。

产生原因：①开挖基坑（槽）未设排水沟或挡水堤，地面水流入基坑（槽）；②在地下水位以下挖土，未采取降水措施将水位降至基底开挖面以下；③施工中未连续降水或停电影响。

防治措施：开挖基坑（槽）周围应设排水沟或挡水堤；在地下水位以下挖土时应降低地下水位，使水位降低至开挖面以下0.5~1.0m。

(5) 基底产生扰动土。

产生原因：基槽开挖时排水措施差，尤其是在基底积水或土含水量大的情况下进行施工，土很容易被扰动；土方开挖时超挖，而用虚土回填，该虚土经施工操作后也改变了原状土的物理性能，变成了扰动土。

防治措施：认真做好基坑排水和降水工作。降水工作应待基础回填土完成后，才可停止；土方开挖应连续进行，尽量缩短施工时间。雨期施工或基槽（坑）开挖后不能及时进行下一道工序施工时，可在基底标高以上留15~30cm的土不挖，待下一道工序开工前再挖除。采用机械挖土时，应在基底标高以上留一定厚度的土用人工清除。冬期施工时，还应注意基底土不要受冻，下一道工序施工前应认真检查。禁止受冻土被隐蔽覆盖。为防止基底土冻结，可预留松土层或采用保温材料覆盖措施，待下一道工序施工前再清除松土层或去掉保温材料覆盖层；严格控制基底标高。如个别地方发生超挖，严禁用虚土回填。处理方法应征得设计单位的同意。

3.1.2 地基处理

1. 地基的局部处理

根据验槽查明的局部异常地基，在查明原因和确定范围后均应妥善处理。具体处理方法应根据地基情况、工程地质及施工条件而有所不同，应本着使建筑物的各个部位沉降尽量趋于一致，以减小地基的不均匀沉降为处理原则。常见的处理方法有以下几种：

(1) 松土坑（填土、软土）。

1) 将土坑中松软土挖除，至见天然土为止，回填压缩性相近的土料或质量比为3:7的灰土，分层夯实，每层厚度不大于200mm；如坑的范围较大时，则应将部分基础加深，基坑土做成1:2台阶边坡回填。

2）在单个基础下，如果松土坑深度较浅时，可按压缩层的深度内的异常土进行处理，必要时应加强上部结构。

3）对于较深的松土坑（大于1.5m），可按压缩层的深度内的异常土进行处理，必要时应加强上部结构。

(2) 砖井或土井的处理方法。

1）如井在基槽中间，其内填土较密实时，可将井壁砖石拆除到基底以下1m，再用质量比为3:7或2:8灰土分层回填并夯实至基底。如井内回填土不密实，可用大块石将下面软土挤密后，再按上述方法处理。如图3-6所示。

2）如井直径大于1.5m时，可做地基梁或在墙内配筋跨越；如井在基础的转角，除按第1项处理外，还应在基础部位增设钢筋混凝土圈梁或挑梁来加强。

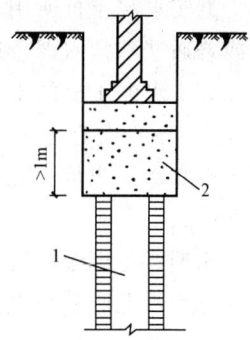

图3-6 基槽下砖井处理方法
1—砖井；2—回填土

(3) 局部硬土的处理。当柱基或部分基槽下有过硬土层时，如常见的旧基础、老灰土、大树根、砖窑底等均应挖除，视情况回填土或落深基础，以防止建筑物产生不均匀沉降，造成上部建筑开裂。

(4) 橡皮土的处理。当地基为黏性土且含水量很大、趋于饱和时，要避免直接夯实，可采用晾槽或掺白灰的办法来降低土的含水量。如地基土已发生了颤动现象，则应采取措施，如利用碎石或卵石将泥挤紧或将泥挖去，重新回填处理，可采用分层填灰土、砂土或一定级配的砂石夯实。

注意下列情况：如在地基中遇有文物、古墓时应及时与有关部门取得联系后再进行施工。如在地基内发现未经说明的电缆、管道时，且勿自行处理，应与主管部门共同商定施工方法。

2. 软弱地基加固

为了满足结构的安全和正常使用，地基必须具有满足要求的承载力和变形，对于不能满足要求的地基，除改变基础的形式外，常用的一种方法是对地基进行处理与加固。目前地基加固方法多种多样，如灰土地基、砂和砂石地基、土工合成材料地基、强夯地基、预压地基、振冲地基、高压喷射注浆地基、水泥土搅拌桩地基、土和灰土挤密桩地基、水泥粉煤灰碎石桩复合地基、夯实水泥土桩复合地基、砂桩地基等。本部分主要介绍两种常用的地基加固方法，即夯实水泥土桩复合地基和水泥粉煤灰碎石桩（CFG桩）复合地基。

(1) 夯实水泥土桩。

1）夯实水泥土桩概述及作用。夯实水泥土桩是用人工或机械成孔，选用相对单一的土质材料，与水泥按一定配比，在孔外充分拌和均匀制成水泥土，分层向孔内回填并强力夯实，制成均匀的水泥土桩。桩、桩间土和褥垫层一起形成复合地基。夯实水泥土桩作为中等粘结强度桩，不仅适用于地下水位以上淤泥土、素填土、粉土、粉质黏土等地基加固，对地下水位以下情况，在降水处理后，采取夯实水泥土桩进行地基加固，也是行之有效的一种方法。

夯实水泥土桩的作用使地基强度提高，一是成桩夯实过程中挤密桩间土，使桩周土强度有一定程度提高；二是水泥土本身夯实成桩，且水泥与土混合后可产生离子交换等一系列物理化学反应，使桩体本身有较高强度，具有水硬性。处理后的复合地基的强度和抗变形能力有明显提高。

2) 材料及桩径确定。夯实水泥土桩的桩体材料主要由水泥和土的混合料组成。

①夯实水泥土桩所用水泥应符合设计要求的种类及规格，宜采用32.5级或42.5级矿渣水泥或普通硅酸盐水泥，进场水泥应进行强度和安定性检验，并具有质量合格证。

②夯实水泥土桩的土料宜采用黏性土、粉土、粉细砂或渣土，土料中有机物质含量不得超过5%，不得含有冻土或膨胀土，使用时应过10～20mm筛。

③夯实水泥土桩的混合料要按设计配合比配制并搅拌均匀，含水量与最优含水量允许偏差为2%。

④雨期或冬期施工时，应采取防雨、防冻措施，防止原材料及混合料淋湿和受冻。

⑤夯实水泥土桩只在基础范围内布置，桩孔直径宜为300～600mm，可根据设计和成孔方法确定。如果桩径过小，则桩数增加，并增加打桩和回填的工作量。如果桩径过大，则桩间土的挤密效果不够，尤其是对消除湿陷性地层不够理想。

3) 施工工艺流程。夯实水泥土桩的施工工艺流程一般为：测放桩位→钻机就位→成孔→清孔验收→孔底夯实→拌和水泥土→夯填桩孔→下一根桩施工。

①成孔：夯实水泥土桩的施工，应按设计要求选用成桩工艺。挤土成孔可选用沉管、冲击等方法，非挤土成孔可选用洛阳铲、螺旋钻等方法。采用人工洛阳铲成孔时，确定好桩位中心，沿开挖尺寸线，从周围向中心挖。

②清孔验收：成孔完毕后由专职质检员验孔并记录好桩端、桩底土质，孔深、孔径、孔垂直度由质检员实际测量控制。

③孔底夯实：挖（钻）至设计孔底深度后，检查有无虚土，如虚土较厚，可用专门机具清理。然后，采用机械夯机进行夯实，夯击次数可现场试验确定。对边角部位，机械无法到位的桩，采用人工夯实，先用小落距轻夯3～5次，然后重夯不少于8次。

④拌和水泥土：应根据工程要求进行配合比试验，夯实水泥土桩体强度宜取28d龄期试块的立方体抗压强度平均值。

⑤夯填桩孔：填料前检查孔口堆土是否在距孔口0.5m以外，检验孔底是否已夯实。在孔口铺一块铁皮或木板堆放拌和料。夯填桩孔时，宜选用机械夯实。分段夯填时，夯锤的落距和填料厚度应根据现场试验确定。一般应用铁锹匀速填料，每次填料厚度200～300mm，即夯击6～8击，每填一步夯击密实后再填下一步。桩顶夯填高度应大于设计桩顶标高100～300mm，然后再填素土夯至地表，确保桩头质量。机械钻孔现场施工如图3-7所示。夯实水泥土桩现场施工如图3-8所示。

图3-7 机械钻孔现场施工　　图3-8 夯实水泥土桩现场施工

4）质量标准。夯实水泥土桩的质量检验标准应符合表3-7的规定。

表3-7　　　　　　　　夯实水泥土桩复合地基质量检验标准

项目	序号	检查项目	允许偏差或允许值 单位	允许偏差或允许值 数值	检查方法
主控项目	1	桩径	mm	-20	用钢尺量
主控项目	2	桩长	mm	500	测桩孔深度
主控项目	3	桩体干密度	设计要求		现场取样检查
主控项目	4	地基承载力	设计要求		按规定办法
一般项目	1	土料有机质含量	%	≤5	焙烧法
一般项目	2	含水量（与最优含水量比）	%	±2	烘干法
一般项目	3	土料粒径	mm	≤20	筛分法
一般项目	4	桩位偏差		满堂布桩≤0.40D 条基布桩≤0.25D	用钢尺量，D为桩径
一般项目	5	水泥质量	设计要求		查产品合格证书或抽样送检
一般项目	6	桩孔垂直度	%	≤1.5	用经纬仪测桩管
一般项目	7	褥垫层夯填度		≤0.9	用钢尺量

注：1. 夯填度是指夯实后的褥垫层厚度与虚体厚度的比值。
　　2. 桩径允许偏差负值是指个别断面。

（2）水泥粉煤灰碎石桩复合地基。水泥粉煤灰碎石桩又称CFG桩，是由水泥、粉煤灰、碎石、石屑或砂等混合料加水拌和形成高黏度强度桩，并由桩、桩间土和褥垫层一起组成复合地基的地基处理方法。

1）适用范围及作用。CFG桩可适用于条形基础、独立基础，也可用于筏形基础和箱形基础。就土性而言，CFG桩可用于填土、饱和及非饱和黏性土，既可用于挤密效果好的土，又可用于挤密效果差的土。CFG分别代表水泥、粉煤灰与碎石。由于利用工业废料——粉煤灰代替部分水泥，所以大大地降低了工程造价，又增加了桩身后期强度。通过柔性褥垫层的设置，使CFG桩复合地基得到了均匀沉降和较高的承载力，是加固软土地基最经济、适用、快速、可靠的一种新型灌注桩。褥垫层具有重要作用，它可起到保证桩土共同承担荷载、调整桩与土垂直及水平荷载的分担和减小基础底面的应力集中的作用。

2）施工工艺。

①水泥粉煤灰碎石桩的施工，应根据现场条件选用下列施工工艺：

a. 长螺旋钻孔、管内泵压混合料灌注桩，适用于黏性土、粉土、砂土以及对噪声或泥浆污染要求严格的场地。

b. 振动沉管灌注成桩，适用于粉土、黏性土及素填土地基。

②长螺旋钻孔、管内泵压混合料成桩工艺流程是：施工准备→钻机就位→钻至设计深度（在钻进同时及时清理桩土）→边泵送混合料边提升钻杆至施工面→移位至下一桩位→按上述工序施工至全部桩施工结束→待达到养护期后进行静载荷试验→挖桩间土→清凿桩头→做低应变试验→铺设褥垫层。

长螺旋钻孔、管内泵压混合料灌注桩施工和振动沉管灌注成桩施工除应执行国家现行有关规定外，尚应符合下列要求：

a. 施工前应按设计要求由试验室进行配合比试验，施工时按配合比配制混合料。长螺旋钻孔、管内泵压混合料成桩施工的坍落度宜为160～200mm，振动沉管灌注成桩施工的坍落度宜为30～50mm。

b. 长螺旋钻孔、管内泵压混合料成桩施工在钻至设计深度后，应准确掌握提拔钻杆时间，混合料泵送量应与拔管速度相配合，遇到饱和砂土或饱和粉土层，不得停泵待料。

c. 施工桩顶标高宜高出设计桩顶标高不宜少于0.5m。

d. 清土和截桩时，不得造成桩顶标高以下桩身断裂和扰动桩间土。

e. 混合料试块的制作和现场养护。施工过程中应随机选取具有代表性的混合料制作试块（边长为150mm的立方体）并捣实，每台机械一天应做一组（3块）试块，标准养护28d，测定其立方体抗压强度。

f. 低应变反射波法试验。

（a）方法：通过手锤或力棒敲击桩头激发应力波，应力波沿桩身向下传播，当桩身存在波阻抗差异时，应力波产生的反射被安装于桩头的传感器接收并传输到仪器，运用低应变分析软件对反射波进行处理、分析，得到桩身质量完整性的信息。

（b）设备：RS-1616KP基桩动测仪、16100传感器、尼龙锤。

g. 褥垫层施工。桩顶和基础之间应设置褥垫层，褥垫层宜取0.4～0.6倍桩径，褥垫层材料宜用中砂、粗砂、级配砂石或碎石等，最大粒径不宜大于30mm。褥垫层铺设宜采用静力压实法，当基础底面下桩间土的含水量较小时，也可采用动力夯实法，夯填度（夯实后的褥垫层厚度与虚铺厚度的比值）不得大于0.9。

3.1.3 基础的施工

1. 基础的分类

（1）按受力特点分为刚性基础（无筋扩展基础）和柔性基础（扩展基础）。

刚性基础的特点是基础的抗压能力大，而抗弯、抗拉、抗剪能力较小。它通常采用砖、石、素混凝土、三合土和灰土等材料建造，适用于6层及6层以下的民用建筑和墙承重厂房的基础。

柔性基础的特点是抗变形能力比刚性基础大，具有比较好的抗剪能力和抗弯能力，可以用扩大基础底面积的方法来满足地基承载力的要求，而不必增加基础的埋置深度。柔性基础由钢筋混凝土建造，适用于地基比较软弱、不够均匀，上部结构荷载较大、存在弯矩和水平力等荷载组合作用等的情况。

（2）按构造形式分为独立基础、条形基础、筏形基础、箱形基础、桩基础，如图3-9～图3-11所示。

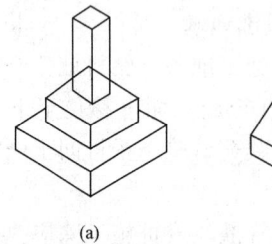

图3-9 独立基础
(a) 阶梯形；(b) 锥形

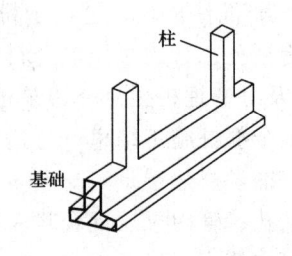

图3-10 柱下条形基础

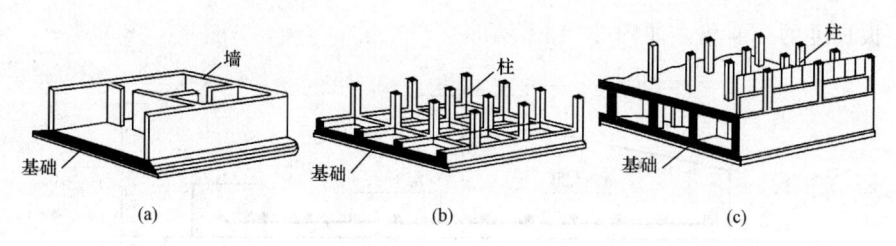

图 3-11 整片基础
(a) 板式；(b) 梁板式；(c) 箱形

2. 扩展基础钢筋构造及施工

根据图集《混凝土结构施工钢筋排布规则与构造详图》（筏形基础、箱形基础、地下室结构、独立基础、条形基础、桩基承台）（12G901-3），扩展基础钢筋构造及施工要求如下：

(1) 独立基础。

1) 独立基础底板钢筋排布构造。

①基础的截面形式一般为阶梯形截面 DJ_J、BJ_J，坡形截面 DJ_P（图 3-12）、BJ_P。

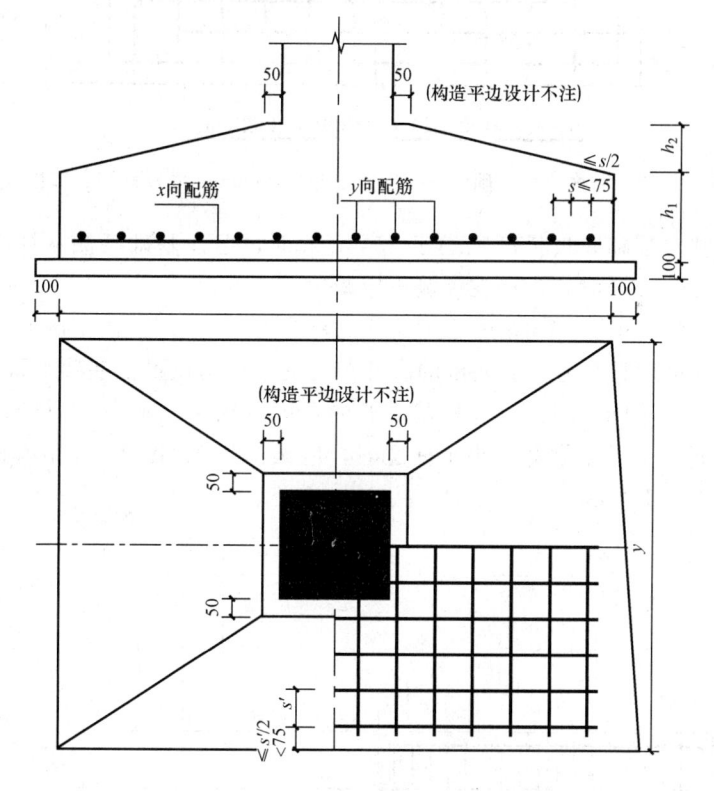

图 3-12 独立基础 DJ_P 底板钢筋排布构造

②几何尺寸及配筋按具体结构设计和图集构造规定配置。

③独立基础底部双向交叉钢筋，长向设置在下，短向设置在上，图面规定水平向为 x 向，竖向为 y 向。

④当对称独立基础底板长度不小于 2500mm 时，除外侧钢筋外，底板配筋长度可取相

应方向底板长度的 0.9 倍。如图 3-13 所示。

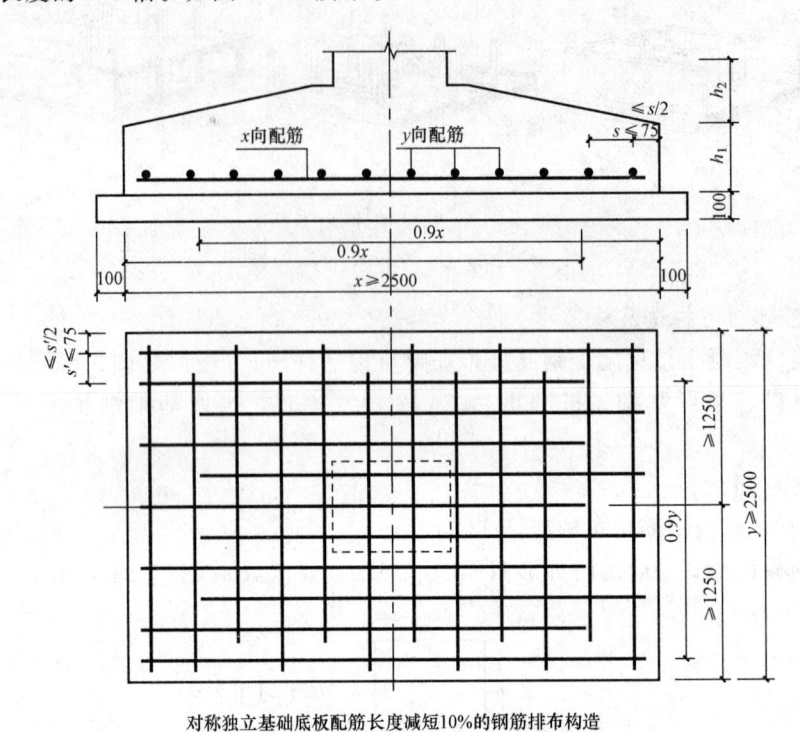

图 3-13 对称独立基础底板长度大于等于 2500mm 底板钢筋排布构造

⑤当非对称独立基础底板长度不小于 2500mm 时，但该基础某侧从柱中心至基础底板边缘的距离小于 1250mm 时，钢筋在该侧不应减短。

⑥独立基础底板四周第一根钢筋距基础边缘的要求是：$\leqslant s/2$ 且 $\leqslant 75$mm（s 为钢筋的间距）。

⑦设置基础梁的双柱普通独立基础的底部短向受力钢筋设置在基础梁纵筋之下，与基础梁箍筋的下水平段位于同一层面。双柱基础梁的宽度宜比柱宽不小于 100mm（每边不小于 50mm）。当具体设计的基础梁宽度小于柱宽时，应按图集 12G901-3 中的构造规定增设梁包柱侧腋。如图 3-14 所示。

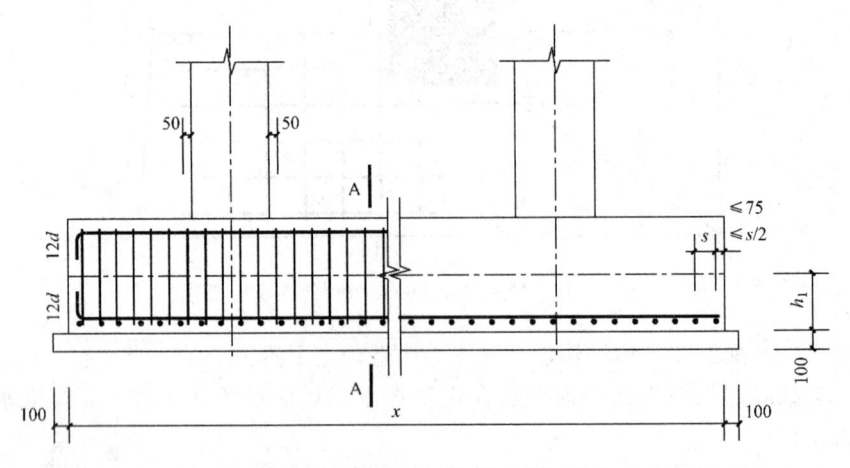

图 3-14 设置基础梁的双柱普通独立基础（一）

2) 钢筋混凝土柱下独立基础的施工工艺与施工要点。施工工艺是：基础准备工作→混凝土垫层施工→抄平、放线→绑基础底板钢筋、柱插筋锚固于基础中→支基础模板→浇筑、振捣、养护混凝土→拆除模板→清理。

①支模、拆模。模板安装前，应反复检查垫层标高及中心线位置，弹出基础边线；根据施工图样的尺寸制作每一阶梯模板，支模顺序由下至上逐层向上安装；应选择合适的支撑体系和支撑方法，防止结构在混凝土浇筑时产生变形。

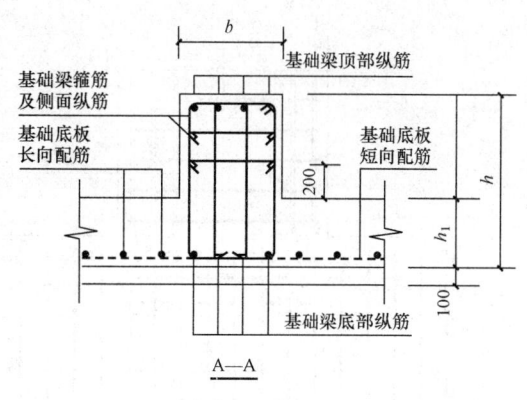

图3-14 设置基础梁的双柱普通独立基础（二）

②混凝土浇筑、振捣和养护。混凝土浇筑时，不应发生初凝和离析现象，其坍落度必须符合《混凝土结构工程施工质量验收规范（2011版）》（GB 50204—2002）的规定。为保证混凝土浇筑时不产生离析现象，混凝土浇筑倾落高度（当粗骨料粒径大于25mm）应小于等于3m。浇筑高度如超过3m时必须采用串筒或溜槽等。浇筑混凝土时应分段、分层连续进行，严格按照振捣施工方案施工，防止混凝土振捣不密实，产生孔洞，影响混凝土的强度。混凝土浇筑完毕后，应按施工技术方案及时采取有效的养护措施。在已浇筑的混凝土强度达到1.2N/mm² 以后，才能在其上踩踏或安装模板及支架等。

③钢筋绑扎。四周两行钢筋交叉点应每点绑扎牢固。中间部分交叉点可相隔交错扎牢，但必须保证受力钢筋不位移；双向主筋的钢筋网则须将全部钢筋交叉点扎牢。

（2）条形基础。条形基础可分为梁板式条形基础和板式条形基础，梁板式条形基础适用于钢筋混凝土框架结构、框架—剪力墙结构，板式条形基础适用于砌体结构和钢筋混凝土剪力墙结构。

1) 条形基础底板钢筋排布构造。

①条形基础的配筋及几何尺寸详见具体结构设计。

②实际工程与图3-15不同时，应由设计者设计。如果要求参照图3-15所示的构造施工时，设计应给出相应的变更说明。

③当条形基础底板宽度大于等于2500mm时，底板配筋长度可减短10%配置，但是在进入底板交接区的受力钢筋和无交接区底板端部的第一根钢筋不应减短。如图3-15所示，图中s为分布钢筋的间距。

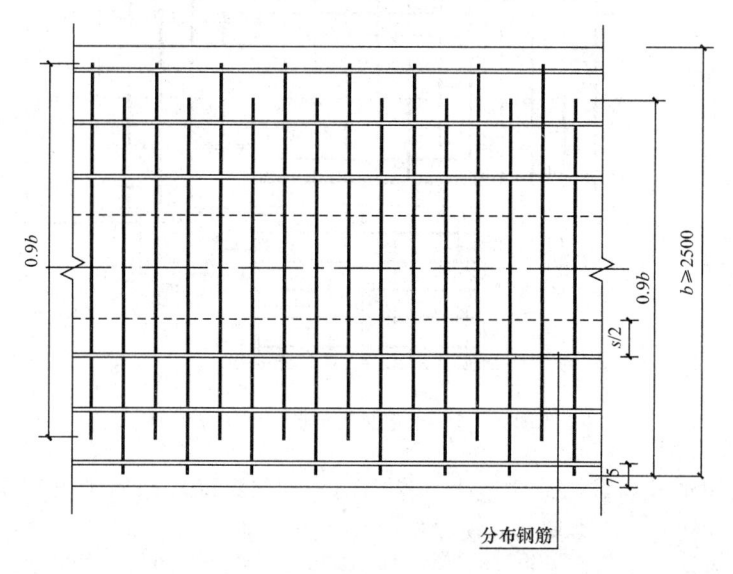

图3-15 条形基础底板配筋长度减短10%构造

④丁字交叉条形基础底板钢筋排布构造、十字交叉条形基础底板钢筋排布构造如图3-16、图3-17所示。

2）条形基础施工。条形基础施工流程为：基槽清理、验槽→混凝土垫层浇筑、养护→抄平、放线→绑基础底板钢筋、支模→相关专业施工（如避雷接地施工）→钢筋、模板质量检查→浇筑基础混凝土、养护→拆模。

①基坑验槽后应立即浇筑混凝土垫层，宜用表面振动器进行振捣，要求表面平整。当垫层达到一定强度后，才可在其上弹线、支模、铺设钢筋网片。

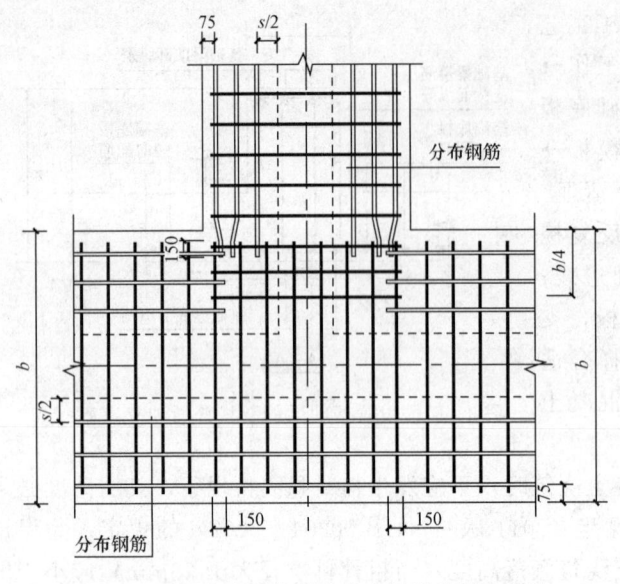

图3-16 丁字交叉条形基础底板钢筋排布构造

②基础混凝土浇筑前，应清理模板，进行模板预检和钢筋的隐蔽工程验收。对于锥形基础，应注意锥体斜面坡度的正确，斜面部分的模板应随混凝土浇捣分段支设并顶压紧，以防模板上浮变形，边角处的混凝土必须捣实。严禁斜面部分不支模，用铁锹拍实。

③基础混凝土宜分层、连续浇筑完成。

④基础上有插筋时，要将插筋加以固定，以保证其位置的正确。

3）钢筋混凝土筏形基础。筏形基础又称筏片基础、筏板基础，由底板、梁等整体构成。筏形基础又分为平板式和梁板式两种，在外形和构造上像倒置的钢筋混凝土无梁楼盖和肋形楼盖。而梁板式又有两种形式：一种是梁在板的底下埋入土内；一种是梁在板的上面。平板式基础一般用于荷载不大，柱网较均匀且间距较小的情况。梁板式基础用于荷载较大的情况。这种基础整体

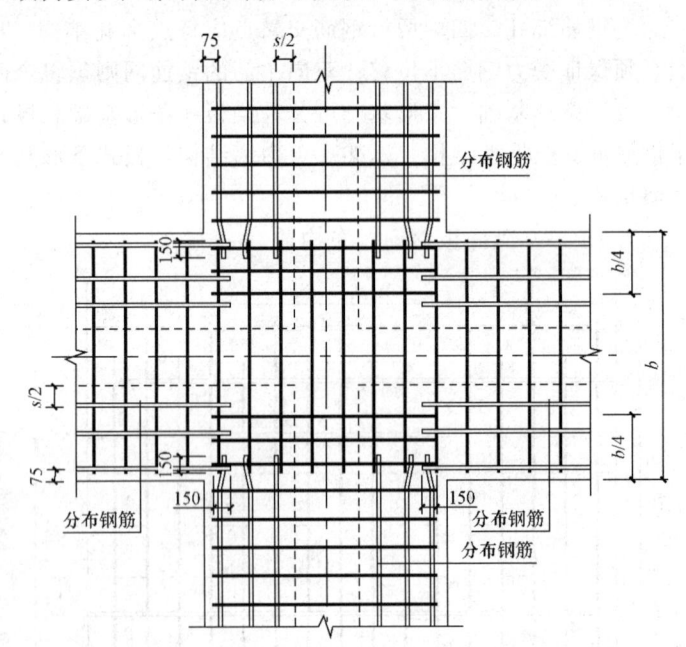

图3-17 十字交叉条形基础底板钢筋

性好，抗弯强度大，可充分利用地基承载力以调整上部结构的不均匀沉降，适用于土质软弱、不均匀而上部荷载又较大的情况，在多层和高层建筑中被广泛采用。

①筏形基础底板钢筋排布构造。

a. 根据图集12G901-3的规定，梁板式筏板基础底板纵向钢筋排布构造平面如图3-18

所示。基础平板配筋应按具体设计要求配置。图3-18中的上部贯通钢筋可按伸过支座中心线且不小于$12d$，也可按伸过支座在不大于1/4的计算跨度范围内搭接。图面规定水平方向为X向，竖直方向为Y向。如图3-19所示。

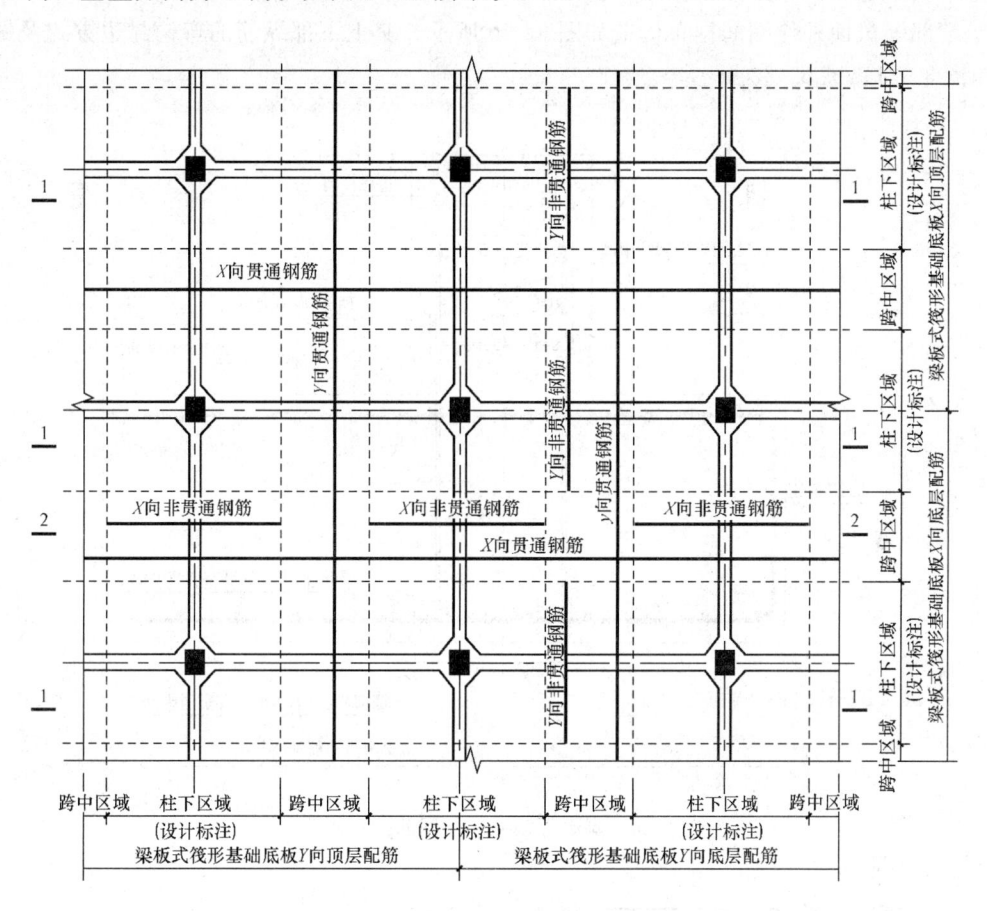

图3-18 梁板式筏形基础底板纵向钢筋排布构造平面图

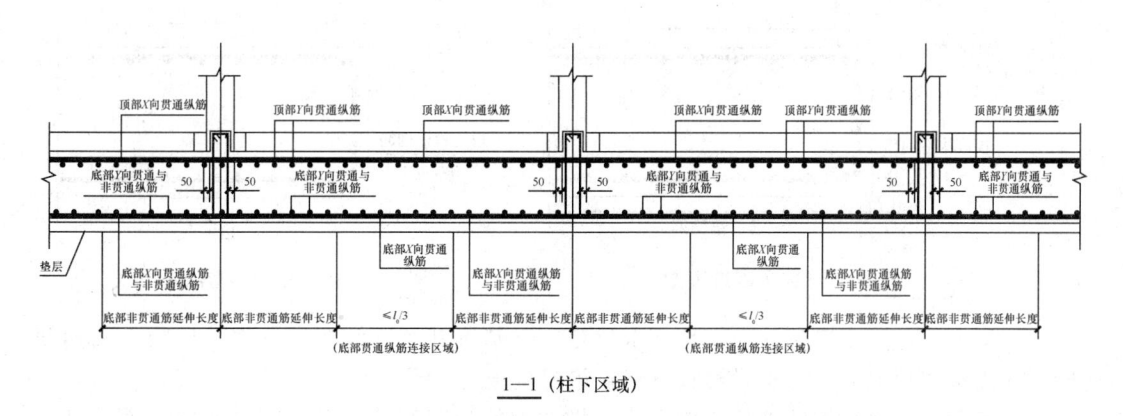

图3-19 梁板式筏形基础底板纵向钢筋1-1剖面图

b. 基础平板同一层面的交叉钢筋，何向钢筋在上、何向钢筋在下，应按具体施工图的设计说明进行放置。当设计未作说明时，应按板跨长度将短跨方向钢筋置于板厚的外侧，另一方向钢筋置于板厚的内侧。

c. 当基础板厚大于2000mm时，宜在板厚方向间距不超过1m处设置与板面平行的构造钢筋网，钢筋直径不宜小于12mm，间距不宜大于200mm。

d. 端部等截面外伸钢筋排布构造如图3-20所示，其上下部纵筋的弯钩封边方式及锚固长度如图3-21、图3-22所示。

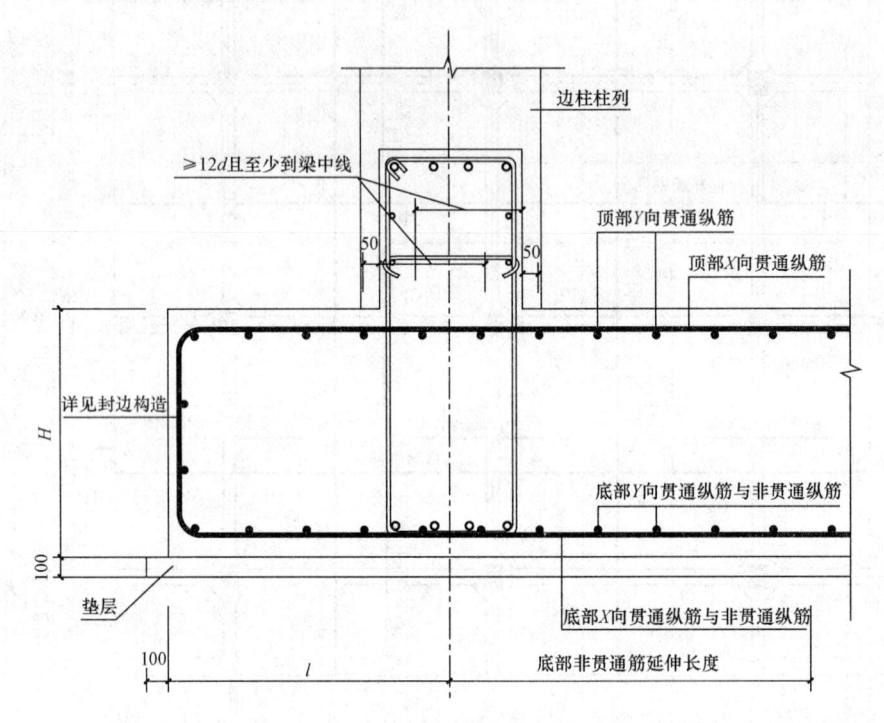

图3-20 端部等截面外伸钢筋排布构造

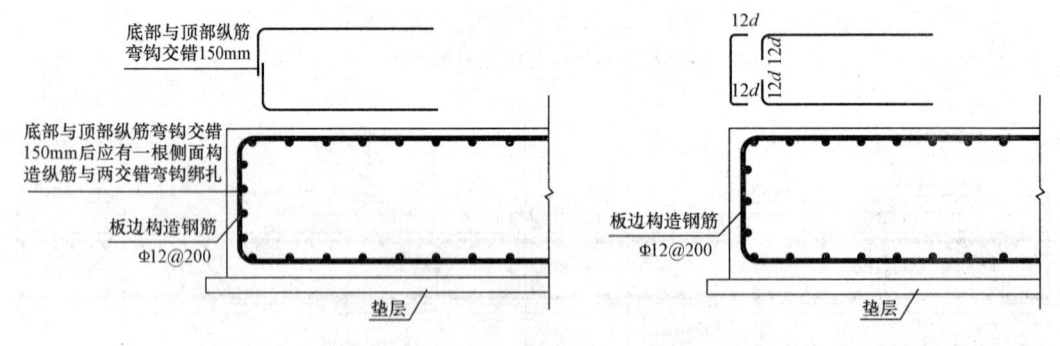

图3-21 纵筋弯钩交错封边方式　　　图3-22 U形筋构造封边方式

②施工工艺。施工准备（降低地下水位等）→基坑开挖→铺垫层→绑扎底板、梁钢筋、柱插筋→浇筑底板混凝土→支梁模板→浇筑梁混凝土。

③施工方法。底板钢筋绑扎前应先按图样、钢筋间距要求，在混凝土垫层上弹出轴线、基坑线、基础梁边线、钢筋位置线，按线摆放钢筋，摆放要求横平竖直。绑扎底板筋时，按照弹好的钢筋位置线，底板钢筋施工先深后浅，先铺下层钢筋网，后铺上层钢筋网。基础底板钢筋支撑，可采用Φ25钢筋焊成叉字形，支撑沿横向通长设置，用来支承上层钢筋的重

量和作为上部操作平台承担板施工荷载。横向支撑间距沿纵向不应超过1.0m。墙插筋在底部应固定,上口筋应不少于两道水平钢筋,保证插筋垂直、不歪斜、不倾倒、不变形。

筏形基础混凝土全部采用泵送,应一次连续浇筑完成,不宜留施工缝。一般情况下,筏形基础底板混凝土为大体积混凝土,其浇筑应按照本章第3.2.3节有关大体积混凝土浇筑要求进行,并按规定留设后浇带。

3.1.4 桩基础

当天然地基上部土层土质不良,不能满足建筑物对地基土强度和变形要求,或地基承载力不能满足要求,应采用桩基础。

1. 桩基础的作用、组成和分类

桩基一般由桩和连接桩顶的承台或承台梁组成。承台的作用是把上部结构的荷载传递到桩上,桩的作用是把分配到的荷载传递到深层坚实的土层上和桩周围的土层上,将软弱土层挤密实,以提高地基土的承载能力和密实度。

(1) 按传力及作用性质分。桩基分为端承桩和摩擦桩。

端承桩:穿过软弱土层,而达到坚硬土层的桩。以桩尖阻力承担全部荷载,控制以贯入度为主。

摩擦桩:悬浮于软弱土层的桩。以桩身与土层的摩阻力承担全部荷载。桩尖进持力层,深度以桩尖标高为参考。如图3-23所示。

(2) 按桩制作工艺分。桩基分为预制桩和现场灌注桩。

预制桩:短桩多在预制厂生产;长桩在打桩现场附近或现场一角直接制作;钢筋混凝土预制桩是在工厂或施工现场预制,用锤击打入、振动沉入等方法,使桩沉入地下。

现场灌注桩:现场灌注桩直接在设计桩位的地基上成孔,在孔内放置钢筋笼或不放钢筋,后在孔内灌注混凝土而成桩。

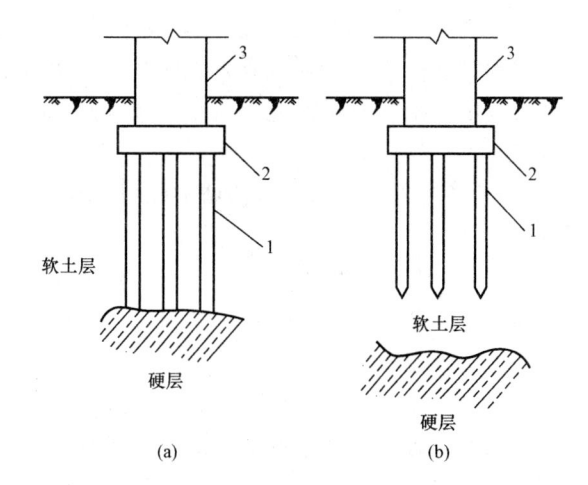

图3-23 端承桩和摩擦桩
(a) 端承桩;(b) 摩擦桩
1—桩;2—承台;3—上部结构

2. 钢筋混凝土预制桩施工

(1) 钢筋混凝土预制桩的施工工艺过程。施工工艺过程是:施工准备→桩的制作、起吊、运输、堆放→试打几根桩→确定打桩顺序→打桩→打桩结束→挖出桩→破桩头→接桩(截桩)→承台施工→桩基础施工完毕。

制作工艺过程:现场制作场地压实、整平→场地地坪浇筑→支模→绑扎钢筋→浇筑混凝土→养护至30%强度拆模→间隔支端头模板、刷隔离剂、绑钢筋→间隔浇筑桩混凝土→制作第二层桩→养护至70%强度起吊→达100%强度后运输、堆放。

制作方法:重叠法生产,但是不宜超过4层;混凝土强度不宜小于C30,浇筑时从桩顶连续浇筑到桩尖，不能中断。

预制桩的起吊：混凝土达设计强度的70%才可起吊，达100%时才可运输。吊点位置随桩长而异。

预制桩的运输：运输过程中支点应与吊点位置一致，且随打随运，避免二次搬运；预制桩的堆放场地应平整、坚实。垫木间距由吊点确定，且上下对齐，堆放层数不宜超过4层。

（2）锤击沉桩（打入桩）施工。预制桩的打入法施工，就是利用锤击的方法把桩打入地下，是预制桩最常用的沉桩方法。

1）打桩机具设备准备。打桩机具主要有打桩机及辅助设备。打桩机主要有桩锤、桩架和动力装置三部分。

桩锤的作用是对桩施加冲击力，将桩打入土中。类型包括落锤、单动汽锤、双动汽锤、柴油锤和液压锤。

桩架的作用是支持桩身和桩锤，将桩吊到打桩位置，并在打入过程中引导桩的方向，保证桩锤沿着所要求的方向冲击。

桩架的选择：选择桩架时，应考虑桩锤的类型、桩的长度和施工条件等因素。桩架的高度由桩的长度、桩锤高度、桩帽厚度及所用滑轮组的高度来确定。此外，还应留1~3m的高度作为桩锤的起锤工作余地。即：

桩架高度 = 桩长 + 桩锤高度 + 桩帽高度 + 滑轮组高度 + （1~3m）的起锤工作余地

常用的桩架形式有三种：滚筒式桩架、多功能桩架和履带式桩架。

动力装置包括驱动桩锤用的动力设施，如卷扬机、锅炉、空气压缩机和管道、绳索和滑轮等。

2）打桩前的准备工作。包括清理障碍、平整场地、打桩试验、抄平放线、定桩位、确定打桩顺序。

清理障碍：包括高空、地上、地下的各种障碍。

平整场地：范围包括在建筑物基线以外4~6m范围内的整个区域，或桩机进出场地及移动路线上。

打桩试验：了解桩的沉入时间、最终沉入度、持力层的强度、桩的承载力等。

抄平放线：在打桩现场设置水准点（至少2个），用作抄平场地标高和检查桩的入土深度；按设计图样要求定出桩基础轴线和每个桩位。

定桩位：用小木桩或白灰点标出桩位。

确定打桩顺序：顺序安排是否正确将影响打桩工程的速度和桩基质量。

3）确定打桩顺序。打桩时，由于桩对土体的挤密作用，先打入的桩被后打入的桩水平挤推而造成偏移和变位或被垂直挤拔，造成浮桩；而后打入的桩难以达到设计标高或入土深度，造成土体隆起和挤压，截桩过大。所以，群桩施工时，为了保证质量和进度，防止周围建筑物破坏，打桩前根据桩的密集程度、桩的规格、长短以及桩架移动是否方便等因素来选择正确的打桩顺序。当桩的中心距不大于4倍桩的直径或边长时，常用的打桩顺序一般有以下四种：从两侧向中间打、逐排打设、自中间向四周打、自中间向两侧打。如图3-24所示。

根据施工经验，打桩的顺序，以自中间向四周打，自中间向两侧打为最好。但桩距大于4倍桩直径时，则与打桩顺序关系不大，可采用由一侧向单一方向施打的方式（逐排打设）。

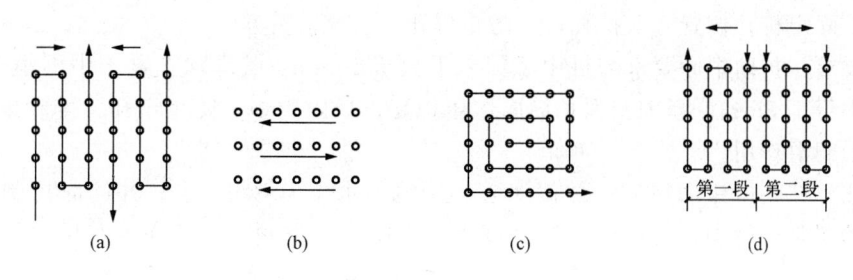

图 3-24 打桩顺序示意图
(a) 从两侧向中间打；(b) 逐排打设；(c) 自中间向四周打；(d) 自中间向两侧打

这样，桩架单方向移动，打桩效率高。

当桩的规格、埋深、长度不同时，宜先大后小、先深后浅、先长后短施打。

4）打桩。打桩开始时，应先采用小的落距（0.5～0.8m）做轻的锤击，使桩正常沉入土中 1～2m 后，经检查桩尖未发生偏移，再逐渐增大落距至规定高度，继续锤击，直至把桩打到设计要求的深度。

打桩有"轻锤高击"和"重锤低击"两种方式。打桩的过程是：移桩架于桩位处→用卷扬机提升桩→将桩送入龙门导管内，安放桩尖→桩顶放置弹性垫层（草袋、麻袋）、放下桩帽和垫木（在桩帽上）→试打检查（桩身、桩帽、桩锤是否在同一轴线上）→继续打桩。

5）测量和记录。打桩过程中应进行测量和记录，主要测量标高和贯入度及最后贯入度。贯入度以每 10 击桩沉入土中的深度为贯入度，以最后 10 击桩沉入土中的深度为最后贯入度。

6）桩头处理。在打完各种预制桩后开挖基坑时，按设计要求的桩顶标高将桩头多余的部分截去。截桩头时不能破坏桩身，要保证桩身的主筋伸入承台，长度应符合设计要求。当桩顶标高在设计标高以下时，在桩位上挖成喇叭口，凿掉桩头混凝土，剥出主筋并焊接接长至设计要求长度，与承台钢筋绑扎在一起，用桩身同强度等级的混凝土与承台一起浇筑接长桩身。桩基础施工完毕。

（3）静力压桩法。静力压桩的施工工艺流程是：场地清理→测量定位→尖桩就位、对中、调直→压桩→接桩→再压桩→截桩。

3. 钢筋混凝土灌注桩施工

灌注桩是在施工现场的桩位上先成孔，然后在孔内灌注混凝土，或者加入钢筋后再灌注混凝土而形成。灌注桩可分为钻孔灌注桩、冲孔灌注桩、沉管灌注桩、人工挖孔灌注桩等。

（1）钻孔灌注桩施工工艺。钻孔灌注桩是先成孔，然后吊放钢筋笼，再浇筑混凝土而成。依据地质条件不同，分为干作业成孔和泥浆护壁（湿作业）成孔两类。

1）干作业成孔灌注桩施工。成孔时若无地下水或地下水很小，基本上不影响工程施工时，称为干作业成孔。主要适用于北方地区和地下水位高的土层。

施工工艺流程是：场地清理→测量放线定桩位→桩机就位→钻孔成孔→清除孔底沉渣→成孔质量检查验收→吊放钢筋笼→浇筑孔内混凝土。

2）泥浆护壁成孔灌注桩施工。施工工艺流程是：测定桩位（桩基轴线定位和水准定位）→埋设护筒→桩机就位→钻孔→清孔→安放钢筋骨架→浇筑混凝土。

①埋设护筒，制备泥浆。

作用：固定桩孔位置、保护孔口、防止塌孔、引导钻头方向。

质量要求：护筒中心要求与桩中心偏差不大于50mm，其埋深在黏土中不小于1m，在砂土中不小于1.5m；制备泥浆保护筒内水压稳定、稳固土壁、防止塌孔、排砂排土、对钻头有冷却和润滑作用。

②钻孔。在孔中注入泥浆，并使泥浆高于地下水位1.0m以上；并同时控制泥浆的密度。注入的泥浆密度小，排出的泥浆密度大，根据土层类别、钻孔深度和供水量确定钻孔速度。

③清孔。对于原土造浆的钻孔，使转机空转，同时注入清水，当排出泥浆密度降至$1.1t/m^3$左右时合格；对于沉渣厚度，端承桩宜控制在50mm，摩擦桩宜控制在300mm以内；沉渣厚度测定方法包括重锤法、沉渣仪。

④浇筑混凝土。

(2) 冲孔灌注桩。冲孔灌注桩，即冲击钻成孔的施工方法，是采用冲击钻机或卷扬机带动一定重量的冲击头，将钻头提升到一定高度内，然后突放钻头让其自由下落，利用冲击能冲挤压土层形成桩孔，然后放钢筋笼，浇筑混凝土而成的桩。它适用于填土层、黏土层、粉土层、淤泥层、碎石土层的施工，桩孔径通常为600～1500mm，最大直径可达2500mm，孔深可达50m。

(3) 沉管灌注桩施工（套管成孔灌注桩）。沉管灌注桩是目前采用较为广泛的一种灌注桩。依据使用桩锤和成桩工艺不同，分为锤击沉管灌注桩、振动沉管灌注桩、静压沉管灌注桩、振动冲击沉管灌注桩和沉管夯扩灌注桩等。这类灌注桩的施工工艺是：使用锤击式桩锤或振动式桩锤将带有桩尖的钢管沉入土中，造成桩孔，然后放入钢筋笼、浇筑混凝土，最后拔出钢管，形成所需的灌注桩。

锤击沉管灌注桩的机械设备由桩管、桩锤、桩架、卷扬机滑轮组、行走机构组成。锤击沉管桩适用于一般黏性土、淤泥质土、砂土和人工填土地基，但不能在密实的砂砾石、漂石层中使用。它的施工程序一般为：定位埋设混凝土预制桩尖→桩机就位→锤击沉管→灌注混凝土→边拔管、边锤击、边继续灌注混凝土（中间插入吊放钢筋笼）→成桩。

(4) 人工挖孔灌注桩施工。人工挖孔灌注桩是指桩孔采用人工挖掘方法进行成孔，然后安放钢筋笼，浇筑混凝土而成的桩。人工挖孔灌注桩其结构上的特点是单桩的承载能力高，受力性能好，既能承受垂直荷载，又能承受水平荷载。人工挖孔灌注桩具有机具设备简单、施工操作方便、占用施工场地小、无噪声、无振动、不污染环境、对周围建筑物影响小、施工质量可靠、可全面展开施工、工期缩短、造价低等优点，因此得到广泛应用。人工挖孔灌注桩适用于土质较好、地下水位较低的黏土、粉质黏土及含少量砂卵石的黏土层等地质条件。可用于高层建筑、公用建筑、水工结构（如泵站、桥墩）作桩基，起支承、抗滑、挡土的作用。对软土、流砂及地下水位较高，涌水量大的土层不宜采用。

1) 人工挖孔桩的施工机具。施工机具有电动葫芦或手动卷扬机，提土桶及三脚支架。潜水泵用于抽出孔中积水。鼓风机和输风管用于向桩孔中强制送入新鲜空气。镐、锹、土筐等挖土工具，若遇坚硬土层或岩石还应配风镐等。

2) 一般构造要求。桩直径一般为800～2000mm，最大直径可达3500mm。桩埋置深度一般在20m左右，最大可达40m。底部采取不扩底和扩底两种方式，扩底直径为$(1.3～3)d$，最大扩底直径可达4500mm。

3) 施工工艺。人工挖孔桩的护壁常采用现浇混凝土护壁,也可采用钢护筒或沉井护壁等。采用现浇混凝土护壁时的施工工艺过程是:

①测定桩位、放线。

②开挖土方。采用分段开挖,每段高度取决于土壁的直立能力,一般为0.5~1.0m,开挖直径为设计桩径加上两倍护壁厚度。挖土顺序是自上而下,先中间、后孔边。

③支撑护壁模板。模板高度取决于开挖土方每段的高度,一般为1m,由4~8块活动模板组合而成。护壁厚度不宜小于100mm[一般取$D/10+5cm$(D为桩径)],且第一段井圈的护壁厚度应比下段的护壁厚100~150mm,上下节护壁可用长为1m左右$\phi6$~$\phi8$的钢筋拉结。

④在模板顶放置操作平台。平台可用角钢和钢板制成半圆形,两个合起来即为一个整圆,用来临时放置混凝土和浇筑混凝土用。

⑤浇筑护壁混凝土。护壁混凝土的强度等级不得低于桩身混凝土强度等级,应注意浇捣密实。每节护壁均应在当日连续施工完毕。上下节护壁搭接长度不小于50mm。

⑥拆除模板继续下一段的施工。一般在浇筑混凝土24h后便可拆模。若发现护壁有蜂窝、孔洞、漏水现象时,应及时补强、堵塞,防止孔外水通过护壁流入桩孔内。当护壁符合质量要求后,便可开挖下一段的土方,再支模浇筑护壁混凝土。如此循环,直至挖到设计要求的深度并按设计进行扩底。

⑦安放钢筋笼,浇筑混凝土。孔底有积水时应先排除积水再浇筑混凝土。当混凝土浇至钢筋的底面设计标高时再安放钢筋笼,继续浇筑桩身混凝土。

4) 施工注意事项。

①桩孔开挖,当桩净距小于2倍桩径且小于2.5m时,应采用间隔开挖。排桩跳挖的最小施工净距不得小于4.5m,孔深不宜大于40m。

②每段挖土后必须吊线检查中心线位置是否正确,桩孔中心线平面位置偏差不宜超过550mm,桩的垂直度偏差不得超过1%,桩径不得小于设计直径。

③防止土壁坍塌及流砂。挖土如遇到松散或流砂土层时,可减少每段开挖深度(取0.3~0.5m)或采用钢护筒作护壁,待穿过此土层后再按一般方法施工。流砂现象严重时,应采用井点降水处理。

④浇筑桩身混凝土时,应注意清孔及防止积水。桩身混凝土应一次连续浇筑完毕,不留施工缝。为防止混凝土离析,宜采用串筒来浇筑混凝土。如果地下水穿过护壁的流入量较大而无法抽干时,则应采用导管法浇筑水下混凝土。

⑤必须制订好安全措施。

a. 工作人员进入孔内必须戴安全帽,孔内有人作业时,孔上必须有人监督防护。井内必须设置应急软爬梯供人员上下井;使用的电动葫芦、吊笼等应安全、可靠并配有自动卡紧保险装置;不得用麻绳和尼龙绳吊挂或脚踏井壁凸缘上下;电动葫芦使用前必须检验其安全起吊能力。

b. 每日开工前必须检测井下的有毒、有害气体,并有足够的安全防护措施。桩孔开挖深度超过10m时,应有专门向井下送风的设备,风量不宜少于25L/s。

c. 护壁应高出地面200~300mm,以防杂物滚入孔内;孔周围要设0.8m高的护栏。

d. 孔内照明要用12V以下的安全灯或安全矿灯。使用的电器必须有严格的接地、接零和漏电保护器（如潜水泵等）。

3.1.5 地下防水工程施工

随着高层建筑、大型公共建筑的增多和向地下要空间的要求，地下工程越来越多，地下防水工程越来越引起人们的重视，而地下防水成功与否，不仅是建筑物（或构筑物）使用功能的基本要求，而且在一定程度上影响建筑物的结构安全和使用寿命，同时还可以节约投资，降低工程维修成本。

地下防水工程是指对房屋建筑工程、防护工程、市政隧道、地下铁道等地下工程进行防水设计、防水施工和维护管理等各项技术工作的工程实体。地下工程施工应严格遵守《地下工程防水技术规范》（GB 50108—2008）和《地下防水工程质量验收规范》（GB 50208—2011）规定。

1. 地下工程的防水等级划分

地下工程的防水等级分为四级，各级标准应符合表3-8的要求。

表 3-8　　　　　　　　　　地下工程的防水等级标准

防水等级	标　准
一级	不允许渗水，结构表面无湿渍
二级	不允许漏水，结构表面可有少量湿渍。 工业与民用建筑：湿渍总面积不大于总防水面积的1/1000，任意100m² 防水面积不超过1处，单个湿渍面积不大于0.1m²
三级	有少量漏水点，不得有线流和漏泥砂。任意100m² 防水面积不超过7处，单个湿渍面积不大于0.3m²，单个漏水点的漏水量不大于2.5L/d
四级	有漏水点，不得有线流和漏泥砂。整个工程平均漏水量不大于2L/m²，任意100m² 防水面积的平均漏水量不大于4L/m²

2．地下防水施工前的要求

（1）地下防水工程必须由持有资质等级证书的防水专业队伍进行施工，主要施工人员应持有省级及以上建设行政主管部门或其指定单位颁发的执业资格证书或防水专业岗位证书。

（2）地下防水工程施工前，应通过图纸会审，掌握结构主体及细部构造的防水要求，施工单位应编制防水工程专项施工方案，经监理单位或建设单位审查批准后执行。

（3）防水材料必须经具备相应资质的检测单位进行抽样检验，并出具产品性能检测报告。

（4）地下防水工程的施工，应建立各道工序的自检、交接检和专职人员检查的制度，并有完整的检查记录。工程隐蔽前，应由施工单位通知有关单位进行验收，并形成隐蔽工程验收记录；未经监理单位或建设单位代表对上道工序的检查确认，不得进行下道工序的施工。

（5）地下防水工程施工期间，必须保持地下水位稳定在工程底部最低高程0.5m以下，必要时应采取降水措施。对采用明沟排水的基坑，应保持基坑干燥。

（6）地下防水工程不得在雨天、雪天和五级风及其以上时施工。

3．地下防水工程的分项工程

地下防水工程是地基与基础分部工程的一个子分部工程，其分项工程的划分应符合

表 3-9 的要求。

表 3-9　　　　　　　　　　地下防水工程的分项工程

子分部工程		分　项　工　程
地下防水工程	主体结构防水	防水混凝土、水泥砂浆防水层、卷材防水层、涂料防水层、塑料防水板防水层、金属板防水层、膨润土防水材料防水层
	细部构造防水	施工缝、变形缝、后浇带、穿墙管、埋设件、预留通道接头、桩头、孔口、坑、池
	特殊施工法防水	锚喷支护、地下连续墙、盾构隧道、沉井、逆筑结构
	排水	渗排水、盲沟排水、隧道排水、坑道排水、塑料排水板排水
	注浆	预注浆、后注浆、结构裂缝注浆

4. 地下主体结构防水的施工方法

地下主体结构防水的方法主要有防水混凝土、水泥砂浆防水层、卷材防水层、涂料防水层等。

(1) 防水混凝土结构施工。防水混凝土结构是依靠混凝土材料本身的密实性（调整混凝土配合比、掺外加剂或使用新品种水泥）而具有防水能力的整体式混凝土或钢筋混凝土结构。它既是承重结构、围护结构，又满足抗渗、耐腐蚀和耐侵蚀结构的要求。防水混凝土适用于抗渗等级不低于 P6 的地下混凝土结构，不适用于环境温度高于 80℃ 的地下工程。

1) 防水混凝土结构类型。主要包括普通防水混凝土和外加剂防水混凝土。普通防水混凝土是指在普通混凝土骨料级配的基础上，调整配合比，控制水灰比、水泥用量、灰砂比和坍落度来提高混凝土的密实性，从而抑制混凝土中的孔隙，达到防水的目的。而外加剂防水混凝土是加入适量外加剂（减水剂、防水剂），以改善混凝土内部组织结构，增加混凝土的密实性，提高混凝土的抗渗能力。

2) 防水混凝土材料要求和配合比。

①水泥的选择：宜采用普通硅酸盐水泥或硅酸盐水泥，采用其他品种水泥时应经试验确定。不得使用过期或受潮结块的水泥，并不得将不同品种或强度等级的水泥混合使用。

②砂宜选用中粗砂，含泥量不应大于 3.0%，泥块含量不宜大于 1.0%；碎石或卵石的粒径宜为 5～40mm，含泥量不应大于 1.0%，泥块含量不应大于 0.5%。

③外加剂的品种和用量应经试验确定，所用外加剂应符合现行国家标准《混凝土外加剂应用技术规范》（GB 50119—2013）的质量规定。

④防水混凝土的配合比应经试验确定，并应符合下列规定：试配要求的抗渗水压值应比设计值提高 0.2MPa；混凝土胶凝材料总量不宜小于 320kg/m³，其中水泥用量不宜少于 260kg/m³。水胶比不得大于 0.50，有侵蚀性介质时水胶比不宜大于 0.45；砂率宜为 35%～40%，泵送时可增加到 45%；灰砂比宜为 1∶1.5～1∶2.5；混凝土拌和物的氯离子含量不应超过胶凝材料总量的 0.1%；混凝土中各类材料的总碱量即 Na_2O 当量不得大于 3kg/m³。

⑤防水混凝土采用预拌混凝土时，入泵坍落度宜控制在 120～160mm，坍落度每小时损失不应大于 20mm，坍落度总损失值不应大于 40mm。

3) 防水混凝土的施工要求。

①用于防水混凝土的模板应拼缝严密，支撑牢固。防水混凝土结构内部设置的各种钢筋或绑扎铁丝，不得接触模板。用于固定模板的螺栓必须穿过混凝土结构时，可采用工具式螺

栓或螺栓加堵头，螺栓上应加焊方形止水环。拆模后应将留下的凹槽用密封材料封堵密实，并应用聚合物水泥砂浆抹平，如图3-25所示。

②防水混凝土拌和物应采用机械搅拌，搅拌时间不宜小于2min。

③防水混凝土拌和物在运输后如出现离析现象，必须进行二次搅拌，当坍落度损失后不能满足施工要求时，应加入原水胶比的水泥浆或掺加同品种的减水剂进行搅拌，严禁直接加水。

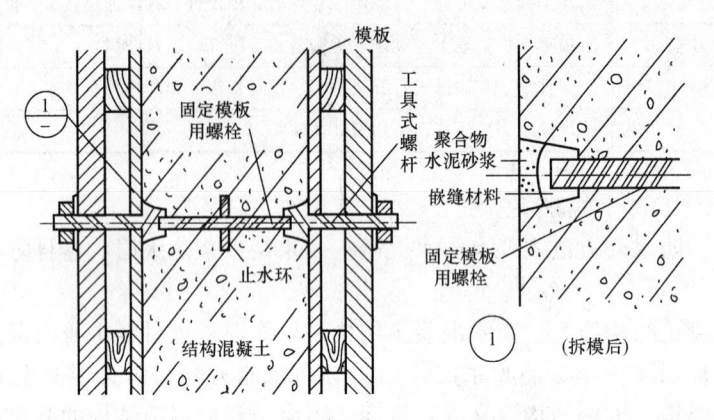

图3-25 固定模板用螺栓的防水构造

④防水混凝土应采用机械振捣，避免漏振、欠振和超振；应分层连续浇筑，分层厚度不得大于500mm。

⑤防水混凝土应连续浇筑，不宜留施工缝，当留设施工缝时，应符合下列规定：墙体水平施工缝不应留在剪力最大处或底板与侧墙的交接处。应留在高出底板表面不小于300mm的墙体上。如图3-26所示，墙体有预留孔洞时，施工缝距孔洞边缘不应小于300mm。

垂直施工缝应避开地下水和裂隙水较多的地段，并宜与变形缝相结合。

施工缝处的防水构造要求。如图3-27～图3-29所示。

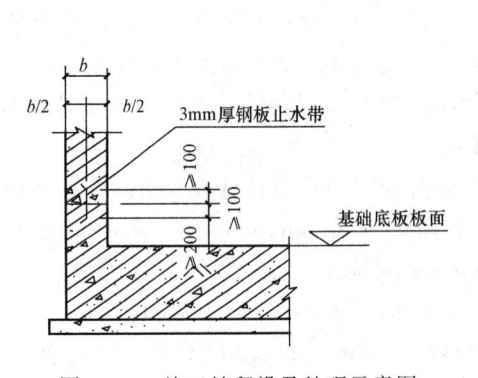

图3-26 施工缝留设及处理示意图 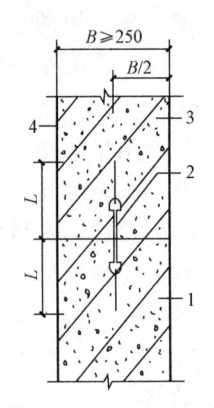　　图3-27 施工缝防水构造（一）
钢板止水带$L \geq 150$；橡胶止水带$L \geq 200$；
钢边橡胶止水带$L \geq 120$
1—先浇混凝土；2—中埋止水带；
3—后浇混凝土；4—结构迎水面

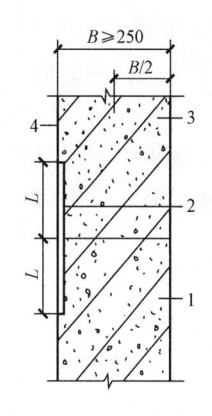

图 3-28 施工缝防水构造（二）
外贴止水带 L≥150；外涂防水涂料 L=200；
外抹防水砂浆 L=200
1—先浇混凝土；2—外贴止水带；
3—后浇混凝土；4—结构迎水面

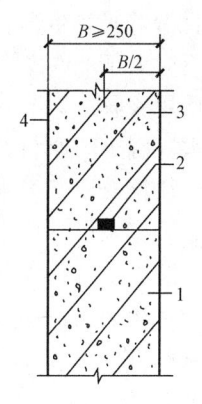

图 3-29 施工缝防水构造（三）
1—先浇混凝土；2—遇水膨胀止水条；
3—后浇混凝土；4—结构迎水面

⑥施工缝的施工应符合下列规定：水平施工缝浇筑混凝土前，应将其表面浮浆和杂物清除，然后铺设净浆或涂刷混凝土界面处理剂、水泥基渗透结晶型防水涂料，再铺 30～50mm 厚的 1:1 水泥砂浆，并应及时浇筑混凝土；垂直施工缝浇筑混凝土前，将其表面清理干净，并涂刷混凝土界面处理剂或水泥基渗透结晶型防水涂料，并及时浇筑混凝土；遇水膨胀止水条应与接缝表面密贴；选用的遇水膨胀止水条应具有缓胀性能，其 7d 的膨胀率不应大于最终膨胀率的 60%，最终膨胀率宜大于 220%；采用中埋式止水带时应定位准确、固定牢靠。采用遇水膨胀止水条，止水条与施工缝基面应密贴，中间不得有空鼓、脱离等现象；止水条应牢固地安装在缝表面或预埋凹槽内；止水条采用搭接连接时，搭接宽度不得小于 30mm。如图 3-30 所示。

⑦混凝土试块的留设。浇筑混凝土过程中，应及时留出混凝土抗压强度试块和抗渗试块（抗压强度试块同普通混凝土留置方法）。对于抗渗试块，连续浇筑混凝土每 500m³ 应留置一

图 3-30 现场施工缝处理示意图

组抗渗试件（一组为六个抗渗试件），且每项工程不得少于两组，抗渗试块为圆台体。采用预拌混凝土的抗渗试件，留置组数应视结构的规模和要求而定。

⑧大体积防水混凝土的施工要求。

a. 在设计许可的情况下，掺粉煤灰混凝土设计强度等级的龄期宜为 60d 或 90d。

b. 宜选用水化热低和凝结时间长的水泥。

c. 宜掺入减水剂、缓凝剂等外加剂和粉煤灰、磨细的矿渣粉等掺合料。

d. 炎热季节施工，应采取降低原材料的温度、减少混凝土运输时吸收外界热量等降温措施，入模温度不应大于 30℃。

e. 混凝土内部预埋管道，宜进行水冷散热。

f. 应采取保温保湿养护，混凝土中心温度与表面温度的温差不应大于25℃，表面温度与大气温度的差值不应大于20℃，温降梯度不得大于3℃/d，养护时间不应少于14d。

⑨防水混凝土质量验收。

主控项目：防水混凝土的原材料、配合比及坍落度必须符合设计要求；防水混凝土的抗压强度和抗渗性能必须符合设计要求；防水混凝土的施工缝、变形缝、后浇带、穿墙管、埋设件等设置和构造必须符合设计要求。

一般项目：防水混凝土结构表面应坚实、平整，不得有露筋、蜂窝等缺陷；埋设件位置应正确；防水混凝土结构表面的裂缝宽度不应大于0.2mm，且不得贯通；防水混凝土结构厚度不应小于250mm，其允许偏差为+8mm、-5mm；主体结构迎水面钢筋保护层不应小于50mm，其允许偏差为±5mm。

(2) 水泥砂浆防水层。

1) 水泥砂浆防水层的概念及适用范围。是指在混凝土或砌砖的基层上用多层抹面的水泥砂浆等构成的防水层，它是利用抹压均匀、密实，并交替施工构成坚硬、封闭的整体，具有较高的抗渗能力（2.5～3.0MPa，30d无渗漏），以达到阻止压力水的渗透作用。水泥砂浆防水层应采用聚合物水泥防水砂浆，掺外加剂或掺合料的防水砂浆。水泥砂浆防水层适用于地下工程主体结构的迎水面或背水面，不适用于受持续振动或环境温度高于80℃的地下工程。

2) 水泥砂浆防水层所用的材料应符合下列规定：

①水泥应使用普通硅酸盐水泥、硅酸盐水泥或特种水泥，不得使用过期或受潮结块的水泥。

②用于拌制水泥砂浆的水应采用不含有害物质的洁净水。

③聚合物乳液的外观为均匀液体，无杂质、无沉淀、不分层。

3) 水泥砂浆防水层的基层质量应符合下列规定：

①基层表面应平整坚实、清洁，并应充分湿润，无明水。

②基层表面的孔洞、缝隙应采用与防水层相同的水泥砂浆填塞并抹平。

③施工前应将埋设件、穿墙管预留凹槽内嵌填密封材料后，再进行水泥砂浆防水层施工。

4) 水泥砂浆防水层施工应符合下列规定：

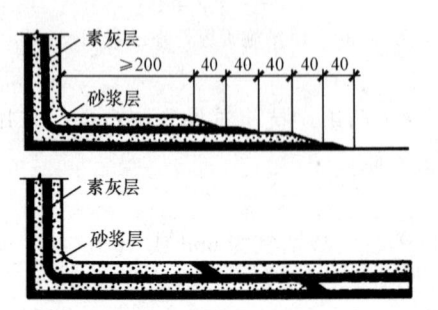

图3-31 防水层留槎、接槎处理方法

①水泥砂浆的配制应按所掺材料的技术要求准确计量。

②分层铺抹或喷涂，铺抹时应压实、抹平，最后一层表面应提浆压光。

③防水层各层应紧密粘合，每层宜连续施工；必须留设施工缝时，应采用阶梯坡形槎，但与阴阳角的距离不得小于200mm；如图3-31所示。

④水泥砂浆终凝后应及时进行养护，养护温度不宜低于5℃，并应保持砂浆表面湿润，养护时间不得少于14d。聚合物水泥防水砂浆未达到硬化状态时，不得浇水养护或直接受雨水冲刷，硬化后应采用干湿交替的养护方法。潮湿环境中，可在自然条件下养护。

(3) 卷材防水层。

1) 卷材防水层的概念及分类。适用于受侵蚀性介质或受振动作用的地下工程。卷材防水层应铺设在混凝土主体迎水面上。主要用于建筑物的地下室,铺设在结构主体底板垫层至墙体顶端的基面上,在外围形成封闭的防水层。卷材防水层应采用高聚物改性沥青防水卷材和合成高分子防水卷材。所选用的基层处理剂、胶粘剂、密封材料等应与铺贴的卷材相匹配。

2) 地下工程防水材料进场抽样复验的方法见表3-10。

表3-10　　　　　　　　　　地下工程用防水材料进场抽样复验

序号	材料名称	抽样数量	外观质量检验	物理性能检验
1	高聚物改性沥青防水卷材	大于1000卷抽5卷,每500～1000卷抽4卷,100～499卷抽3卷,100卷以下抽2卷,进行规格尺寸和外观质量检验。在外观质量检验合格的卷材中,任取一卷作物理性能检验	断裂、皱折、孔洞、剥离、边缘不整齐、胎体露白、未浸透、撒布材料粒度、颜色,每卷卷材的接头	拉力、最大拉力时延伸率,低温柔度,不透水性
2	合成高分子防水卷材	大于1000卷抽5卷,每500～1000卷抽4卷,100～499卷抽3卷,100卷以下抽2卷,进行规格尺寸和外观质量检验。在外观质量检验合格的卷材中,任取一卷作物理性能检验	折痕、杂质、胶块、凹痕,每卷卷材的接头	断裂拉伸强度、扯断伸长率,低温弯折,不透水性

3) 防水卷材施工前的准备工作。

①铺贴防水卷材前,清扫应干净、干燥,并应涂刷基层处理剂;当基面潮湿时,应涂刷湿固化型胶粘剂或潮湿界面隔离剂。

②基层阴阳角应做成圆弧或45°坡角,其尺寸应根据卷材品种确定;在转角处、变形缝、施工缝、穿墙管等部位应铺贴卷材加强层,加强层宽度不应小于500mm。

③防水卷材的搭接宽度应符合表3-11的要求。铺贴双层卷材时,上下两层和相邻两幅卷材的接缝应错开1/3～1/2幅宽,且两层卷材不得相互垂直铺贴。

表3-11　　　　　　　　　　防水卷材的搭接宽度

卷材品种	搭接宽度/mm
弹性体改性沥青防水卷材	100
改性沥青聚乙烯胎防水卷材	100
自粘聚合物改性沥青防水卷材	80
三元乙丙橡胶防水卷材	100/60（胶粘剂/胶结带）

4) 卷材防水层的施工方法。主要讲述冷粘法、热熔法、自粘法三种方法。

①冷粘法铺贴卷材应符合下列规定:胶粘剂涂刷应均匀,不得露底、堆积;根据胶粘剂的性能,应控制胶粘剂涂刷与卷材铺贴的间隔时间;铺贴时不得用力拉伸卷材,排除卷材下面的空气,辊压粘结牢固;铺贴卷材应平整、顺直,搭接尺寸正确,不得有扭曲、皱折;卷材接缝部位应采用专用胶粘剂或胶粘带满粘,接缝口应用密封材料封严,其宽度不应小于10mm。

②热熔法铺贴卷材应符合下列规定：火焰加热器加热卷材应均匀，不得加热不足或烧穿卷材；卷材表面热熔后应立即滚铺，排除卷材下面的空气，并粘结牢固；铺贴卷材应平整、顺直，搭接尺寸正确，不得有扭曲、皱折；卷材接缝部位应溢出热熔的改性沥青胶料，并粘贴牢固，封闭严密。

③自粘法铺贴卷材应符合下列规定：铺贴卷材时，应将有黏性的一面朝向主体结构；外墙、顶板铺贴时，排除卷材下面的空气，并粘结牢固；铺贴卷材应平整、顺直，搭接尺寸准确，不得有扭曲、皱折和起泡；立面卷材铺贴完成后，应将卷材端头固定，并应用密封材料封严；低温施工时，宜对卷材和基面采用热风适当加热，然后铺贴卷材。

5）保护层。卷材防水层完工并经验收合格后应及时做保护层。保护层应符合下列规定：

①顶板的细石混凝土保护层与防水层之间宜设置隔离层。细石混凝土保护层厚度：机械回填时不宜小于 70mm，人工回填时不宜小于 50mm。

②底板的细石混凝土保护层厚度不应小于 50mm。

③侧墙宜采用软质保护材料或铺抹 20mm 厚 1：2.5 水泥砂浆。

6）采用外防外贴法铺贴卷材防水层时，应符合下列规定：

①铺贴卷材应先铺平面，后铺立面，交接处应交叉搭接。

②临时性保护墙应用石灰砂浆砌筑，内表面用石灰砂浆做找平层，并刷石灰浆。如用模板代替临时性保护墙时，应在其上涂刷隔离剂。

③从底面折向立面的卷材与永久性保护墙的接触部位，应采用空铺法施工；与临时性保护墙或围护结构模板的接触部位，应临时贴附在该墙上或模板上，卷材铺好后，其顶端应临时固定。

④当不设保护墙时，从底面折向立面的卷材的接槎部位应采取可靠的保护措施。

⑤主体结构完成后，铺贴立面卷材时，应先将接槎部位的隔层卷材揭开，并将其表面清理干净，如卷材有局部损伤，应及时修补。卷材接槎的搭接长度：高聚物改性沥青卷材为 150mm，合成高分子卷材为 100mm。当时用两层卷材时，卷材应错槎接缝，上层卷材应盖过下层卷材。卷材防水层甩槎、接槎构造如图 3-32~3-34 所示。

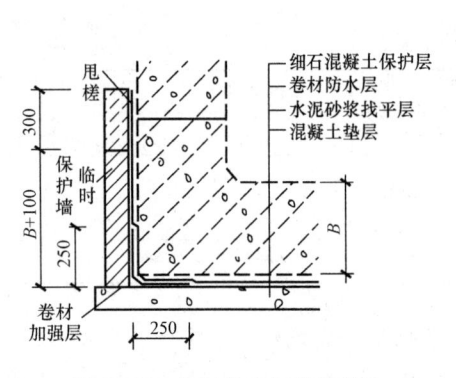

图 3-32 卷材防水层甩槎做法 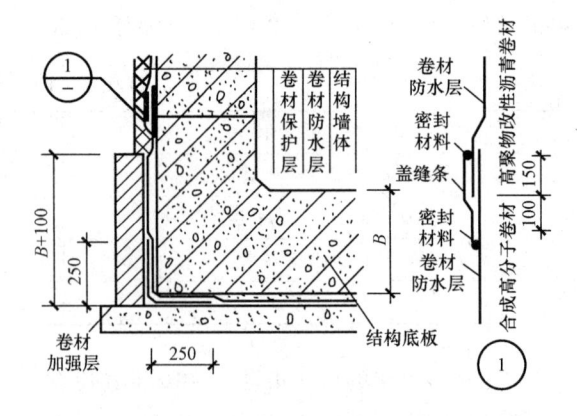　　图 3-33 卷材防水层接槎做法

其施工工艺过程是：施工准备→浇筑混凝土垫层→砌四周的临时性保护墙→在垫层上和保护墙上抹水泥砂浆找平层铺→贴卷材（先平面后立面）→做细石混凝土保护层→进行底

板、墙身、顶板结构的施工→拆模清理外墙面做1∶3水泥砂浆找平层→拆临时性保护墙→做外防水将卷材层层往上铺贴→砌永久性保护墙→回填土。

7)卷材防水层的施工质量检验。卷材防水层的施工质量检验数量,应按铺贴面积每100m²抽查1处,每处10m²,且不得少于3处。

主控项目:卷材防水层所用卷材及主要配套材料必须符合设计要求;卷材防水层在转角处、变形缝、施工缝、穿墙管等部位做法必须符合设计要求。

图3-34 现场外防外贴法铺贴卷材

一般项目:卷材防水层的搭接缝应粘贴或焊接牢固,密封严密,不得有扭曲、皱折、翘边和起泡等缺陷;采用外防外贴法铺贴卷材防水层时,立面卷材接槎的搭接宽度为:高聚物改性沥青类卷材应为150mm,合成高分子类卷材应为100mm,且上层卷材应盖过下层卷材;侧墙卷材防水层的保护层与防水层应结合紧密,保护层厚度应符合设计要求;卷材搭接宽度的允许偏差为-10mm。

(4)涂料防水层。

1)涂料防水层的种类和适用范围。涂料防水层适用于受侵蚀性介质作用或受振动作用的地下工程;有机防水涂料宜用于主体结构的迎水面,无机防水涂料宜用于主体结构的迎水面或背水面。有机防水涂料应采用反应型、水乳型、聚合物水泥等涂料;无机防水涂料应采用掺外加剂、掺合料的水泥基防水涂料或水泥基渗透结晶型防水涂料。

2)涂料防水层的施工规定。

①多组分涂料应按配合比准确计量,搅拌均匀,并应根据有效时间确定每次配制的用量。

②涂料应分层涂刷或喷涂,涂层应均匀,涂刷应待前遍涂层干燥成膜后进行;每遍涂刷时应交替改变涂层的涂刷方向,同层涂膜的先后搭压宽度宜为30~50mm。

③涂料防水层的甩槎处接缝宽度不应小于100mm,接涂前应将其甩槎表面处理干净。

④采用有机防水涂料时,基层阴阳角处应做成圆弧;在转角处、变形缝、施工缝、穿墙管等部位应增加胎体增强材料和增涂防水涂料,宽度不应小于500mm。

⑤胎体增强材料的搭接宽度不应小于100mm,上下两层和相邻两幅胎体的接缝应错开1/3幅宽,且上下两层胎体不得相互垂直铺贴。图3-35所示为防水涂料外防外涂构造。

⑥涂料防水层完工并经验收合格后应及时做保护层。

图3-35 防水涂料外防外涂构造
1—保护墙;2—砂浆保护层;3—涂料防水层;
4—砂浆防水层;5—结构墙体;6—涂料防水层加强层;
7—涂料防水加强层;8—涂料防水层搭接部位保护层;
9—涂料防水层搭接部位;10—混凝土垫层

5. 细部构造防水

细部构造防水主要包括施工缝、变形缝、后浇带等。

(1) 施工缝施工验收内容。

1) 主控项目。施工缝用止水带、遇水膨胀止水条或止水胶、水泥基渗透结晶型防水涂料和预埋注浆管必须符合设计要求；施工缝防水构造必须符合设计要求。

2) 一般项目。墙体水平施工缝应留设在高出底板表面不小于300mm的墙体上。拱、板与墙结合的水平施工缝，宜留在拱、板和墙交接处以下150～300mm处；垂直施工缝应避开地下水和裂隙水较多的地段，并宜与变形缝相结合；在施工缝处继续浇筑混凝土时，已浇筑的混凝土抗压强度不应小于1.2MPa；水平施工缝浇筑混凝土前，应将其表面浮浆和杂物清除，然后铺设净浆、涂刷混凝土界面处理剂或水泥基渗透结晶型防水涂料，再铺30～50mm厚的1:1水泥砂浆，并及时浇筑混凝土；垂直施工缝浇筑混凝土前，应将其表面清理干净，再涂刷混凝土界面处理剂或水泥基渗透结晶型防水涂料，并及时浇筑混凝土；中埋式止水带及外贴式止水带埋设位置应准确，固定应牢靠；遇水膨胀止水带应具有缓膨胀性能；止水条与施工缝基面应密贴，中间不得有空鼓、脱离等现象；止水条应牢固地安装在缝表面或预埋凹槽内；止水条采用搭接连接时，搭接宽度不得小于30mm；遇水膨胀止水胶应采用专用注胶器挤出粘结在施工缝表面，并做到连续、均匀、饱满、无气泡和孔洞，挤出宽度及厚度应符合设计要求；止水胶挤出成型后，固化期内应采取临时保护措施；止水胶固化前不得浇筑混凝土。

(2) 变形缝。

1) 变形缝应满足密封防水、适应变形、方便施工、检修容易等要求。变形缝的宽度宜为20～30mm。变形缝的防水构造如图3-36和图3-37所示。

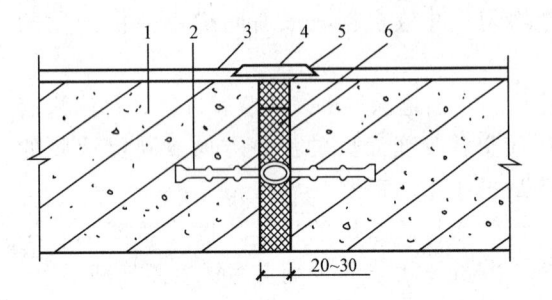

图3-36 中埋式止水带与嵌缝材料复合使用
1—混凝土结构；2—中埋式止水带；3—防水层；
4—隔离层；5—密封材料；6—填缝材料

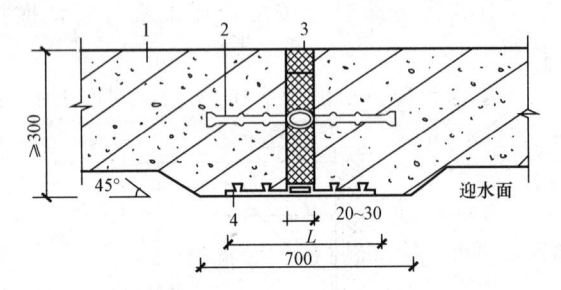

图3-37 中埋式止水带与外贴防水层复合使用
外贴式止水带 $L \geqslant 300$　外贴防水卷材 $L \geqslant 400$
外涂防水涂料 $L \geqslant 400$
1—混凝土结构；2—中埋式止水带；3—填缝材料；
4—外贴止水带

2) 变形缝的施工质量验收。

①主控项目。变形缝用止水带、填缝材料和密封材料必须符合设计要求；变形缝防水构造必须符合设计要求；中埋式止水带埋设位置应准确，其中间空心圆环与变形缝的中心线应重合。

②一般项目。中埋式止水带的接缝应设在边墙较高位置上，不得设在结构转角处；接头宜采用热压焊接，接缝应平整、牢固，不得有裂口和脱胶现象；中埋式止水带在转角处应做

成圆弧形；顶板、底板内止水带应安装成盆状，并宜采用专用钢筋套或扁钢固定；外贴式止水带在变形缝与施工缝相交部位宜采用十字配件；外贴式止水带在变形缝转角部位宜采用直角配件。止水带埋设位置应准确，固定应牢靠，并与固定止水带的基层密贴，不得出现空鼓、翘边等现象；嵌填密封材料的缝内两侧基面应平整、洁净、干燥，并应涂刷基层处理剂；嵌缝底部应设置背衬材料；密封材料嵌填应密实、连续、饱满，粘结牢固。变形缝处表面粘贴卷材与涂刷涂料前，应在缝上设置隔离层和加强层。

(3) 后浇带。

1) 后浇带的概念。根据国家标准《混凝土结构工程施工规范》(GB 50666—2011) 规定，后浇带的定义是考虑环境温度变化、混凝土收缩、结构不均匀沉降等因素，将梁、板（包括基础底板）、墙划分为若干部分，经过一定时间后再浇筑的具有一定宽度的混凝土带。

《地下工程防水技术规范》(GB 50108—2008) 规定：后浇带宜用于不允许留设变形缝的工程部位。后浇带应在其两侧混凝土龄期达到 42d 后再施工，高层建筑的后浇带施工应按规定时间进行。后浇带应采用补偿收缩混凝土浇筑，其抗渗和抗压强度等级不应低于两侧混凝土。后浇带应设在受力和变形较小的部位，其间距和位置应按结构设计确定，宽度宜为 700～1000mm。

2) 后浇带的构造。后浇带两侧可做成平直缝或阶梯缝，其防水构造形式宜采用下列形式，如图 3-38～图 3-40 所示。

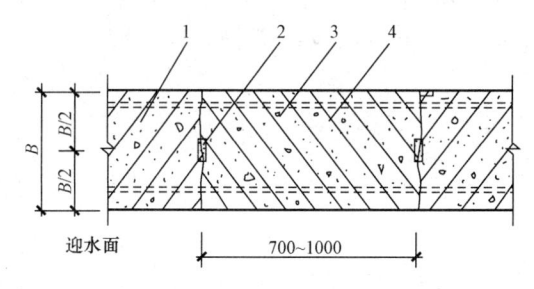

图 3-38 后浇带防水构造（一）
1—先浇混凝土；2—遇水膨胀止水条；
3—结构主筋；4—后浇补偿收缩混凝土

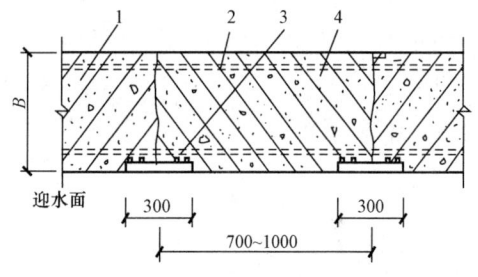

图 3-39 后浇带防水构造（二）
1—先浇混凝土；2—结构主筋；
3—外贴式止水带；4—后浇补偿收缩混凝土

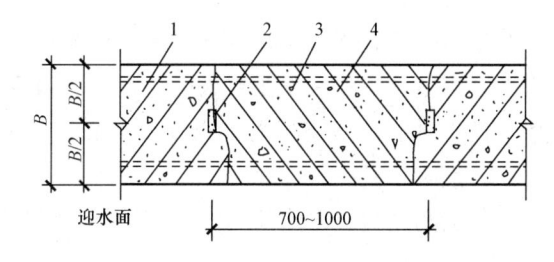

图 3-40 后浇带防水构造（三）
1—先浇混凝土；2—遇水膨胀止水条；3—结构主筋；4—后浇补偿收缩混凝土

3) 底板后浇带混凝土浇筑的施工工艺。凿毛并清洗混凝土界面→钢筋除锈、调整→抽出后浇带处积水→安装止水条或止水带→混凝土界面放置与后浇带同强度等级砂浆或涂刷混凝土界面处理剂→后浇带混凝土施工→后浇带混凝土养护。如图 3-41 所示。

图 3-41　施工现场底板、墙身后浇带留设

4) 后浇带质量验收。

①主控项目。后浇带用遇水膨胀止水条或止水胶、预埋注浆管、外贴式止水带必须符合设计要求；补偿收缩混凝土的原材料及配合比必须符合设计要求；后浇带防水构造必须符合设计要求；采用掺膨胀剂的补偿收缩混凝土，其抗压强度、抗渗性能和限制膨胀率必须符合设计要求。

②一般项目。补偿收缩混凝土浇筑前，后浇带部位和外贴式止水带应采取保护措施；后浇带两侧的接缝表面应先清理干净，再涂刷混凝土界面处理剂或水泥基渗透结晶型防水涂料；后浇混凝土的浇筑时间应符合设计要求；遇水膨胀止水条的施工应符合本规范的规定。后浇带混凝土应一次浇筑，不得留施工缝；混凝土浇筑后应及时养护，养护时间不得少于 28d。

本节练习题

一、综合练习题

某住宅小区 10 号楼，建筑面积 5191m²，6 层，底框砖混结构，1 层层高为 3.3m，2~6 层层高为 2.8m，问题如下：

1. 现基坑底长 80m，宽 60m，深 8m，四边放坡，边坡坡度为 1∶0.5，试计算挖土土方工程量？

2. 确定基坑土方工程开挖的施工顺序？其开挖过程中的深度如何控制？

3. 为保证基坑边坡不塌方，基坑边坡采用土钉墙进行加固，确定土钉墙施工工艺流程？

4. 开挖过程中，用反铲挖土机，其挖土的特点是什么？开挖的方式是什么？开挖到基底应留多厚的土层采用人工开挖？

5. 当开挖到设计基底标高时，进行人工钎探，钎探的目的是什么？如何钎探？钎探的施工要求有什么？

6. 验槽由谁来组织，有哪些单位参加？验槽的内容是什么？

7. 验槽完毕，被一场大雨泡槽，应采取什么措施？

8. 如果处理完毕立即进行基础的施工，当采用钢筋混凝土独立基础时，其主要施工过程是什么？基础施工完毕，进行回填土，压实的方法是什么？填土的施工要求是什么？影响压实的主要因素是什么？

二、单选题

1. 根据基础标高,打桩顺序正确的是( )。
   A. 先浅后深　　　B. 先大后小　　　C. 先长后短　　　D. 都正确

2. 预制桩的混凝土浇筑工作应由( )连续浇筑,严禁中断,制作完成后,应洒水养护不少于7d。
   A. 由桩尖向桩顶　　　　　　　　　B. 由桩顶向桩尖

3. CFG桩是( )的简称。
   A. 低强度等级素混凝土桩　　　　　B. 水泥白灰碎石桩
   C. 白灰粉煤灰碎石桩　　　　　　　D. 水泥粉煤灰碎石桩

4. 采用CFG桩地基处理后,一般设置的褥垫层厚度为( )mm。
   A. 100~200　　　　　　　　　　　B. 150~300
   C. 300~500　　　　　　　　　　　D. 大于500

5. 防水混凝土底板与墙体的水平施工缝应留在( )。
   A. 底板下表面处
   B. 底板上表面处
   C. 距底板上表面不小于300mm的墙体上
   D. 距孔洞边缘不少于100mm处

6. 抗渗混凝土试件一组( )个试件。
   A. 3　　　　　B. 5　　　　　C. 6　　　　　D. 9

7. 后浇带应在其两侧混凝土龄期达到( )天后再施工。
   A. 42　　　　　B. 30　　　　C. 28　　　　D. 14

8. 后浇带混凝土浇筑后应及时养护,养护时间不得少于( )d。
   A. 7　　　　　B. 14　　　　C. 28　　　　D. 30

9. 关于卷材防水的说法,正确的是( )。
   A. 铺贴双层卷材时,相邻两幅卷材的接缝应错开1/3~1/2幅宽,且两层卷材相互垂直铺贴
   B. 底板卷材防水层的细石混凝土保护层厚度不应小于50mm
   C. 卷材接茬的搭接长度均为100mm
   D. 多层卷材上下两层和相邻两幅卷材的接缝应错开200mm以上

三、案例分析

【背景资料】

某工程地下室施工,采用防水混凝土,基础底板厚度3m,混凝土采用C30,抗渗等级为P6,地下室外墙采用C40,抗渗等级为P6,均为商品混凝土。问题:

1. 地下防水混凝土主体结构,墙体水平施工缝应如何留设?施工缝处的防水构造要求?(画图说明)

2. 施工缝继续浇筑混凝土应如何处理?在现场如何留设抗渗等级为P6的试块?

3. 如果底板防水混凝土为大体积混凝土,混凝土中心温度与表面温度的温差不应大于多少?防止大体积混凝土温度裂缝应采取的措施是什么?

3.2 主体分部工程施工技术要求和质量验收

【工程背景】 ××综合办公楼,地下一层,地上9层,建筑面积30 000m², 建筑高度40m,天然地基浅基础,局部采用CFG桩复合地基,钢筋混凝土筏形基础,结构形式为钢筋混凝土框架—剪力墙结构,钢筋采用HPB300、HRB335、HRB400,基础、梁、板、柱、墙的混凝土强度等级均为C30,而此结构外墙为250mm,内墙为200mm厚的加气混凝土砌块。通过案例介绍主体分部工程中模板工程、钢筋工程、混凝土工程、砌筑工程等分项工程的施工工艺、施工方法、质量验收标准和技术安全措施。

3.2.1 钢筋分项工程施工及技术措施

1. 钢筋工程的分类及验收

(1) 钢筋分类。

1) 按外形分类。

光圆钢筋:HPB300级钢筋为热轧光圆钢筋。

带肋钢筋:表面有突起部分的圆形钢筋称为带肋钢筋,它的肋纹形式有"月牙形"、"螺纹形"等。HRB335、HRB400和HRB500钢筋为普通热轧带肋钢筋;HRBF335、HRBF400、HRBF500钢筋为细晶粒热轧带肋钢筋;RRB400为余热处理带肋钢筋;HRB400E为较高抗震性能要求的普通热轧带肋钢筋。

刻痕钢丝:刻痕钢丝是由光面钢丝经过机械压痕而成的。

钢绞线:又称铰线式钢筋,是用2根、3根或7根圆钢丝捻制而成的。

2) 按钢筋直径分类:钢丝 $d=3\sim 5mm$;细钢筋 $d=6\sim 12mm$,对于直径小于12mm的钢丝或细钢筋,出厂时一般做成盘圆状,使用时需调直;粗钢筋 $d>12mm$,对于直径大于12mm的粗钢筋,为了便于运输,出厂时一般做成直条状,每根6~12m,如需特长钢筋,可同厂方协议。

(2) 钢筋原材料主控项目和一般项目的质量验收。

主控项目包括:

1) 钢筋进场时,应按国家现行相关标准的规定抽取试件作力学性能和重量偏差检验,检验结果必须符合有关标准的规定。

检验数量:按进场的批次和产品的抽样检验方案确定。

检验方法:检查产品的合格证、出厂检验报告和进场复验报告。

2) 对有抗震设防要求的结构,其纵向受力钢筋的性能应满足设计要求;当设计无具体要求时,对按一、二、三级抗震等级设计的框架和斜撑构件(含梯段)中的纵向受力钢筋应采用HRB335E、HRB400E、HRB500E、HRBF335E、HRBF400E或HRBF500E钢筋,其强度和最大力下总伸长率的实测值应符合下列规定:

①钢筋的抗拉强度实测值与屈服强度实测值的比值不应小于1.25。

②钢筋的屈服强度实测值与屈服强度标准值的比值不应大于1.30。

③钢筋的最大力下总伸长率不应小于9%。

3) 当发现钢筋脆断、焊接性能不良或力学性能显著不正常等现象时,应对该批钢筋进行化学成分检验或其他专项检验。

一般项目包括：钢筋应平直、无损伤，表面不得有裂纹、油污、颗粒状或片状老锈。

(3) 钢筋的保管。为了确保质量，钢筋验收合格后，还要做好保管工作，主要是防止生锈、腐蚀和混用。为此，须注意以下几个方面：堆放场地要干燥，并用方木或混凝土板等作为垫件，一般保持离地20cm以上。非急用钢筋，宜放在有棚盖的仓库内；钢筋必须严格分类、分级、分牌号堆放，不合格钢筋另做标记分开堆放，并立即清理出现场；钢筋不要和酸、盐、油这一类的物品放在一起，要在远离有害气体的地方堆放，以免腐蚀。

2. 钢筋质量控制

钢筋质量控制如图3-42所示。

3. 钢筋的冷加工

钢筋的冷加工，常用冷拉或冷拔，以提高钢筋的强度设计值，达到节约钢材的目的。

(1) 钢筋的冷拉。钢筋的冷拉是指在常温对钢筋进行强力拉伸，使钢筋的拉应力超过屈服强度，钢筋产生塑性变形，达到调直钢筋、提高强度、节约钢材的目的。钢筋经冷拉而强度提高、塑性降低的现象，称为变形硬化。由于钢筋应力超过屈服点以后，使钢筋内部组织发生变化，促使钢筋内部晶体组织自行调整，经过调整后钢筋获得一个稳定的屈服点，强度进一步提高，塑性再次降低。钢筋晶体组织的调整过程称为"时效"。钢筋时效过程（内应力消除的过程）进行的快慢，与温度有关。HPB300、HRB335级钢筋的时效过程，在常温下，要经过15～20d才能完成，这个时效过程称为自然时效。为加速时效过程，可对钢筋进行加热，称为人工时效。

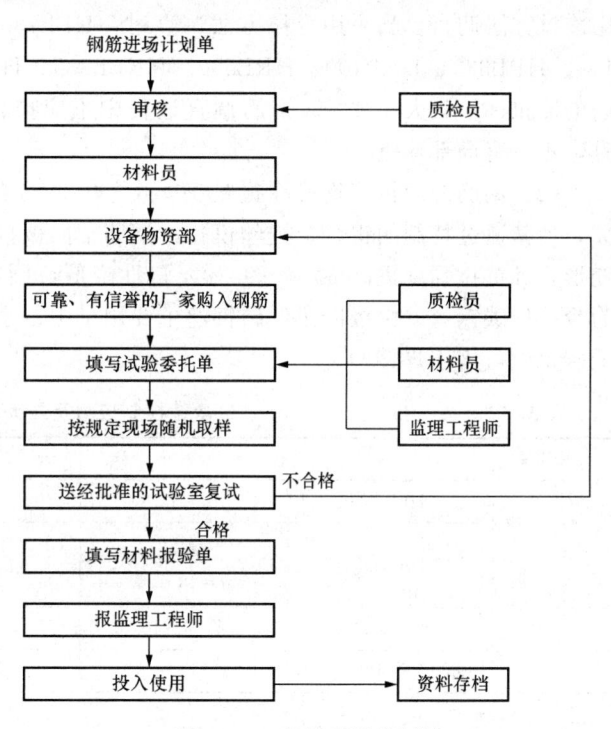

图3-42 钢筋质量控制图

1) 钢筋冷拉控制方法：可采用控制冷拉率和控制应力两种方法。

①控制冷拉率法。以冷拉率来控制钢筋的冷拉方法，叫作控制冷拉率法。冷拉率必须由试验确定，试件数量不少于4个。冷拉率确定后，根据钢筋长度，求出伸长值，作为冷拉时的依据。冷拉伸长值ΔL按下式计算：

$$\Delta L = \delta L$$

式中　　δ——冷拉率（由试验确定）；

L——钢筋冷拉前的长度。

控制冷拉率法施工操作简单，但当钢筋材质不匀时，用经试验确定的冷拉率进行冷拉，对不能分清炉批号的钢筋，不应采取控制冷拉率法。

②控制应力法。这种方法以控制钢筋冷拉应力为主，冷拉应力按表3-12中相应级别钢筋的控制应力选用。冷拉时应检查钢筋的冷拉率，不得超过表3-12中的最大冷拉率。钢筋

冷拉时，如果钢筋已达到规定的控制应力，而冷拉率未超过表3-12中的最大冷拉率，则认为合格。如钢筋已达到规定的最大冷拉率而应力还小于控制应力（即钢筋应力达到冷拉控制应力时，钢筋冷拉率已超过规定的最大冷拉率）时，则认为不合格，应进行机械性能试验，按其实际级别使用。

2）冷拉设备。冷拉设备一般是采用卷扬机带动滑轮组的冷拉装置系统进行冷拉。冷拉设备由拉力设备、承力结构、测量设备和钢筋夹具等部分组成。

3）钢筋冷拉、调直的有关规定。钢筋宜采用无延伸功能的机械设备进行调直，也可采用冷拉方法调直。当采用冷拉方法调直时，HPB235、HPB300光圆钢筋的冷拉率不宜大于4%；HRB335、HRB400、HRB500、HRBF335、HRBF400、HRBF500及RRB400带肋钢筋的冷拉率不宜大于1%。钢筋调直过程中不应损伤带肋钢筋的横肋。调直后的钢筋应平直，不应有局部弯折。

(2) 钢筋的冷拔。钢筋冷拔是将$\phi 6 \sim \phi 8mm$的HPB300级光面钢筋在常温下强力拉拔，使其通过特制的钨合金拔丝模孔，钢筋轴向被拉伸，径向被压缩，钢筋产生较大的塑性变形，其抗拉强度提高50%~90%，塑性降低，硬度提高。经过多次强力拉拔的钢筋，称为冷拔低碳钢丝。甲级冷拔低碳钢丝主要用于中、小型预应力构件中的预应力筋，乙级冷拔低碳钢丝可用于焊接网。

表 3-12　　　　　　　　　　冷拉控制应力及最大冷拉率

项次	钢筋级别		冷拉控制应力/MPa	最大冷拉率（%）
1	HPB235	$d \leqslant 12$	280	10
2	HRB335	$d \leqslant 25$ $d = 28 \sim 40$	450 430	5.5
3	HRB400	$d = 8 \sim 40$	500	5
4	RRB400	$d = 10 \sim 28$	700	4

4. 钢筋加工的质量要求

钢筋加工宜在专业化加工厂进行；钢筋的表面应清洁、无损伤，油渍、漆污和铁锈应在加工前清除干净。带有颗粒状或片状老锈的钢筋不得使用。钢筋除锈后如有严重的表面缺陷，应重新检验该批钢筋的力学性能及其他相关性能指标；钢筋加工宜在常温状态下进行，加工过程中不应加热钢筋。钢筋弯折应一次完成，不得反复弯折。

(1) 钢筋加工主控项目、一般项目的质量要求。

主控项目包括：

1）受力钢筋的弯钩和弯折应符合下列要求。

①HPB235钢筋末端应作180°弯钩，其弯弧内直径不应小于钢筋直径的2.5倍，弯钩的弯后平直部分长度不应小于钢筋直径的3倍。

②当设计要求钢筋末端需作135°弯钩时，HRB335、HRB400钢筋的弯弧内直径不应小于钢筋直径的4倍，弯钩的弯后平直部分长度应符合设计要求。

③钢筋做不大于90°的弯折时，弯折处的弯弧内直径不应小于钢筋直径的5倍。

2）除焊接封闭环式箍筋外，箍筋的末端应作弯钩，弯钩形式应符合设计要求；当设计无具体要求时，应符合下列规定：

①箍筋弯钩的弯弧内直径，除应满足本规范上条的规定外，尚应不小于受力钢筋直径。

②箍筋弯钩的弯折角度：对一般结构，不应小于90°；对有抗震等要求的结构，应为135°。

③箍筋弯后平直部分长度：对一般结构，不宜小于箍筋直径的5倍；对有抗震等要求的结构，不应小于箍筋直径的10倍。

3）钢筋调直后应进行力学性能和重量偏差的检验，其强度应符合有关标准的规定。采用无延伸功能的机械设备调直的钢筋，可不进行本条规定的检验。

检查数量：同一厂家、同一牌号、同一规定调直钢筋，重量不大于30t为一批，每批见证取3件试件。

一般项目包括：

1）钢筋宜采用无延伸功能的机械设备进行调直，也可采用冷拉方法调直。当采用冷拉方法调直时，HPB235、HPB300光圆钢筋的冷拉率不宜大于4%；HRB335、HRB400、HRB500、HRBF335、HRBF400、HRBF500及RRB400带肋钢筋的冷拉率不宜大于1%。

2）钢筋加工的形状、尺寸应符合设计要求，其偏差应符合下列表3-13的规定。

表3-13　　　　　　　　　　钢筋加工的允许偏差

项　目	允许偏差/mm
受力钢筋顺长度方向全长的净尺寸	±10
弯起钢筋的弯折位置	±20
箍筋内净尺寸	±5

5. 钢筋连接方式和技术要求

钢筋的连接方式可分为三类：绑扎连接、焊接、机械连接。主要介绍焊接和机械连接。

(1) 钢筋的焊接。常用焊接方法有闪光对焊、电阻点焊、电弧焊、电渣压力焊、气压焊等。

1）闪光对焊。闪光对焊广泛用于焊接直径为10～40mm的HPB300、HRB335、HRB400热轧钢筋和直径为10～25mm的RRB400余热处理钢筋及预应力筋与螺栓端杆的焊接。

①焊接原理。利用对焊机使两段钢筋接触，通过低电压、强电流，待钢筋被加热到一定温度变软后，进行轴向加压顶锻，使两根钢筋焊接在一起，形成对焊接头。

②焊接工艺。根据钢筋级别、直径和所用焊机的功率，闪光对焊工艺可分为连续闪光焊、预热闪光焊、闪光—预热—闪光焊三种。

第一种：连续闪光焊。适用于直径25mm以下的钢筋。对焊接头的外形如图3-43所示。

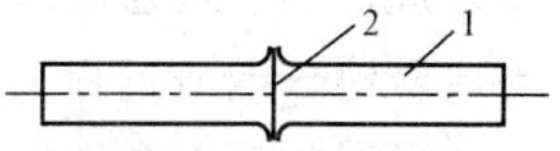

图3-43　钢筋对焊接头的外形图
1—钢筋；2—接头

第二种：预热闪光焊。预热闪光焊是在连续闪光焊前增加一次预热过程，以使钢筋均匀加热。适用于直径25mm以上端部平整的钢筋。

第三种：闪光—预热—闪光焊。闪光—预热—闪光焊是在预热闪光焊前加一次闪光过程，使钢筋端面烧化平整，预热均匀。适用于直径25mm以上端部不平整的钢筋。

2）电弧焊。电弧焊是利用弧焊机使焊条和焊件之间产生高温电弧，熔化焊条和高温电弧范围内的焊件金属，熔化的金属凝固后形成焊接接头。电弧焊广泛用于钢筋的接长、钢筋骨架的焊接、装配式结构钢筋接头焊接及钢筋与钢板、钢板与钢板的焊接等。

钢筋电弧焊接头主要有三种形式：绑条焊、搭接焊、坡口焊。

①绑条焊。适用于直径为 10～40mm 的 HPB300、HRB335、HRB400 级钢筋和直径为 10～25mm 的余热处理 HRB400 级钢筋。绑条焊宜采用与主筋同级别、同直径的钢筋制作，根据其绑条长度（L）可分为单面焊缝和双面焊缝。如图 3-44 所示。

HPB300 级钢筋：单面焊，$L \geqslant 8d_0$，双面焊，$L \geqslant 4d_0$；HRB335、HRB400 级钢筋：单面焊，$L \geqslant 10d_0$，双面焊，$L \geqslant 5d_0$。

②搭接焊。把钢筋端部弯曲一定角度叠合起来，在钢筋接触面上焊接形成焊缝，它分为双面焊缝和单面焊缝。适用于焊接直径为 10～40mm 的 HPB300、HRB335 级钢筋。如图 3-45 所示，搭接焊宜采用双面焊缝，不能进行双面焊时，也可采用单面焊。搭接焊的搭接长度及焊缝高度、焊缝宽度同绑条焊。

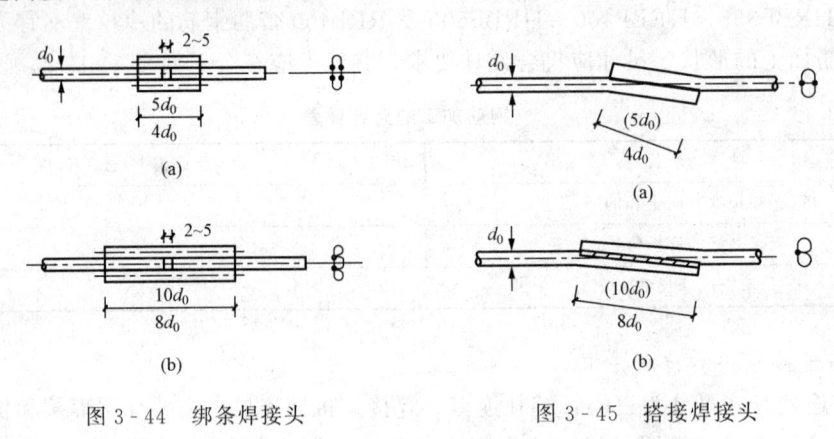

图 3-44 绑条焊接头

图 3-45 搭接焊接头

③坡口焊。钢筋坡口焊接头可分为坡口平焊接头和坡口立焊接头两种。

3）电渣压力焊。

①焊接原理及适用范围。电渣压力焊利用电流通过渣池所产生的热量来熔化母材，待到一定程度后施加压力，完成钢筋连接。这种钢筋接头的焊接方法与电弧焊相比，焊接效率高 5～6 倍，且接头成本较低，质量易保证，它适用于直径为 14～40mm 的 HPB300、HRB335 级竖向或斜向钢筋的连接。

②电渣压力焊焊接工艺程序：安装焊接钢筋→安装引弧铁丝球→缠绕石棉绳、装上焊剂盒→装放焊剂、接通电源，"造渣"工作电压 40～50V，"电渣"工作电压 20～25V→造渣过程形成渣池→电渣过程钢筋端面熔化→切断电源，顶压钢筋，完成焊接。焊接完成应适当停歇，才可回收焊剂和卸下焊接夹具，并敲去渣壳；四周焊包应均匀，凸出钢筋表面的高度应不小于 4mm，如图 3-46、图 3-47 所示。

③质量检验。钢筋电渣压力焊接头的外观检查应逐个进行。强度检验时，从每批成品中切取三个试样进行拉伸试验。在现浇钢筋混凝土框架结构中，每一楼层中以 300 个同类型接头作为一批；不足 300 个时，仍作为一批。钢筋电渣压力焊接头的外观检查，应符合下列要求：四周焊包凸出钢筋表面的高度，当钢筋直径为 25mm 及以下时，不得小于 4mm；当钢筋直径为 28mm 及以上时，不得小于 6mm。

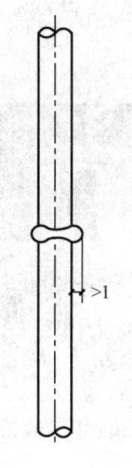

图 3-46　钢筋接头　　图 3-47　现场柱子电渣压力焊接头

a. 钢筋表面无明显烧伤等缺陷。
b. 接头处钢筋轴线的偏移不得大于 1mm。
c. 接头处弯折角度不得大于 2°。
外观检查不合格的接头，应切除重焊或采取补强措施。

4）气压焊。钢筋气压焊是采用氧—乙炔火焰对钢筋接缝处进行加热，使钢筋端部加热达到高温状态，并施加足够的轴向压力而形成牢固的对焊接头。钢筋气压焊接方法具有设备简单、焊接质量好、效果高，且不需要大功率电源等优点。

钢筋气压焊可用于直径为 40mm 以下的 HPB300 级、HRB335 级钢筋的纵向连接。当两钢筋直径不同时，其直径之差不得大于 7mm，钢筋气压焊设备主要有氧—乙炔供气设备、加热器、加压器及钢筋卡具等。

5）电阻电焊。钢筋混凝土结构中的钢筋骨架和钢筋网片的交叉钢筋焊接宜采用电阻点焊。焊接时将钢筋的交叉点放入点焊机两极之间，通电使钢筋加热到一定温度后，加压使焊点处钢筋互相压入一定的深度（压入深度为两钢筋中较细者直径的 1/4～2/5），将焊点焊牢。采用点焊代替绑扎，可以提高工效，便于运输。在钢筋骨架和钢筋网成形时优先采用电阻点焊。

（2）机械连接。机械连接有三种方式：套筒挤压连接、锥螺纹连接和直螺纹连接。

1）套筒挤压连接。套筒挤压连接是把两根待接钢筋的端头先插入一个优质钢套管，然后用挤压机在侧向加压数道，套筒塑性变形后即与带肋钢筋紧密咬合，达到连接的目的。

2）直螺纹连接。直螺纹连接是近年来开发的一种新的螺纹连接方式，用于连接直径为 16～40mm HRB335、HRB400 级钢筋。它先把钢筋端部用钢筋套丝机加工成与套筒匹配的直螺纹，最后用套筒实行钢筋对接。现场操作过程及质量要求如下：

①将套筒预先部分或全部拧入一个被连接钢筋的螺纹内，而后转动连接钢筋或反拧套筒到预定位置，最后用扳手转动连接钢筋，使其相互对顶、锁定连接套筒。

②采用扳手把钢筋接头扭紧，在拧紧后的滚压直螺纹接头上做上标记。

③连接套筒表面无裂纹，螺纹饱满，无其他缺陷。

④连接套筒两端的孔用塑料盖封上，以保持内部洁净、干燥、防锈。

⑤作业前，对要采取此项工艺施工的钢筋进行工艺检验，试验合格才能施工。如图3-48、图3-49所示。

图 3-48 水平直螺纹钢筋连接　　　　图 3-49 现场直螺纹柱钢筋连接

(3) 钢筋连接接头的质量验收要求。

1) 主控项目。

①纵向受力钢筋的连接方式应符合设计要求。

②在施工现场，应按国家现行标准《钢筋机械连接通用技术规程》（JGJ 107—2010）、《钢筋焊接及验收规程》（JGJ 18—2012）的规定抽取钢筋机械连接接头、焊接接头试件做力学性能检验，其质量应符合有关规程的规定。

2) 一般项目。

①钢筋的接头宜设置在受力较小处。同一纵向受力钢筋不宜设置两个或两个以上接头。接头末端至钢筋弯起点的距离不应小于钢筋直径的 10 倍。

②在施工现场，应按国家现行标准《钢筋机械连接通用技术规程》（JGJ 107—2010）、《钢筋焊接及验收规程》（JGJ 18—2012）的规定对钢筋机械连接接头、焊接接头的外观进行检查，其质量应符合有关规程的规定。

③当钢筋采用机械连接接头或焊接接头时，设置在同一构件内的接头宜相互错开。纵向受力钢筋机械连接接头及焊接接头连接区段的长度为 35d（d 为纵向受力钢筋的较大直径）且不小于 500mm。凡接头中点位于该连接区段长度内的接头均属于同一连接区段。同一连接区段内，纵向受力钢筋机械连接及焊接的接头面积百分率为该区段内有接头的纵向受力钢筋截面面积与全部纵向受力钢筋截面面积的比值。

同一连接区段内，纵向受力钢筋的接头面积百分率应符合设计要求；当设计无具体要求时，应符合下列规定：在受拉区不宜大于 50%；接头不宜设置在有抗震设防要求的框架梁端、柱端的箍筋加密区；当无法避开时，对等强度高质量机械连接接头，不应大于 50%；直接承受动力荷载的结构构件中，不宜采用焊接接头，当采用机械连接接头时，不应大于 50%。

④同一构件中相邻纵向受力钢筋的绑扎搭接接头宜相互错开。绑扎搭接接头中钢筋的横向净距不应小于钢筋直径，且不应小于 25mm。钢筋绑扎搭接接头连接区段的长度为 $1.3L_1$（L_1 为搭接长度），凡搭接接头中点位于该连接区段长度内的搭接接头均属于同一连接区段。同一连接区段内，纵向受力钢筋搭接接头面积百分率为该区段内有搭接接头的纵向受力钢筋

截面面积与全部纵向受力钢筋截面面积的比值。

同一连接区段内,纵向受力钢筋搭接接头面积百分率应符合设计要求;当设计无具体要求时,应符合下列规定:对梁类、板类及墙类构件,不宜大于25%;对柱类构件,不宜大于50%;当工程中确有必要增大接头面积百分率时,对梁类构件,不应大于50%;对其他构件,可根据实际情况放宽。

纵向受力钢筋绑扎搭接接头的最小搭接长度应符合有关标准的规定。

⑤在梁、柱类构件的纵向受力钢筋搭接长度范围内,应按设计要求配置箍筋。当设计无具体要求时,应符合下列规定:箍筋直径不应小于搭接钢筋较大直径的0.25倍;受拉搭接区段的箍筋间距不应大于搭接钢筋较小直径的5倍,且不应大于100mm;受压搭接区段的箍筋间距不应大于搭接钢筋较小直径的10倍,且不应大于200mm;柱中纵向受力钢筋直径大于25mm时,应在搭接接头两个端面外100mm范围内各设置两个箍筋,其间距宜为50mm。

6. 钢筋配料

钢筋配料是根据构件的配筋图计算构件各钢筋的直线下料长度、根数及重量,然后编制钢筋配料单,作为钢筋备料加工的依据。

(1) 钢筋下料长度计算的相关规定。

1) 钢筋长度(外包尺寸):是指钢筋的外轮廓尺寸(外包就是曲线切线的交点连成的直线段),即钢筋外边缘到外边缘的尺寸。

2) 混凝土保护层是指"最外侧"钢筋外缘至混凝土构件表面的距离,其作用是保护钢筋在混凝土结构中不受锈蚀。无设计要求时应符合规范规定。见表3-14。

表3-14 混凝土保护层最小厚度

环境类别	板、墙	梁、柱
一	15	20
二a	20	25
二b	25	35
三a	30	40
三b	40	50

注:通常保护层厚度在图纸的结构说明页中有详细规定。基础底面钢筋保护层厚度,有混凝土垫层时应从垫层顶面算起,且不小于40mm;无垫层时不应小于70mm。如图纸中有具体规定时,按图纸规定选取。

通常保护层厚度在图纸的结构说明页中均有详细规定。一般情况下,无垫层基础的保护层厚度是70mm;有垫层基础是40mm,图纸中均有具体规定。混凝土的保护层厚度,一般用水泥砂浆垫块或塑料卡垫在钢筋与模板之间来控制。塑料卡的形状有塑料垫块和塑料环圈两种。塑料垫块用于水平构件,塑料环圈用于垂直构件。

3) 弯曲量度差值。钢筋长度的度量方法系指外包尺寸,因此钢筋弯曲以后,外边缘伸长,内边缘缩短,只有中心线不变,外边缘和中心线之间存在的差值叫作量度差值,在计算下料长度时必须加以扣除。根据理论推理和实践经验,当弯折30°,量度差值为0.306d,取0.3d;当弯折45°,量度差值为0.543d,取0.5d;当弯折60°,量度差值为0.90d,取1d;当弯折90°,量度差值为2.29d,取2d;当弯折135°,量度差值为3d。

4) 钢筋的弯钩和弯折：受力钢筋的弯钩和弯折应符合下列要求：

①HPB235 钢筋末端应作 180°弯钩，其弯弧内直径不应小于钢筋直径的 2.5 倍，弯钩的弯后平直部分长度不应小于钢筋直径的 3 倍。

②当设计要求钢筋末端须作 135°弯钩时，HRB335、HRB400 钢筋的弯弧内直径不应小于钢筋直径的 4 倍，弯钩的弯后平直部分长度应符合设计要求。

③钢筋作不大于 90°的弯折时，弯折处的弯弧内直径不应小于钢筋直径的 5 倍。

5) 180°弯钩增加值。每一个 180°弯钩的增长值为 $6.25d$。

6) 锚固长度（图集 11G101-1 的规定）见表 3-15。

表 3-15　　　　　　纵向受拉钢筋抗震锚固长度 l_{ab}、l_{abe}

钢筋种类	抗震等级	C20	C25	C30	C35	C40	C45	C50	C55	≥C40
HPB300	一、二级（l_{abe}）	$45d$	$39d$	$35d$	$32d$	$29d$	$28d$	$26d$	$25d$	$24d$
	三级（l_{abe}）	$41d$	$36d$	$32d$	$29d$	$26d$	$25d$	$24d$	$23d$	$22d$
	四级（l_{abe}）非抗震	$39d$	$34d$	$30d$	$28d$	$24d$	$23d$	$22d$	$21d$	$21d$
HRB335 HRBF335	一、二级（l_{abe}）	$44d$	$38d$	$33d$	$31d$	$29d$	$26d$	$25d$	$24d$	$24d$
	三级（l_{abe}）	$40d$	$35d$	$31d$	$28d$	$26d$	$24d$	$23d$	$22d$	$22d$
	四级（l_{abe}）非抗震	$38d$	$33d$	$29d$	$27d$	$25d$	$23d$	$22d$	$21d$	$21d$
HRB400 HRBF400	一、二级（l_{abe}）	—	$46d$	$40d$	$37d$	$33d$	$32d$	$31d$	$30d$	$29d$
	三级（l_{abe}）		$42d$	$37d$	$34d$	$30d$	$29d$	$28d$	$27d$	$26d$
	四级（l_{abe}）非抗震		$40d$	$35d$	$32d$	$29d$	$28d$	$27d$	$26d$	$25d$

(2) 钢筋下料长度计算方法。

1) 直钢筋下料长度＝直构件长度－保护层厚度＋弯钩增加长度（有弯钩时）。

2) 弯起钢筋下料长度＝直段长度＋斜段长度－弯折量度差值＋弯钩增加长度。

3) 箍筋下料长度＝$2b+2h-8c+18.5d$（b 为截面宽，h 为截面高度，c 为保护层厚度，d 为箍筋直径。考虑抗震构造要求，和 90°量度差值推导得出）。

(3) 框架梁、柱构件钢筋的排布规则与构造详图。

1) 抗震框架梁钢筋。

①平面标注方式包括集中标注与原位标注，集中标注表示梁的通用数值，原位标注表示梁的特殊数值。当集中标注中的某项数值不适用于梁的某部位时，则将该项数值原位标注。施工时，原位标注取值优先。

梁集中标注的内容有五项必注值及一项选注值，图集 11G101-1 规定如下：梁编号；梁截面尺寸 $b×h$（宽×高）；梁箍筋，包括钢筋级别、直径、加密区与非加密区间距及肢数；梁上部通长筋或架立筋；梁侧面纵向构造钢筋或受扭钢筋；梁顶面标高高差。

原位标注的内容包括：梁支座上部纵筋（该部位含通长筋在内所有纵筋）、梁下部纵筋、附加箍筋或吊筋。集中标注不适用于某跨时，则将其不同数值原位标注在该跨部位，施工时应将原位标注的数值取用,如图 3-50 所示。

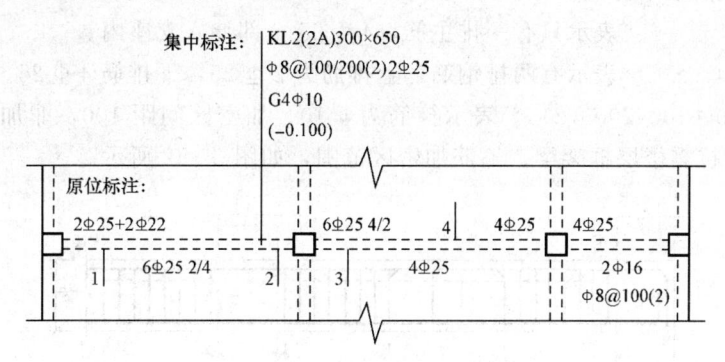

图 3-50 平面注写方式示例

②框架梁中的各种钢筋表示方法。

a. 梁上部纵筋和梁下部纵筋为全跨相同时表示方法:3Φ22,3Φ20,表示上部钢筋为 3Φ22 通长筋,下部钢筋为 3Φ20 通长筋。

b. 梁上部钢筋表示方法:(标在梁上支座处)

2Φ20   表示两根Φ20 的钢筋,通长布置,用于双肢箍。
2Φ22+(4Φ12)   表示2Φ22 为通长筋,4Φ12 架立筋,用于六肢箍。
6Φ254/2   表示上部钢筋上排为 4Φ25,下排为 2Φ25。
2Φ22+2Φ22   表示只有一排钢筋,两根在角部,两根在中部,均匀布置。

c. 梁腰筋表示方法:

G4Φ14   表示梁两侧的构造钢筋,每侧两根Φ14。
N2Φ22   表示梁两侧的抗扭钢筋,每侧一根Φ22。

当梁高大于 450mm 时,需设置的侧面纵向构造钢筋可按标准构造详图施工,一般设计图中不注。当梁某跨侧面布有抗扭纵筋时,抗扭纵筋的总配筋值前面加"N"。如图 3-51 所示。

图 3-51 梁侧面纵向构造钢筋和拉筋

注:1. 当 $h_w \geqslant 450$ 时,在梁的两个侧面应沿高度配置纵向构造钢筋,纵向构造钢筋间距 $a \leqslant 200$。
2. 当梁侧面配有直径不小于构造纵筋的受扭纵筋时,受扭钢筋可以代替构造钢筋。
3. 梁侧面构造纵筋的搭接与锚固长度可去 $15d$,梁侧面受扭纵筋的搭接长度为 l_{le} 或 l_l,其锚固长度为 l_{aE} 或 l_a,锚固方式同框架梁下部纵筋。
4. 当梁宽不大于 350 时,拉筋直径为 6mm,当梁宽大于 350 时,拉筋直径为 8mm,拉筋的间距为非加密区箍筋间距的两倍,当设有多排拉筋时,上下两排竖向错开设置。

d. 梁下部钢筋表示方法（标在梁的下部）：

4Φ25　　　　　　表示只有一排主筋，4Φ25全部伸入支座内。

6Φ25　2/4　　　表示有两排钢筋，上排筋为2Φ25，下排筋4Φ25。

e. 箍筋Φ10@100/200（2）　表示箍筋为Φ10，加密区间距100，非加密区间距200，全为双肢箍，对抗震楼层框架梁、箍筋加密区范围，如图3-52所示。

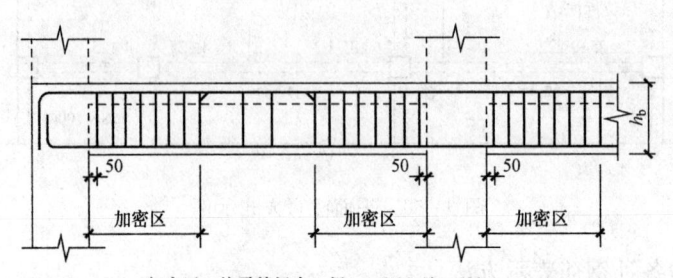

加密区：抗震等级为一级：≥2.0h_b且≥500

抗震等级为二～四级：≥1.5h_b且≥500

图3-52 抗震楼层框架梁箍筋加密区范围

f. 附加吊筋或箍筋（图3-53、图3-54）：附加箍筋和吊筋可直接画在平面图中的主梁上，用线引注总配筋值。当多数附加箍筋或吊筋相同时，可在梁平法施工图上统一注明，少数与统一注明值不同时，再原位引注。

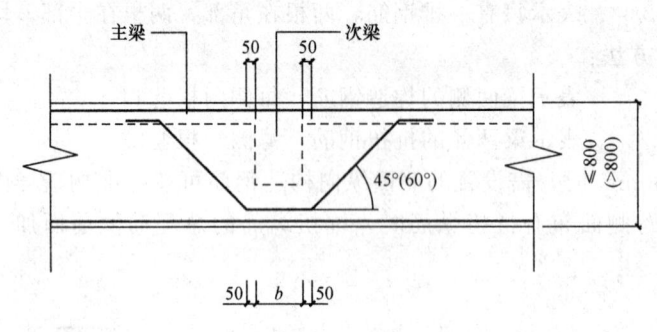

图3-53 附加吊筋

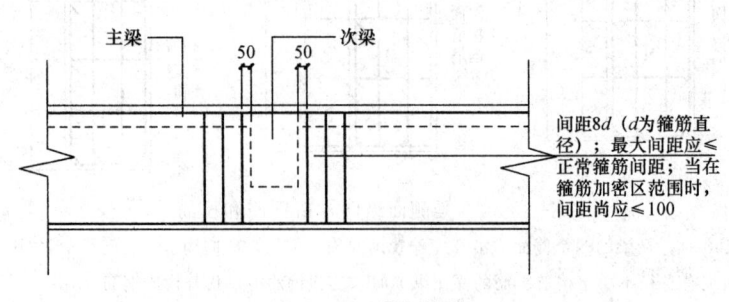

图3-54 附加箍筋

2）抗震框架柱钢筋。柱插筋在基础中锚固构造，如图3-55～图3-59所示。

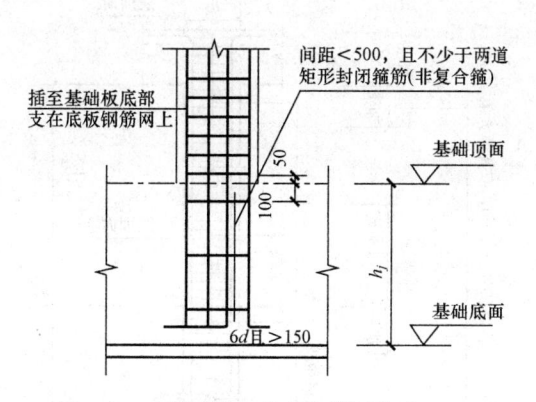

图 3-55　柱插筋在基础中锚固构造（一）
插筋保护层厚度 $>5d$；$h_j > l_{ae}$（l_a）

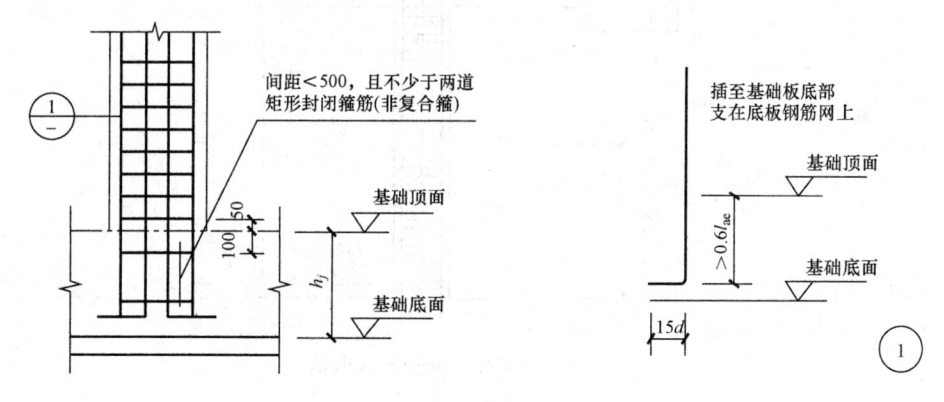

图 3-56　柱插筋在基础中锚固构造（二）
插筋保护层厚度 $>5d$；$h_j \leqslant l_{ae}$（l_a）

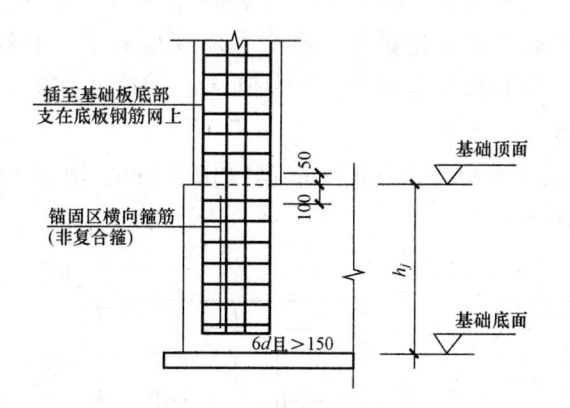

图 3-57　柱插筋在基础中锚固构造（三）
插筋保护层厚度 $\leqslant 5d$；$h_j > l_{ae}$（l_a）

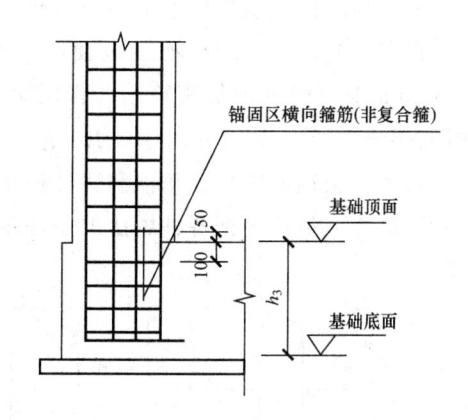

图 3-58　柱插筋在基础中锚固构造（四）
插筋保护层厚度 $\leqslant 5d$；$h_j \leqslant l_{ae}$（l_a）

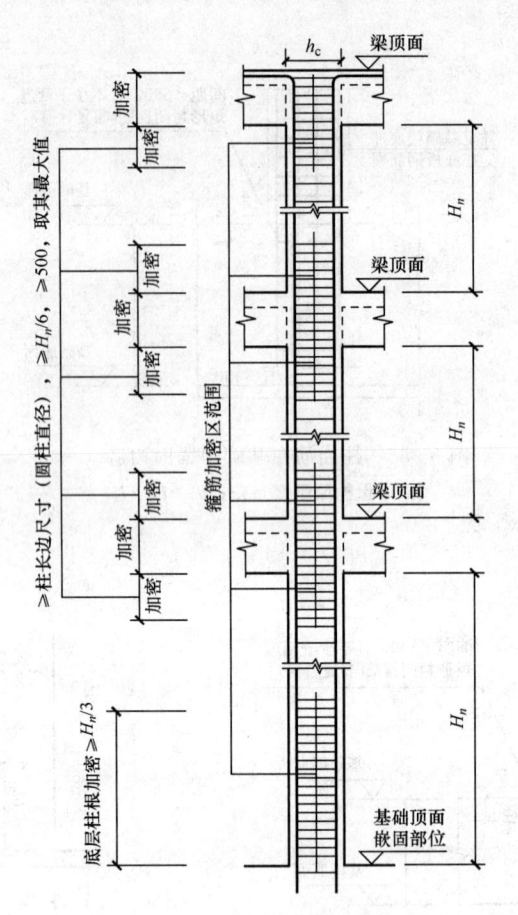

图 3-59 框架柱箍筋加密区取值

柱箍筋按钢筋级别、直径、间距注写，当为抗震时用斜线"/"区分柱端箍筋加密区与柱身非加密区内箍筋不同间距。如柱全高为一种间距时则不用"/"。

底层柱的柱根系指地下室的顶面或无地下室情况的基础顶面；柱根加密区长度应取不小于该层柱净高的 1/3；有刚性地面时，除柱端箍筋加密区外，尚应在刚性地面上、下各 500mm 的高度范围内加密箍筋。楼层梁上下箍筋加密范围为：取大值 $\{h_c, H_n/6, 500\}$。如图 3-59 所示。h_c 为柱长边，H_n 为柱净高。

抗震框架柱的中柱、角柱和边柱柱顶纵向钢筋构造分为三种情况，如图 3-60、图 3-61 所示，施工人员应根据各种做法的条件正确选择。

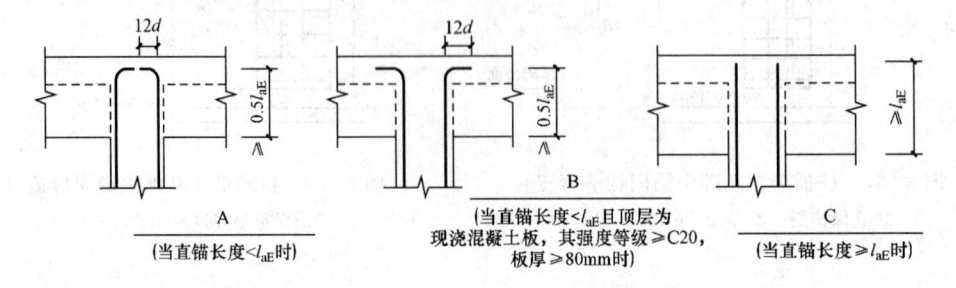

图 3-60 抗震 KZ 中柱柱顶纵向钢筋构造

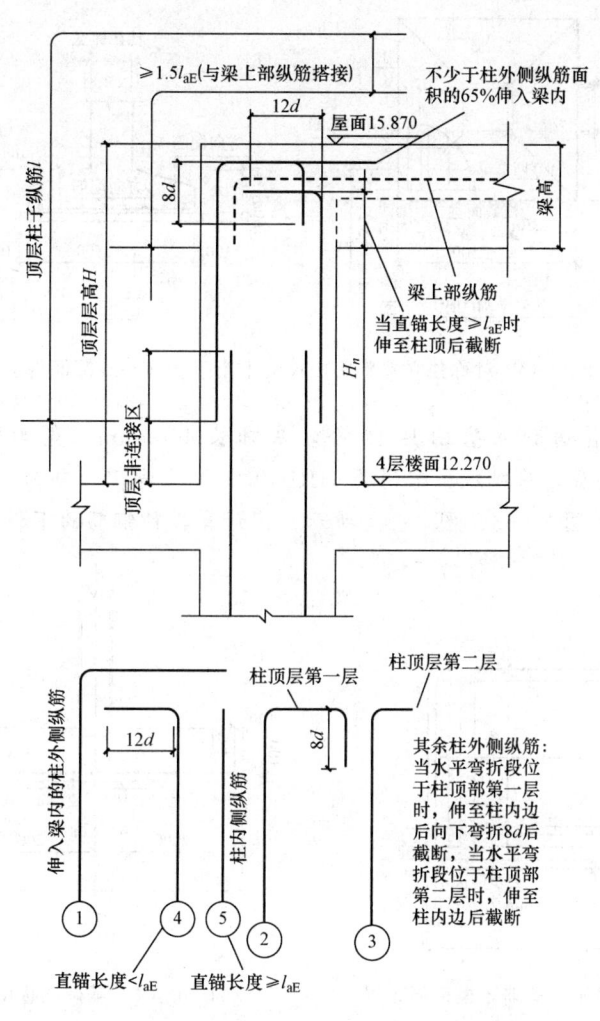

图 3-61 抗震框架柱角柱、边柱柱顶纵向钢筋构造

3) 独立基础底板钢筋。

①独立基础的编号：普通独立基础的基础底板截面形状有两种：阶形和坡形。阶形截面编号加下标"J"，如 $DJ_J××$；坡形截面编号加下标"P"，如 $DJ_P××$。

②独立基础配筋的注写：普通独立基础的底板的底部双向配筋以"B"表示，X 向配筋以 X 打头，Y 向配筋以 Y 打头注写，当两项配筋相同时，则以 X&Y 打头注写。

③独立基础 DJ_J、DJ_P 底板配筋构造。独立基础底板双向交叉钢筋长向设置在下，短向设置在上；基础底板钢筋距边缘不大于 75 且不大于 S/2 处起设；坡形独立基础的上边缘每边超出柱边 50mm。

④独立基础底板配筋长度减短 10% 构造。当独立基础底板长度不小于 2500mm 时，除外侧钢筋外，底板配筋长度可取相应方向底板长度的 0.9 倍；当非对称独立基础底板长度不小于 2500mm，当该基础某侧从柱中心至基础底板边缘的距离小于 1250mm 时，钢筋在该侧不应减短。如图 3-62 所示。

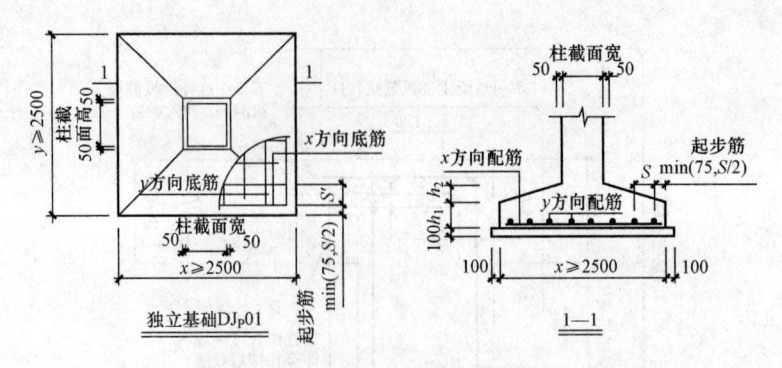

图 3-62 对称独立基础底板长度不小于2500mm配筋构造

【例 3-2】 某普通独立基础共 10 个，基础长 4000mm，宽 4000mm，其基础下有 100mm 厚的混凝土垫层，基础底板配筋为 HRB400，X 方向①号筋为 Φ12@100，Y 方向②号筋为 Φ12@100，如图 3-63、图 3-64 所示，试计算各种钢筋的下料长及根数。

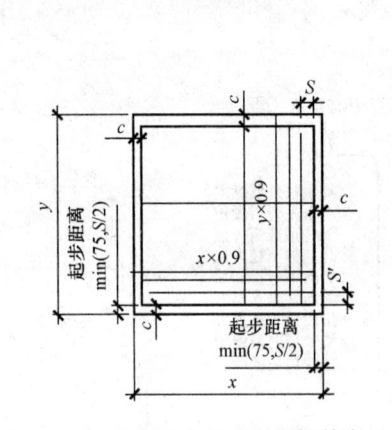

图 3-63 对称独立基础底板钢筋布置　　图 3-64 基础底板配筋图

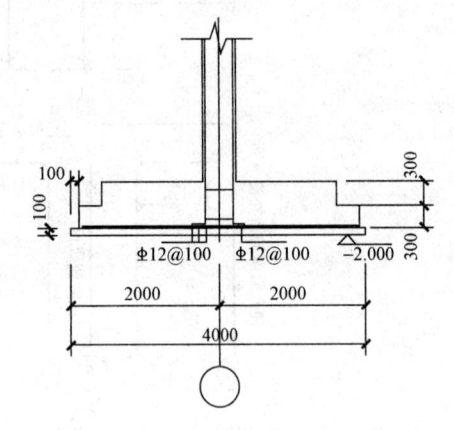

【解】 基础底板钢筋的保护层厚度，有混凝土垫层时应从垫层顶面算起，且不应小于 40mm，无垫层时不应小于 70mm。

当独立基础底板长度不小于 2500mm 时，除外侧钢筋外，底板配筋长度可取相应方向底板长度的 0.9 倍（图 3-63）。本例中独立基础底板长度大于 2500mm，第一根起步筋距基础边缘不大于 S/2 且不大于 75mm（注：S 为基础底板钢筋的间距），本题中第一根起步筋距基础边缘取 50mm。

其下料长度计算如下：X 方向①号筋（Φ12@100）

基础边缘第一根钢筋长度＝边长－2×保护层＝4000－2×40＝3920mm；根数 2 根，其余钢筋下料长度＝0.9×4000＝3600mm

根数＝(4000－2×第一根起步筋间距－2×布筋间距)/100＋1＝(4000－2×50－2×100)/100＋1＝38 根

Y 方向②号筋（Φ12@100）：其钢筋下料长度和①号筋相同。

总计：基础边缘第一根钢筋长度 3920mm，共 4 根；中间钢筋下料长度 3600mm，共 76 根。

【例3-3】 已知某办公楼钢筋混凝土KL1（2），共10根，如图3-65、图3-66所示，第一跨为6900mm，第二跨度为4800mm，附加箍筋每边各3根，吊筋为2Φ22，板厚为200mm，混凝土强度等级为C25，抗震等级为三级，求各种钢筋的下料长度。并填写配料单。

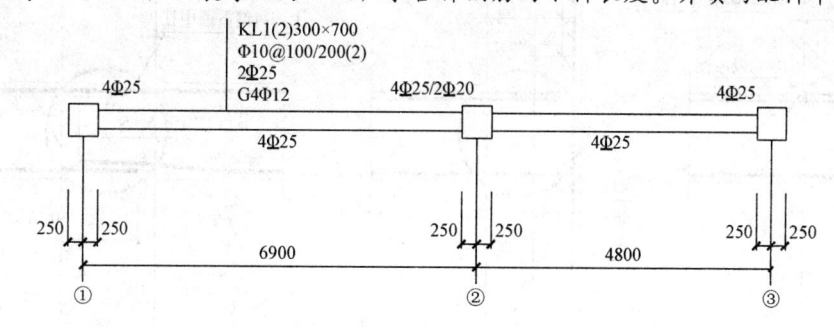

图3-65 框架梁配筋图

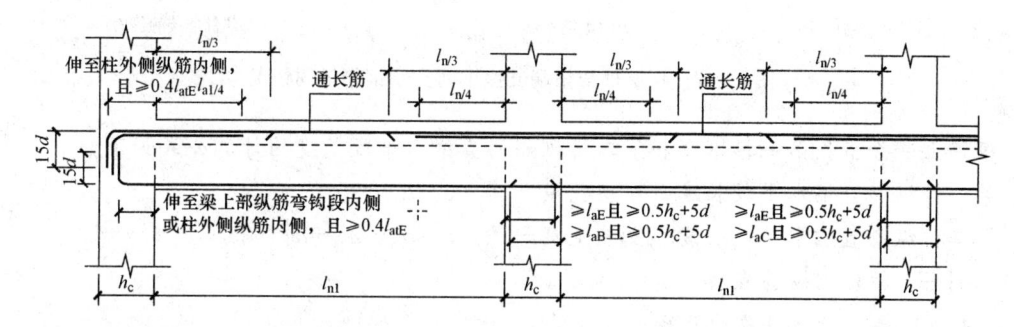

图3-66 11G101-1抗震等级楼层框架梁构造要求

楼层框架梁中下料长度计算方法如下：
（1）上部贯通筋（上通长筋1）长度＝通跨净长＋首尾端支座锚固值－量度差值
（2）端支座负筋长度：
第一排为：$l_n/3$＋端支座锚固值－量度差值
第二排为：$l_n/4$＋端支座锚固值－量度差值
（3）中间支座负筋：
第一排为：$l_n/3$＋中间支座值＋$l_n/3$
第二排为：$l_n/4$＋中间支座值＋$l_n/4$
注：两跨值不同时，L_n为支座两边跨较大值。
（4）下部钢筋长度＝净跨长＋左右支座锚固值－量度差值
以上三类钢筋中均涉及支座锚固问题，那么总结一下以上三类钢筋的支座锚固判断问题，如图3-67所示。

从图3-67中可以知道，框架梁上部第一排纵筋，伸至柱外侧纵筋的内侧，上部第二排纵筋的直钩端与第一排纵筋保持一个钢筋净距；同样，框架梁下部第一排纵筋也伸至柱外侧纵筋的内侧，下部第二排纵筋的直钩端与第一排纵筋保持一个钢筋净距。按这样的布筋方法，下部第一排纵筋的直锚水平段长度与上部第一排纵筋相同；下部第二排纵筋的直锚水平段长度与上部第二排纵筋相同。这样，可以避免发生下部第二排纵筋直锚水平段长度小于$0.4l_{ae}$的现象。

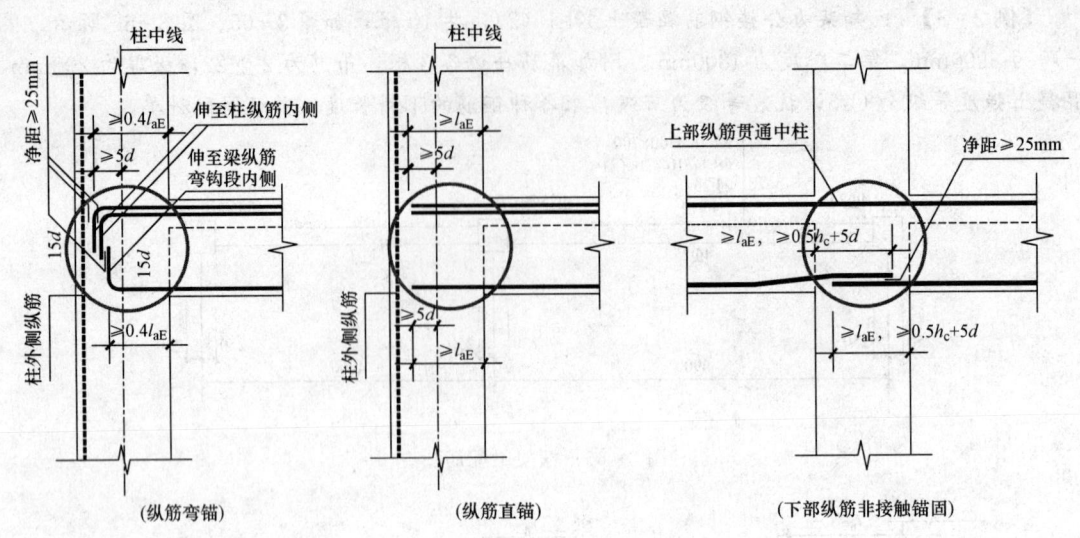

图 3-67 楼层框架梁端支座中间支座钢筋锚固情况

根据上述分析,第一排纵筋和第二排纵筋的直锚水平段长度的计算公式如下:

第一排纵筋直锚水平段长度=支座宽度$-20-8-d_z-25$

第二排纵筋直锚水平段长度=支座宽度$-20-8-d_z-25-d_1-25$

式中　d_z——柱外侧纵筋直径;

　　　d_1——第一排梁纵筋的直径;

　　　8——柱子箍筋直径(本例题中柱子箍筋直径为8mm);

　　　20——柱纵筋保护层厚度;

　　　25——二排纵筋直钩段之间的净距。

1) 判断端支座是否直锚、弯锚。

分别计算l_{ae}和$0.5H_c+5d$的数值,(这里H_c是端支座框架柱的宽度)并选取最大值。$l_d=\text{Max}\{l_{ae},0.5H_c+5d\}$。然后比较$l_d=\text{Max}\{l_{ae},0.5H_c+5d\}$和$H_c-20-8-$柱纵筋直径。

如果$l_d<H_c-20-8-$柱纵筋直径,则进行直锚,此时取:端支座水平段长度=$\text{Max}\{l_{ae},0.5H_c+5d\}$。

如果$l_d>H_c-20-8-$柱子纵筋直径,则进行弯锚,此时取:端支座锚固长度=支座宽度$-20-8-d_z-25+15d$。

2) 楼层框架梁钢筋的中间支座锚固值=$\text{Max}\{l_{ae},0.5H_c+5d\}$

(5) 箍筋下料长度=$2b+2h+18.5d$(b——梁宽,h——梁高,d——箍筋直径)

根据11G101-1第85页中二至四级抗震等级楼层框架梁箍筋加密区范围大于或等于$1.5h_b$,且大于或等于500的规定,h_b为梁截面高度,所以本题箍筋加密区的范围为$1.5\times700\text{mm}=1050\text{mm}$。

根数计算如下:箍筋根数=(加密区长度-50/加密区间距)$\times 2$+(非加密区长度/非加密区间距)$+1$

(6) 侧面构造钢筋下料长度=净跨长+$2\times15d$

(7) 拉筋下料长度＝(梁宽－2×保护层)＋2×[1.9d＋max(10d,75)](抗震弯钩值)
    拉筋的根数＝[(净跨长－50×2)/非加密间距×2＋1]×排数
(8) 吊筋下料长度＝2×锚固(20d)＋2×斜段长度＋次梁宽度＋2×50－量度差值。
其中，框梁高度大于800mm时，弯起角度取60°；≤800mm时，弯起角度取45°。
【分析】根据11G101-1的有关规定，得出：
(1) 梁纵向受力钢筋混凝土保护层为20mm；
(2) 锚固长度：l_{ae}＝31d＝31×25mm＝775mm，0.5H_c＋5d＝375mm
l_d＝Max{l_{ae}, 0.5H_c＋5d}，故 l_d＝775mm
(3) 左跨净跨长度 l_{n1}＝6900－500＝6400mm
右跨净跨长度 l_{n2}＝4800－500＝4300mm
(4) 下料长度计算。

1) ①号筋（上部通长钢筋为2Φ25）。

首先判断是直锚还是弯锚，比较 l_d＝Max{l_{ae}, 0.5H_c＋5d} 和 H_c－20－8－柱子纵筋直径－钢筋净距。l_d＝Max{l_{ae}, 0.5H_c＋5d}，故 l_d＝775mm

当 l_d＞H_c－20－8－柱子纵筋直径－钢筋净距＝500－20－8－25－25＝422mm，则进行弯锚，此时取：端支座的直锚水平段长度＝支座宽度－20－8－d_z－25＝500－20－8－25－25＝422mm≥0.4l_{ae}＝0.4×775＝310mm，直锚水平段长度满足要求。钢筋的左端是带直弯钩的，直钩垂直长度15d＝15×25mm＝375mm。

下料长度＝(6400＋4300＋500)＋2×(500－20－8－25－25＋375)－2×2×25＝12 694mm

2) ②号筋（①轴端支座的负筋 2Φ25）

下料长度＝(6900－500)/3＋422＋375－2×25mm＝2880mm

3) ③号筋（中间支座②轴第一排负筋 2Φ25）

下料长度＝(6900－500)/3×2＋500＝4767mm

注：两跨不同取大跨值计算。

4) ④号筋（中间支座②轴第二排支座负筋 2Φ20）

下料长度＝(6900－500)/4×2＋500＝3700mm

5) ⑤号筋（支座③轴第一排支座负筋 2Φ25）

下料长度＝(4800－500)/3＋422＋375－2×25＝2180mm

6) ⑥号筋（左跨下部钢筋 4Φ25）

注：端支座水平段锚固长度通框架梁上部钢筋的计算相同，中间支座锚固长度取 Max{l_{ae}, 0.5H_c＋5d}＝775mm。

下料长度＝(6400＋422＋375＋775)－2×25＝7922mm

7) ⑦号筋（右跨下部钢筋 4Φ25）

下料长度＝(4300＋422＋375＋775)－25×2＝5822mm

8) ⑧号筋[箍筋Φ10@100/200 (2)]

下料长度＝2×[(300－20×2)＋(700－20×2)]＋18.5×10＝2025mm

查11G101-1图集85页得知：抗震框架梁箍筋加密区范围，抗震等级为二～四级，大于等于1.5h_b，且大于等于500mm，h_b 为梁截面高度，1.5×700mm＝1050mm

左跨箍筋的根数=[(1050－50)/100]×2＋(6400－2×1050)/200＋1＝43(根)

右跨箍筋的根数=[(1050－50)/100]×2＋(4300－2×1050)/200＋1＝32(根)

在主次梁交接处，按要求设置附加箍筋，梁的两侧各有3根附加箍筋，直径同箍筋。

总根数＝左跨43根＋右跨32根＋附加箍筋3×2根＝81根

9) ⑨号筋［左跨侧面纵向构造钢筋（腰筋）4 Φ 12］

下料长度＝净跨长＋2×15d

下料长度＝(6900－500)＋2×15×12＝6760mm

10) ⑩号筋（右跨侧面纵向构造筋）

下料长度＝(4800－500)＋2×15×12＝4660mm

11) 11号筋（拉筋 ϕ 6@400）

下料长度＝(300－2×20)＋2×(1.9d＋75)＝433mm

左跨拉筋的根数＝[(净跨长－50×2)/非加密间距×2＋1)]×排数
　　　　　　＝[(6400－50×2)/400＋1]×2＝34(根)

右跨拉筋的根数＝[(净跨长－50×2)/非加密间距×2＋1)]×排数
　　　　　　＝[(4300－50×2)/400＋1]×2＝24(根)

总计拉筋的根数为58根。

12) 12号筋（吊筋2 Φ 22）

注：梁高＝700＜800，吊筋的弯曲角度为45°。

斜段长度＝(700－2×20)×1.414＝933mm

吊筋下料长度＝(200＋50×2)＋(933×2)＋(20×22×2)－4×0.5×22＝3002mm

根据已知条件和上述计算，绘制出配料单，见表3-16。

表3-16　　　　　　　　　钢筋配料表

构件名称	钢筋编号	简图	钢筋级别	直径	下料长度/mm	单位根数	合计根数	重量/kg
框架梁kL1(10根)	①	375⌐ 12 044 ⌐375	Φ	25	12 694	2	20	977.44
	②	375⌐ 2555	Φ	25	2880	2	20	221.76
	③	4767	Φ	25	4767	2	20	367.06
	④	3700	Φ	20	3700	2	20	182.78
	⑤	1855 ⌐375	Φ	25	2180	2	20	167.86
	⑥	375⌐ 7597	Φ	25	7922	4	40	1219.99
	⑦	⌐375 5497	Φ	25	5822	4	40	896.59

续表

构件名称	钢筋编号	简图	钢筋级别	直径	下料长度/mm	单位根数	合计根数	重量/kg
框架梁KL1（10根）	⑧	660 / 260	Φ	10	2025	81	810	1012.03
	⑨	6760	Φ	12	6760	4	40	240.12
	⑩	4660	Φ	12	4660	4	40	165.52
	⑪	250	Φ	6.5	433	58	580	65.30
	⑫	440 / 300 / 440	Φ	22	3002	2	20	178.92

（5）钢筋配料单与配料牌。根据下料长度的计算成果，汇总编制钢筋配料单，作为钢筋加工制作和绑扎安装的主要依据，同时，也作为提出钢筋材料、计划用工、限额领料和队组结算的依据。

配料单形式及内容已标准化、规范化，主要内容必须反映出工程名称、构件名称、钢筋在构件中的编号、钢筋简图及尺寸、钢筋级别、数量、下料长度及钢筋重量等。

钢筋料牌指的是凡列入加工计划的配料单，将每一编号的钢筋抄写制作的一块料牌，作为钢筋加工制作的依据。

7. 钢筋代换

（1）代换原则及方法。当施工中遇到钢筋品种或规格与设计要求不符时，可参照以下原则进行钢筋代换。

1) 等强度代换方法。当构件配筋受强度控制时，可按代换前后强度相等的原则代换，称作"等强度代换"。

如设计图中所用的钢筋设计强度为 f_{y1}，钢筋总面积为 A_{s1}，代换后的钢筋设计强度为 f_{y2}，钢筋总面积为 A_{s2}，代换时应满足下式要求：

$$n_2 \geqslant \frac{n_1 d_1^2 f_{y1}}{d_2^2 f_{y2}}$$

式中　n_1——原设计钢筋根数；

　　　d_1——原设计钢筋直径（mm）；

　　　n_2——代换后钢筋根数；

　　　d_2——代换后钢筋直径（mm）。

2) 等面积代换方法。当构件按最小配筋率配筋时，可按代换前后面积相等的原则进行代换，称作"等面积代换"。代换时应满足下式要求：

$$A_{s1} \leqslant A_{s2}$$

则

$$n_2 \geqslant n_1 \frac{d_1^2}{d_2^2}$$

3) 当构件配筋受裂缝宽度或挠度控制时,代换后应进行裂缝宽度或挠度验算。

(2) 钢筋代换应注意的问题。钢筋代换时,应办理设计变更文件,并应符合下列规定:

1) 重要受力构件(如吊车梁、薄腹梁、桁架下弦等)不宜用 HPB235 钢筋代换变形钢筋,以免裂缝开展过大。

2) 钢筋代换后,应满足《混凝土结构设计规范》(GB 50010—2010)中所规定的钢筋间距、锚固长度、最小钢筋直径、根数等配筋构造要求。

3) 梁的纵向受力钢筋与弯起钢筋应分别代换,以保证正截面与斜截面强度。

4) 有抗震要求的梁、柱和框架,不宜以强度等级较高的钢筋代换原设计中的钢筋;如必须代换时,其代换的钢筋检验所得的实际强度,尚应符合抗震钢筋的要求。

5) 预制构件的吊环,必须采用未经冷拉的 HPB235 钢筋制作,严禁以其他钢筋代换。

6) 当构件受裂缝宽度或挠度控制时,钢筋代换后应进行刚度、裂缝验算。

7) 不同种类钢筋的代换,应按钢筋受拉承载力设计值相等的原则进行。

8. 钢筋绑扎

(1) 钢筋绑扎准备工作。

1) 熟悉施工图。施工图是钢筋绑扎、安装的依据。熟悉施工图应达到的目的,了解清楚各个编号钢筋的形状及绑扎的细部尺寸,钢筋的相互关系;确定各类结构钢筋正确合理的绑扎顺序,预制骨架、网片的安装部位;同时还应注意发现施工图是否有错、漏或不明确的地方,若有,应及时与有关部门联系解决。

2) 核对配料单、料牌及成型钢筋,依据施工图,结合规范对接头位置、数量、间距的要求,核对配料单、料牌是否正确,校核已加工好的钢筋品种、规格、形状、尺寸及数量是否符合配料单的规定。

3) 根据施工组织设计中对钢筋绑扎、安装的时间进度要求,研究确定相应的绑扎操作方法,如哪些部位的钢筋可以预先绑扎,哪些钢筋在施工部位进行绑扎;确定钢筋成品和半成品的进场时间、进场方法,预制钢筋骨架、网片的安装方法及劳动力准备等。

(2) 主要构件钢筋的绑扎。

1) 基础底板钢筋的绑扎。工艺流程是:弹钢筋位置线→绑扎底板下层钢筋→绑扎基础梁钢筋→设置垫块→水电工序插入→设置马凳→绑扎底板上层钢筋→插墙、柱预埋钢筋→安装止水板→检查验收。

①弹钢筋位置线。根据图纸标明的钢筋间距,算出基础底板实际需用的钢筋根数。在混凝土垫层上弹出钢筋位置线(包括基础梁的位置线)和插筋位置线,插筋的位置线包括剪力墙、框架柱、暗柱等竖向筋插筋,谨防遗漏。

②绑扎底板钢筋:按照弹好的钢筋位置线,先铺下层钢筋网,后铺上层钢筋网。先铺短向筋,再铺长向筋(如底板有集水坑、设备基坑,在铺底板下层钢筋前,先铺集水坑、设备基坑的下层钢筋)。

a. 根据弹好的钢筋位置线,将横向和纵向钢筋依次摆放到位,钢筋弯钩垂直向上,平行地梁方向,在地梁下一般不设底板钢筋。

b. 底板钢筋如有接头时,搭接位置应错开,并满足设计要求。当采用焊接或机械连接接头时,应按焊接或机械连接规程规定确定抽取试样的位置。

c. 钢筋绑扎时,如为单向板,靠近外围两排的相交点应逐点绑扎,中间部分相交点可相隔交错绑扎。双向受力钢筋必须将钢筋交叉点全部绑扎。

d. 基础梁钢筋绑扎时，先排放主跨基础梁的上层钢筋，根据基础梁箍筋的间距，在基础梁上层钢筋上，用粉笔画出箍筋的间距，安装箍筋并绑扎，再穿主跨基础梁的下层钢筋并绑扎。

e. 绑扎基础梁钢筋时，梁纵向钢筋超过两排的，纵向钢筋中间要加短钢筋梁垫，保证纵向钢筋净距不小于25mm（且大于纵向钢筋直径），基础梁上下纵筋之间要加可靠支撑，保证梁钢筋的截面尺寸。

③设置垫块：检查底板下层钢筋施工合格后，放置底板混凝土保护层用的垫块，垫块厚度等于钢筋保护层厚度，按1m左右间距，梅花形摆放。

④设置马凳：基础底板采用双层钢筋时，绑完下层钢筋后摆放钢筋马凳，马凳的摆放按施工方案的规定确定间距。

⑤绑扎底板上层钢筋。在马凳上摆放纵横两个方向的上层钢筋，上层钢筋的弯钩朝下，进行连接后绑扎。

⑥梁板钢筋全部绑扎完毕后，按设计图纸位置进行地梁排水管预埋。

⑦插墙柱预埋钢筋。将墙柱预埋筋伸入底板下层钢筋上，弯钩的方向要正确，将插筋的弯钩与下层筋绑扎牢固，必要时进行焊接，并在主筋上绑一道定位筋。

⑧基础底板钢筋验收。为便于及时修正和减少返工，验收分地梁和下层钢筋网完成、上层钢筋网及插筋完成两阶段，对绑扎不到位的地方进行局部修正，然后对现场进行清理，分别报工长进行交接验收，全部完成后，填写钢筋隐蔽验收记录单。

2）剪力墙钢筋的现场绑扎（有暗柱）。工艺流程是：在顶板上弹墙体外皮线和模板控制线→调整竖向钢筋位置→接长竖向钢筋→绑扎竖向梯子筋→绑扎暗柱及门窗过梁钢筋→绑扎墙体水平筋，设置拉筋和垫块→设置墙体钢筋上口水平梯子筋→墙体钢筋验收。

①接长竖向钢筋。剪力墙暗柱主筋接头采用焊接，接头错开50%，接头位置应设置在构件受力较小的位置。

②在立好的暗柱主筋上，用粉笔画出箍筋间距，然后将已套好的箍筋由下往上绑扎；箍筋与主筋垂直，箍筋转角与主筋交叉点均要绑扎；箍筋弯钩叠合并沿暗柱竖向交错布置。

③暗柱箍筋加密区的范围按设计要求布置。

④箍筋的末端应作135°弯钩，其平直段长度不小于$10d$。

⑤采用双层钢筋网时，在两层钢筋之间，应设置拉筋以固定钢筋的间距。

⑥剪力墙钢筋绑扎时，下层伸出的搭接筋两头及中间应绑扎牢固，画好水平筋的分档标志，然后于下部及齐胸处绑两根横筋定位，并在横筋上画好分档标志，接着绑扎其余竖筋。

⑦墙体水平筋绑扎。水平筋应绑在墙体竖向筋的外侧，在两端头、转角、十字节点、暗梁等部位的锚固长度及洞口加筋，严格按结构施工图及图集11G101、12G901-1施工。水平筋第一根起步筋距地面为50mm。

⑧暗柱主筋、墙体水平筋、暗梁主筋的相互位置排布以及变截面时主筋的做法按结构施工图及图集11G101、12G901-1施工，要保证暗柱箍筋、墙水平筋的保护层正确。

⑨设置拉筋：双排钢筋在水平筋绑扎完后，应按设计要求的间距设置拉筋，以固定双排钢筋的骨架间距，拉筋应按梅花形或矩形设置，卡在钢筋十字交叉点上，注意用扳手将拉钩弯钩角度调整到135°。

⑩暗柱、竖筋伸出楼板面的位置的控制：在浇筑梁、板混凝土前，暗柱设两道箍筋，墙设两道水平筋以定出竖筋的准确位置，竖筋与主筋点焊固定，确保振捣混凝土时竖筋不发生位移。混凝土浇筑完立即修整钢筋的位置。

⑪保护层的控制：采用钢筋保护层塑料卡，间距2m，以保证保护层厚度的正确。

⑫对墙体进行自检，对不到位的部位进行修整，并将墙角内杂物清理干净，报工长和质检员验收。

3) 框架柱钢筋的绑扎。工艺流程是：弹框架柱位置线、模板控制线→清理柱筋污渍、柱根浮浆→修整底层伸出的柱预留钢筋→在预留钢筋上套柱子箍筋→绑扎或焊接（机械连接）柱子竖向钢筋→标识箍筋间距→绑扎箍筋→在柱顶绑定距、定位框→安放垫块。

4) 梁板钢筋的绑扎。

①梁钢筋绑扎的工艺流程是：画主、次梁箍筋间距→放主、次梁箍筋→穿主梁底层纵筋及弯起筋→穿次梁底层纵筋→穿主梁上层纵筋及架立筋→绑主梁箍筋→穿次梁上层纵筋→绑次梁箍筋→拉筋设置→保护层垫块设置。

②板钢筋绑扎的工艺流程是：模板上弹线→绑板下层钢筋→水电工序插入→绑上层钢筋→设置马凳及保护层垫块。绑扎前清除模板上面的杂物，用粉笔在模板上画出主筋、分布筋的间距。板上部负弯矩筋拉通线绑扎。双层钢筋网片之间加马凳，呈梅花状布置。板双层钢筋网片之间加马凳，选用φ12钢筋加工，采用双A形，马凳支撑在垫块上，其高度等于底板厚－垫块厚－上层筋保护层厚－上层钢筋网厚，如图3-68所示。每隔1.5m放置一个较为复杂的墙、柱、梁节点，由技术人员按图纸要求和有关规范进行钢筋摆放放样，并对操作工人进行详细交底。

③梁板钢筋绑扎的施工方法。

图3-68 楼板马凳支撑形式

a. 框架梁钢筋采用平面绘图法表示，参照图集11G101、12G901-1施工。框架梁钢筋的锚固要严格按结构施工图及图集11G101、12G901-1施工。

b. 画主、次梁箍筋间距：框架梁底模板支设完成后，在梁底模板上按箍筋间距画出位置线，第一根箍筋距柱边为50mm，梁两端应按设计、规范要求进行加密。

c. 先摆放主梁的下部纵向受力筋及弯起筋，梁、端部钢筋应放在柱竖筋内侧，底层纵筋弯钩应朝上，框架梁钢筋锚入支座，水平段钢筋要伸过支座中心且不小于$0.4l_{aE}$，并尽量伸至支座边。按相同方法摆放次梁底层钢筋。

d. 底层纵筋放置完后，按顺序穿上层纵筋和架力筋，上层纵筋弯钩应朝下，一般在下层筋弯钩的外侧。端头距柱边的距离应符合设计图纸要求。

e. 梁主筋为双排时，下部纵向钢筋之间的水平方向的净间距应不小于25mm和d（d为钢筋的最大直径），上部纵向钢筋之间的水平方向的净间距应不小于30mm和$1.5d$。

f. 主梁纵筋穿好后，将箍筋按已画好的间距逐个分开，隔一定间距将架力筋与箍筋扎牢，箍筋的末端应作135°弯钩，其平直段长度应不小于$10d$。箍筋弯钩叠合处应交错布置在梁架立筋上。

g. 当设计要求梁有拉筋时，拉筋应钩住箍筋与腰筋的交叉处。

h. 在主梁与次梁、次梁与次梁交接处，按设计要求加设吊筋或附加箍筋。

i. 框架梁绑扎完成后，在梁底放置砂浆垫块，垫块应在箍筋的下面，间距一般为1m左右。在梁两侧用塑料卡卡在外箍筋上，以保证主筋保护层厚度。

j. 板筋绑扎前要将模板上的杂物清理干净，用粉笔在模板上画好下层筋的位置线，按顺序摆放纵横向钢筋。板下层钢筋的弯钩应朝上，下层筋应伸入梁内，其长度应符合设计要求。预埋件、电线管、预留孔及时配合安装。再绑扎上层钢筋，上层筋为负弯矩筋，直钩应垂直向下，每个相交点均要扎牢。

k. 板、次梁与主梁交叉处，板钢筋在上，次梁钢筋居中，主梁钢筋在下。

l. 板双层钢筋间加设马凳，用$\phi 8$或$\phi 10$钢筋按间距1000mm梅花形布置，将板上筋垫起，且作为马凳腿的端部应做好防锈处理。

9. 钢筋安装质量验收

(1) 主控项目。钢筋安装时，受力钢筋的品种、级别、规格和数量必须符合设计要求。

检查数量：全数检查。

检验方法：观察，钢尺检查。

(2) 一般项目。钢筋安装位置的偏差应符合表3-17的规定。

表3-17　　　　　　　　钢筋安装位置的允许偏差和检验方法

项目			允许偏差/mm	检验方法
绑扎钢筋网	长、宽		±10	钢尺检查
	网眼尺寸		±20	钢尺量连续三挡，取最大值。钢尺检查
绑扎钢筋骨架	长		±10	钢尺检查
	宽、高		±5	钢尺检查
受力钢筋	间距		±10	钢尺量两端、中间各一点
	排距		±5	取最大值
	保护层厚度	基础	±10	钢尺检查
		柱、梁	±5	钢尺检查
		板、墙、壳	±3	钢尺检查
绑扎箍筋、横向钢筋间距			±20	钢尺量连续三挡，取最大值
钢筋弯起点位置			20	钢尺检查
预埋件	中心线位置		5	钢尺检查
	水平高差		+3，0	钢尺和塞尺检查

注：1. 检查预埋件中心线位置时，应沿纵、横两个方向量测，并取其中的较大值。
　　2. 表中梁类、板类构件上部纵向受力钢筋保护层厚度的合格点率应达到90%及以上，且不得有超过表中数值1.5倍的尺寸偏差。

检查数量：在同一检验批内，对梁、柱和独立基础，应抽查构件数量的10%，且不少于3件；对墙和板，应按有代表性的自然间抽查10%，且不少于3间；对大空间结构，墙可按相邻轴线间高度5m左右划分检查面，板可按纵、横轴线划分检查面，抽查10%，且均不少于3面。

(3) 钢筋隐蔽验收的内容。在浇筑混凝土之前，应进行钢筋隐蔽工程验收，其内容包括：

1) 纵向受力钢筋的品种、规格、数量、位置等。

2) 钢筋的连接方式、接头位置、接头数量、接头面积百分率等。

3）箍筋、横向钢筋的品种、规格、数量、间距等。

4）预埋件的规格、数量、位置等。

10. 质量保证措施

（1）在钢筋绑扎施工前，由工长进行详细的技术交底，包括钢筋型号、间距、搭接长度、锚固长度、保护层厚度和机械连接的位置等，并检查分段施工的钢筋大样图和配筋单。

（2）严格执行"三按"、"三检"和"一控"。其中，"三按"是严格按图纸、按工艺、按规范标准施工；"三检"是自检、互检、交接检；"一控"是自控正确率，一次验收合格率。

（3）现场生产的质量进行三分析活动，即要分析质量问题的危害性，分析质量问题的原因，分析质量问题应采取具体的措施，以达到防患于未然以消灭质量问题的出现。

（4）严格遵守六不绑原则：混凝土接槎未清到露石子不许绑；钢筋污染未清净不许绑；未弹线不许绑；未检查钢筋偏位不许绑；未检查钢筋接头错开长度不许绑；未检查钢筋接头质量是否合格前不许绑。

（5）特殊工种必须培训，经专业考核后持证上岗。

11. 主要安全技术措施

（1）搬运钢筋时，要注意前后方向有无碰撞危险或被钩挂物料，特别是避免碰挂周围和上下方向的电线。人工抬运钢筋，上肩卸料时要注意安全。

（2）起吊或安装钢筋时，应和附近高压线路或电源保持一定安全距离，在钢筋林立的场所，雷雨时不准操作和站人。

（3）在高空安装钢筋应选好位置站稳，系好安全带。

（4）其他注意事项。

1）每个分项工程施工完毕，必须由施工班组、质量检查员进行自检验收，符合设计及规范要求后，以书面形式通知监理公司、建设单位进行钢筋隐蔽验收，达到要求后及时办理隐蔽验收手续。

2）施工现场，严禁施工人员踩踏成品钢筋，现场挂有成品保护牌。钢筋绑扎完毕，及时铺设施工架板，要求纵横交错铺设，以确保钢筋的成品质量。

3）平台板上的预留洞口，必须严格按图纸要求作洞口加筋处理。为确保施工安全，在洞口边每1.8m间距设1根Φ16钢筋立柱，采用Φ14钢筋上下两根分别与立柱钢筋焊接形成洞口防护栏杆。楼梯间、电梯口均按此做法设防护栏杆。

4）在钢筋成品加工、制作、绑扎过程中对多余材料（废料）及时做好清理工作，做到现场清洁，符合文明施工的要求。

3.2.2 模板工程

1. 模板工程组成和要求

模板工程主要由模板系统和支撑系统组成。模板系统与混凝土直接接触，它主要使混凝土具有构件所要求的体积；支撑系统则是支撑模板，保证模板位置正确和承受模板、混凝土等重量的结构。

（1）模板基本要求。

1）保证结构和构件各部分的形状、尺寸和相互间的准确性。

2）具有足够的强度、刚度和稳定性，能可靠承受本身的自重及钢筋、新浇混凝土的质量和侧压力,以及施工过程中产生的其他荷载。

3) 构造简单、装拆方便,能多次周转使用,并便于钢筋的绑扎与安装且满足混凝土的浇筑与养护等工艺的要求。

4) 应拼缝严密、不漏浆。

5) 支架安装在坚实的地基上并有足够的支撑面积,保证所浇筑的结构不致发生下沉。

(2) 模板的分类。模板的种类有很多,按所用材料分为木模板、钢模板、钢丝网水泥模板、塑料模板、竹胶合板模板、玻璃钢模板等;按其周转使用分为拆移式移动模板、整体式移动模板、滑动式模板和固定式胎模等。

2. 定型组合钢模板

定型组合钢模板重复使用率高,周转使用次数可达100次以上,但一次投资费用大。定型组合钢模板是一种工具式定型模板,由钢模板和配件组成,配件包括连接件和支承件。钢模板通过各种连接件和支承件可组合成多种尺寸、结构和几何形状的模板,以适应各种类型建筑物的梁、柱、板、墙、基础和设备等施工的需要,也可用其拼装成大模板、滑模、台模等。

(1) 钢模板。钢模板包括平面模板、阴角模板、阳角模板和连接角模。钢模板采用模数制设计,宽度模数以50mm进级,长度为150mm进级,可以适应横竖拼装成以50mm进级的任何尺寸的模板。平面模板用于基础、墙体、梁、板、柱等各种结构的平面部位,它由面板和肋组成,肋上设有U形卡孔和插销孔,常用组合钢模板的尺寸见表3-18。

表3-18　　　　　　　　　　常用组合钢模板规格　　　　　　　　　　　　　(mm)

名　称	宽　度	长　度	肋高
平板模板 (P)	300、250、150、100	1800、1500、1200、900、750、600、450	55
阴角模板 (E)	150×150、100×150		
阳角模板 (Y)	100×100、50×50		
连接角板 (J)	50×50		

(2) 组合钢模板连接件包括U形卡、L形插销、钩头螺栓、对拉螺栓、紧固螺栓、扣件等。应用最广的是U形卡。

(3) 组合钢模板的支承件包括柱箍、钢楞、支柱、卡具、斜撑、钢桁架等。

3. 定型组合钢模板的构造及安装

(1) 基础模板。阶梯式基础模板的构造如图3-69所示,上层阶梯外侧模板较长,须用两块钢模板拼接,拼接处除用两根L形插销外,上层阶梯内侧模板长度应与阶梯等长,与外侧模板拼接处上下应加T形扁钢板连接。四角用连接角模拼接。

(2) 柱模板。

1) 柱模板的构造如图3-70所示,由四块拼板围成,四角由连接角模连接。每块拼板由若干块钢模板组成,若柱太高,可根据需要在柱中部每隔2m设置混凝

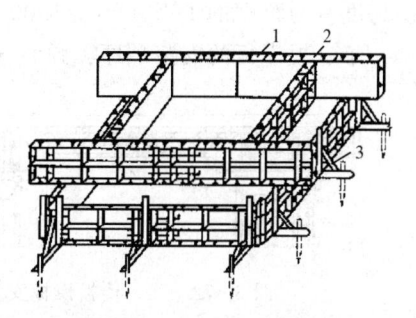

图3-69　阶梯基础模板
1—侧模板;2—L形插销;
3—斜撑

土浇筑孔。浇筑孔的盖板可用钢模板或木板镶拼，柱的下端也可留垃圾清理口。与梁交界处留出梁缺口。

2) 柱模板安装的工艺流程是：弹柱位置线→抹找平层、作定位墩→安装柱模板→安装柱箍→安拉杆或斜撑→办预检。

①按标高抹好水泥砂浆找平层，按位置线做好定位墩台，以便保证柱轴线边线与标高的准确，或者按照放线位置，在柱四边离地5~8cm处的主筋上焊接支杆，从四面顶住模板以防止位移。

②安装柱模板：通排柱，先安装两端柱，经校正、固定，拉通线校正中间各柱。模板按柱子大小，预拼成一面一片（一面的一边带一个角模），安装完两面再安另外两面模板。

③安装柱箍：柱箍可用角钢、钢管等制成。采用木模板时可用螺栓、方木制作钢木箍。柱箍应根据柱模尺寸、侧压力大小在模板设计中确定柱箍尺寸间距。

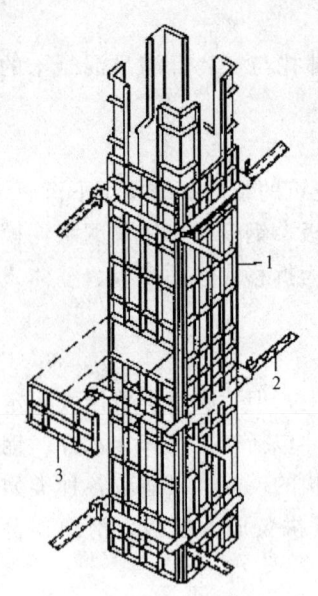

④安装柱模的拉杆或斜撑。柱模每边设两根拉杆，固定于事先预埋在楼板内的钢筋环上，用经纬仪控制，用花篮螺栓调节校正模板垂直度。

图3-70 柱模板
1—柱侧模板；2—柱箍；
3—浇筑孔

⑤将柱模内清理干净，封闭清理口，办理柱模板预检。图3-71为现场柱模板安装。

(3) 梁模板。梁模板由三片模板组成，底模板及两侧模板用连接角模连接。梁侧模板顶部则用阴角模板与楼板模板连接。整个梁模板用支架支撑，支架应支设在垫板上，垫板厚50mm，长度至少要能连接支撑三个支架。垫板下的地基必须坚实。为了抵抗浇筑混凝土时的侧压力并保持一定的梁宽，两侧模板之间应根据需要设置对拉螺栓。

对跨度不小于4m的现浇钢筋混凝土梁、板，其模板应按设计起拱；当设计无具体要求时，起拱高度宜为跨度的1/1000~3/1000。

图3-71 现场柱模板安装

梁、板模板的安装顺序：弹线→搭设支撑架→梁底找平→安装梁底模→安装梁侧模→梁侧模加固→检验梁侧模加固→安装板木龙骨→板模板安装。图3-72为框架梁、楼板模板安装。

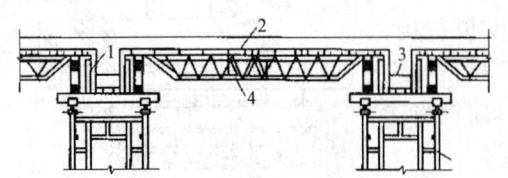

图3-72 梁、楼板模板安装
1—梁侧模板；2—板底模板；
3—对拉螺栓；4—桁架

(4) 楼板模板。楼板模板由平面钢模板拼装而成，其周边用阴角模板与梁或墙模板相连接。楼板模板用钢楞及支架支撑，为了减少支架用量、扩大板下施工空间，宜用伸缩式桁架支撑。

(5) 墙模板。墙模板由两片模板组成（图 3-73），每片模板由若干块平面模板组成。这些平面模板可横拼也可竖拼，外面用横竖钢楞加固，并用斜撑保持稳定，用对拉螺栓（或称钢拉杆）以抵抗混凝土的侧压力和保持两片模板之间的间距（墙厚）。

墙模板的工艺过程是：弹线→安门窗洞口模板→安一侧模板→安另一侧模板→校正、固定→办预检手续。

4. 竹胶合板模板安装及技术要点

图 3-73 现场墙模板的安装

竹胶合板模板是继木模板、钢模板之后的第三代模板。用竹胶合板作为模板，是当代建筑业的趋势。竹胶合板模板以其优越的力学性能、极高的性价比，正取代木、钢模板在建筑模板中的地位。

(1) 主要特点。

1）竹胶合板模板强度高、韧性好。板的静曲强度相当于木材强度的 8~10 倍，为木胶合板强度的 4~5 倍，可减少模板支撑的数量。

2）竹胶合板模板幅面宽、拼缝少。板材基本尺寸为 2.44m×1.22m，相当于 6.6 块 P3015 组合式钢模板的面积，支模、拆模速度快。

3）板面平整光滑，对混凝土的吸附力仅为钢模板的八分之一，容易脱模。脱模后混凝土表面平整光滑，可取消抹灰作业，缩短装修作业工期。

4）耐水性好。水煮 6h 不开胶，水煮、冰冻后仍保持较高的强度。其表面吸水率接近钢模板，用竹胶合板模板浇捣混凝土提高了混凝土的保水性。在混凝土养护过程中，遇水不变形，便于维护保养。

5）竹胶合板模板防腐、防虫蛀。

6）竹胶合板模板导热系数为 0.14~0.16W/(m·K)，远小于钢模板的导热系数，有利于冬期施工保温。

7）竹胶合板模板使用周转次数高，经济效益明显，板可双面倒用，无边框竹胶合板模板使用次数可达 20~30 次。

(2) 适用范围及规格尺寸。本模板非常适用于水平模板、剪力墙模板、垂直墙板、高架桥、立交桥、大坝、隧道的模板和梁柱模板。

(3) 竹胶合板模板的安装。

1）柱模板施工。柱模板的施工工艺流程是：弹轴线及边线→测定标高→搭设支架→立柱模→加柱箍→支设侧面斜撑→浇捣混凝土→拆柱模。

技术要点：柱子模板实地安装定位，在楼面上拼装成通高模板，模板拼缝内夹定型橡塑条密封，拼装后用腻子拼密批平，并在模板表面全贴专用贴纸。该贴纸强度高、韧性好，对混凝土具有吸水、消泡作用，能替代脱模剂，耐碱、耐温、耐水，可消除模板的拼缝，以保证清水混凝土表面的光洁度，确保混凝土表面颜色一致（不同的面板材料往往造成混凝土存在色差）。待钢筋绑扎好后，用起重机吊装就位，两半合成整体。

2）墙体模板安装顺序及技术要点。墙体模板安装顺序是：模板定位、垂直度调整→模板加固→验收→混凝土浇筑→拆模。

技术要点：安装墙模前，要对墙体接槎处凿毛，用空气压缩机清除墙体内的杂物，做好测量放线工作。为防止墙体模板根部出现漏浆"烂根"现象，墙模安装前，在底板上根据放线尺寸贴海绵条，做到平整、准确、粘结牢固并注意穿墙螺栓的安装质量。

3）梁、板模板安装顺序及技术要点。模板安装顺序是：模板定位→垂直度调整→模板加固→验收→混凝土浇筑→拆模。

技术要点是：安装梁、板模板前，要首先检查梁、板模板支架的稳定性。在稳定的支架上先根据楼面上的轴线位置和梁控制线以及标高位置，安置梁、板的底模。根据施工组织设计的要求，待钢筋绑扎校正完毕，且隐蔽工程验收完毕后，再支设梁的侧模或板的周边模板，并在板或梁的适当位置预留孔洞，以便在混凝土浇筑之前清理模板内的杂物。模板支设完毕后，要严格进行检查，保证架体稳定，支设牢固，拼缝严密，浇筑混凝土时不胀模，不漏浆。

楼板模板采用单块就位尺寸，每个单元从四周先用阴角模板与墙、梁模板连接，然后向中央铺设，按设计要求起拱（跨度大于4m时，起拱0.2%），起拱部位为中间起拱，四周不起拱。如图3-74所示。

5. 现浇混凝土结构模板拆除

现浇混凝土结构模板拆除日期取决于结构的性质、模板的用途和混凝土的硬化速度。及时拆除模板可加快模板的周转，为后续工作创造条件。如过早拆模，因混凝土未达到一定强度，过早承受荷载会产生变形，甚至会造成重大质量事故。

图3-74 竹胶合楼板模板安装

（1）非承重模板的拆除。非承重模板应在混凝土强度达到能保证其表面及棱角不因模板拆除而受损时拆除。

（2）承重底模板拆除。承重底模板应在与混凝土结构构件同条件下养护的试件达到表3-19规定的强度标准值时拆除。

表3-19　　　　现浇结构拆除承重底模板时所需达到最低强度

构件类型	构件跨度/m	达到设计的混凝土立方体抗压强度标准值的百分数（%）
板	≤2	≥50
	>2,8	≥75
	>8	≥100
梁、拱、壳	≤8	≥75
	>8	≥100
悬臂构件	—	≥100

（3）拆模顺序。拆模应按一定的顺序进行。一般是先支后拆，后支先拆，先拆除非承重部分，后拆除承重部分，并应从上而下进行拆除。重大复杂模板的拆除，事前应制订模板方案。肋形楼板的拆模顺序是：柱模板→楼板底模板→梁侧模板→梁底模板。

大体积混凝土的拆模时间除应满足混凝土强度要求外,还应使混凝土的内外温差降低到25℃以下时方可拆模。否则应采取有效措施防止产生温度裂缝。多个楼层间连续支模的底层支架拆除时间,应根据连续支模的楼层间荷载分配和混凝土强度的增长情况确定。

(4) 拆模注意事项。拆模时应尽量避免混凝土表面或模板受到损坏,避免整块模板下落伤人。拆下的模板有钉子的,要求钉尖朝下,以免扎脚。遇6级或6级以上大风时,应暂停室外的高处作业,雨、雪、霜后应清扫施工现场,方可进行工作。拆下的模板及支架杆件不得抛扔,应分散堆放在指定地点,并应及时清运。模板拆除后应将其表面清理干净,对变形和损伤部位应进行修复。

6. 现浇结构模板安装质量验收

现浇结构模板安装质量验收必须符合《混凝土结构工程施工质量验收规范(2011版)》(GB 50204—2002)及相关规范要求,对"模板及其支架应具有足够的承载能力、刚度和稳定性,能可靠地承受浇筑混凝土的重量、侧压力以及施工荷载"。

(1) 现浇结构模板安装检验批质量验收内容。

1) 主控项目。安装现浇结构的上层模板及其支架时,下层楼板应具有承受上层荷载的承载能力,或加设支架;上、下层支架的立柱应对准,并铺设垫板;在涂刷模板隔离剂时,不得污染钢筋和混凝土接槎处。

2) 一般项目。

①模板安装应满足下列要求:模板的接缝不应漏浆;在浇筑混凝土前,木模板应浇水湿润,但模板内不应有积水;模板与混凝土的接触面应清理干净并涂刷隔离剂,但不得采用影响结构性能或妨碍装饰工程的隔离剂;浇筑混凝土前,模板内的杂物应清理干净;对清水混凝土工程及装饰混凝土工程,应使用能达到设计效果的模板。

②用作模板的地坪、胎模等应平整光洁,不得产生影响构件质量的下沉、裂缝、起砂或起鼓。

③对跨度不小于4m的现浇钢筋混凝土梁板模板应按设计起拱;当设计无具体要求时,起拱高度宜为跨度的1‰~3‰。

④固定在模板上的预埋件、预留孔和预留洞均不得遗漏且安装牢固,其偏差应符合表3-20的规定。

检查数量:在同一检验批内,对梁、柱和独立基础,应抽查构件数量的10%,且不少于3件;对墙和板,应按有代表性的自然间抽查10%,且不少于3间;对大空间结构,墙可按相邻轴线间高度5m左右划分检查面,板可按纵横轴线划分检查面,抽查10%,且均不少于3面。

⑤现浇结构模板安装的偏差应符合表3-20的规定。

表3-20　　　　　　　　　　现浇结构模板安装的偏差

项　目		允许偏差/mm	检验方法
轴线位置		5	钢尺检查
底模上表面标高		±5	水准仪或拉线、钢尺检查
截面内部尺寸	基础	±10	钢尺检查
	柱、墙、梁	+4,-5	钢尺检查

续表

项　目		允许偏差/mm	检验方法
层高垂直度	不大于5m	6	经纬仪或吊线、钢尺检查
	大于5m	8	经纬仪或吊线、钢尺检查
相邻两板表面高低差		2	钢尺检查
表面平整度		5	2m靠尺和塞尺检查

(2) 其他注意事项。在模板工程施工过程中，严格按照模板工程质量控制程序施工，另外，对于一些质量通病制订预防措施，防患于未然，以保证模板工程的施工质量。严格执行交底制度，操作前必须有单项的施工方案和给施工队伍的书面形式的技术交底。

7. 质量保证措施

(1) 模板支设前，由工长根据施工方案对操作班组长进行详细技术交底，并落实责任。

(2) 认真执行自检、互检、交接检"三检"制度，认真执行公司质量管理条例，对质量优劣进行奖罚。

(3) 模板支设过程中，木屑、杂物必须清理干净，避免产生质量事故。

(4) 各类模板制作须严格要求，应经质量部门验收合格后才可投入使用；模板支设完后先进行自检，其允许偏差必须符合要求，凡不符合要求的应返工调整，合格后才可报验。

(5) 模板验收重点为控制刚度、垂直度、平整度和接缝，特别应注意外围模板、电梯井模板、楼梯间模板等处轴线位置的正确性，并检查水电预埋箱盒、预埋件位置及钢筋保护层厚度等。

(6) 浇筑混凝土前必须检查支撑是否可靠、扣件是否松动。浇筑混凝土时必须由模板支设班组设专人看模，随时检查支撑是否变形、松动，并组织及时恢复。

(7) 混凝土吊斗不得冲击顶模，造成模板几何尺寸不准。

(8) 所有接缝处须粘贴海绵条（包括柱墙根部、梁柱交接处等容易漏浆部位）。

8. 安全保证措施

(1) 模板加工、堆放区域要远离钢筋加工车间。电焊操作前，要有安全防火措施。

(2) 加强现场临电管理，经常检查配电设备的安全可靠性，发现问题及时解决，模板操作区域严禁电线穿过。

(3) 模板要堆放在指定地点，必须有可靠的安全防护措施，不得随意堆放。

(4) 模板安装前要检查吊装用绳索，卡具及每块模板上的吊环是否完整有效，并设专人指挥，统一信号，密切配合。高空作业时，模板安装应有缆绳，以防模板在高空转动，风力过大时，应停止作业。

(5) 模板起吊应做到稳起稳落，就位准确，禁止用人力搬运模板，严防模板大幅度摆动或碰到其他模板。

(6) 在模板拆、装区域周围，设置围栏，禁止非作业人员入内。

3.2.3 混凝土工程

1. 混凝土工程的施工过程及准备工作

混凝土工程包括混凝土配料、搅拌、运输、浇筑、捣实和养护等施工过程；各个施工过程紧密联系又相互影响，任意施工过程处理不当都会影响混凝土的最终质量。

混凝土施工前的准备工作包括以下内容：

1）模板检查。主要检查模板的位置、标高、截面尺寸、垂直度是否正确，接缝是否严密，预埋件位置和数量是否符合图纸要求，支撑是否牢固。

2）钢筋检查。主要对钢筋的规格、数量、位置、接头、接头面积百分率，保护层厚度是否正确，是否沾有油污等进行检查，并填写隐蔽工程验收记录，并要安排专人配合浇筑混凝土时的钢筋修整工作。

3）如果采用商品混凝土，在工地项目技术负责人指导下制订申请计划，公司物资部负责选择合格混凝土供应商厂家，并应会同监理工程师、建设单位代表对厂家进行考察评审。

4）材料、机具、道路的检查。

5）了解天气预报，准备好防雨、防冻措施，夜间施工准备好照明。

6）做好安全设施检查，安全与技术交底，劳务分工，以及其他准备工作。

2. 混凝土施工制备

（1）混凝土配制强度。其计算式为

$$f_{cu,o} = f_{cu,k} + 1.645\sigma$$

式中 $f_{cu,o}$——混凝土配制强度（MPa）；

$f_{cu,k}$——混凝土立方体抗压强度标准值（MPa）；

σ——混凝土强度标准差（MPa）。

关于 σ 统计规定：对预拌混凝土厂和预制混凝土构件厂，其统计周期可取为一个月；对现场拌制混凝土的施工单位，其统计周期可要按实际情况确定，但不宜超过三个月；施工单位如无近期混凝土强度统计资料时，σ 可根据混凝土设计强度等级取值：当混凝土设计强度小于等于 C20 时，取 4MPa；当混凝土设计强度在 C25～C45 时，取 5MPa；当大于等于 C50 时，取 6MPa。

（2）混凝土施工配合比及施工配料。

1）混凝土的施工配合比。混凝土配合比是在实验室根据混凝土的配制强度，经过试配和调整而确定的。实验室配合比所用的砂、石都是不含水分的；施工现场砂、石都有一定的含水率，且含水率大小随气温等条件不断变化；施工时应及时测定砂、石骨料的含水率，并将混凝土配合比换算成在实际含水率情况下的施工配合比。

设混凝土实验室配合比为：水泥∶砂子∶石子＝1∶x∶y，测得砂子的含水率为 W_x，石子的含水率为 W_y，则施工配合比应为：$1∶x(1+W_x)∶y(1+W_y)$。

【例 3-4】 已知 C20 混凝土的实验室配合比为 1∶2.55∶5.12，水灰比为 0.65，经测定砂的含水率为 3%，石子的含水率为 1%，每 1m³ 混凝土的水泥用量为 310kg，则施工配合比为：1∶2.55×(1+3%)∶5.12×(1+1%)＝1∶2.63∶5.17。每 1m³ 混凝土材料用量为：水泥：310kg；砂子：310×2.63kg＝815.3kg；石子：310×5.17kg＝1602.7kg；水：310×0.65kg－310×2.55×3%kg－310×5.12×1%kg＝161.9kg。

2）混凝土的施工配料。施工中往往以一袋或两袋水泥为下料单位，每搅拌一次叫作一盘。因此，求出每立方米混凝土材料用量后，还必须根据工地现有搅拌机出料容量确定每次须用几袋水泥，然后按水泥用量算出砂、石子的每盘用量。

根据上题求出 1m³ 混凝土材料用量后，如采用 JZ250 型搅拌机，出料容量为 0.25m³，则每搅拌一次的装料数量为：

水泥：310kg×0.25＝77.5kg（取一袋半水泥，即75kg）

砂子：815.3kg×75/310＝197.3kg

石子：1602.7kg×75/310＝387.8kg

水：161.9kg×75/310＝39.2kg

3. 混凝土搅拌（自搅拌）

(1) 混凝土搅拌及材料要求。混凝土搅拌是将水、水泥和粗细骨料进行均匀拌和及混合的过程。同时，通过搅拌使材料达到强化、塑化的作用。

混凝土搅拌时，原材料计量要准确，计量的允许偏差不应超过下列限值：水泥和掺和料为±2%，粗、细骨料为±3%，水及外加剂为±2%。施工时重点对混凝土的质量进行监控，以保证工程质量。混凝土原材料的要求如下：

1) 水泥进场时应对品种、级别、包装或散装仓号、出厂日期等进行检查。

2) 当使用中对水泥质量有怀疑或水泥出厂超过3个月（快硬硅酸盐水泥超过1个月）时，应进行复验，并依据复验结果使用。

3) 混凝土中掺外加剂的质量应符合现行国家标准《混凝土外加剂》（GB 8076—2008）、《混凝土外加剂应用技术规程》（GB 50119—2003）等有关环境保护的规定。

4) 混凝土中掺用矿物掺和料的质量应符合现行国家标准《用于水泥和混凝土中的粉煤灰》（GB 1596—2005）等的规定。

5) 普通混凝土所用的粗、细骨料的质量应符合标准的规定。

6) 拌制混凝土宜采用饮用水；当采用其他水源时，水质应符合国家标准的规定。

(2) 混凝土搅拌机的类型。混凝土搅拌机按其搅拌原理分为自落式和强制式两类：自落式搅拌机多用于搅拌塑性混凝土和低流动性混凝土。强制式搅拌机多用于搅拌干硬性混凝土和轻骨料混凝土。

(3) 混凝土的搅拌制度。混凝土的搅拌制度主要包括三方面：搅拌时间、投料顺序、进料容量。

1) 搅拌时间。混凝土的搅拌时间：从砂、石、水泥和水等全部材料投入搅拌筒起，到开始卸料为止所经历的时间。

根据《混凝土结构工程施工规范》（GB 50666—2011）规定：混凝土宜采用强制式搅拌机搅拌，并应搅拌均匀。混凝土搅拌的最短时间可按表3-21采用。当能保证搅拌均匀时可适当缩短搅拌时间。搅拌强度等级C60及以上的混凝土时，搅拌时间应适当延长。

表 3-21　　　　　　　　　　混凝土搅拌的最短时间

混凝土坍落度/mm	搅拌机机型	最短时间/s		
		搅拌机出料量＜250L	250～500L	＞500L
≤40	强制式	60	90	120
＞40且＜100	强制式	60	60	90
≥100	强制式	60		

注：1. 混凝土搅拌的最短时间系指全部材料装入搅拌筒中起，到开始卸料止的时间；

2. 当掺有外加剂与矿物掺合料时，搅拌时间应适当延长；

3. 采用自落式搅拌机时，搅拌时间宜延长30s。

注意：对首次使用的配合比应进行开盘鉴定，开盘鉴定应包括下列内容：混凝土的原材料与配合比设计所使用原材料的一致性；出机混凝土工作性与配合比设计要求的一致性；混凝土强度；有特殊要求时，还应包括混凝土耐久性能。

2）投料顺序。投料顺序应从提高搅拌质量，减少叶片、衬板的磨损，减少拌和物与搅拌筒的粘结，减少水泥飞扬，改善工作环境，提高混凝土强度及节约水泥等方面综合考虑确定。常用一次投料法和二次投料法。

①一次投料法，是在上料斗中先装石子，再加水泥和砂，然后一次投入搅拌筒中进行搅拌。自落式搅拌机要在搅拌筒内先加部分水，投料时砂压住水泥，使水泥不飞扬，而且水泥和砂先进搅拌筒形成水泥砂浆，可缩短水泥包裹石子的时间。

②二次投料法，是先向搅拌机内投入水和水泥（和砂），待其搅拌1min后再投入石子和砂继续搅拌到规定时间。目前常用的方法有两种：预拌水泥砂浆法和预拌水泥净浆法。预拌水泥砂浆法是指先将水泥、砂和水加入搅拌筒内进行充分搅拌，成为均匀的水泥砂浆后，再加入石子搅拌成均匀的混凝土。预拌水泥净浆法是先将水泥和水充分搅拌成均匀的水泥净浆后，再加入砂和石子搅拌成混凝土。

③水泥裹砂法。用这种方法拌制的混凝土称为造壳混凝土（简称SEC混凝土）。它是分两次加水，两次搅拌。先将全部砂、石子和部分水倒入搅拌机拌和，使骨料湿润，称之为造壳搅拌。搅拌时间以45~75s为宜，再倒入全部水泥搅拌20s，加入拌和水和外加剂进行第二次搅拌，60s左右完成，这种搅拌工艺称为水泥裹砂法。

3）进料容量。进料容量是将搅拌前各种材料的体积累积起来的容量，又称干料容量。进料容量与搅拌机搅拌筒的几何容量有一定比例关系。进料容量约为出料容量的1.4~1.8倍（通常取1.5倍），如任意超载（超载10%），就会使材料在搅拌筒内无充分的空间进行拌和，影响混凝土的和易性。反之，装料过少，又不能充分发挥搅拌机的效能。

4. 商品混凝土要求

签订商品混凝土供货合同必须签署对商品混凝土的技术要求。技术要求不但包括混凝土的数量和价格，还包括对混凝土配合比的要求，混凝土供应时间和一定时间间隔的供应数量，坍落度的大小，冬期施工时还要注明对防冻剂的要求及出罐温度的要求。

由于采用商品混凝土，现场对其必须加以监控。一方面要按规定做坍落度检查，以每工作班不少于4次；另外一方面要对混凝土四个时刻和两个时间进行复核，对不符合要求的混凝土要查明原因，发现问题及时采取措施；对于坍落度不符合要求以及超过初凝时间送达的混凝土，一律不得使用。

（1）商品混凝土的供应。

1）选择质量信誉、社会信誉好和交通方便的商品混凝土供应站。

2）要求商品混凝土供应单位的每车发货小票上必须注明混凝土注入罐车时间。

3）混凝土申请单上要注明混凝土标号、碎石最大粒径、抗渗等级、碱含量、防裂、抗冻、缓凝时间、坍落度等相关要求。

4）混凝土的供应做到及时、连续、匀速、保质。

（2）商品混凝土质量的现场管理。

1）商品混凝土进场时，检查运货单上的技术要素、灌装时间，出罐时混凝土是否有离析现象，发现问题及时与供应商联系处理。

2）混凝土坍落度每车测试一次，并做好记录。

3）混凝土的全部间歇时间：混凝土从搅拌机卸出至浇筑完成的全部间歇时间不得超过混凝土的初凝时间。

4）对混凝土小票进行收集、整理，并进行评估。

5．混凝土的运输

(1) 运输要求。运输中的全部时间不应超过混凝土的初凝时间。运输中应保持匀质性，不应产生分层离析现象，不应漏浆；运至浇筑地点应具有规定的坍落度，并保证混凝土在初凝前能有充分的时间进行浇筑。混凝土的运输道路要求平坦，应以最短的时间从搅拌地点运至浇筑地点。

(2) 运输工具的选择。混凝土运输分地面水平运输、垂直运输和楼面水平运输三种。

1）地面运输时，短距离多用于双轮手推车、机动翻斗车；长距离宜用于自卸汽车、混凝土搅拌运输车。采用混凝土搅拌运输车运输混凝土时，应符合下列规定：接料前，搅拌运输车应排净罐内积水；在运输途中及等候卸料时，应保持搅拌运输车罐体正常转速，不得停转；卸料前，搅拌运输车罐体宜快速旋转搅拌 20s 以上后再卸料。

2）垂直运输可采用各种井架、龙门架和塔式起重机作为垂直运输工具。对于浇筑量大、浇筑速度比较稳定的大型设备基础和高层建筑，宜采用混凝土泵，也可采用自升式塔式起重机或爬升式塔式起重机运输。

3）混凝土泵。混凝土泵的选型，根据混凝土的工程特点、要求的最大输送距离、最大输出量及混凝土的浇筑计划确定。一般有两种：一种是固定式泵车，一种是汽车泵（移动式）。根据《混凝土泵送施工技术规程》（JGJ/T 10—2011）和《普通混凝土配合比设计规程》（JGJ/T 55—2011）规定：

①泵送混凝土概念：可通过泵压作用沿输送管道强制流动到目的地并进行浇筑的混凝土。

②泵送混凝土原材料的要求。

水泥：应选用硅酸盐水泥、普通硅酸盐水泥、矿渣硅酸盐水泥、粉煤灰硅酸盐水泥、不宜采用火山灰质硅酸盐水泥。

粗骨料：宜采用连续级配，针片状颗粒含量不宜大于10%，粗骨料的最大粒径与输送管径之比见表 3-22。

表 3-22　　　　　　　粗骨料的最大粒径与输送管径之比

粗骨料的类型	输送高度/m	粗骨料的最大粒径与输送管径之比
碎石	<50	≤1:3.0
	50~100	≤1:4.0
	>100	≤1:5.0
卵石	<50	≤1:2.5
	50~100	≤1:3.0
	>100	≤1:4.0

细骨料：宜采用中砂，其通过 0.315mm 筛孔的粒径不应少于 15%。

外加剂：泵送混凝土应掺泵送剂或减水剂，并宜掺用矿物掺合料。

③泵送混凝土的配合比要求。

a. 泵送混凝土的胶凝材料总量不宜小于 300kg/m³。

b. 泵送混凝土的砂率宜为 35%~45%。

c. 泵送混凝土掺加外加剂的品种和掺量宜由试验确定，不得随意使用。

④泵送混凝土的性能要求。泵送混凝土的入泵坍落度不宜小于 10cm，对于各种入泵的坍落度不同的混凝土，其泵送高度不宜超过表 3-23 的规定。

表 3-23　　　　　　　　混凝土的入泵坍落度与泵送高度的关系

入泵坍落度/cm	10~14	14~16	16~18	18~20	20~22
最大泵送高度/m	30	60	100	400	400 以上

4) 混凝土泵送过程的要求。

①混凝土泵与输送管连通后，应对其进行全面检查。混凝土泵送前应进行空载试运转。

②混凝土泵送施工前，应检查混凝土送料单，核对配合比，检查坍落度，必要时还应测定混凝土扩展度，在确认无误后方可进行混凝土泵送。

③泵送混凝土的入泵坍落度不宜小于 100mm，对强度等级超过 C60 的泵送混凝土，其入泵坍落度不宜小于 180mm。

④混凝土泵启动后，应先泵送适量清水以湿润混凝土泵的料斗、活塞及输送管的内壁等直接与混凝土接触部位。泵送完毕后，应清除泵内积水。

⑤经泵送清水检查，确认混凝土泵和输送管中无异物后，应选用下列浆液中的一种润滑混凝土泵和输送管的内壁：水泥净浆，1:2 水泥砂浆，与混凝土内除粗骨料外的其他成分相同配合比的水泥砂浆。润滑用浆料压出后应妥善回收，不得作为结构混凝土使用。

⑥开始泵送时，混凝土泵应处于匀速缓慢运行并随时可反泵的状态，泵送速度应先慢后快，逐步加速。同时，应观察混凝土泵的压力和各系统的工作情况，待各系统运转正常后，方可以正常速度进行泵送。

⑦混凝土泵送宜连续进行。混凝土运输、输送、浇筑及间歇的全部时间不应超过国家现行标准的规定；如超过规定时间时，应临时设置施工缝，继续浇混凝土，并应按施工缝要求处理。

⑧当输送管堵塞时，应及时拆除管道，排除堵塞物。拆除的管道重新安装前应湿润。

⑨当混凝土供应不及时，宜采取间歇泵送的方式，放慢泵送速度。间歇泵送可采用每隔 4~5min 进行两个行程反泵，再进行两个行程正泵的泵送方式。

⑩向下泵送混凝土时，应采取措施排除管内空气；泵送完毕时，应及时将混凝土泵和输送管清洗干净。

5) 混凝土泵输出量和所需搅拌运输车数量的计算方法。

①混凝土泵输出量的计算［依据《大体积混凝土施工规范》(GB 50496—2009) 规定］。

混凝土泵的实际平均输出量，可根据混凝土泵的最大输出量、配管情况和作业效率，按下式计算

$$Q_1 = Q_{max} \alpha \eta$$

式中　Q_1——每台混凝土泵的实际平均输出量（m³/h）；

Q_{max}——每台混凝土泵的最大输出量（m³/h）；

α——配管条件系数。可取 0.8～0.9；

η——作业效率。根据混凝土搅拌运输车向混凝土泵供料的间断时间、拆装混凝土输出管和布料停歇等情况，可取 0.5～0.7。

根据以上公式计算，某工程采用的 HBT60C 泵的泵送量为

$$Q_1 = 24 \sim 38 \text{m}^3/\text{h}$$

根据以往对浇筑混凝土生产率的测定：浇筑剪力墙的速度为 10～12m³/h；浇筑平台板混凝土的速度为 18～22m³/h。故该泵的输送能力完全满足生产的需要。

②每台混凝土泵所需配备搅拌运输车数量的计算。

当混凝土泵连续作业时，每台混凝土泵所需配备的混凝土搅拌运输车台数，可按下式计算

$$N_1 = \frac{Q_1}{60V_1\eta_v}\left(\frac{60L_1}{S_0} + T_1\right)$$

式中　N_1——混凝土搅拌运输车台数（台）；

　　　Q_1——每台混凝土泵的实际平均输出量（m³/h）；

　　　V_1——每台混凝土搅拌运输车的容量（m³）；

　　　η_v——搅拌运输车容量折减系数，可取 0.90～0.95；

　　　S_0——混凝土搅拌运输车平均行车速度（km/h）；

　　　L_1——混凝土搅拌运输车往返距离（km）；

　　　T_1——每台混凝土搅拌运输车总计停歇时间（min）。

6) 泵送混凝土的浇筑。

①应有效控制混凝土的均匀性和密实性，混凝土应连续浇筑使其成为连续的整体。

②泵送浇筑应预先采取措施来避免造成模板内钢筋、预埋件及其定位件移动。

③混凝土浇筑的顺序，应符合下列规定：当采用输送管输送混凝土时，宜由远而近浇筑；同一区域的混凝土，应按先竖向结构后水平结构的顺序分层连续浇筑。

6. 混凝土的浇筑

(1) 混凝土浇筑的一般规定。根据《混凝土结构工程施工规范》（GB 50666—2011）规定：

1) 浇筑混凝土前，应清除模板内或垫层上的杂物。表面干燥的地基、垫层、模板上应洒水湿润；现场环境温度高于 35℃时宜对金属模板进行洒水降温；洒水后不得留有积水。

2) 混凝土浇筑应保证混凝土的均匀性和密实性。混凝土宜一次连续浇筑；当不能一次连续浇筑时，可留设施工缝或后浇带分块浇筑。

3) 混凝土浇筑过程应分层进行，分层浇筑应符合规范规定的分层。见表 3-24 振捣厚度要求，上层混凝土应在下层混凝土初凝之前浇筑完毕。

表 3-24　　　　　　　　混凝土分层振捣的最大厚度

振 捣 方 法	混凝土分层振捣最大厚度
振动棒	振动棒作用部分长度的 1.25
表面振动器	200mm
附着振动器	根据设置方式，通过试验确定

4) 混凝土运输、输送入模的过程宜连续进行，从运输到输送入模的延续时间不宜超过表 3-25 的规定，且不应超过表 3-26 的限值规定。掺早强型减水外加剂、早强剂的混凝土以及有特殊要求的混凝土，应根据设计及施工要求，通过试验确定允许时间。

表 3-25　　　　　　　　　　运输到输送入模的延续时间　　　　　　　　　　（min）

条件	气温 ≤25℃	气温 >25℃
不掺外加剂	90	60
掺外加剂	150	120

表 3-26　　　　　　　　运输、输送入模及其间歇总的时间限值　　　　　　　　（min）

条件	气温 ≤25℃	气温 >25℃
不掺外加剂	180	150
掺外加剂	240	210

5) 混凝土浇筑的布料点宜接近浇筑位置，应采取减少混凝土下料冲击的措施，并应符合下列规定：宜先浇筑竖向结构构件，后浇筑水平结构构件；浇筑区域结构平面有高差时，宜先浇筑低区部分再浇筑高区部分。

6) 柱、墙模板内的混凝土浇筑倾落高度应符合表 3-27 的规定；当不能满足表 3-27 的要求时，应加设串筒、溜管、溜槽等装置。如图 3-75 所示。

表 3-27　　　　　　　　柱、墙模板内混凝土浇筑倾落高度限值　　　　　　　　（m）

条件	浇筑倾落高度限值
粗骨料粒径大于 25mm	≤3
粗骨料粒径小于等于 25mm	≤6

注：当有可靠措施能保证混凝土不产生离析时，混凝土倾落高度可不受本表限制。

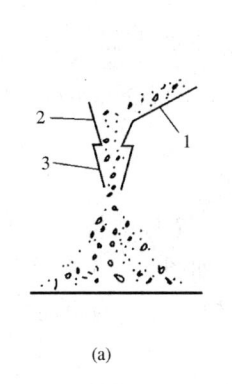

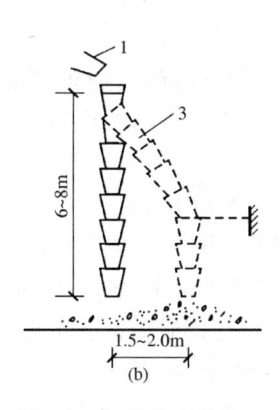

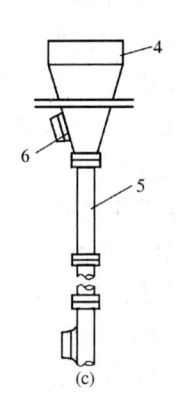

图 3-75　混凝土浇筑
(a) 溜槽；(b) 串筒；(c) 振动串筒
1—溜槽；2—挡板；3—串筒；4—漏斗；5—节管；6—振动器

7) 混凝土浇筑后,在混凝土初凝前和终凝前宜分别对混凝土裸露表面进行抹面处理。

8) 柱、墙混凝土设计强度等级高于梁、板混凝土设计强度等级时,混凝土浇筑应符合下列规定:

①柱、墙混凝土设计强度比梁、板混凝土设计强度高一个等级时,柱、墙位置梁、板高度范围内的混凝土经设计单位同意,可采用与梁、板混凝土设计强度等级相同的混凝土进行浇筑。

②柱、墙混凝土设计强度比梁、板混凝土设计强度高两个等级及以上时,应在交界区域采取分隔措施。分隔位置应在低强度等级的构件中,且距高强度等构件边缘不应小于50mm。

③宜先浇筑高强度等级混凝土,后浇筑低强度等级混凝土。

9) 施工缝或后浇带处浇筑混凝土应符合下列规定:

①结合面应采用粗糙面;结合面应清除浮浆、疏松石子、软弱混凝土层,并应清理干净。

②结合面处应采用洒水方法进行充分湿润,并不得有积水。

③施工缝处已浇筑混凝土的强度不应小于1.2MPa。

④柱、墙水平施工缝水泥砂浆接浆层厚度不应大于30mm,接浆层水泥砂浆应与混凝土浆液同成分。

⑤后浇带混凝土强度等级及性能应符合设计要求;当设计无要求时,后浇带强度等级宜比两侧混凝土提高一级,并宜采用减少收缩的技术措施进行浇筑。

10) 超长结构混凝土浇筑应符合下列规定:

①可留设施工缝分仓浇筑,分仓浇筑间隔时间不应少于7d。

②当留设后浇带时,后浇带封闭时间不得少于14d。

③超长整体基础中调节沉降的后浇带,混凝土封闭时间应通过监测确定,差异沉降应趋于稳定后再封闭后浇带。

④后浇带的封闭时间尚应经设计单位认可。

(2) 混凝土施工缝和后浇带留设位置。施工缝是因设计要求或施工需要分段浇筑而在先、后浇筑的混凝土之间所形成的接缝。

1) 施工缝和后浇带的留设位置应在混凝土浇筑之前确定。施工缝和后浇带宜留设在结构受剪力较小且便于施工的位置。受力复杂的结构构件或有防水抗渗要求的结构构件,施工缝留设位置应经设计单位认可。

2) 水平施工缝的留设位置应符合下列规定:

①柱、墙施工缝可留设在基础、楼层结构顶面,柱施工缝与结构上表面的距离宜为0~100mm,墙施工缝与结构上表面的距离宜为0~300mm,如图3-76所示。

②柱、墙施工缝也可留设在楼层结构底面,施工缝与结构下表面的距离宜为0~50mm;当板下有梁托时,可留设在梁托下0~20mm。

③高度较大的柱、墙、梁以及厚度较大的基础可根据施工需要在其中部留设水平施工缝;必要时,可对配筋进行调整,并应征得设计单位认可。

④特殊结构部位留设水平施工缝应征得设计单位同意。

(3) 垂直施工缝和后浇带的留设位置应符合下列规定:

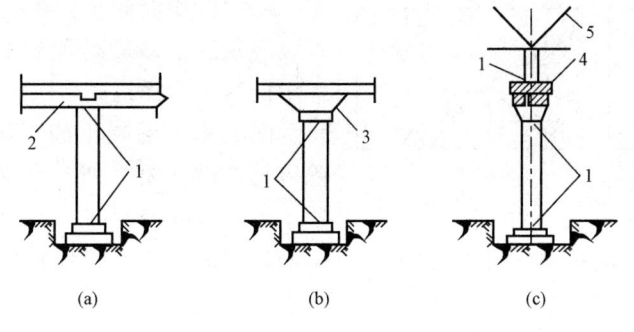

图 3-76 柱子施工缝位置
(a) 肋形楼板柱；(b) 无梁楼板柱；(c) 吊车梁牛腿柱
1—施工缝；2—梁；3—柱帽；4—吊车梁；5—屋架

1) 有主次梁的楼板施工缝应留设在次梁跨度中间的 1/3 范围内；如图 3-77 所示。

2) 单向板施工缝应留设在平行于板短边的任何位置。

3) 楼梯梯段施工缝宜设置在梯段板跨度端部的 1/3 范围内。

4) 墙的施工缝宜设置在门洞口过梁跨中 1/3 范围内，也可留设在纵横交接处。

5) 后浇带留设位置应符合设计要求。

6) 特殊结构部位留设垂直施工缝应征得设计单位同意。

(4) 混凝土浇筑方法。

1) 多层钢筋混凝土框架结构的浇筑。浇筑框架结构首先要划分施工层和施工段，施工层一般按结构层划分，而每一施工层的施工段划分，则要考虑工序数量、技术要求、结构特点等。

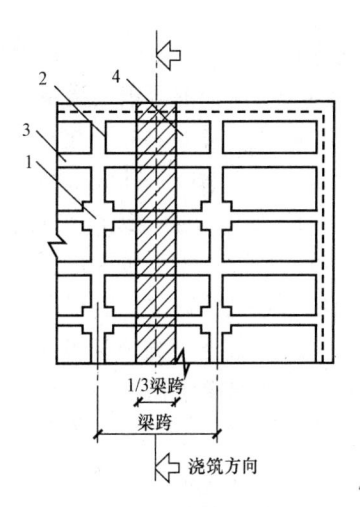

图 3-77 有梁板施工缝的位置
1—柱；2—主梁；3—次梁；4—板

浇筑柱子混凝土，施工段内的每排柱子应由外向内对称依次浇筑，禁止由一端向另一端推进，预防柱子模板因湿胀造成受推倾斜而误差积累难以纠正；柱子浇筑混凝土前，柱底表面用高压水冲洗干净后，先浇筑一层不应大于 30mm 厚与混凝土内成分相同的水泥砂浆，然后再分段分层灌注混凝土。

梁和板一般应同时浇筑，顺次梁方向从一端开始向前推进。浇筑方法应由一端开始，采用"赶浆法"，即先浇筑梁，根据梁高分层浇筑成阶梯形，当达到板底位置时，再与板的混凝土一起浇筑，随着阶梯形不断延伸，梁板混凝土浇筑连续向前进行。

楼梯段混凝土自下而上浇筑，先振实底板混凝土，达到踏步位置时再与踏步混凝土一起振捣，不断连续向上推进，并随时用木抹子（或塑料抹子）将踏步上表面抹平。

2) 大体积混凝土浇筑。大体积混凝土结构在工业建筑中多为设备基础，高层建筑中多为桩基承台、筏形基础底板等。《大体积混凝土施工规范》（GB 50496—2009）规定：大体积混凝土是指混凝土结构实体最小尺寸不小于 1m 的大体量混凝土，或预计会因混凝土中胶凝材料水化引起的温度变化和收缩而导致有害裂缝产生的混凝土。

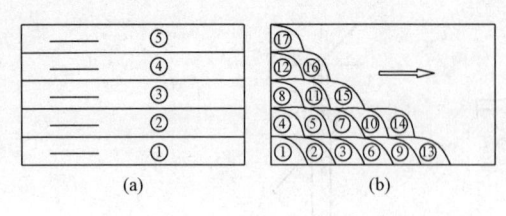

图 3-78 混凝土浇筑工艺
(a) 分层连续浇筑；(b) 推移式连续浇筑

①大体积混凝土的施工。可采用整体分层连续浇筑或推移式连续浇筑（如图 3-78 所示，图中的数字为浇筑先后次序）。

②大体积混凝土施工设置水平施工缝时，除应符合设计要求外，尚应根据混凝土浇筑过程中温度裂缝控制的要求、混凝土的供应能力、钢筋工程的施工、预埋管件安装等因素确定其位置及间歇时间。

③超长大体积混凝土施工，应选用下列方法控制不出现有害裂缝：

a. 留置变形缝：变形缝的设置和施工应符合国家现行有关标准的规定。

b. 后浇带施工：后浇带的设置和施工应符合国家现行有关标准的规定。

c. 跳仓法施工：跳仓的最大分块尺寸不宜大于 40m，跳仓间隔施工的时间不宜小于 7d，跳仓接缝处按施工缝的要求设置和处理。

④大体积混凝土的浇筑应符合下列规定：

a. 混凝土的摊铺厚度应根据所用振捣器的作用深度及混凝土的和易性确定。整体连续浇筑时宜为 300～500mm。

b. 整体分层连续浇筑或推移式连续浇筑，应缩短间歇时间，并应在前层混凝土初凝之前将次层混凝土浇筑完毕。层间最长的间歇时间不大于混凝土的初凝时间。混凝土的初凝时间应通过试验确定。当层间间歇时间超过混凝土的初凝时间时，层面应按施工缝处理。

c. 混凝土浇筑宜从低处开始，沿长边方向自一端向另一端进行。当混凝土供应量有保证时，也可多点同时浇筑。

d. 混凝土浇筑宜采用二次振捣工艺。

⑤大体积混凝土施工采取分层间歇浇筑混凝土时，水平施工缝的处理应符合下列规定：在已硬化的混凝土表面，应清除浇筑表面的浮浆、松动石子及软弱混凝土层；在上层混凝土浇筑前，应用清水冲洗混凝土表面的污物，并应充分润湿，但不得有积水；混凝土应振捣密实，并应使新旧混凝土紧密结合。

⑥大体积混凝土底板与侧墙相连接的施工缝，当有防水要求时，应采取钢板止水带处理措施。

⑦大体积混凝土浇筑面应及时进行二次抹压处理。

⑧防止大体积混凝土温度裂缝的措施。厚大钢筋混凝土结构由于体积大，水泥水化热聚积在内部不易散发，内部温度显著升高，外表散热快，形成较大内外温差，内部产生压应力，外表产生拉应力，如内外温差过大（超过 25℃以上），则混凝土表面将产生裂缝。要防止混凝土早期产生温度裂缝，就要控制混凝土的内外温差，以防止表面开裂；控制混凝土冷却过程中的总温差和降温速度，以防止基底开裂。

防止大体积混凝土温度裂缝的措施主要有：优先采用水化热量低的水泥（如矿渣硅酸盐水泥）；减少水泥用量；掺入适量的粉煤灰或在浇筑时投入适量毛石；放慢浇筑速度和减少浇筑厚度，采用人工降温措施；浇筑后应及时覆盖及养护。必要时，取得设计单位同意后，可分块浇筑，块和块间留 800～1000mm 宽后浇带，待各分块混凝土干缩后，再浇后浇带。

⑨大体积混凝土的养护。大体积混凝土应进行保温、保湿养护，在每次混凝土浇筑完毕

后，除应按普通混凝土进行常规养护外，尚应及时按温控技术措施的要求进行保温养护，并应符合下列规定：

a. 专人负责保温养护工作，并应按《大体积混凝土施工规范》（GB 50496—2009）的有关规定操作并做好测试记录。

b. 保湿养护的持续时间不得少于14d。并应经常检查塑料薄膜或养护剂涂层的完整情况，保持混凝土表面湿润。

c. 保温覆盖层的拆除应分层逐步进行，当混凝土的表面温度与环境温度的最大温差小于20℃时，可全部拆除。

⑩温控施工的现场监测。

a. 大体积混凝土浇筑体里表温差、降温速率及环境温度的测试。在混凝土浇筑后，每昼夜不应少于4次，入模温度的测量，每台班不应少于2次。

b. 大体积混凝土浇筑体内监测点的布置，应真实地反映出混凝土浇筑体内最高温升、最大应变、里表温差、降温速率及环境温度，可按下列方式布置：监测点的布置范围以所选混凝土浇筑体平面图对称轴线的半条轴线为测试区，在测试区内监测点按平面分层布置；在测试区内，监测点的位置与数量可根据混凝土浇筑体内温度场分布情况及温控的要求确定；在每条测试轴线上，监测点位不宜少于4处，应根据结构的几何尺寸布置；沿混凝土浇筑体厚度方向，必须布置外表、底面和中心温度测点，其余测点宜按测点间距不大于600mm布置；保温养护效果及环境温度监测点数量应根据具体需要确定；混凝土浇筑体的外表温度，宜为混凝土外表以内50mm处的温度；混凝土浇筑体底面的温度，宜为混凝土浇筑体底面上50mm处的温度。

c. 测试过程中宜及时描绘出各点的温度变化曲线和断面的温度分布曲线。

d. 发现温控数值异常时应及时报警，并应采取相应的措施。

7. 混凝土密实成形

混凝土浇入模板以后是较疏松的，里面含有空洞与气泡，不能达到要求的密度和强度，还须经振捣密实成形。人工捣实是用人力的冲击来使混凝土密实成形，主要采用机械捣实的方法。振动机械有：①内部振动器；②表面振动器；③外部振动器；④振动台，如图3-79所示。

内部振动器：建筑工地常用的振动器，多用于振实梁、柱、墙、大体积混凝土和基础等。振动混凝土时应垂直插入，并插入下层混凝土50mm，以促使上下层混凝土结合成整体。振点振捣的延续时间应使混凝土捣实（即表面呈现浮浆和不再沉落为限）。捣实移动间距，不宜大于作用半径的1.5倍。

表面振动器：适用于捣实楼板、地面、板形构件和薄壳等薄壁结构。在无筋或单层

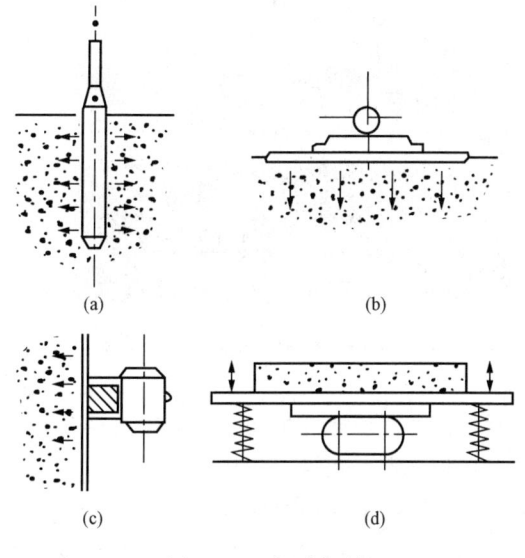

图3-79 振动机械
(a) 内部振动器；(b) 表面振动器；
(c) 外部振动器；(d) 振动台

钢筋结构中，每次振实厚度不大于 250mm；在双层钢筋结构中，每次振实厚度不大于 120mm。

附着式振动器：通过螺栓或夹钳等固定在模板外侧的横档或竖档上，但模板应有足够的刚度。

8. 混凝土养护

混凝土浇筑捣实后，其水化作用必须在适当的温度和湿度条件下才能完成。混凝土的养护就是创造一个具有一定湿度和温度的环境，使混凝土凝结硬化，达到设计要求的强度。在混凝土浇筑完毕后，应在 10～12h 以内加以覆盖和浇水；干硬性混凝土应于浇筑完毕后立即进行养护。

常用的混凝土的养护方法。常用的混凝土养护方法有三种，即标准养护法、自然养护法、外部加热养护法。

(1) 标准养护。是指混凝土在温度为 20℃±3℃ 和相对湿度 90% 以上的潮湿环境或水中的条件下进行的养护。该方法用于对混凝土立方体试件的养护。

(2) 自然养护。是指在平均气温高于 5℃ 的条件下，用适当的方法，使混凝土在一定的时间内保持湿润状态。自然养护可分为洒水养护、覆盖养护和喷涂养护剂养护。

洒水养护即用草帘、草袋等将混凝土覆盖，经常洒水使其保持湿润。洒水养护时间，对采用硅酸盐水泥、普通硅酸盐水泥或矿渣硅酸盐水泥拌制的混凝土，不得少于 7d；对掺用缓凝剂、矿物掺和料或有抗渗性要求的混凝土强度等级 C60 及以上的混凝土，后浇带混凝土的养护时间不得少于 14d。洒水次数以能保证混凝土处于湿润状态为宜。

覆盖养护宜在混凝土裸露表面覆盖塑料薄膜、塑料薄膜加麻袋、塑料薄膜加草帘进行。塑料薄膜布养护是在有条件的情况下，可采用不透水、气的薄膜布（如塑料薄膜布）等养护。用薄膜布把混凝土表面敞露部分全部严密地覆盖起来，保证混凝土在不失水的情况下得到充足的养护，应保持薄膜布内有凝结水。这种方法不必浇水，操作方便，能重复使用。如图 3-80 所示。

喷涂养护剂养护是指将可成膜的溶液喷洒在混凝土表面上，溶液挥发后在混凝土表面凝结成一层薄膜，使混凝土表面与空气隔绝，封闭混凝土中的水分，而完成水化作用。适用于不易洒水养护的高耸建筑物、表面积大的混凝土施工和缺水地区。

图 3-80 混凝土柱采用塑料薄膜布养护

(3) 外部加热养护法。混凝土加热养护法是指用外部热源加热浇筑后的混凝土，保证混凝土在较高正温条件下硬化的冬季养护方法。根据所用热源不同，加热养护法可分为蒸汽加热养护、暖棚法、电热法等。

蒸汽养护是指混凝土构件在预制厂内，将蒸汽通入封闭窑内，使混凝土构件在较高的温度和湿度环境下迅速凝结、硬化，达到所要求的强度。

暖棚法是指在建筑物或构件周围搭起大棚，通过人工加热使棚内保持正温，混凝土浇筑与养护均在棚内进行。

电热法是指在混凝土结构的内部或外表设置电极,通以低电压电流,由于混凝土的电阻作用,使电能变为热能来加热养护混凝土。

9. 混凝土工程施工质量验收

混凝土工程的施工质量检验应按主控项目、一般项目规定的检验方法进行检验。检验批合格质量应符合规范要求。

(1) 混凝土施工检验批验收内容。

1) 主控项目。

①结构混凝土的强度等级必须符合设计要求,用于检查结构构件混凝土强度的试件,应在混凝土的浇筑地点随机抽取。取样与试件留置应符合下列规定:

a. 每拌制 100 盘且不超过 $100m^3$ 的同配合比的混凝土,取样不得少于一次。

b. 每工作班拌制的同一配合比的混凝土不足 100 盘时,取样不得少于一次。

c. 当一次连续浇筑超过 $1000m^3$ 时,同一配合比的混凝土每 $200m^3$ 取样不得少于一次。

d. 每一楼层、同一配合比的混凝土,取样不得少于一次。

e. 每次取样应至少留置一组标准养护试件,同条件养护试件的留置组数应根据实际需要确定。

②对有抗渗要求的混凝土结构,其混凝土试件应在浇筑地点随机取样。同一工程、同一配合比的混凝土,取样不应少于 1 次,留置组数可根据实际需要确定。连续浇筑混凝土每 $500m^3$ 应留置一组抗渗试件(一组为 6 个抗渗试件),且每项工程不得少于 2 组。采用预拌混凝土的抗渗试件,留置组数应视结构规模和要求而定。

③混凝土原材料计量。

a. 在混凝土每一工作班正式称量前,应先检查原材料质量,必须使用合格材料;各种衡器应定期校核,每次使用前进行零点校核,保持计量准确。

b. 施工中应测定骨料的含水率,当雨天施工含水率有显著变化时,应增加测定系数,依据测试结果及时调整配合比中的用水量和骨料用量。

c. 水泥、砂、石子、掺和料等干料的配合比,应采用重量法计量,严禁采用容积法。混凝土原材料每盘称量的允许偏差见表 3-28。

表 3-28　　　　　　　　　　原材料每盘称量的允许偏差

材 料 名 称	允许偏差(%)
水泥、混合材料	±2
粗、细骨料	±3
水、外加剂	±2

④混凝土的运输、浇筑及间歇的全部时间不应超过混凝土的初凝时间。同一施工段的混凝土应连续浇筑,并应在底层混凝土初凝之前将上一层混凝土浇筑完毕。

2) 一般项目。

①施工缝的位置应在混凝土浇筑前按设计要求和施工技术方案确定。处理按施工技术方案执行。

②后浇带的留置应按设计要求和施工技术方案确定。后浇带混凝土浇筑应按施工技术方案进行。

③混凝土浇筑完毕后，12h 以内对混凝土加以覆盖并保湿养护。对采用硅酸盐水泥、普通硅酸盐水泥或矿渣硅酸盐水泥拌制的混凝土，养护时间不得少于 7d，对掺用缓凝型、外加剂或有抗渗要求的混凝土，养护时间不得少于 14d，浇水次数应能保持混凝土处于湿润状态。采用塑料布覆盖养护的混凝土，其敞露的全部表面应覆盖严密，并应保持塑料布内有凝结水；混凝土强度达到 $1.2N/mm^2$ 前，不得在其上踩踏或安装模板支架；混凝土表面不便浇水或使用塑料布时，宜涂刷养护剂；对大体积混凝土的养护，应根据气候条件按施工技术方案采取控温措施。

(2) 混凝土外观质量检验。

1) 主控项目。现浇结构的外观质量不应有严重缺陷。对已经出现的严重缺陷，应由施工单位提出技术处理方案，并经监理（建设）单位认可后进行处理。对经处理的部位，应重新检查验收。

2) 一般项目。现浇结构的外观质量不应有一般缺陷。对已经出现的一般缺陷，应由施工单位按技术处理方案进行处理，并重新检查验收。

(3) 混凝土尺寸偏差的质量检验。

1) 主控项目。现浇结构不应有影响结构性能和使用功能的尺寸偏差。混凝土设备基础不应有影响结构性能和设备安装的尺寸偏差。

对超过尺寸允许偏差且影响结构性能和安装、使用功能的部位，应由施工单位提出技术处理方案，并经监理（建设）单位认可后进行处理。对经处理的部位，应重新检查验收。见表 3-29。

表 3-29　　　　　　　　　　　现浇结构外观质量缺陷

名称	现　　象	严重缺陷	一般缺陷
露筋	构件内钢筋未被混凝土包裹而外露	纵向受力钢筋露筋	其他钢筋有少量露筋
蜂窝	混凝土表面缺少水泥砂浆而形成石子外露	构件主要受力部位有蜂窝	其他部位有少量蜂窝
孔洞	混凝土中孔穴深度和长度均超过保护层厚度	构件主要受力部位有孔洞	其他部位有少量孔洞
夹渣	混凝土中夹有杂物且深度超过保护层厚度	构件主要受力部位有夹渣	其他部位有少量夹渣
疏松	混凝土中局部不密实	构件主要受力部位有疏松	其他部位有少量疏松
裂缝	缝隙从混凝土表面延伸至混凝土内部	构件主要受力部位有影响结构性能或使用功能的裂缝	其他部位有基本不影响结构性能或使用功能的裂缝
连接部位缺陷	构件连接处混凝土有缺陷及连接钢筋、连接件松动	连接部位有影响结构传力性能的缺陷	连接部位有基本不影响结构传力性能的缺陷
外形缺陷	缺棱掉角、棱角不直、翘曲不平、飞边凸肋等	清水混凝土构件有影响使用功能或装饰效果的外形缺陷	其他混凝土构件有不影响使用功能的外形缺陷
外表缺陷	构件表面麻面、掉皮、起砂、沾污等	具有重要装饰效果的清水混凝土表面有外表缺陷	其他混凝土构件有不影响使用功能的外表缺陷

2) 一般项目。现浇结构和混凝土设备基础拆模后的尺寸偏差和检验方法应符合表 3-30 的规定。

表 3-30　　　　　　　　　　　　现浇结构尺寸允许偏差和检验方法

项　　目			允许偏差/mm	检验方法
轴线位置	基础		15	钢尺检查
	独立基础		10	
	墙、柱、梁		8	
	剪力墙		5	
垂直度	层高	≤5m	8	经纬仪或吊线、钢尺检查
		>5m	10	经纬仪或吊线、钢尺检查
	全高（H）		H/1000 且≤30	经纬仪、钢尺检查
标高	层高		±10	水准仪或拉线、钢尺检查
	全高		±30	
截面尺寸			+8，-5	钢尺检查
电梯井	井筒长、宽对定位中心线		+25，0	钢尺检查
	井筒全高（H）垂直度		H/1000 且≤30	经纬仪、钢尺检查
表面平整度			8	2m 靠尺和塞尺检查
预埋设施中心线位置	预埋件		10	钢尺检查
	预埋螺栓		5	
	预埋管		5	
预留洞中心线位置			15	钢尺检查

注：检查轴线、中心线位置时，应沿纵、横两个方向量测，并取其中的较大值。

(4) 混凝土强度检测。

混凝土强度检测的一般规定包括以下内容：

1) 结构构件的混凝土强度应按现行国家标准《混凝土强度检验评定标准》(GB/T 50107—2010) 的规定分批检验评定。

2) 试件制作。检查混凝土质量应做抗压强度试验。当有特殊要求时，还须做混凝土的抗冻性、抗渗性等试验。试件强度试验的方法应符合现行国家标准《普通混凝土力学性能试验方法标准》(GB/T 50081—2002) 的规定。每组三个试件应在同盘混凝土中取样制作，并按下列规定确定该组试件的混凝土强度代表值：取三个试件强度的算术平均值；当三个试件强度中的最大值或最小值与中间值之差超过中间值的 15% 时，取中间值；当三个试件强度中的最大值和最小值与中间值之差均超过中间值的 15% 时，该组试件不应作为强度评定依据。

3) 混凝土结构同条件养护试件的强度检验。

①同条件养护试件的留置方式和取样数量，应符合下列要求：同条件养护试件所对应的结构构件或结构部位，应由监理（建设）、施工等各方根据其重要性共同选定；对混凝土结构工程中的各混凝土强度等级，均应留置同条件养护试件；同一强度等级的同条件养护试件，其留置的数量应根据混凝土工程量和重要性确定，不宜少于 10 组，且不应少于 3 组；

同条件养护试件拆模后，应放置在靠近相应结构构件或结构部位的适当位置，并应采取相同的养护方法。

②同条件养护试件应在达到等效养护龄期时进行强度试验。等效养护龄期应根据同条件养护试件强度与在标准养护条件下 28d 龄期试件强度相等的原则确定。

③同条件自然养护试件的等效养护龄期及相应的试件强度代表值，宜根据当地的气温和养护条件确定。

④冬期施工、人工加热养护的结构构件，其同条件养护试件的等效养护龄期可按结构构件的实际养护条件，由监理（建设）、施工等各方共同确定。

10. 混凝土质量缺陷的修整

当混凝土结构构件拆模后发现缺陷，应查清原因，根据具体情况处理，严重影响结构性能的，要会同设计和有关部门研究处理。

(1) 混凝土质量缺陷的分类和产生原因。

1) 麻面。构件表面上呈现若干小凹点，但无露筋。原因是：模板湿润不够，拼缝不严，振捣时间不足或漏振而导致气泡未排出，混凝土过干等。

2) 露筋。露筋是钢筋暴露在混凝土外面。原因是：混凝土保护层不够，浇筑时垫块移位。

3) 蜂窝。构件中有蜂窝状窟窿，骨料间有空隙存在。原因是：混凝土产生离析，钢筋过密，石子粒径卡在钢筋上使其产生间隙，振捣不足或漏振，模板拼缝不严等。

4) 孔洞。混凝土内部存在空隙，局部部位全部无混凝土。原因是：钢筋布置太密或一次下料过多，下部无法振捣而形成。

5) 裂缝。表面裂缝、深度裂缝。原因是：结构设计承载能力不够，施工荷载过重、太集中，施工缝设置不当等。

(2) 混凝土质量缺陷的修整方法。

1) 混凝土结构外观一般缺陷修整应符合下列规定：

①对于露筋、蜂窝、孔洞、夹渣、疏松、外表缺陷，应凿除胶结不牢固部分的混凝土，应清理表面，洒水湿润后应用 1:2～1:2.5 水泥砂浆抹平。

②应封闭裂缝。

③连接部位缺陷、外形缺陷可与面层装饰施工一并处理。

2) 混凝土结构外观严重缺陷修整应符合下列规定：

①对于露筋、蜂窝、孔洞、夹渣、疏松、外表缺陷，应凿除胶结不牢固部分的混凝土至密实部位，清理表面，支设模板，洒水湿润，涂抹混凝土界面剂，应采用比原混凝土强度等级高一级的细石混凝土浇筑密实，养护时间不应少于 7d。

②开裂缺陷修整应符合下列规定：

a. 对于民用建筑的地下室、卫生间、屋面等接触水介质的构件，均应注浆封闭处理，注浆材料可采用环氧、聚氨酯、氰凝、丙凝等。对于民用建筑不接触水介质的构件，可采用注浆封闭、聚合物砂浆粉刷或其他表面封闭材料进行封闭。

b. 对于无腐蚀介质工业建筑的地下室、屋面、卫生间等接触水介质的构件以及有腐蚀介质的所有构件，均应注浆封闭处理。注浆材料可采用环氧、聚氨酯、氰凝、丙凝等。对于无腐蚀介质工业建筑不接触水介质的构件，可采用注浆封闭、聚合物砂浆粉刷或其他表面封闭材料进行封闭。

c. 清水混凝土的外形和外表严重缺陷，宜在水泥砂浆或细石混凝土修补后用磨光机械磨平。

3）混凝土结构尺寸偏差一般缺陷，可采用装饰修整方法修整。

4）混凝土结构尺寸偏差严重缺陷，应会同设计单位共同制订专项修整方案，结构修整后应重新检查验收。

11. 混凝土工程冬期施工技术

(1) 混凝土冬期施工期限的确定。《建筑工程冬期施工规程》（JGJ 104—2011）规定，冬期施工期限的划分原则是：根据当地多年气象资料统计，当室外日平均气温连续5d稳定低于5℃，即进入冬期施工；当室外日平均气温连续5d高于5℃，即解除冬期施工。

(2) 混凝土受冻临界强度及规范规定。

1）混凝土受冻临界强度：冬期浇筑的混凝土在受冻以前必须达到的最低强度。

2）受冻临界强度取值要求。根据《建筑工程冬期施工规程》（JGJ 104—2011）规定：

①采用蓄热法、暖棚法、加热法施工的普通混凝土：采用硅酸盐水泥、普通硅酸盐水泥时，其受冻临界强度不应小于设计混凝土强度等级的30%；采用矿渣硅酸盐水泥、粉煤灰硅酸盐水泥、火山灰质硅酸盐水泥、复合硅酸盐水泥时，其受冻临界强度不应小于设计混凝土强度等级的40%。

②当室外最低气温不低于−15℃时，采用综合蓄热法、负温养护法施工的混凝土受冻临界强度不应小于4.0MPa；当室外最低气温不低于−30℃时，采用负温养护法施工的混凝土受冻临界强度不低于5MPa。

③对强度等级不小于C50的混凝土，不宜小于设计混凝土强度等级的30%。

④对有抗渗要求的混凝土，不宜小于设计混凝土强度等级的50%。

⑤对有抗冻耐久性要求的混凝土，不宜小于设计混凝土强度等级的70%。

⑥当采用暖棚法施工的混凝土中掺有早强剂时，可按综合蓄热法受冻临界强度取值。

⑦当施工需要提高混凝土强度等级时，应按提高后的强度等级确定受冻临界强度取值。

(3) 混凝土冬期施工方法的选择。混凝土浇筑后，为保证混凝土在达到抗冻临界强度之前不受冻，必须选择适当的施工方法，使混凝土不受冻害。常用混凝土冬期施工方法有四种：蓄热法、负温养护法、综合蓄热法、外部加热法。

1）蓄热法的概念及适用范围。蓄热法是指混凝土浇筑后，利用原材料加热及水泥水化热的热量，并采取适当保温措施延缓混凝土冷却，在混凝土温度降到0℃以前达到受冻临界强度的施工方法。

2）负温养护法。在混凝土中掺入防冻剂，使其在负温条件下能够不断硬化，在混凝土温度降到防冻剂规定温度前达到受冻临界强度的施工方法。

3）综合蓄热法。综合蓄热法是指掺早强剂或早强型复合外加剂的混凝土浇筑后，利用原材料加热及水泥水化放热，并采取适当保温措施延缓混凝土冷却，在混凝土温度降到0℃以前达到受冻临界强度的施工方法。综合蓄热法可分为低蓄热养护和高蓄热养护两种方式。

低蓄热养护：主要以使用早强水泥或掺低温早强剂、防冻剂为主，使混凝土缓慢冷却至冰点前达到允许受冻临界前强度。

高蓄热养护：除掺用外加剂外，还以采用短时加热为主，使混凝土在养护期内达到要求的受荷强度。

4) 外部加热的方法。混凝土外部加热养护的方法有蒸气加热法、暖棚法、电热法。

(4) 混凝土冬期施工的材料要求和施工要求。一般情况下，混凝土冬期施工要求在正温下浇筑，正温下养护，使混凝土强度在冰冻前达到受冻临界强度。

1) 混凝土冬期施工的材料要求。冬期施工的混凝土所用水泥，宜选用水化热高且早期强度高的硅酸盐水泥和普通硅酸盐水泥，并应符合下列规定：当采用蒸汽养护时，宜选用矿渣硅酸盐水泥；混凝土最小水泥用量不宜低于 280kg/m³，水胶比不应大于 0.55；拌制混凝土所用的骨料应清洁，不得含有冰、雪、冻块及其他易冻裂的物质。掺加含有钾、钠离子的防冻剂混凝土，不得采用活性骨料或在骨料中混有此类物质的材料；冬期施工的混凝土选用外加剂应符合现行国家标准的相关规定；非加热养护法混凝土施工所选用的外加剂应含有引气组分或掺入引气剂，含气量宜控制在 3%～5%；钢筋混凝土掺用氯盐类防冻剂时，氯盐掺量不得大于水泥质量的 1%。掺用氯盐的混凝土应振捣密实，且不宜采用蒸汽养护。

2) 在下列情况下，不得在钢筋混凝土中掺入氯盐：

①排出大量蒸汽的车间、浴池、游泳馆、洗衣房和经常处于空气相对湿度大于 80% 的房间以及有顶盖的钢筋混凝土蓄水池等在高湿度空气环境使用的结构。

②处于水位升降部位的结构。

③露天结构或经常受雨、水淋的结构。

④有与镀锌钢材或铝铁相接触部位的结构，和有外露钢筋、预埋件而无防护措施的结构。

⑤与含有酸、碱或硫酸盐等侵蚀介质相接触的结构。

⑥使用过程中经常处于环境温度大于 60℃ 以上结构。

⑦使用冷拉钢筋或冷拔低碳钢丝的结构。

⑧电解车间和直接靠近直流电源的结构。

⑨直接靠近高压电源（发电站、变电所）的结构。

⑩预应力混凝土结构。

(5) 混凝土原材料加热、搅拌、运输和浇筑的要求。

1) 混凝土原材料加热应优先采用加热水的方法，当加热水仍不能满足要求时，再对骨料进行加热。水、骨料加热的最高温度应符合表 3-31 的规定。当水、骨料达到规定温度仍不能满足热工计算要求时，可提高水温到 100℃，但水泥不得与 80℃ 以上的水直接接触。

表 3-31　　　　　　　　　　拌和水及骨料加热最高温度

水泥强度等级	拌和水	骨料
小于 42.5	80℃	60℃
42.5、42.5R 及以上	60℃	40℃

2) 水加热宜采用蒸汽加热、电加热或汽水热交换罐或其他的加热方法。水箱或水池容积及水温应能满足连续施工要求。

3) 水泥不得直接加热，袋装水泥使用前宜运入暖棚内存放。

4) 混凝土搅拌的最短时间应符合表 3-32 的规定。

表 3-32　　　　　　　　　　　　　混凝土搅拌的最短时间

混凝土坍落度/mm	搅拌机容积/L	混凝土搅拌的最短时间/s
≥80	<250	90
	250~500	135
	>500	180
<80	<250	90
	250~500	90
	>500	135

注：采用自落式搅拌机时，应较上表搅拌时间延长 30~60s，采用预拌混凝土时，应较常温下预拌混凝土的搅拌时间延长 15~30s。

5）混凝土的入模温度不应低于 5℃，当不符合要求时，应采取措施进行调整。

6）混凝土运输与输送的机具应进行保温或具有加热装置。泵送混凝土在浇筑前应对泵管进行保温，并应采用与施工混凝土同配比的砂浆预热。

7）混凝土在浇筑前，应清除模板和钢筋上的冰雪和污垢。

8）冬季不得在强冻胀性地基土上浇筑混凝土。在弱冻胀性地基土上浇筑混凝土时，基土不得受冻。在非冻胀性地基土上浇筑混凝土时，混凝土在受冻前的抗压强度应符合本规程的要求。

9）大体积混凝土分层浇筑时，已浇筑层的混凝土温度在未被上一层混凝土覆盖前不应低于 2℃。采用加热养护时，养护前的温度也不得低于 2℃。

(6) 混凝土蓄热法和综合蓄热法养护。

1）当室外最低温度不低于 -15℃时，地面以下的工程或表面系数不大于 $5m^{-1}$ 的结构，宜采用蓄热法养护。对结构易受冻的部位，应采取加强保温措施。

2）当室外最低气温不低于 -15℃时，对于表面系数为 $5m^{-1}$~$15m^{-1}$ 的结构，宜采用综合蓄热法养护。围护层的散热系数宜控制在 50~200kJ/(m^3·K)。

3）综合蓄热法施工应选用早强剂或早强型复合防冻剂，并应具有减水、引气作用。

4）混凝土浇筑后应在裸露混凝土表面采用塑料布等防水材料覆盖并进行保温。对边、棱角部位的保温厚度应增大到面部位的 2~3 倍。混凝土在养护期间应防风、防失水。

(7) 混凝土冬期施工质量控制和检查。

1）冬期施工混凝土质量检查除应符合国家现行标准《混凝土结构工程施工质量验收规范（2011 版）》(GB 50204—2002) 及其他国家有关标准规定外，尚应符合下列要求：检查外加剂质量及掺量。外加剂进入施工现场后应进行抽样检验，合格后方准使用；应根据施工方案确定的参数检查水、骨料、外加剂溶液和混凝土出机、浇筑、起始养护时的温度，应检查混凝土从入模到拆除保温层或保温模板期间的温度；采用预拌混凝土时，原材料、搅拌、运输过程中的温度检查及混凝土质量检查应由预拌混凝土生产企业进行，并应将记录资料提供给施工单位。

2）冬期施工测温的项目与次数应符合表 3-33 的规定。

3）混凝土养护期间温度测量应符合下列规定：

①采用蓄热法或综合蓄热法时，在达到受冻临界强度之前应每隔 4~6h 测量一次。

②采用负温养护法时，在达到受冻临界强度之前应每隔 2h 测量一次。

③采用加热法时,升温和降温阶段应每隔 1h 测量一次,恒温阶段每隔 2h 测量一次。
④混凝土在达到受冻临界强度后,可停止测温(原没有规定)。
⑤大体积混凝土测温应按《大体积混凝土施工规范》(GB 50496—2009)相关规定执行。

表 3-33　　　　　　　　　　　施工期间的测温项目与频次

测温项目	频次
室外气温	测最高、最低气温
环境温度	每一昼夜不少于 4 次
搅拌机棚温度	每一工作班不少于 4 次
水、水泥、砂、石及外加剂溶液温度	每一工作班不少于 4 次
混凝土出机、浇筑、入模的温度	每一工作班不少于 4 次

4)养护温度的测量方法应符合下列规定:
①测温孔均应编号,并应绘制测温孔布置图,现场应设置明显的标识。
②测温时,测温元件应采取措施与外界气温隔离。测温元件的测量位置应处于结构表面下 20mm 处,留置在测温孔的时间不应少于 3min。
③采用非加热法养护时,测温孔应设置在易于散热的部位,采用加热法养护时,应分别设置在离热源不同的位置。
5)混凝土质量检查应符合下列规定:
①应检查混凝土表面是否受冻、粘连、收缩裂缝,边角是否脱落,施工缝处有无受冻痕迹。
②应检查同条件养护试块的养护条件是否与结构实体相一致。
③采用成熟度法检验混凝土强度时,应检查测温记录与计算公式要求是否相符。
6)模板和保温层在混凝土达到要求强度并冷却到 5℃后方可拆除。拆模时混凝土表面温度与环境温度差大于 20℃时,混凝土表面应及时覆盖,使其缓慢冷却。
7)混凝土抗压强度试件的留置除应按现行国家标准《混凝土结构施工质量验收规范(2011 版)》(GB 50204—2002)规定进行外,尚应增设不少于 2 组同条件养护试件。

【例 3-5】
1. 任务背景
某综合办公楼建筑面积 100 828m², 地下 3 层, 地上 26 层, 筏形基础, 主体为框架结构, 梁板柱混凝土强度等级均为 C30, 在第 6 层楼板、梁钢筋隐蔽工程验收时发现整个楼板、梁受力钢筋型号不对、位置放置错误,施工单位非常重视,及时进行了返工处理。在第 10 层现浇楼盖混凝土浇筑时,其主、次梁楼板施工缝留置错误,当第 6 层拆模后检查框架柱混凝土时,发现柱根部局部出现纵向受力筋露筋现象,施工单位发现后及时进行了处理。
2. 问题
(1)说出第 5 层钢筋隐蔽工程验收的内容。
(2)第 10 层现浇楼盖混凝土浇筑时,其主、次梁楼板施工缝如何留置?继续浇筑混凝土,施工缝应如何处理?

(3) 第6层框架柱根部出现的露筋属于哪种缺陷，对于该缺陷处理的程序和修整方法如何解决？

【分析与解答】

(1) 第5层钢筋隐蔽工程验收的内容。

1) 纵向受力钢筋的品种、规格、数量、位置等。

2) 钢筋的连接方式、接头位置、接头数量、接头面积百分率等。

3) 箍筋、横向钢筋的品种、规格、数量、间距等。

4) 预埋件的规格、数量、位置等。

(2) 答：第10层现浇楼盖混凝土浇筑时，有主次梁的楼板施工缝应留设在次梁跨度中间的1/3范围内。

施工缝处理方法：结合面应清除浮浆、疏松石子、软弱混凝土层，并应清理干净；结合面处应采用洒水方法进行充分湿润，并不得有积水；施工缝处已浇筑混凝土的强度不应小于1.2MPa；柱、墙水平施工缝水泥砂浆接浆层厚度不应大于30mm，接浆层水泥砂浆应与混凝土浆液同成分。

(3) 答：属于严重缺陷。现浇结构的外观质量不应有严重缺陷。对已经出现的严重缺陷，应由施工单位提出技术处理方案，并经监理（建设）单位认可后进行处理。对经处理的部位，应重新检查验收。

修整方法：对于露筋、蜂窝、孔洞、夹渣、疏松、外表缺陷，应凿除胶结不牢固部分的混凝土至密实部位，清理表面，支设模板，洒水湿润，涂抹混凝土界面剂，应采用比原混凝土强度等级高一级的细石混凝土浇筑密实，养护时间不应少于7d。

3.2.4 砌筑工程

【工程背景】 该工程住宅小区10号楼，建筑面积5191m², 共6层，底框砖混结构，一层层高为3.3m，二～六层层高为2.8m。本工程设有地下室，钢筋混凝土柱下筏形基础，混凝土强度等级为C30，地下室墙体采用M5混合砂浆砌筑。框架结构的墙、柱、梁、板混凝土强度等级为C30；砖混结构混凝土强度等级为C20。砖混结构采用MU10机砖，二～四层使用M10混合砂浆砌筑，五、六层使用M7.5混合砂浆砌筑。本住宅楼为4个单元，检验批按段划分，每层1～17轴为一个检验批，18～35轴为另一个检验批。该单位工程验收的分部工程有地基与基础、主体结构、建筑装饰与装修、建筑屋面、建筑给水排水与采暖、建筑电气等六个分部工程，主要介绍主体分部工程的砌筑工程施工。

1. 脚手架工程

(1) 脚手架的要求及分类。脚手架是工人操作、材料堆放及运输的一种临时设施。功能要求有：

1) 满足使用要求：脚手架的宽度应满足工人操作、材料堆放及运输的要求。脚手架的宽度一般为1.5～2m。

2) 有足够的强度、刚度及稳定性。在施工期间，在各种荷载作用下，脚手架不变形、不摇晃、不倾斜。脚手架的标准荷载值，取脚手板上实际作用荷载，其控制值为3kN/m²（砌筑用脚手架）。在脚手架上堆砖，只许单行摆三层。

3) 搭、拆简单，搬运方便，能多次周转使用。

4）因地制宜，就地取材，尽量节约用料。

脚手架按搭设位置分为外手架和里脚手架；按所用材料分为木、竹、金属脚手架；按构造形式分为多立杆式、门式、桥式、悬挑式、爬升式脚手架等。

（2）外脚手架。外脚手架是在建筑物的外侧（沿建筑物周边）搭设的一种脚手架，既可用于外墙砌筑，又可用于外装修施工。常用的有多立杆式脚手架、门式脚手架、桥式脚手架等。

1）多立杆钢管扣件式脚手架。钢管扣件式脚手架目前应用广泛，虽然其一次性投资较大，但其周转次数多，摊销费低。钢管应优先采用外径48mm、壁厚3.5mm 的焊接钢管。钢管扣件式脚手架由钢管、扣件、脚手板、底座四部分组成。传力路径为：脚手板→小横杆→大横杆→立柱。

①钢管。主要杆件有立杆、纵向水平杆（大横杆）、横向水平杆（小横杆）、斜撑、剪刀撑（脚手架纵向外侧间隔一定距离从上而下连续设置）、抛撑（防止脚手架的倾覆，保证其稳定性，间距不大于6倍立杆间距）、连墙杆（防止脚手架的倾覆，与刚度较大的主体结构设置的连墙固定件）等。

②扣件。直角扣件，也叫十字扣件，用于连接、扣紧两根互相垂直相交的钢管。旋转扣件，用于连接、扣紧两根呈任意角度相交的钢管。对接扣件，也叫一字扣件，用于钢管的对接接长。

③脚手板。包括木脚手板、竹片脚手板、冲压钢脚手板。作业层脚手板应铺满、铺稳，离开墙面120～150mm；作业层端部脚手板探头长度应取150mm，其板长两端均应与支撑杆可靠地固定。

④底座。采用厚8mm、边长150mm 的钢板作底板，外径60mm、壁厚3.5mm、长150mm 的钢管作套筒焊接而成。

2）形式。单排式（单排立杆）和双排式（双排立杆）。

3）钢管扣件式脚手架的搭设要求。

①按施工组织设计的要求对钢管、扣件、脚手板等进行检查验收，不合格产品不得使用。清除搭设场地的杂物，平整搭设场地，并使排水畅通。底座底标高宜高于自然地坪50mm。底座、垫板均应准确放在定位线上。

②搭设作业顺序。放置纵向扫地杆→先立起第1根立杆，并与扫地杆固定→立起2、3、4根立杆后装设第一步大横杆，并与立杆固定→安装第一步小横杆，并与立杆固定→校正立杆的垂直，使其符合要求后，按40～60N·m 力矩拧紧扣件螺栓，形成构架的起始段→按前述要求依次向前延伸搭设，直至第一步交圈，交圈后再全面检查一遍构架质量和地基情况，确保设计要求和构架质量→每隔6步加设临时斜撑杆，上端与第二步大横杆扣紧（在装设连墙杆后拆除）→按第一步作业程序和要求搭设第二步、第三步……→随进程安装连墙杆、剪刀撑→装设作业层的小横杆，铺设脚手板和栏杆、挡脚板，挂立网防护。

③搭设斜道要求。斜道宜附着外脚手架或建筑物设置；运料斜道宽度不宜小于1.5m，坡度宜采用1∶6；人行斜道宽度不宜小于1m，坡度宜采用1∶3；拐弯处应设置平台，其宽度不应小于斜道宽度；斜道两侧及平台外围均应设置栏杆及挡脚板。栏杆高度应为1.2m，挡脚板高度不应小于180mm。人行斜道和运料斜道的脚手板上应每隔250～300mm 设置一根防滑木条，木条厚度宜为20～30mm。

4）脚手架拆除要求。拆除脚手架时，应符合下列规定：拆除作业层必须由上而下逐层进行，严禁上下同时作业；连墙杆必须随脚手架逐层拆除，严禁先将连墙杆整层或数层拆除后再拆脚手架；分段拆除高差不应大于2步，如高差大于2步，应增设连墙杆加固。

5）安全管理。

①脚手架搭设人员必须是经过按国家安检总局令第30号《特种作业人员安全技术培训考核管理规定》考核合格的专业架子工。上岗人员应定期体检，合格者才可持证上岗。

②搭设脚手架人员必须戴安全帽、系安全带、穿防滑鞋。

③脚手架的构配件质量与搭设质量，按规定进行验收，合格后才准使用。

④作业层上的施工荷载应符合设计要求，不得超载。不得将楼板支架、缆风绳、泵送混凝土和砂浆的输送管等固定在脚手架上；严禁悬挂起重设备。

⑤当遇上六级及六级以上大风和雾、雨、雪天气时，应停止脚手架搭设与拆除作业。雨、雪后上架作业应有防滑措施，并应扫除积雪。

⑥脚手架须加强安全检查与维护，安全网应按有关规定搭设或拆除。

⑦临街搭设脚手架时，外侧应有防止坠物伤人的防护措施。

⑧在脚手架上进行电、气焊作业时，必须有防火措施和专人看守。

⑨工地临时用电线路的架设及脚手架接地、避雷措施等，应按现行行业标准《施工现场临时用电安全技术规范》（JGJ 46—2005）的有关规定执行。

（3）碗扣式钢管脚手架。碗扣式钢管脚手架，又称多功能碗扣式脚手架，其杆件接头处采用碗扣连接，由于碗扣是固定在钢管上，因此，连接可靠，整体性好，也不存在丢失扣件问题。

碗扣式接头由上碗扣、下碗扣、限位销、横杆接头组成。

搭设时，将上碗扣的缺口对准限位销后，即可将上碗扣向上拉起（沿立杆向上滑动），然后将横杆接头插入下碗扣圆槽内，再将上碗扣沿限位销滑下，并顺时针旋转扣紧，用小锤轻击几下即可完成节点的连接。其他搭设要求同钢管扣件式脚手架。

（4）里脚手架。里脚手架常用于楼层上砌砖、内粉刷等工程施工。由于使用过程中不断转移施工地点，装拆较频繁，故其结构形式和尺寸应力求轻便灵活和装拆方便。

里脚手架的形式很多，按其构造分为：

1）折叠式里脚手架。角钢折叠式里脚手架，搭设间距要求：砌墙时不超过2m，粉刷时不超过2.5m。

2）马凳式里脚手架。马凳式里脚手架是最简单的里脚手架，即沿墙摆设若干马凳，在马凳上铺脚手板，马凳可采用木、竹、角钢和钢筋制作而成。马凳高度一般为1.2～1.4m，间距为1.5～1.8m。

3）支柱式里脚手架。支柱式里脚手架由若干个支柱和横杆组成，上铺脚手板。支柱间距不超过2m。

2. 砌筑工程的垂直运输

垂直运输设施是指担负垂直运送材料和施工人员上下的机械设备和设施。砌筑工程垂直运输设施主要有井架、龙门架、塔式起重机、施工电梯。

（1）井架。井架是砌筑工程垂直运输的常用设备之一。井架的特点是稳定性好，运输量大，可以搭设较大高度。近几年来各地对井架的搭设和使用有许多新发展，常用钢管井架、型钢井架，可以搭设不同形式和不同井孔尺寸的单孔或多孔井架。有的工地在单孔井架使用中，除了设置内吊盘外，还在井架两侧增设一个或两个外吊盘，分别用两台或三台卷扬机提升，同时运行，大大增加了运输量。

井架常用搭设高度 40m，要求设置缆风绳，缆风绳宜用直径为 9mm 的钢丝绳，高度 15m 以下设一道，每增高 10m 加设一道，与地面夹角 45°。适用范围为工业与民用建筑砌筑、装修材料的垂直运输。

（2）龙门架。龙门架是由两根立杆及天轮梁（横梁）构成的门式架。在龙门架上装设的滑轮（天轮及地轮）、导轨、吊盘（上料平台）、安全装置，以及起重索、缆风绳等即构成一个完整的垂直运输体系。

龙门架构造简单，制作容易，用材少，装拆方便，适用于中小工程。但由于立杆刚度和稳定性较差，一般常用于低层建筑。如果分节架设，逐步增高，并与建筑物加强连接，也可以架设较大的高度。

（3）塔式起重机。其功能是提升、回转、水平运输；特长是吊运长、大、重的物料。

（4）施工电梯。目前在高层建筑施工中常采用人货两用建筑施工电梯，其吊笼装在井架的外侧，沿齿条式轨道升降并附着在外墙或建筑物其他结构上，可载货物 1.0~1.2t，也可乘 12~15 人。其高度随着建筑物主体结构的施工而接高，可达 100m 以上。

3. 砖砌体的施工

（1）砖砌体施工的准备工作。

1）砌筑砂浆的准备。砂浆的种类主要有水泥砂浆和水泥混合砂浆。水泥砂浆具有较高强度和耐久性、保水性差、可塑性差，一般用于高强度和潮湿环境中。水泥混合砂浆具有一般强度和耐久性、保水性好，可塑性好，多用于一般的非潮湿环境中。非水泥砂浆（石灰砂浆、黏土砂浆、石膏砂浆等）的强度和耐久性较低，用于临时建筑中。

①砂浆的原材料要求。

a. 水泥。水泥进场使用前，应分批对其强度、安定性进行复验。检验批应以同一生产厂家、同一编号为一批。当在使用中对水泥质量持有怀疑或水泥出厂超过三个月（快硬硅酸盐水泥超过一个月）时，应复查试验，并按其结果使用。不同品种不同强度等级的水泥不得混合使用。

b. 砂。不得含有有害杂物。砂浆用砂的含泥量应满足下列要求：对水泥砂浆和强度等级不小于 M5 的水泥混合砂浆，不应超过 5%；对强度等级小于 M5 的水泥混合砂浆，不应超过 10%。砂子进场时应按不同品种、规格分别堆放，不得混杂。

c. 石灰膏。建筑生石灰熟化成石灰膏，熟化时间不得少于 7d，建筑生石灰粉的熟化时间不得少于 2d。

②砌筑砂浆配合比。应通过试配确定。当砌筑砂浆的组成材料有变更时，其配合比应重新确定。凡在砂浆中掺入有机塑化剂、早强剂、缓凝剂、防冻剂等，应经检验和试配符合要求后，才可使用。有机塑化剂应有砌体强度的型式检验报告。

③砂浆的强度。砂浆的强度等级有 M15、M10、M7.5、M5 和 M2.5 五个等级。砌筑砂浆强度以标准养护、龄期为 28d、边长为 70.7mm 的立方体试块的抗压试验结果为准。

a. 抽查数量。每一检验批且不超过 250m³ 砌体的各种类型及强度等级的砌筑砂浆，每台搅拌机应至少抽检一次。

b. 砌筑砂浆试件的取样。每台搅拌机检查一次，制作一组试块（每组三块）；同一验收批的砂浆试块的数量不得少于3组。在砂浆搅拌机出料口随机取样制作砂浆试块（同盘砂浆只应制作一组试块），最后检查试块强度试验报告单；砂浆试块3块为一组，试块制作进行见证取样，建设单位委托的见证人应旁站，并对试块作出标记（标明制作日期、砂浆强度、类型、部位及制作人），以保证试块的真实性。

　　④砌筑砂浆试块强度验收时其强度合格标准。规范规定：同一验收批砂浆试块强度平均值应大于或等于设计强度等级的1.1倍。同一验收批砂浆试块抗压强度的最小一组平均值应大于或等于设计强度等级的85%。

　　⑤砌筑砂浆应采用机械搅拌，自投料完算起，搅拌时间应符合下列规定：水泥砂浆和水泥混合砂浆不得少于2min；水泥粉煤灰砂浆和掺用外加剂的砂浆不得少于3min。

　　⑥砂浆应随拌随用，拌制的砂浆应在3h内使用完毕；当施工期间最高气温超过30℃时，应在2h内使用完毕。对掺用缓凝剂的砂浆，其使用时间可根据其缓凝时间的试验结果确定。

　　2) 砌筑用砖的准备。

　　①砖的检查。砖的品种、强度等级必须符合设计要求，并应有产品合格证书和性能检测报告。进场后应进行复验，复验抽样数量为同一生产厂家、同一品种、同一强度等级的普通砖15万块、多孔砖5万块、灰砂砖或粉煤灰砖10万块各抽查1组。

　　②浇水湿润。在砌砖之前1~2d应将砖浇水湿润，以免砌筑时因干砖吸收砂浆中大量的水分，使砂浆的流动性降低，并影响砂浆的粘结力和强度。施工现场抽查砖的含水率的简易方法是现场断砖，砖截面吸水深度为15~20mm视为符合要求。

　　3) 其他准备工作。

　　①定轴线和墙身线位置。根据龙门板或轴线控制桩上的轴线钉，用经纬仪将基础轴线投测在垫层上（也可在对应的龙门板间拉小线，然后用线坠将轴线投测在垫层上），再根据轴线按基础底宽用墨线标出基础边线，作为砌筑基础的依据。

　　②机具。砂浆搅拌机、井架、大铲、瓦刀、靠尺、线锤、皮数杆、刨锛。

　　(2) 砖砌体的组砌形式。砖砌体的组砌要求是上下错缝，内外搭接，以保证砌体的整体性。

　　1) 砖墙的组砌方式。砖墙的组砌方式常用以下几种：一顺一丁、三顺一丁、梅花丁。其次有全顺砌法、全丁砌法、两平一侧砌法、空斗墙等。

　　①一顺一丁砌法（满顶满条）。由一皮顺砖与一皮丁砖相互交替砌筑而成，上下皮间的竖缝相互错开1/4砖长。

　　②三顺一丁砌法。由三皮顺砖与一皮丁砖相互交替叠砌而成。上下皮顺砖与丁砖间竖缝错开1/4砖长，上下皮顺砖间竖缝错开1/2砖长。

　　③梅花丁砌法（又叫沙包式）。在同一皮砖层内一块顺砖、一块丁砖间隔砌筑（转角处不受此限），上下两皮间竖缝错开1/4砖长，顶砖必须在顺砖的中间。该砌法内外竖缝每皮都能错开，故抗压整体性较好，墙面容易控制平整，竖缝易于对齐。

　　④全顺砌法（条砌法）。每皮砖全部用顺砖砌筑，两皮间竖缝搭接1/2砖长。此种砌法仅用于半砖隔断墙。

　　⑤全丁砌法。每皮全部用顶砖砌筑，两皮间竖缝搭接为1/4砖长。此种砌法一般多用于

圆形建筑物，如水塔、烟囱、水池、圆仓等。

⑥两平一侧砌法（18cm墙）。两皮平砌的顺砖旁砌一皮侧砖，其厚度为18cm。两平砌层间竖缝应错开1/2砖长。

2）砖基础的组砌方式。

①砖基础构造。基础垫层为灰土、碎砖三合土或混凝土；砖基础下部通常采取扩大部分叫大放脚。大放脚的形式包括两种：等高式大放脚和不等高式大放脚。等高式大放脚是两皮一收，两边各收进1/4砖长。不等高式大放脚是两皮一收和一皮一收相间隔，两边各收进1/4砖长。大放脚一般采用一丁一顺砌筑。大放脚的最下一皮及每层的最上一皮应以丁砌为主。墙基顶面设置防潮层，宜采用1：2.5水泥砂浆加适量防水剂，厚度20mm。

②砖基础施工要点。砌筑前，进行验槽，去除浮土和垃圾；设置引桩，引出墙身轴线；在转角和交界处的垫层上立皮数杆；砌筑时，依皮数杆先在转角和交界处砌筑，而后在中间砌筑。

3）砖柱的组砌方式。普通砖柱端面有方形、矩形、圆形等，无论哪种砌法，都应是柱面上下皮竖缝相互错开1/2砖长，柱心无通天缝。严禁采用包心组砌（即先砌四周后填心）。例如，365mm×365mm砖柱的正确组砌方式是三个丁砖和两个七分头相互交替进行砌筑。

4）砖过梁的组砌方式：砖拱过梁和钢筋砖过梁。

①砖拱过梁，又包括砖平拱过梁和砖弧拱过梁。砖平拱过梁是用普通砖整砖侧砌而成的。拱的高度有240、300、370mm。拱的厚度等于墙厚，拱底应有1%的起拱。砌砖拱时应从两边对称向中间砌筑，正中一块应挤紧。砌筑时底部支模板，拱脚两边部分伸入墙内20~30mm，并应砌成斜面，斜面的斜度为1/6~1/4。侧砌砖的块数为单数块，灰缝应成楔形灰缝，底部灰缝宽度不应小于5mm，顶面不应大于15mm。底部模板拆除应待灰缝砂浆强度达到设计强度50%以上，才可拆除。

②钢筋砖过梁。为了增强砖过梁的承载能力，而在底部加设钢筋，称为钢筋砖过梁。砌筑要求：底部支模板，铺砂浆30mm厚，放钢筋，钢筋的配置由设计而定，但不应小于$3\phi6$~$\phi8$钢筋，钢筋间距不大于120mm，钢筋两端弯成直角弯钩，伸入墙内长度不小于240mm。然后砌砖，最下一皮为丁砖砌筑，采用一顺一丁或梅花丁。钢筋砖过梁的砌筑高度为过梁宽度的1/4（五皮砖），砖的强度等级不低于Mu7.5，砂浆强度等级不低于M2.5。底部模板拆除应待灰缝砂浆强度达到设计强度50%以上，才可拆除。

（3）砖墙砌体施工工艺。砖墙砌体的施工工艺过程是：抄平→弹线→摆砖→立皮数杆→挂线、砌筑、勾缝→清理墙面。

1）抄平放线。砌筑砖墙前，先在基础防潮层或楼面上按标准的水准点或指定的水准点定出各层标高，并用水泥砂浆或C10细石混凝土找平。

建筑物的基础施工完成之后，应进行一次基础砌筑情况的复核。只有经过复合基础施工合格，才能在基础防潮层上正式放线。主要放出轴线、门窗口位置线（按设计要求留设）。如图3-81所示，如门口为1m宽、2.7m高时，标成1000×2700；窗口如宽为1.5m，高1.8m时，标成1500×1800。窗台的高度在线杆上有标志，这样使瓦工砌砖时做到心中有数。

为了保证各层墙身轴线的重合和施工方便，在弹墙身轴线时，应根据龙门板上标注的轴线位置将轴线引测到房屋的外墙基础上。二层以上各层墙身轴线，可用经纬仪或垂球引测到

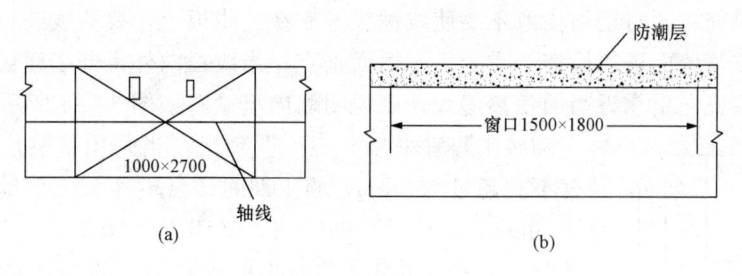

图 3-81 门窗洞口弹线
(a) 平面墙上的线；(b) 侧面墙上的线

楼层上去，同时还须根据图上轴线尺寸用钢尺进行校核，如图 3-82 所示。

当砖墙砌起一步架高后，应随即用水准仪在墙内进行抄平，并弹出离室内地面高 50cm 的线，在首层即为 0.5m 标高线（现场叫 50 线），在以上各层即为该层标高加 0.5m 的标高线。这道水平线是用来控制层高及放置门、窗过梁高度的依据，也是到室内装饰施工时做地面标高、墙裙、踢脚线、窗台及其他有关的装饰标高的依据。

2) 摆砖。摆砖，也称摆底，是在弹好线的基础顶面上按选定的组砌方式先用干砖试摆，以核对所弹出的墨线在门窗洞口、墙垛等处是否符合砖模数，以便借助灰缝调整，使砖的排列和砖缝宽度均匀合理。摆砖时，要求山墙摆成丁砖，横墙摆成顺砖，又称"山丁檐跑"。摆砖结束后，用砂浆把干摆的砖砌好，砌筑时注意其平面位置不得移动。

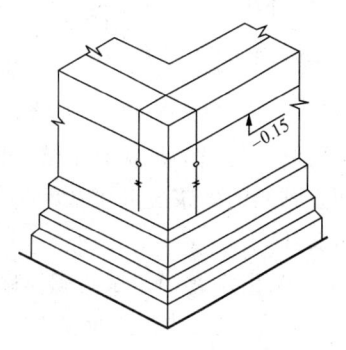

图 3-82 外墙身弹线

3) 立皮数杆。砌墙前先要立好皮数杆（又叫线杆），作为砌筑的依据之一。皮数杆一般是用 5cm×7cm 的方木做成，上面画有砖的皮数、灰缝厚度、门窗、楼板、圈梁、过梁、屋面板等构件位置，及建筑物各种预留洞口的高度，它是墙体竖向尺寸的标志。如图 3-83 所示。

画皮数杆时应从 ±0.000 开始。从 ±0.000 向下到基础垫层以上为基础部分皮数杆，±0.000 以上为墙身皮数杆。皮数杆一般立于房屋的四个大角，内外墙交接处，楼梯间及墙面变化较多的部位。立皮数杆时可用水准仪测定标高，使各皮数杆立在同一标高上。皮数杆的设立，应在两个方向用斜撑或铆钉加以固定，保证其牢固和垂直。

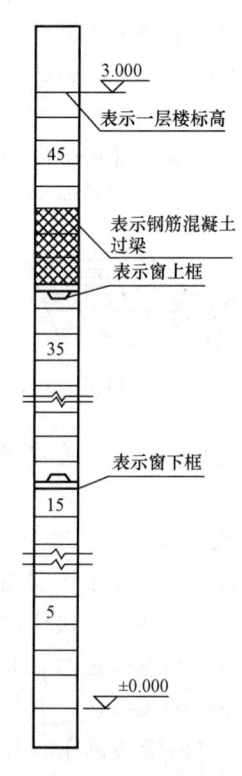

图 3-83 皮数杆

4) 砌筑、勾缝。墙体砌砖时，一般先砌砖墙两端大角，然后再砌墙身。大角砌筑主要是根据皮数杆标高，依靠线锤、托线板，使之垂直。中间墙身部分主要是依靠准线使之灰缝平直，一般"二四"墙以内单面挂线，"三七"墙以上宜双面挂线。在砌筑过程中应三皮一吊，五皮一靠，把砌筑误差消灭在操作过程中，以保证墙面的垂直度和平整度。垂直度检查时，采用托线板（也称靠尺板）和线锤。托线板上挂线锤的线不宜过长（也不要过粗），应使线锤的位置正好对准托线板下端开口处,同时还须注意不要使线锤线贴靠在托线板上,要让线锤自由摆动。将托线板一侧垂直靠紧墙面进行检查,重合表示墙面垂直;当线锤向外离开墙面偏离墨线,表示墙向外倾斜,线锤向里靠近墙面偏离墨线,则说明墙向里倾斜如图 3-84 所示。

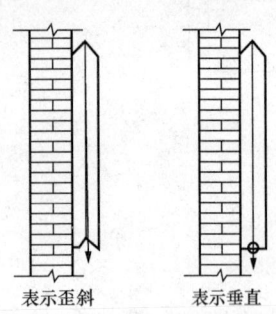

砌砖工程宜采用"三一"砌法,当采用铺浆法砌筑时,铺浆长度不宜超过 750mm,施工期间气温超过 30℃,铺浆长度不宜超过 500mm。"三一"砌砖法,又叫大铲砌筑法,是采用一块砖、一铲灰、一挤揉并随手将挤出的砂浆刮去的砌筑方法。240mm 厚承重墙和每层墙的最上一皮砖,砖砌体的阶台水平面上及挑出层,应整砖丁砌。

如果砌筑清水墙,砌完后应及时勾缝。勾缝的方法有两种:一种是原浆勾缝,即利用砌墙的砂浆随砌随匀;另一种是加浆勾缝,即利用精筛的细砂以 1:1~1:1.5 的配合比拌制水泥砂浆进行勾缝。勾缝的形式有平缝、凹缝、凸缝、斜缝等,常用的是凹缝和平缝,勾缝前应清除墙面上粘结的砂浆、灰尘和污物等,并洒水湿润,勾缝要求横平竖直,深浅一致,搭接平整并压实抹光。

图 3-84 线板用法示意

5)清理:当该层砖砌体砌筑完毕后,应进行墙面、柱面和落地灰的清理。

4. 砖墙砌体的质量要求及保证措施

砌体的质量应符合《砌体工程施工质量验收规范》(GB 50203—2011)的要求,做到横平竖直、砂浆饱满、错缝搭接、接槎可靠。

(1)砌体灰缝横平竖直、砂浆饱满。为了使砌体受力均匀,保证砌体紧密结合,不产生附加剪应力,砖砌体的灰缝应横平竖直、厚薄均匀,并应填满砂浆,不准产生游丁走缝。为此,墙厚 370mm 以上的墙应双面挂线,砌体水平灰缝的砂浆饱满度不得小于 80%,砌体的水平灰缝厚度和竖向灰缝厚度一般规定为 10mm,不应小于 8cm,也不应大于 12mm。墙面垂直与否,直接影响墙体的稳定性,墙面平整度与否,影响墙体的外观。在施工过程中应经常用 2m 托线板检查墙面的垂直度,用 2m 直尺和楔形塞尺检查墙面的平整度,施工现场水平灰缝的砂浆饱满度检查用百格网检查(图 3-85)。

(2)错缝搭接。为了提高砌体的整体性、稳定性和承载力,砖块排列应遵守上下错缝、内外搭接的原则,不准出现通缝,错缝或搭接长度一般不小于 1/4 砖长(60mm),在砌筑时尽量少砍砖,承重墙最上一皮砖应采用丁砖砌筑。在梁或梁垫的下面、砖砌体台阶的水平面上以及砌体的挑出层(挑檐、腰线),也应整砖丁砖砌筑。砖柱或宽度小于 1m 的窗间墙,应选用整砖砌筑。

图 3-85 百格网

(3)接槎可靠。砖墙的转角处和交接处应同时砌筑,在抗震设防烈度 8 度及以上地区,不能同时砌筑的临时间断处应砌成斜槎。其中普通砖砌体的斜槎水平投影长度不应小于墙高度的 2/3;多孔砖砌体的斜槎长高比不应小于 1/2,斜槎高度不超过一步脚手架高度。接槎时必须将接槎处的表面清理干净,浇水湿润,填实砂浆。如临时间断处留斜槎确有困难时,非抗震设防及抗震设防烈度为 6 度、7 度地区,除转角处也可留直槎,但必须做成凸槎,并加设拉结筋。拉结筋的数量为每 120mm 墙厚放置一根直径 6mm 的钢筋,间距沿墙高不得超过 500mm,埋入长度从墙的留槎处算起,每边均不得少 500mm,对抗震设防烈度为 6 度、7

度地区，不得小于1000mm，末端应有90°弯钩，如图3-86所示。

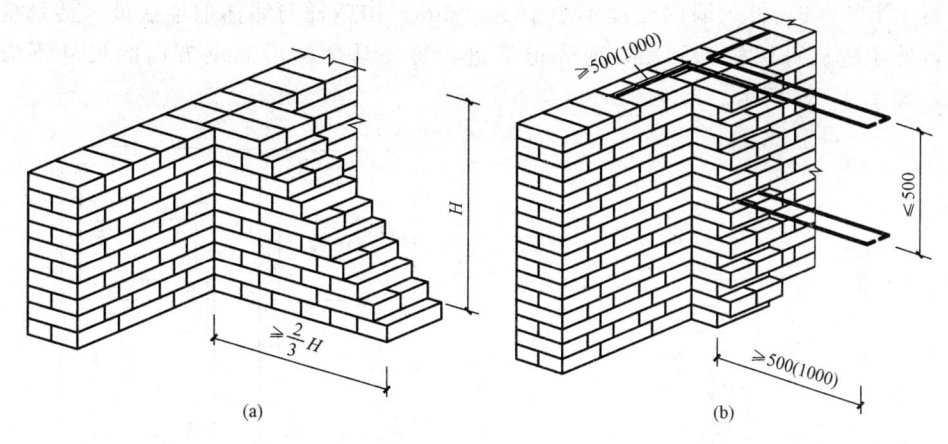

图3-86 斜槎、直槎砌筑示意图
(a) 斜槎；(b) 直槎

砌体的转角处和交接处同时砌筑可以保证墙体的整体性，从而大大提高砌体结构的抗震性能。

(4) 预留脚手眼和施工洞口。在墙上留置临时施工洞口，其侧边离交接处墙面不应小于500mm，洞口净宽度不应超过1m。对于抗震设防烈度为9度的地区，建筑物的临时施工洞口位置，应会同设计单位确定。临时施工洞口应做好补砌。

不得在下列墙体或部位设置脚手眼：

1) 120mm厚墙、料石清水墙和独立柱。
2) 过梁上与过梁成60°角的三角形范围内及过梁净跨度1/2的高度范围内。
3) 宽度小于1m的窗间墙。
4) 砌体门窗洞口两侧200mm和转角处450mm范围内。
5) 梁或梁垫下及其左右500mm范围内。
6) 轻质墙体。
7) 夹心复合墙外叶墙。
8) 设计不允许设置脚手眼的部位。

(5) 墙和柱的允许自由高度。另外，尚未安装楼板或屋面板的墙和柱，有可能遇到大风时，其允许自由高度不得超过《砌体工程施工质量验收规范》(GB 50203—2011) 中表3.0.8的规定，否则应采取必要的临时加固措施。

(6) 砖墙工作段的分段位置。分段位置宜设置在伸缩缝、沉降缝、防震缝、构造柱或门窗洞口处，相邻工作段的高度差，不得超过一个楼层的高度，也不宜大于4m。砖墙临时间断处的高度差，不得超过一步架高度。

(7) 构造柱的施工要求。设有钢筋混凝土构造柱的抗震多层砖房，构造柱的施工顺序是：施工准备→构造柱钢筋绑扎→砌砖墙→支模板→浇筑混凝土。在构造柱钢筋绑扎时，根据弹放好的构造柱位置线，检查搭接钢筋位置及搭接长度是否符合设计要求和抗震规范要求。底层构造柱的纵筋必须锚固到基础或基础地圈梁，顶层构造柱纵筋必须锚固到顶层圈梁，锚固长度一般取40d，柱顶、柱脚与圈梁钢筋交接处500mm范围内箍筋应加密，加密间距取 100mm。与墙体的拉结筋位置正确，施工中不得任意弯折，沿墙高每 500mm 设置一道，且不少于 2φ6，伸入墙内长度不小于 1000mm。构造柱与墙体的连接处，砖墙应砌成马牙槎，马牙槎从每层柱脚开始，应先退后进，每一马牙槎沿高度方向的尺寸不应超过 300mm，如图 3-87 所示。

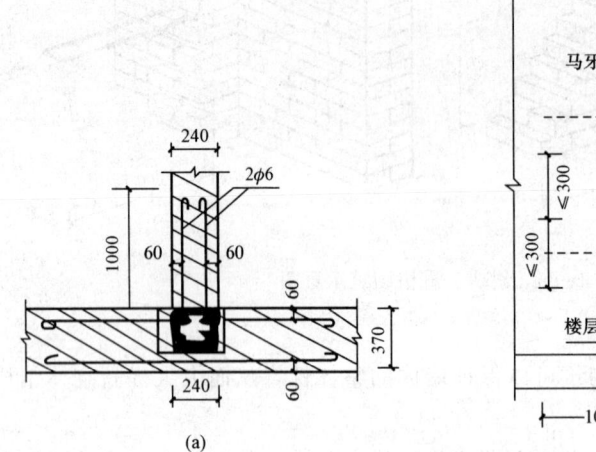

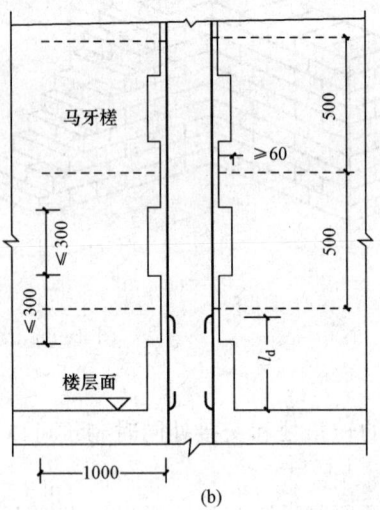

图 3-87 拉结筋布置及马牙槎
(a) 平面图；(b) 立面图

5. 砖砌体的质量验收

砖砌体检验批质量验收：主控项目的质量经抽样检验全部符合要求。一般项目的质量经抽样检验应有 80% 及以上符合要求。砖砌体的质量验收具有完整的施工操作依据、质量检查记录。

(1) 主控项目。

1) 砖和砂浆的强度等级必须符合设计要求。

抽检数量：每一生产厂家的砖到现场后，按烧结砖 15 万块、多孔砖 5 万块、灰砂砖及粉煤灰砖每 10 万块各为一验收批，不足上述数量时按 1 批计，抽检数量为 1 组。砂浆试块的抽检数量应符合有关规定。

2) 砌体灰缝应密实饱满，砖墙水平灰缝的砂浆饱满度不得低于 80%；砖柱水平灰缝和竖向灰缝饱满度不得低于 90%。

抽检数量：每检验批抽查不应少于 5 处。

检验方法：用百格网检查砖底面与砂浆的粘结痕迹面积。每处检测 3 块砖，取其平均值。

3) 砌体的转角处和交接处应同时砌筑，严禁无可靠措施的内外墙分砌施工。在抗震设防烈度为 8 度及 8 度以上地区，对不能同时砌筑而又必须留置的临时间断处应砌成斜槎，普通砖砌体斜槎水平投影长度不应小于高度的 2/3，多孔砖砌体的斜槎长高比不应小于 1/2。斜槎高度不得超过一步脚手架的高度。

4) 非抗震设防及抗震设防烈度为 6 度、7 度地区的临时间断处，当不能留斜槎时，除转角处外，可留直槎，但直槎必须做成凸槎。留直槎处应加设拉结钢筋，拉结钢筋的数量为每120mm墙厚放置1φ6拉结钢筋，间距沿墙高不应超过500mm，埋入长度从留槎处算起每边均不应小于500mm。对抗震设防强度为6度、7度的地区，不应小于1000mm；末端应有90°弯钩。

（2）一般项目。

1）砖砌体组砌方法应正确，内外搭砌，上、下错缝，砖柱不得采用包心砌法。清水墙、窗间墙无通缝，混水墙中长度大于或等于300mm的通缝每间不超过3处，且不得位于同一面墙体上。

2）砖砌体的灰缝应横平竖直，厚薄均匀。水平灰缝厚度宜为10mm，但不应小于8mm，也不应大于12mm。

3）砖砌体尺寸、位置允许偏差应符合表3-34的规定。

表3-34　　　　　砖砌体尺寸、位置允许偏差及检验

项次	项　　目			允许偏差/mm	检验方法	抽检数量
1	轴线位置偏移			10	用经纬仪和尺检查或用其他测量仪器检查	
2	基础顶面墙、柱标高			±15	用水平仪检查	不应少于5处
3	垂直度	每层		5	用2m托线板检查	
		全高	≤10m	10	用经纬仪、吊线和尺检查，或用其他测量仪器检查	
			>10m	20		
4	表面平整度	清水墙、柱		5	用2m靠尺和楔形塞尺检查	有代表性自然间10%，但不应少于3间，每间不应少于2处
		混水墙、柱		8		
5	水平灰缝平直度	清水墙		7	拉10m线和尺检查	有代表性自然间10%，但不应少于3间，每间不应少于2处
		混水墙		10		
6	门窗洞口高、宽（后塞口）			±10	用尺检查	检验批洞口的10%，且不应少于5处
7	外墙上下窗口偏移			20	以底层窗为准，用经纬仪或吊线检查	检验批的10%，且不应少于5处
8	清水墙游丁走缝			20	用吊线和尺检查，以每层第一皮砖为准	有代表性自然间10%，但不应少于3间，每间不应少于2处

6．砌块砌体施工

砌块代替黏土砖作为墙体材料，是墙体改革的一个重要途径。中小型砌块按材料分为混凝土空心砌块、粉煤灰硅酸盐砌块、煤矸石硅酸盐空心砌块、加气混凝土砌块、轻骨料混凝土砌块等。砌块高度为380～940mm的称为中型砌块，砌块高度小于380mm的称为小型砌块。

施工方法：中型砌块的施工，是采用各种吊装机械及夹具将砌块安装在设计位置，一般要按建筑物的平面尺寸及预先设计的砌块排列图逐块地按次序吊装，就位固定。小型砌块的施工方法同砖砌体施工工艺过程一样，主要是手工砌筑。

（1）混凝土小型空心砌块施工及验收。普通混凝土小型空心砌块是以碎石或卵石为粗骨料制作的混凝土，主规格尺寸为390mm×190mm×190mm，空心率为25%～50%的小型空心砌块，简称普通混凝土小砌块。小砌块的强度等级有MU40、MU35、MU30、MU25、MU20、MU15、MU10、MU7.5、MU5。组砌形式只有全顺一种。

1）施工时的一般规定：施工时所用的混凝土小型空心砌块的产品龄期不应小于28d。砌筑小砌块时，应清除表面污物和芯柱及小砌块孔洞底部的毛边，剔除外观质量不合格的小砌块。

根据《砌体结构工程施工规范》（GB 50924—2014）混凝土芯柱：小砌块墙体的孔洞内浇筑混凝土称作素混凝土芯柱；在小砌块墙体的孔洞内，竖向插入钢筋并浇筑混凝土而成的小柱称作钢筋混凝土芯柱。浇筑芯柱的混凝土，宜选用专用的小砌块灌孔混凝土，当采用普通混凝土时，其坍落度不应小于90mm。浇筑芯柱混凝土应遵循下列规定：清除孔内的砂浆等杂物，并用水冲洗；砌筑砂浆强度应大于1MPa时，才可浇筑芯柱；在浇筑芯柱混凝土前，应先浇50mm厚与芯柱混凝土相同的去石水泥浆，再浇筑混凝土。每浇筑500mm左右高度，应捣实一次，或边浇筑边用插入式振捣器捣实；应预先计算每个芯柱的混凝土量，按计量浇筑混凝土；芯柱与圈梁交接处，可在圈梁下50mm处留置施工缝。

2）底层室内地面以下或防潮层以下的砌体，应采用强度等级不低于C20的混凝土灌实小砌块的孔洞。

3）在天气炎热的情况下，可提前洒水湿润小砌块；对轻骨料混凝土小砌块，可提前浇水湿润。小砌块表面有浮水时，不得施工。

4）小砌块应底面朝上，反砌于墙上。

5）承重墙严禁使用断裂的小砌块。小砌块墙体应对孔错缝搭砌，单排孔小砌块的搭接长度应为块体长度1/2，多排孔小砌块的搭接长度可适当调整，但不宜小于砌块长度的1/3且不应小于90mm。墙体的个别部位不能满足上述要求时，应在此部位的水平灰缝中设置φ4钢筋网片且网片两端与该位置的竖缝距离不得小于400mm，或采用配块，但竖向通缝不得超过两皮小砌块。

6）施工时所用的砂浆，宜选用专用的小砌块砌筑砂浆。

7）质量验收标准。根据《砌体结构工程施工质量验收规范》（GB 50203—2011）规定：
①主控项目。

a. 小砌块和芯柱混凝土、砌筑砂浆的强度等级必须符合设计要求。抽检数量：每一生产厂家，每1万块小砌块为一验收批，不足1万块按一批计，抽检数量为一组。用于多层以上建筑的基础和底层的小砌块抽检数量不应少于2组。砂浆试块的抽检数量应执行本规范。

b. 砌体水平灰缝和竖向灰缝的砂浆饱满度，按净面积计算不得低于90%。

c. 墙体转角处和纵横墙交接处应同时砌筑。临时间断处应砌成斜槎，斜槎水平投影长度不应小于斜槎高度。施工洞口可预留直槎，但在洞口砌筑和补砌时，应在直槎上下搭砌的小砌块孔洞内用强度等级不低于C20（或Cb20）的混凝土灌实。

d. 小砌块砌体的芯柱在楼盖处应贯通，不得削弱芯柱截面尺寸；芯柱混凝土不得漏灌。

②一般项目。

a. 砌体的水平灰缝厚度和竖向灰缝宽度宜为 10mm，但不应大于 12mm，也不应小于 8mm。

b. 小砌块砌体尺寸、位置的允许偏差应按本规范规定（同砖砌体）。

(2) 填充墙砌体工程。

1) 一般规定。

①填充墙砌体工程适用于烧结空心砖、蒸压加气混凝土砌块、轻骨料混凝土小型空心砌块等填充墙砌体工程。

②砌筑填充墙时，轻骨料混凝土小型空心砌块和蒸压加气混凝土砌块的产品龄期不应小于 28d，蒸压加气混凝土砌块的含水率宜小于 30%。

③在厨房、卫生间、浴室等处采用轻骨料混凝土小型空心砌块、蒸压加气混凝土砌块砌筑墙体时，墙底部宜现浇混凝土坎台等，其高度宜为 150mm。

④蒸压加气混凝土砌块、轻骨料混凝土小型空心砌块不应与其他块体混砌，不同强度等级的同类砌块也不得混砌。

注：窗台处和因安装门窗需要，在门窗洞口处两侧填充墙上、中、下部可采用其他块体局部嵌砌；对与框架柱、梁不脱开方法的填充墙，填塞填充墙顶部与梁之间缝隙可采用其他块体。

⑤填充墙砌体砌筑，应待承重主体结构检验批验收合格后进行。填充墙与承重主体结构间的空（缝）隙部位施工，应在填充墙砌筑 14d 后进行。

2) 工艺流程。工艺流程是：清理基层→抄平放线→混凝土找平→绑扎构造柱钢筋（图 3-88）→立皮数杆→焊接拉结筋→砌砌块墙体→绑扎现浇带钢筋→支模、浇筑现浇带混凝土→砌筑现浇带上的砌体→支构造柱模板、浇筑混凝土→在梁下用普通黏土砖斜砌挤紧→安装门框、敷设墙内电线管及接线盒→墙体修补→墙面装修。

①砌筑前，应将楼地面找平，然后按设计图纸放出墙体的轴线，并立好皮数杆。

②砌筑时应预先试排砌块，并优先使用整体砌块。必须断开砌块时，应使用手锯、切割机等

图 3-88 砌块砌体留置构造柱

工具锯裁整齐，并保护好砌块的棱角，锯裁砌块的长度不应小于砌块总长度的 1/3。长度小于等于 150mm 的砌块不得上墙。砌筑最底层砌块时，当灰缝厚度大于 20mm 时应使用细石混凝土铺密实，上下皮灰缝应错开搭砌，搭砌长度不应小于砌块总长的 1/3。当搭砌长度小于 150mm 时，即形成所谓的通缝，竖向通缝不应大于 2 皮砌块，否则应配φ4 钢筋网片或 2φ6 钢筋。

③抗震设防地区还应采取如下抗震拉结措施：墙长大于 5m 时，墙顶与梁宜有拉结；墙长超过层高 2 倍时，宜设置钢筋混凝土构造柱；墙高超过 4m 时，墙体半高处宜设置与柱连接且沿墙全长贯通的钢筋混凝土水平连系梁。

④填充墙砌体留置的拉结钢筋位置应与砌块皮数相符合。其连接方式可采用预留拉结筋

法、预埋铁件加焊拉结筋法、植筋法固定在框架柱上。其规格、数量、间距、长度应符合设计要求。填充墙与框架柱之间的缝隙应用砂浆嵌填密实。本书主要介绍植筋法施工工艺。其施工工艺流程是：放线定位→成孔→清孔→钢筋处理→灌注植筋剂→插入钢筋→调整→养护→检测。

a. 放线定位。根据图纸尺寸在需要砌筑墙体的位置及砌块排砖图放出植筋定位线，孔位放线要避让原结构内主筋，以免损伤原结构钢筋。放线要准确，按照设计图纸要求施工，如有特殊情况，应根据现场情况做适当的调整。

b. 成孔。在标明的位置上用手提式电钻或台式钻机将孔打到设计要求的深度。钢筋植入深度一般为 $15d$（d 为所植钢筋直径），植入钢筋直径不同，钻孔直径也不同，钢筋直径与钻孔直径的相互关系因植筋剂的不同也不同，一般为钢筋直径加 6mm。

c. 清孔。根据植筋剂种类的不同，植筋孔孔壁要求也不同，分湿润和干燥两种。最后检查孔深、孔径，合格后用棉丝将孔口临时封闭，以防其他杂质进入孔内。

d. 钢筋处理。钢筋锚固长度范围内的油污用溶剂清洗干净。

e. 灌注植筋胶泥。按植筋剂使用说明书的要求将植筋剂与水按一定的比例调配好［一般为植筋剂：水＝1：（0.15～0.20）］，搅拌成均匀的胶泥（掌握稠度，稍稠便于插固钢筋即可），用PVC塑料管或导管将胶泥导入管内，并送入孔中，再用另一杆将管内胶泥挤压入孔眼内；注入的量为当钢筋插入时有少量溢胶为宜。

f. 插入钢筋。灌注好植筋胶泥后，随即将准备好的钢筋慢慢旋转并插进注完胶泥的孔内，插到满足钢筋的锚固长度为止，立即将钢筋上下提动，旋转数下，排出气泡，保证孔内植筋胶饱满，同时将溢出的胶泥将孔口部位封堵饱满。

g. 调整。将拉结钢筋插入后如须调整钢筋角度，应在短时内调整好，调整时不允许将钢筋向外拉。

h. 养护。钢筋插入孔内常温下 24h 以内不得扰动，否则将影响拉结钢筋的锚固强度。

i. 拉拔检测。填充墙拉结钢筋植完养护结束后，应进行现场随机拉拔检测，拉拔测试结果要求钢筋抗拉负荷大于该钢筋设计拉拔强度且钢筋无松动、无滑移等可见变形现象。如图 3-89 所示。

图 3-89 框架柱植筋示意图

(3) 质量验收。

1) 主控项目。

①烧结空心砖、小砌块和砌筑砂浆的强度等级应符合设计要求。

②填充墙砌体应与主体结构可靠连接，其连接构造应符合设计要求，未经设计同意，不得随意改变连接构造方法。每一填充墙与柱的拉结筋的位置超过一皮块体高度的数量不得多于一处。

③填充墙与承重墙、柱、梁的连接钢筋，当采用化学植筋的连接方式时，应进行实体检测。锚固钢筋拉拔试验的轴向受拉非破坏承载力检验值应为 6.0kN。抽检钢筋在检验值作用下应基材无裂缝、钢筋无滑移宏观裂损现象；持荷 2min 期间荷载值降低不大于 5%。

2) 一般项目。

①填充墙砌体尺寸、位置的允许偏差符合规范规定。

②填充墙砌体的砂浆饱满度。对于蒸压加气混凝土砌块、轻骨料混凝土小型空心砌块砌体，水平和垂直灰缝的砂浆饱满度均大于等于80%。

③填充墙留置的拉结钢筋或网片的位置应与块体皮数相符合。拉结钢筋或网片应置于灰缝中，埋置长度应符合设计要求，竖向位置偏差不应超过一皮高度。

④砌筑填充墙时应错缝搭砌，蒸压加气混凝土砌块搭砌长度不应小于砌块长度的1/3；轻骨料混凝土小型空心砌块搭砌长度不应小于90mm；竖向通缝不应大于2皮。

⑤填充墙的水平灰缝厚度和竖向灰缝宽度应正确。烧结空心砖、轻骨料混凝土小型空心砌块砌体的灰缝应为8～12mm。蒸压加气混凝土砌块砌体：当采用水泥砂浆、水泥混合砂浆或蒸压加气混凝土砌块砌筑砂浆时，水平灰缝厚度及竖向灰缝宽度不应超过15mm；当蒸压加气混凝土砌块砌体采用蒸压加气混凝土砌块粘结砂浆时，水平灰缝厚度和竖向灰缝宽度宜为3～4mm。

7. 砌体工程安全技术

(1) 砌砖基础时，应注意基坑土质变化情况，堆放砌筑材料应离开坑边一定距离。

(2) 墙身砌体高度超过地坪1.2m以上时，应搭设脚手架，在一层以上或高度超过4m时，采用外脚手架必须支搭安全网。

(3) 预留孔洞宽度大于300mm时，应该设置钢筋混凝土过梁。

(4) 在楼层（特别是预制板面）施工时，堆放机具、砖块等物品不得超过使用荷载。

(5) 不准用不稳固的工具或物体在脚手板面垫高操作。

(6) 砍砖时应面向内打，防止碎砖跳出伤人。

(7) 用于垂直运输的吊笼、滑车、绳索、刹车等，必须满足负荷要求，牢固无损。

(8) 冬期施工时，脚手板上如有冰霜、积雪，应先清除后才能上架子进行操作。

(9) 要做好防雨措施，以防雨水冲走砂浆，致使砌体倒塌。

(10) 不准在墙顶或脚手架上修改石材，以免震动墙体而影响质量或石片掉下伤人。

(11) 不准徒手移动上墙的料石，以免压破或擦伤手指。

(12) 已经就位的砌块，必须立即进行竖缝灌浆。

(13) 对稳定性较差的窗间墙、独立柱和挑出墙面较多的部位，应加临时稳定支撑。

(14) 在台风季节，应及时进行圈梁施工，加盖楼板，或采用其他稳定措施。

(15) 在砌块砌体上，不宜拉锚缆风绳，不宜吊挂重物。

(16) 经历了大风、大雨、冰冻等异常气候之后，应检查砌体是否有垂直度的变化，是否产生了裂缝。

本 节 练 习 题

一、填空题

1. 当砌筑砂浆的组成材料有变更时，其配合比应为（　　）。砌筑砂浆试块的留置：每一检验批且不超过（　　）m³砌体的各种类型及强度等级的砌筑砂浆，每（　　）应至少抽查一次。

2. 现场拌制的砂浆应随拌随用,拌制的砂浆应在( )h 内使用完毕,当施工期间最高气温超过 30℃时,应在( )h 内使用完毕。

3. 240mm 厚承重墙的每层墙的最上一皮砖,应在砖砌体的台阶水平面上及挑出层,应( )砌。

4. 砖砌体的( )处和( )处应同时砌筑,严禁无可靠措施的内外墙分砌施工。对不能同时砌筑而又必须留置的临时间断处,应砌成( )槎,斜槎水平投影长度不应小于高度的( )。

5. 砌体的水平灰缝厚度和竖向灰缝宽度宜为( )mm,但不应小于( )mm,也不应大于( )mm。

6. 填充墙砌至接近梁、板底时,应留一定空隙,待填充墙砌筑完并应至少间隔( )d 后,再将其补砌挤紧。

7. 混凝土小型空心砌块表面有( )时,不得施工。承重墙体严禁使用( )小砌块。

二、单选题

1. 柱施工缝留置位置不当的是( )。
   A. 基础顶面   B. 与吊车梁平齐处
   C. 吊车梁上面   D. 梁的下面

2. 在施工缝处继续浇筑混凝土应待已浇混凝土强度达到( )MPa 后。
   A. 1.2   B. 2.5   C. 1.0   D. 5

3. 当采用表面振动器振捣混凝土时,浇筑厚度不超过( )mm。
   A. 500   B. 400   C. 200   D. 300

4. 某梁的跨度为 6m,采用钢模板支撑梁底模板时,其跨中起拱高度可为( )mm。
   A. 1   B. 2   C. 4   D. 8

5. 悬挑长度为 1.5m、混凝土强度为 C30 的现浇阳台板,当混凝土强度至少达到( )N/mm² 时才可拆除底模。
   A. 15   B. 22.5   C. 21   D. 30

6. 硅酸盐水泥拌制的混凝土养护时间不得少于( )d。
   A. 14   B. 21   C. 7   D. 28

三、简答题

1. 混凝土浇筑的一般规定是什么?框架柱混凝土应如何浇筑?

2. 什么叫施工缝?为什么要留施工缝?施工缝一般留在何部位?

3. 浇筑主、次梁的楼板混凝土时,其浇筑的方向如何?施工缝留设位置如何?继续浇筑混凝土时施工缝应如何处理?梁板浇筑完毕,采用什么方法养护?

4. 混凝土养护的方法有几种?什么是自然养护?

5. 框架结构主体混凝土应如何浇筑?

6. 大体积混凝土的浇筑方案有几种?防止大体积混凝土浇筑时出现温度裂缝,应采取什么措施?

7. 混凝土质量检查的内容包括哪些?

8. 混凝土试块如何留置?

9. 简述钢筋隐蔽工程验收的主要内容。

10. 钢筋连接的方法有几种？其中焊接连接种类有多少种？电渣压力焊和气压焊的使用范围是什么？

11. 梁、板模板安装时，当跨度为多少时应起拱，起拱高度为多少？

四、计算题

1. 已知混凝土实验室配合比为：水泥：砂：石子＝1：2：4，水灰比为 0.7，水泥用量为 280kg/m³，砂子含水率为 5%，石子含水率为 2%，计算施工配合比及每立方米混凝土的材料用量。

2. 计算框架梁（一端悬挑梁）各号钢筋下料长度。抗震等级为三级，混凝土强度等级为 C25，$l_{aE}=35d$，保护层厚度为 25mm，如图 3-90 所示。

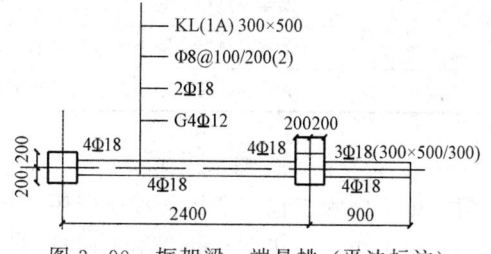

图 3-90 框架梁一端悬挑（平法标注）

3.3 屋面防水工程

【工程背景】 屋面做法采用屋 1（不上人屋面）05J1 屋 13。
（1）高聚物改性沥青防水卷材一道，自带保护层。
（2）20mm 厚 1：3 水泥砂浆，砂浆中掺聚丙烯或锦纶－6 纤维。
（3）55mm 厚挤塑聚苯乙烯泡沫塑料板保温层。
（4）1：8 水泥膨胀珍珠岩，找坡 2%。
（5）现浇钢筋混凝土屋面板。
通过该案例主要介绍屋面卷材防水施工方法要求和验收标准。

3.3.1 屋面工程的防水等级、构造要求及基本规定

1. 屋面防水等级及设防要求

屋面防水工程应根据建筑物的类别、重要程度、使用工程要求确定防水等级，并按相应等级进行防水设防。对防水有特殊要求的建筑屋面，应进行专项防水设计。屋面防水等级和设防要求应符合现行国家标准《屋面工程技术规范》（GB 50345—2012）和《屋面工程施工质量验收规范》（GB 50207—2012），见表 3-35。

表 3-35　　　　　屋面防水等级和设防要求

防水等级	建筑类别	设防要求
Ⅰ级	重要建筑和高层建筑	两道防水设防
Ⅱ级	一般建筑	一道防水设防

2. 屋面的基本构造层次要求

设计人员可根据建筑物的性质、使用功能、屋面的基本构造层次、气候条件等因素进行组合，见表 3-36。

表 3-36　　　　　　　　　　　　　　屋面的基本构造层次

屋面类型	基本构造层次（自上而下）
卷材、涂膜屋面	保护层、隔离层、防水层、找平层、保温层、找平层、找坡层、结构层
	保护层、保温层、防水层、找平层、找坡层、结构层
	种植隔热层、保护层、耐根穿刺防水层、防水层、找平层、保温层、找平层、找坡层、结构层
	架空隔热层、防水层、找平层、保温层、找平层、找坡层、结构层
	蓄水隔热层、隔离层、防水层、找平层、保温层、找平层、找坡层、结构层
瓦屋面	沥青瓦、持钉层、防水层或防水垫层、保温层、结构层

3. 屋面工程施工的基本规定

(1) 屋面防水工程应由具备相应资质的专业队伍进行施工。作业人员应持证上岗。

(2) 施工单位应建立、健全施工质量的检验制度，严格工序管理，做好隐蔽工程验收检查和记录。

(3) 屋面工程施工前应通过图纸会审，并应掌握施工图中的细部构造及有关技术要求，施工单位应编制屋面工程的专项施工方案或技术措施，并应进行现场技术安全交底。

(4) 屋面工程所采用的防水保温材料应有产品合格证书和性能检测报告。材料的品种、规格、性能等应符合设计和产品标准的要求。材料进场后，应按规定抽样检验，提出检验报告。工程中严禁使用不合格的材料。

(5) 屋面工程施工时，应建立各道工序的自检、交接检和专职人员检查的"三检"制度，并应有完善的检查记录。每道工序完成后应经监理或建设单位检查验收，并应在合格后再进行下道工序的施工。当下道工序或相邻工程施工时，应对已完成的部分采取保护措施。

(6) 材料进场检验报告的全部项目指标均达到技术标准规定应为合格，不合格材料不得在工程中使用。

(7) 屋面防水工程完工后，应进行观感质量检查和雨后观察或淋水、蓄水试验，不得有渗漏和积水现象。

(8) 屋面工程子分部、分项工程的划分。屋面工程分部包括基层与保护工程、保温与隔热工程、防水与密封工程、瓦面与板面工程、细部构造工程五个子分部工程，每个子分部工程包括的分项工程见表 3-37。

表 3-37　　　　　　　　　　屋面工程各子分部、分项工程的划分

分部工程	子分部工程	分　项　工　程
屋面工程	基层与保护	找坡层、找平层、隔汽层、隔离层、保护层
	保温与隔热	板状材料保温层、纤维材料保温层、喷涂硬泡聚氨酯保温层、现浇泡沫混凝土保温层、种植隔热层、架空隔热层、蓄水隔热层
	防水与密封	卷材防水层、涂膜防水层、复合防水层、接缝密封防水
	瓦面与板面	烧结瓦和混凝土瓦铺装、金属板铺装、玻璃采光顶铺装
	细部构造	檐口、檐沟和天沟、女儿墙和山墙、水落口、变形缝、伸出屋面管道、屋面出入口、反梁过水孔、屋脊、屋顶窗

屋面工程各分项工程宜按屋面面积每 500～1000m² 划分为一个检验批，不足 500m² 应按一个检验批；每个检验批的抽检数量按各子分部工程的规定执行。

（9）屋面工程施工必须符合的安全规定。严禁在雨天、雪天和五级风及其以上时施工；屋面周边和预留孔洞部位必须按临边、洞口防护规定设置安全护栏和安全网；屋面坡度大于 30％时，应采取防滑措施；施工人员应穿防滑鞋，特殊情况下如无可靠安全措施时，操作人员必须系好安全带并扣好保险钩。

3.3.2 基层与保护工程施工

1. 一般规定

（1）基层与保护工程施工涵盖了屋面保温层及防水层相关的构造层，包括找坡层、找平层、隔汽层、隔离层、保护层。

（2）为了雨水迅速排走，屋面找坡应满足设计排水坡度要求，结构找坡不应小于 3％，材料找坡宜为 2％；檐沟、天沟纵向找坡不应小于 1％，沟底水落差不得超过 200mm。

（3）基层与保护工程各分项工程的每个检验批的抽检数量，应按屋面面积每 100m² 抽查一处，每处 10m²，且不得少于 3 处。

2. 找坡层和找平层施工

（1）找坡层和找平层的基层施工应符合的规定。

1）应清理结构层、保温层上面的松散杂物，凸出基层表面的硬物应踢平扫净。

2）抹找坡层前，应对基层洒水湿润。

3）突出屋面的管道、支架等根部，应用细石混凝土堵实和固定。

4）对不易与找平层结合的基层应做界面处理。

（2）找坡应按屋面排水方向和设计坡度要求进行，找坡层最薄处的厚度不宜小于 20mm。

（3）找坡层宜采用轻骨料混凝土，找坡材料应分层铺设和适当压实，表面宜平整和粗糙，并应适时浇水养护。

（4）找平层宜采用水泥砂浆或细石混凝土，找平层的抹平工序应在初凝前完成，压光工序应在终凝前完成，终凝后应进行养护。

（5）找平层分格缝纵横间距不宜大于 6m，分格缝的宽度宜为 5～20mm。

（6）找平层的工艺流程。基层清理→管根封堵→标高坡度弹线→洒水湿润→施工找平层（水泥砂浆、细石混凝土）→养护→验收。

（7）找平层的施工方法。

1）管根封堵：大面积做找平层前，应先将出屋面的管根、变形缝、女儿墙等处理好。

2）抹水泥砂浆找平层。

①洒水湿润：抹找平层水泥砂浆前，应适当洒水湿润基层表面，主要是利于基层与找平层的结合。

②冲筋：根据坡度要求，拉线找坡、贴灰饼，顺排水方向冲筋，冲筋的间距为 1.5m 左右；在排水沟、雨水口找出泛水，冲筋后即可进行抹找平层。

③分格缝留设：宜留分格缝，分格缝宽一般为 5～20mm，其纵横缝的最大间距不得大于 6m。

④铺抹水泥砂浆：按分格块装灰、铺平，用刮扛靠冲筋条刮平，找坡后用木抹子搓平，铁抹子压光。

⑤养护：找平层抹平、压实以后24h可浇水养护，一般养护期为7d，经干燥后铺设防水层。

(8) 卷材防水层的基层与突出屋面结构（女儿墙、山墙、天窗壁、变形缝、烟囱等）的交接处，以及基层的转角处，找平层均应做成圆弧形，且应整齐、平顺。找平层圆弧半径应符合表3-38的要求。

表3-38　　　　　　　　　找平层圆弧半径

卷材种类	圆弧半径/mm
高聚物改性沥青防水卷材	50
合成高分子防水卷材	20

(9) 找坡层和找平层的施工环境温度不宜低于5℃。

3. 找坡层和找平层的质量验收内容

质量验收内容包括主控项目和一般项目，检验内容和方法见表3-39。

表3-39　　　　　找坡层和找平层质量检验项目、要求和检验方法

项次	项目	质量要求或允许偏差	检验方法
1	主控项目	材料的质量及配合比	应符合设计要求	检查出厂合格证、质量检验报告和计量措施
2		排水坡度	应符合设计要求	坡度尺检查
3		找平层表面	应抹平、压光，不得有酥松、起砂、起皮现象	观察、检查
4	一般项目	连接和转角处	卷材防水层的基层与突出屋面结构的交接处，以及基层的转角处，找平层应做成圆弧形，且应整齐平顺	观察、检查
5		分格缝	找平层分格缝的宽度和间距，均应符合设计要求	观察和尺量检查
6		允许偏差	找平层表面平整度的允许偏差为5mm	2m靠尺和塞尺检查

4. 隔汽层的施工

(1) 隔汽层的基层应平整、干净、干燥。

(2) 隔汽层应设置在结构层与保温层之间；隔汽层应选用气密性、水密性好的材料。

(3) 在屋面与墙的连接处，隔汽层应沿墙面向上连续铺设，高出保温层上表面不得小于150mm。

(4) 隔汽层采用卷材时宜空铺，卷材搭接应满粘，其搭接宽度不应小于80mm；隔汽层采用涂料时，应涂刷均匀。

(5) 穿过隔汽层的管线周围应封严，转角处应无折损；隔汽层凡有缺陷或破损的部位，均应进行返修。

5. 隔离层施工

(1) 块体材料、水泥砂浆或细石混凝土保护层与卷材、涂膜防水层之间，应设置隔离层。

(2) 隔离层可采用干铺塑料膜、土工布、铺抹低强度等级的砂浆。

(3) 质量标准。

1) 主控项目。

①隔离层所用材料的质量及配合比，应符合设计要求。

②隔离层不得有破损和漏铺。

2) 一般项目。

①塑料膜、土工布、卷材隔离层铺设应铺设平整，其搭接宽度不应小于50mm，不得有皱折。

②低强度等级砂浆表面应压实、平整，不得有起壳、起砂现象。

6. 保护层施工

(1) 防水层上的保护层施工，应待卷材铺贴完成或涂料固化成膜，并经检验合格后进行。

(2) 用块体材料作保护层时，宜设置分格缝，分格缝纵横间距不应大于10m，分格缝宽度宜为20mm。

(3) 用水泥砂浆做保护层时，表面应抹平压光，并应设表面分格缝，分格面积宜为$1m^2$。

(4) 用细石混凝土作保护层时，混凝土应振捣密实，表面应抹平压光，分格缝纵横间距不应大于6m。分格缝宽度宜为10～20mm。

(5) 块体材料、水泥砂浆或细石混凝土保护层与女儿墙和山墙之间，应预留宽度为30mm的缝隙，缝内宜填塞聚苯乙烯泡沫塑料，并应用密封材料嵌填密实。

(6) 质量标准。

1) 主控项目。

①保护层所用材料的质量及配合比，应符合设计要求。

②块体材料、水泥砂浆和细石混凝土保护层的抗压强度等级应符合设计要求。

③保护层的排水坡度应符合设计要求。

2) 一般项目。

①块体材料保护层表面应干净，接缝应平整，周边应顺直，镶嵌应正确，应无空鼓现象。

②水泥砂浆、细石混凝土保护层表面不得有开裂、起壳和起砂等现象。

③浅色涂料应与防水层粘结牢固，厚薄均匀，不得漏涂。

④允许偏差见表3-40。

表 3-40　　　　　　　　　　保护层的允许偏差和检验方法

项目	允许偏差/mm			检验方法
	块体材料	水泥砂浆	细石混凝土	
表面平整度	4	4	±5	2m靠尺和塞尺检查
缝格平直	3	3	3	拉线和尺量检查
接缝高低差	1.5	—	—	直尺和塞尺检查
板块间隙宽度	2	—	—	尺量检查
保护层厚度	设计厚度的10%，且不得大于5mm			钢针插入和尺量检查

3.3.3 保温与隔热工程施工

1. 一般规定

(1) 保温层分为板状保温材料、纤维保温材料、喷涂硬泡聚氨酯、现浇泡沫混凝土四类，隔热层分为种植、架空、蓄水隔热层三种形式。

(2) 铺设保温层的基层应平整、干净和干燥。

(3) 保温材料在施工过程应采取防潮、防水和防火等措施。

(4) 保温与隔热工程的构造及选用材料应符合设计要求。

(5) 保温材料使用时的含水率，应相当于该材料在当地自然风干状态下的平衡含水率。

(6) 保温材料的导热系数、表观密度或干密度、抗压强度或压缩强度、燃烧性能，必须符合设计要求。

(7) 种植、架空、蓄水隔热层施工前，防水层均应验收合格。

(8) 保温与隔热工程各分项工程每个检验批的抽检数量，应按屋面面积每100m²抽查一处，每处应为10m²，且不得少于3处。

2. 保温层的施工

保温层的种类包括板状保温层、纤维材料保温层、喷涂硬泡聚氨酯保温层、现浇泡沫混凝土保温层等四类。

(1) 板状保温层的施工应符合的规定。

1) 基层应平整、干燥、干净。

2) 相邻板块应错缝拼接，分层铺设的板块上下层接缝应相互错开，板间缝隙应采用同类材料嵌填密实。

3) 采用干铺法施工，板状保温材料应紧靠在基层表面上，并应铺平垫稳。

4) 采用粘结法施工时，胶粘剂应与保温材料相容，板状保温材料应贴严、粘牢。在胶粘剂固化前不得上人踩踏。

5) 采用机械固定法施工时，固定件应固定在结构层上，固定件的间距应符合设计要求。

(2) 纤维材料保温层的施工应符合的规定。

1) 基层应平整、干燥、干净。

2) 纤维保温材料铺设时，应避免重压，并应采取防潮措施。

3) 纤维保温材料铺设时，平面拼接缝应贴紧，上下层拼接缝应相互错开。

4) 屋面坡度较大时，纤维保温材料宜采用机械固定法施工。

5)在铺设纤维保温材料时,应做好劳动保护工作。
(3)喷涂硬泡聚氨酯保温层施工应符合的规定。
1)基层应平整、干燥、干净。
2)施工前应对喷涂设备进行调试,并应对喷涂试块进行材料性能检测。
3)喷涂时喷嘴与施工基面的距离应由试验确定。
4)喷涂硬泡聚氨酯的配合比应准确计量,发泡厚度应均匀一致。
5)一个作业面应分遍喷涂完成,每遍喷涂厚度不宜大于15mm,硬泡聚氨酯喷涂后20min内严禁上人。
6)喷涂作业时,应采取防止污染的遮挡措施。
(4)现浇泡沫混凝土保温层施工应符合的规定。
1)基层应清理干净;不得有油污、浮尘和积水。
2)泡沫混凝土应按设计要求的干密度和抗压强度进行配合比设计,拌制时应计量准确,并应搅拌均匀。
3)泡沫混凝土应按设计的厚度设定浇注面标高线,找坡时宜采取挡板辅助措施。
4)泡沫混凝土的浇筑出料口离基层的高度不宜超过1m,泵送时应采取低压泵送。
5)泡沫混凝土应分层浇筑,一次浇筑厚度不宜超过200mm,终凝后应进行保湿养护,养护时间不得少于7d。
(5)保温层的施工环境温度应符合的规定。
1)干铺的保温材料可在负温度下施工。
2)用水泥砂浆粘贴的板状保温材料不宜低于5℃。
3)喷涂硬泡聚氨酯宜为15~35℃,空气相对湿度宜小于85%,风速不宜大于三级。
4)现浇泡沫混凝土宜为5~35℃。
3.保温层的施工质量验收
(1)板状材料保温层验收。
1)主控项目。
①板状保温材料质量应符合设计要求。
②板状保温材料厚度应符合设计要求,其正偏差应不限,负偏差应为5%,且不得大于4mm。
③屋面热桥部位处理应符合设计要求。
2)一般项目。
①板状保温材料铺设应紧贴基层,铺平垫稳,拼缝应严密,粘贴应牢固。
②固定件的规格、数量和位置应符合设计要求;垫片应与保温层表面齐平。
③保温层表面平整度允许偏差为5mm。
④板状保温材料接缝高低差允许偏差为2mm。
(2)纤维材料保温层验收。
1)主控项目。
①保温材料质量、厚度应符合设计要求,厚度正偏差应不限,毡不得有负偏差,板负偏差应为4%,且不得大于3mm。
②热桥部位处理应符合设计要求。

2) 一般项目。

①纤维保温材料铺设应紧贴基层，拼缝应严密，表面平整。

②固定件的规格、数量和位置应符合设计要求，屋面坡度较大时，宜采用金属或塑料专用固定件。

③装配式骨架和水泥纤维板应铺钉牢固、平整，龙骨间距和板材厚度应符合设计要求。

④具有抗水蒸气渗透外覆面的玻璃棉制品，其外覆面应朝向室内，拼缝应用防水密封胶带封严。

(3) 喷涂硬泡聚氨酯保温层。

1) 主控项目：除材料质量、配合比及热桥部位处理应符合设计要求外，强调了保温层厚度其正偏差应不限，不得有负偏差。

2) 一般项目：硬泡聚氨酯应分遍喷涂，牢固性及表面平整度应符合设计要求。

(4) 现浇泡沫混凝土保温层。

1) 主控项目：现浇泡沫混凝土的原材料质量和配合比、保温层厚度应符合设计要求，其正负偏差应为5%，且不得大于5mm。屋面热桥部位处理应符合设计要求。

2) 一般项目：现浇泡沫混凝土应分层施工，粘结应牢固；不得有贯通性裂缝以及疏松、起砂、起皮现象；表面平整度应符合要求。

4. 隔热层施工

隔热层包括种植隔热层、架空隔热层和蓄水隔热层三类。主要介绍架空隔热屋面。

架空隔热层施工应符合的规定。

(1) 架空隔热层施工前，应将屋面清扫干净，并应根据尺寸弹出支座中线。

(2) 在架空隔热制品支座底面，应对卷材、涂膜防水层采取加强措施。

(3) 铺设架空隔热制品时，应随时扫净屋面防水层上的落灰、杂物等，操作时不得损伤已完工的防水层。

(4) 架空隔热制品的铺设应平整、稳固；缝隙应勾填密实。

3.3.4 防水与密封工程

1. 一般规定

(1) 防水与密封工程子分部工程包括卷材防水层、涂膜防水层、复合防水层、接缝密封防水等分项工程的施工质量验收。

(2) 防水层施工前，基层应坚实、平整、干净、干燥。

(3) 基层处理剂应配比准确，并应搅拌均匀，喷涂或涂刷基层处理剂应均匀一致，待其干燥后应及时进行卷材、涂膜防水层和接缝密封防水施工。

(4) 防水层完工并经验收合格后，应及时做好成品保护。

(5) 防水与密封工程各分项工程每个检验批抽检数量，防水层应按屋面面积每100m^2抽查一处，每处应为10m^2，且不得少于3处。接缝密封防水应按每50m抽查一处，每处应为5m，且不得少于3处。

2. 铺贴卷材防水层前的准备工作

(1) 卷材、涂膜屋面防水等级和防水做法应符合表3-41的规定。

表 3-41　　　　　　　　卷材、涂膜屋面防水等级和防水做法

防水等级	防　水　做　法
Ⅰ级	卷材防水层和卷材防水层、卷材防水层和涂膜防水层、复合防水层
Ⅱ级	卷材防水层、涂膜防水层、复合防水层

一道防水设防，是指具有单独防水能力的一个防水层。

（2）防水卷材的选择。防水卷材可按合成高分子防水卷材和高聚物改性沥青防水卷材选用，其外观质量和品种、规格应符合国家现行有关材料标准的规定。

（3）每道卷材防水层最小厚度应符合表 3-42 的规定。

表 3-42　　　　　　　　每道卷材防水层最小厚度　　　　　　　　（mm）

防水等级	合成高分子防水卷材	高聚物改性沥青防水卷材			
		聚酯胎、玻纤胎、聚乙烯胎		自粘聚酯胎	自粘无胎
Ⅰ级	1.2	3.0		2.0	1.5
Ⅱ级	1.5	4.0		3.0	2.0

（4）卷材进场检验与贮存。

1）材料进场后要对卷材按规定取样复验，同一品种、牌号和规格的卷材，抽验数量为：大于 1000 卷抽取 5 卷；每 500～1000 卷抽 4 卷；100～499 卷抽 3 卷；100 卷以下抽 2 卷。将抽验的卷材开卷进行规格和外观质量检验。

2）在外观质量检验合格的卷材中，任取 1 卷作物理性能检验，全部指标达到标准规定时，即为合格。其中如有 1 项指标达不到要求，应在受检产品中加倍取样复验，全部达到标准规定为合格。复验时有 1 项不合格，则判定该产品不合格。不合格的防水材料严禁在建筑工程中使用。

（5）铺贴卷材防水层前基层干燥程度的简易检验方法，是将 $1m^2$ 卷材平坦地干铺在找平层上，静置 3～4h 后掀开检查，找平层覆盖部位与卷材上未见水印，即可铺设隔汽层或防水层。

（6）防水卷材接缝应采用搭接缝，卷材搭接宽度应符合表 3-43 的规定。

表 3-43　　　　　　　　卷材搭接宽度　　　　　　　　（mm）

卷材类别		搭　接　宽　度
合成高分子防水卷材	胶粘剂	80
	胶粘带	50
	单缝焊	60，有效焊接宽度不小于 25
	双缝焊	80，有效焊接宽度 10×2+空腔宽
高聚物改性沥青防水卷材	胶粘剂	100
	自粘	80

3. 卷材防水层的施工

（1）卷材防水层铺贴顺序和方向应符合的规定。

1) 卷材防水层施工时，应先进行细部构造处理，然后由屋面最低标高向上铺贴。
2) 檐沟、天沟卷材施工时，宜顺檐沟、天沟方向铺贴，搭接缝应顺流水方向。
3) 卷材宜平行屋脊铺贴，上下层卷材不得相互垂直铺贴。
4) 立面或大坡面铺贴卷材时，应采用满粘法，并宜减少卷材短边搭接。

(2) 卷材搭接缝的规定。
1) 平行屋脊的搭接缝应顺流水方向，搭接缝宽度应符合规范要求。
2) 同一层相邻两幅卷材短边搭接缝错开不应小于500mm。
3) 上下层卷材长边搭接缝应错开，且不应小于幅宽的1/3。
4) 叠层铺贴的各层卷材，在天沟与屋面的交接处，应采用叉接法搭接，搭接缝应错开；搭接缝宜留在屋面与天沟侧面，不宜留在沟底。

(3) 采用基层处理剂时，其配制和施工应符合的规定。
1) 基层处理剂应与卷材相容。
2) 基层处理剂应配比准确，并应搅拌均匀。
3) 喷涂基层处理剂前，应先对屋面细部进行涂刷。
4) 基层处理剂可选用喷涂或涂刷的施工工艺，喷、涂应均匀一致，干燥后应及时进行卷材施工。

(4) 卷材施工方法。主要施工方法有冷粘法、热熔法、热粘法、自粘法、焊接法、机械固定法铺贴卷材。

1) 冷粘法铺贴卷材施工。是指在常温下采用胶粘剂等材料进行卷材与基层、卷材与卷材间粘结的施工方法。

①施工工艺。基层表面清理→喷、涂基层处理剂→节点附加层铺设→定位、弹线→铺贴卷材→收头、节点密封→检查、修整→进行下道工序施工。

②冷粘法铺贴卷材的规定。

a. 胶粘剂涂刷应均匀，不得露底、堆积。卷材空铺、点粘、条粘时，应按规定的位置及面积涂刷胶粘剂。

b. 应根据胶粘剂的性能与施工环境、气温条件等，控制胶粘剂涂刷与卷材铺贴的间隔时间。

c. 铺贴卷材时应排除卷材下面的空气，并应辊压粘结牢固。

d. 铺贴的卷材应平整、顺直，搭接尺寸准确，不得扭曲、皱折；搭接部位的接缝应满涂胶粘剂，辊压应粘结牢固。

e. 合成高分子卷材铺好压粘后，应将搭接部位的粘合面清理干净，并应采用与卷材配套的接缝专用胶粘剂，在搭接缝粘合面上应涂刷均匀，不得露底、堆积，应排除缝间的空气，并用辊压粘结牢固。

f. 合成高分子卷材搭接部位采用胶粘带粘结时，粘合面应清理干净，必要时可涂刷与卷材及胶粘带材性相容的基层胶粘剂，撕去胶粘带隔离纸后应及时粘合接缝部位的卷材，并应辊压粘结牢固；低温施工时，宜采用热风机加热。

g. 搭接缝口应用材性相容的密封材料封严。

2) 热熔法铺贴卷材施工。热熔法是用火焰加热器加热卷材底部的热熔胶进行铺贴的方法。

①热熔法施工工艺流程。清理基层→涂刷基层处理剂→铺贴卷材附加层→大面积铺贴卷材→热熔封边→蓄水试验→质量验收→保护层。

②热熔法铺贴卷材应符合的规定。

a. 火焰加热器的喷嘴距卷材面的距离应适中，幅宽内加热应均匀，应以卷材表面熔融至光亮黑色为度，不得过分加热卷材。厚度小于3mm的高聚物改性沥青防水卷材，严禁采用热熔法施工；如图3-91、图3-92所示。

图3-91 试铺卷材　　　　　图3-92 热熔铺贴卷材

b. 卷材表面沥青热熔后应立即滚铺卷材，滚铺时应排除卷材下面的空气。

c. 搭接缝部位宜以溢出热熔的改性沥青胶结料为度，溢出的改性沥青胶结料宽度宜为8mm，并宜均匀顺直；当接缝处的卷材上有矿物粒或片料时，应用火焰烘烤及清除干净后再进行热熔和接缝处理。

d. 铺贴卷材时应平整、顺直，搭接尺寸应准确，不得扭曲。

③自粘法铺贴卷材。自粘法铺贴卷材应符合的规定：铺贴卷材前，基层表面应均匀涂刷基层处理剂，干燥后应及时铺贴卷材；铺贴卷材时，应将自粘胶底面的隔离纸完全撕净；铺贴卷材时应排除卷材下面的空气，并应辊压粘结牢固；铺贴卷材应平整顺直，搭接尺寸应准确，不得扭曲、皱折；低温施工时，立面、大坡面及搭接部位宜采用热风机加热，加热后应随即粘贴牢固；搭接缝口应用材性相容的密封材料封严。

(5) 卷材防水层的施工环境温度应符合的规定。

1) 热熔法和焊接法不宜低于−10℃。

2) 冷粘法和热粘法不宜低于5℃。

3) 自粘法施工不宜低于10℃。

(6) 卷材防水层的质量验收。根据《屋面工程施工质量验收规范》（GB 50207—2012）规定，分为主控项目和一般项目验收。

1) 主控项目。

①防水卷材及其配套材料的质量，应符合设计要求。

②卷材防水层不得有渗漏和积水现象。检验方法：雨后观察或淋水、蓄水试验（雨后或持续淋水2h后进行。做蓄水检验的屋面，其蓄水时间不应少于24h）。

③卷材防水层在檐口、檐沟、天沟、水落口、泛水、变形缝和伸出屋面管道的防水构造，应符合设计要求。

2) 一般项目。

①卷材的搭接缝应粘结或焊接牢固,封闭应严密,不得扭曲、皱折和翘起。

②卷材防水层的收头应与基层粘结,钉压牢固,封闭应严密,不得翘边。

③卷材防水层的铺贴方向应正确,卷材搭接宽度的允许偏差为-10mm。

④屋面排汽构造的排汽道应纵横贯通,不得堵塞;排汽管应安装牢固,位置应正确,封闭应严密。

4. 涂膜防水屋面

涂膜防水屋面是通过涂布一定厚度高聚物改性沥青、合成高分子防水涂料,经常温交联固化形成具有一定弹性的胶状涂膜,达到防水的目的。

(1) 防水涂料的种类及厚度。防水涂料是一种流态或半流态物质,涂布在屋面基层表面,经溶剂或水分挥发,或各组分间的化学反应,形成有一定弹性和一定厚度的薄膜,使基层表面与水隔绝,起到防水密封作用。

1) 类型:防水涂料应采用合成高分子防水涂料、聚合物水泥防水涂料和高聚物改性沥青防水涂料。

2) 每道涂膜防水层最小厚度,应符合表 3-44 的规定。

表 3-44　　　　　每道涂膜防水层最小厚度　　　　　(mm)

防水等级	合成高分子防水涂膜	聚合物水泥防水涂膜	高聚物改性沥青防水涂膜
Ⅰ级	1.5	1.5	2.0
Ⅱ级	2.0	2.0	3.0

(2) 材料要求。进入施工现场的防水涂料和胎体增强材料应按规定进行抽样检验,高聚物改性沥青防水涂料、合成高分子防水涂料、聚合物水泥防水涂料现场抽样数量:每 10t 为一批,不足 10t 按一批抽样。胎体增强材料现场抽样数量:每 3000m² 为一批,不足 3000m² 按一批抽样。

(3) 涂膜防水层施工要求。

1) 涂膜防水层的基层应坚实、平整、干净,应无空隙、起砂和裂缝。基层的干燥程度应根据所选用的防水涂料特性确定;当采用溶剂型、热熔型和反应固化型防水涂料时,基层应干燥。

2) 双组分或多组分防水涂料应按配合比准确计量,应采用电动机具搅拌均匀,已配制的涂料应及时使用。配料时,可加入适量的缓凝剂或促凝剂调节固化时间,但不得混合已固化的涂料。

3) 防水涂料应多遍均匀涂刷,涂膜总厚度应符合设计要求。

4) 涂膜间夹铺胎体增强材料时,宜边涂布边铺胎体;胎体应铺贴平整,应排除气泡,并应与涂料粘结牢固。在胎体上涂布涂料时,应使涂料浸透胎体,并应覆盖完全,不得有胎体外露现象。最上面的涂膜厚度不应小于 1.0mm。

5) 涂膜施工应先做好细部处理,再进行大面积涂布。

6) 屋面转角及立面的涂膜应薄涂多遍,不得流淌和堆积。

7) 防水涂料应多遍涂布,并应待前一遍涂布涂料干燥成膜后,再涂布后一遍涂料,且前后两遍涂料的涂布方向应相互垂直。

(4) 合成高分子防水（聚氨酯涂膜防水）屋面的施工。聚氨酯涂膜防水以双组分（甲和乙组分）形式使用，借助于组分间发生化学反应而直接由液态变为固态不产生体积收缩，形成较厚的防水涂膜。聚氨酯涂膜防水施工工艺是：基层要求及处理→涂布底胶→防水涂层施工→第一度涂层施工→第二度涂层施工→如防水层要用无纺布或化纤无纺布加强，则在涂刮第二度涂层前进行粘贴→稀撒石渣，为增强防水层与粘结贴面材料（如瓷砖、缸砖等）的水泥砂浆之间的粘结力，在第二度涂层固化前，在其表面稀撒干净的石渣（直径为2mm），这些石渣在涂膜固化后可牢固地粘贴在涂膜的表面→蓄水试验→铺贴保护层。

1) 聚氨脂底胶的配制：将聚氨脂甲料与专供底涂用的乙料按1:3～1:4（质量比）的比例配合，搅拌均匀，即可使用。

2) 涂膜防水材料的配制：根据施工的需要，将聚氨脂甲、乙料按1:1.5（质量比）的比例配合后，倒入拌料桶中搅拌。第一度涂层施工：在底胶基本干燥固化后，用塑料或橡胶刮板均匀涂刮一层涂料，涂刮时要求均匀一致，不得过厚或过薄，涂刮厚度一般以1.5mm左右为宜。第二度涂层施工：在第一度涂层固化24小时后，再在其表面涂刮第二度涂层，涂刮方法同第一度涂层。为了确保防水工程质量，涂刮的方向必须与第一度的涂刮的方向垂直。

屋面细部节点，如天沟、檐沟、檐口、泛水、出屋面管道根部、阴阳角和防水层收头等部位均应加铺有胎体增强材料的附加层。一般先涂刷1～2遍涂料，铺贴裁剪好的胎体增强材料，使其贴实、平整，干燥后再涂刷一遍涂料。其他层的施工要求和卷材防水屋面施工相同。

(5) 涂膜防水层质量检验的项目和要求。

1) 主控项目。

①防水涂料和胎体增强材料，必须符合设计要求。

②涂膜防水层不得有渗漏或积水现象。

③涂膜防水层在天沟、檐沟、泛水、变形缝和水落口等处细部做法必须符合设计要求。

④涂膜防水层的平均厚度应符合设计要求，且最小厚度不得小于设计厚度的80%。

2) 一般项目。

①涂膜防水层与基层应粘结牢固，表面应平整，涂布应均匀，不得有流淌、皱折、起泡和露胎体等缺陷。

②涂膜防水层的收头应用防水涂料多遍涂刷。

③胎体增强材料应平整顺直，搭接尺寸应准确，应排除气泡，并应与涂料粘结牢固，胎体增强材料搭接宽度的允许偏差为-10mm。

5. 复合防水层施工

(1) 概念：复合防水层是由彼此相容的卷材和涂料组合而成的防水层。

(2) 复合防水层的规定。

1) 选用的防水卷材和防水涂料应相容。

2) 卷材与涂料复合使用时，防水涂膜宜设置在卷材防水层的下面。

(3) 复合防水层最小厚度（见表3-45）。

表 3-45　　　　　　　　　　　复合防水层最小厚度　　　　　　　　　　　（mm）

防水等级	合成高分子防水卷材+合成高分子防水涂料	自粘聚合物改性沥青防水卷材（无胎）+合成高分子防水涂料	高聚物改性沥青防水卷材+高聚物改性沥青防水涂料	聚乙烯丙纶卷材+聚合物水泥防水胶结材料
Ⅰ级	1.2+1.5	1.5+1.5	3.0+2.0	(0.7+1.3)×2
Ⅱ级	1.0+1.0	1.2+1.0	3.0+1.2	0.7+1.3

（4）质量验收内容。

1）主控项目。

①防水涂料及其配套材料的质量，应符合设计要求。

②复合防水层不得有渗漏和积水现象。

③复合防水层在檐口、檐沟、天沟、水落口、泛水、变形缝和伸出屋面管道的防水构造，应符合设计要求。

2）一般项目。

①卷材与涂膜应粘结牢固，不得有空鼓和分层现象。

②复合防水层的总厚度应符合设计要求。

6. 接缝密封防水施工

（1）密封防水部位的基层应符合的规定。

1）基层应牢固，表面应平整、密实、不得有裂缝、蜂窝、麻面、起皮和起砂等现象。

2）基层应清洁、干燥，应无油污、无灰尘。

3）嵌入的背衬材料与接缝壁间不得留有空隙。

4）密封防水部位的基层宜涂刷基层处理剂，涂刷应均匀，不得漏涂。

（2）合成高分子密封材料防水施工的规定。

1）单组分密封材料可直接使用，多组分密封材料应根据规定的比例准确计量，并应拌和均匀，每次拌和量、拌和时间和拌和温度，应按所用密封材料的要求严格控制。

2）采用挤出枪嵌填时，应根据接缝宽度选用口径合适的挤出嘴，应均匀挤出材料嵌填，并应由底部逐渐充满整个接缝。

3）密封材料嵌填后，应在密封材料表干前用腻子刀嵌填修整。

（3）接缝密封防水施工验收。

1）主控项目。

①密封材料及其配套材料的质量，应符合设计要求。

②密封材料嵌填应密实、连续、饱满，粘结牢固，不得有气泡、开裂、脱落等缺陷。

2）一般项目。

①密封材料部位基层应符合上述1）条的规定。

②接缝宽度和密封材料的嵌填深度应符合设计要求，接缝宽度的允许偏差为±10%。

③嵌填的密封材料表面应平滑，缝边应顺直，应无明显不平和周边污染现象。

3.3.5 细部构造工程

1. 屋面细部构造包括的内容

屋面细部构造应包括檐口、檐沟和天沟、女儿墙和山墙、水落口、变形缝、伸出屋面管道、屋面出入口、反梁过水孔、设施基座、屋脊、屋顶窗等部位。规范规定：细部构造中容易形成热桥的部位均应进行保温处理；檐口、檐沟外侧下端及女儿墙压顶内侧下端等部位均应做滴水处理，滴水槽宽度和深度不宜小于10mm。

（1）檐口。卷材防水屋面檐口800mm范围内的卷材应满粘，卷材收头应采用金属压条钉压，并应用密封材料封严，檐口下端应做鹰嘴和滴水槽。如图3-93所示。涂膜防水屋面檐口的涂膜收头，应用防水涂料多边涂刷，檐口下端应做鹰嘴和滴水槽。如图3-94所示。

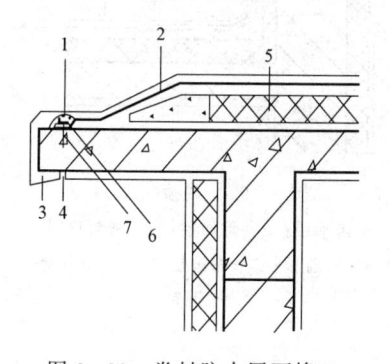

图3-93 卷材防水屋面檐口
1—密封材料；2—卷材防水层；
3—鹰嘴；4—滴水槽；5—保温层；
6—金属压条；7—水泥钉

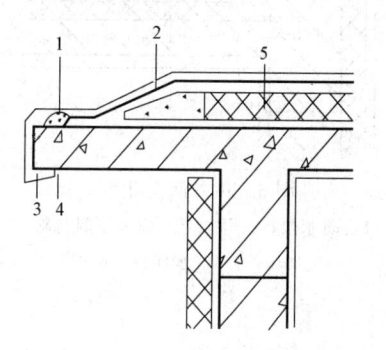

图3-94 涂膜防水屋面檐口
1—涂料多遍涂刷；2—涂膜防水层；
3—鹰嘴；4—滴水槽；5—保温层

（2）天沟、檐沟。卷材或涂膜防水屋面檐沟和天沟（图3-95）的构造应符合下列规定：

1）檐沟和天沟的防水层下应增设附加层，附加层伸入屋面的宽度不应小于250mm。

2）檐沟防水层和附加层应由沟底翻上至外侧顶部，卷材收头应采用金属压条钉压。

3）檐沟外侧下端应做鹰嘴和滴水槽。

4）檐沟外侧高于屋面结构板时，应设置溢水口。

天沟、檐沟必须按设计要求找坡，转角处应抹成规定的圆角。天沟或檐沟铺贴卷材应从沟底开始，顺天沟从水落口向分水岭方向铺贴，并应用密封材料封严。

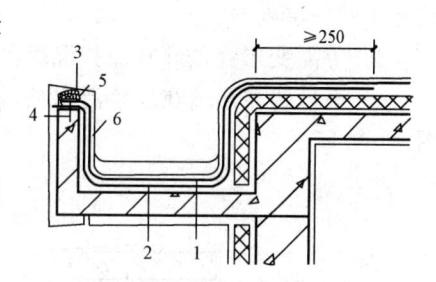

图3-95 卷材、涂膜防水屋面檐沟
1—防水层；2—附加层；3—密封材料；
4—水泥钉；5—金属条；6—保护层

（3）女儿墙和山墙。女儿墙和山墙防水构造应符合的规定。

1）女儿墙压顶可采用混凝土或金属制品，压顶向内排水坡度不应小于5%，压顶内侧下端应作滴水处理。

2）女儿墙泛水处的防水层下应增设附加层，附加层在平面和立面的宽度均不应小于250mm。

3) 低女儿墙泛水处的防水层可直接铺贴或涂刷至压顶下,卷材收头应用金属压条固定,并应用密封材料封严;涂膜收头应用防水涂料多遍涂刷。如图 3-96 所示。

4) 高女儿墙泛水处的防水层泛水高度不应小于 250mm,防水层收头符合上述第 3 条规定,泛水上部的墙体应作防水处理。如图 3-97 所示。

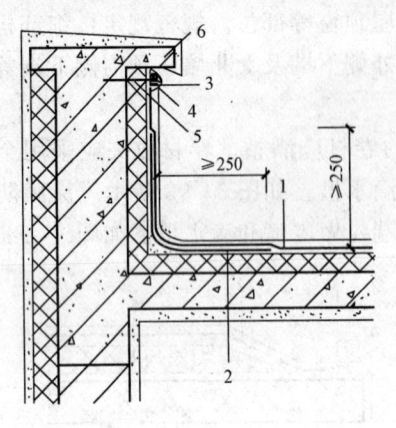

图 3-96 低女儿墙
1—防水层;2—附加层;3—密封材料;
4—金属压条;5—水泥钉;6—压顶

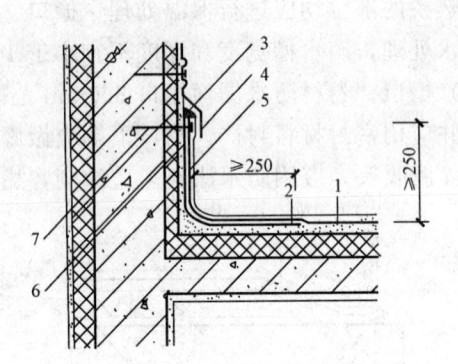

图 3-97 高女儿墙
1—防水层;2—附加层;3—密封材料;
4—金属盖板;5—保护层;6—金属压条;
7—水泥钉

(4) 变形缝。变形缝防水构造应符合的规定。

1) 变形缝泛水处的防水层下应增设附加层,附加层在平面和立面的宽度均不应小于 250mm;防水层应铺贴或涂刷至泛水墙的顶部。

2) 变形缝内应预填不燃保温材料,上部应采用防水卷材封盖,并放置衬垫材料,再在其上干铺一层卷材。

3) 等高变形缝顶部宜加扣混凝土或金属盖板,如图 3-98 所示。

4) 高低跨变形缝在立墙泛水处,应采用有足够变形能力的材料和构造作密封处理,如图 3-99 所示。

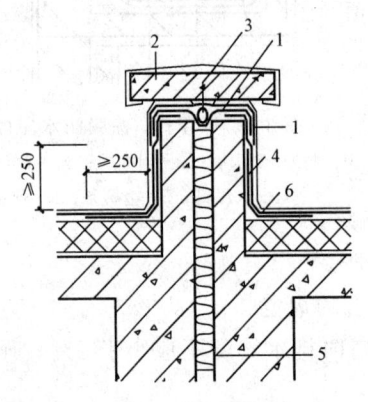

图 3-98 等高变形缝
1—卷材封盖;2—混凝土盖板;3—衬垫材料;
4—附加层;5—不燃保温材料;6—防水层

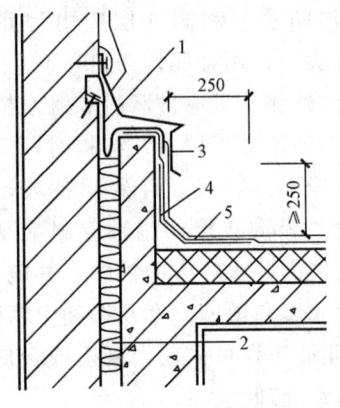

图 3-99 高低跨变形缝
1—卷材封盖;2—不燃保温材料;3—金属盖板;
4—附加层;5—防水层

(5) 伸出屋面的管道。伸出屋面管道的防水构造（图 3-100）应符合的规定。

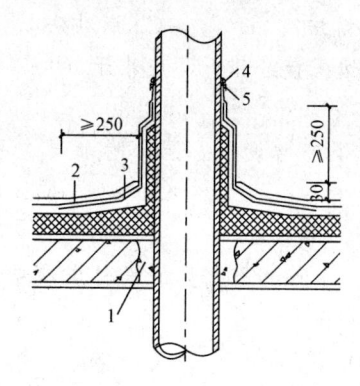

图 3-100 伸出屋面管道
1—细石混凝土；2—卷材防水层；3—附加层；4—密封材料；5—金属箍

1) 管道周围的找平层应抹出高度不应小于 30mm 的排水坡。
2) 管道泛水处的防水层下应增设附加层，附加层在平面和立面的宽度均不应小于 250mm。
3) 管道泛水处的防水层泛水高度不应小于 250mm。
4) 卷材收头应用金属箍紧固和密封材料封严，涂膜收头应用防水涂料多遍涂刷。

本 节 练 习 题

一、单项选择题

1. 对于高层建筑，其屋面防水等级为（　　）级。
   A. Ⅰ　　　　　　B. Ⅱ　　　　　　C. Ⅲ　　　　　　D. Ⅳ
2. 对于重要建筑，其防水设防要求为（　　）。
   A. 二道防水设防　　　　　　B. 三道或三道以上防水设防
   C. 一道防水设防　　　　　　D. 按特殊要求设防
3. 屋面采用材料找坡时，坡度宜为（　　）。
   A. 1%　　　　　　B. 2%　　　　　　C. 3%　　　　　　D. 4%
4. 屋面工程中，找平层宜留设分格缝，纵横缝的间距不宜大于（　　）m。
   A. 4　　　　　　B. 5　　　　　　C. 6　　　　　　D. 7
5. 平屋面采用结构找坡时，屋面防水找平层的排水坡度不应小于（　　）。
   A. 1%　　　　　　B. 1.5%　　　　　　C. 2%　　　　　　D. 3%
6. 屋面防水卷材平行屋脊的卷材搭接缝，其方向应（　　）。
   A. 顺流水方向　　　　　　B. 垂直流水方向
   C. 顺年最大频率风向　　　　D. 垂直年最大频率风向
7. 当屋面坡度达到（　　）时，卷材必须采取满粘和钉压固定措施。
   A. 3%　　　　　　B. 10%　　　　　　C. 15%　　　　　　D. 25%
8. 立面或大坡铺面贴防水卷材时，应采用的施工方法是（　　）。
   A. 空铺法　　　　　　B. 点粘法　　　　　　C. 条粘法　　　　　　D. 满粘法

9. 铺贴厚度小于3mm的地下室工程高聚物改性沥青卷材时，严禁采用的施工方法是（　　）。
   A. 冷粘法　　　　　B. 热熔法　　　　　C. 满粘法　　　　　D. 空铺法
10. 同一层相邻两幅卷材短边搭接缝错开不应小于（　　）mm。
    A. 500　　　　　　B. 250　　　　　　C. 300　　　　　　D. 100
11. 女儿墙泛水处的防水层下应增设附加层，附加层在平面和立面的宽度均不应小于（　　）mm。
    A. 500　　　　　　B. 250　　　　　　C. 300　　　　　　D. 100
12. 卷材防水屋面檐口（　　）mm范围内的卷材应满粘，卷材收头应采用金属压条钉压，并应用密封材料封严。
    A. 500　　　　　　B. 250　　　　　　C. 800　　　　　　D. 100
13. 卷材防水层不得有渗漏和积水现象，当采用蓄水试验其蓄水时间不应少于（　　）h。
    A. 12　　　　　　　B. 24　　　　　　　C. 8　　　　　　　D. 7
14. 板状保温材料厚度应符合设计要求，其正偏差应不限，负偏差应为5%，且不得大于（　　）mm。
    A. 3　　　　　　　B. 5　　　　　　　C. 4　　　　　　　D. 7
15. 卷材防水层铺贴时，采用热熔法施工，其施工环境温度不宜低于（　　）℃。
    A. －10　　　　　　B. 5　　　　　　　C. －5　　　　　　D. 10

二、【案例分析】

某实训楼屋面防水等级Ⅱ级，屋面防水层采高聚物改性沥青防水卷材，其屋面平面图如图3-101所示，根据图示要求试回答以下主要问题：

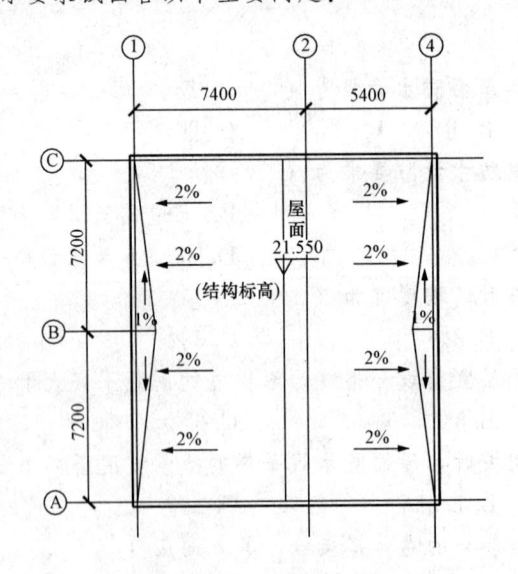

图3-101 屋面平面图

1. 铺贴卷材防水层前，采用什么简易检验方法判断基层干燥程度？
2. 如何确定卷材防水层铺贴的顺序、搭接宽度、搭接缝错开的距离？
3. 热熔法铺贴卷材防水层的施工工艺是什么？
4. 如何检验卷材防水层不得有渗漏和积水现象？

3.4 建筑节能工程施工

【工程背景】 某高层住宅地上 16 层，地下 1 层，建筑总面积 28 211.08m²，建筑节能方面采用了：①外墙采用挤塑聚苯板；②屋面采用 50mm 厚 FM150 型挤塑聚苯乙烯，水泥与焦渣按 1∶6 找坡；③地下室顶板采用 50mm 厚挤塑聚苯板；④封闭阳台顶层阳台顶板与首层阳台底板加 40mm 厚挤塑聚苯板；⑤门采用钢框中空玻璃门、铝合金断桥平开门，推拉窗采用中空玻璃。

建筑节能是降低能耗，提高能效，以减少污染，提高人民生活水平。建筑节能设计标准以满足人们感觉舒适为前提，设计参数为房间冬季温度为 18～20℃，夏季为 26℃左右。在不使用空调的情况下，节能建筑夏季室内温度要比普通建筑低 2～3℃，冬季高 3～5℃；使用空调时，也能在最短时间内达到预定温度，并保持更长久的效果。由国家住房和城乡建设部编制的《建筑节能工程施工质量验收规范》（GB 50411—2007）于 2007 年 10 月 1 日实施。这是我国第一次把节能工程明确规定为建筑工程的一项分部工程，它是实现全方位的闭合管理的规范性文件。

3.4.1 建筑节能规范的基本规定和验收划分

1. 基本规定

（1）技术与管理。承担建筑节能工程的施工企业应具备相应的资质；施工现场应建立相应的质量管理体系、施工质量控制和检验制度，具有相应的施工技术标准。

（2）设计变更不得降低建筑节能效果。当设计变更涉及建筑节能效果时，应经原施工图设计审查机构审查，在实施前应办理设计变更手续，并获得监理或建设单位的确认。

（3）建筑节能工程采用的新技术、新设备、新材料、新工艺，应按照有关规定进行评审、鉴定及备案。施工前应对新的或首次采用的施工工艺进行评价，并制订专门的施工技术方案。

（4）单位工程的施工组织设计应包括建筑节能工程施工内容。建筑节能工程施工前，施工单位应编制建筑节能工程施工方案并经监理（建设）单位审查批准。施工单位应对从事建筑节能工程施工作业的人员进行技术交底和必要的实际操作培训。

2. 验收的划分

建筑节能工程为单位工程的一个分部工程。其分项工程和检验批的划分，应符合下列规定：

（1）建筑节能分项工程划分（见表 3-46）。

表 3-46　　　　　　　　　建筑土建节能分项工程划分

序号	分项工程	主要验收内容
1	墙体节能工程	主体结构基层、保温材料、饰面层等
2	幕墙节能工程	主体结构基层、隔热材料、保温材料、隔汽层、幕墙玻璃、单元式幕墙板块、通风换气系统、遮阳设施等
3	门窗节能工程	门、窗、玻璃、遮阳设施等
4	屋面节能工程	基层、保温隔热层、保护层、防水层、面层等
5	地面节能工程	基层、保温层、保护层、面层等

(2) 建筑节能工程应按照分项工程进行验收。当建筑节能分项工程的工程量较大时，可以将分项工程划分为若干个检验批进行验收。

(3) 当建筑节能工程验收无法按照上述要求划分分项工程或检验批时，可由建设、监理、施工等各方协商进行划分。但验收项目、验收内容、验收标准和验收记录均应遵守《建筑节能工程施工质量验收规范》（GB 50411—2007）的规定。

(4) 建筑节能分项工程和检验批的验收应单独填写验收记录，节能验收资料应单独组卷。

3.4.2 外墙外保温工程施工

根据《外墙外保温工程技术规程》（JCJ 144—2004）和《建筑节能工程施工质量验收规范》（GB 50411—2007）规定，外墙外保温系统是由保温层、保护层和固定材料（胶粘剂、锚固件等）构成并且适用于安装在外墙外表面的非承重保温构造总称。

1. 外墙外保温系统种类

(1) EPS 板薄抹灰外墙外保温系统。
(2) 胶粉 EPS 颗粒保温浆料外墙外保温系统。
(3) EPS 板现浇混凝土外墙外保温系统。
(4) EPS 钢丝网架板现浇混凝土外墙外保温系统。
(5) 机械固定 EPS 钢丝网架板外墙外保温系统。

2. 外墙外保温系统构造和技术要求

(1) EPS 板薄抹灰外墙外保温系统构造。

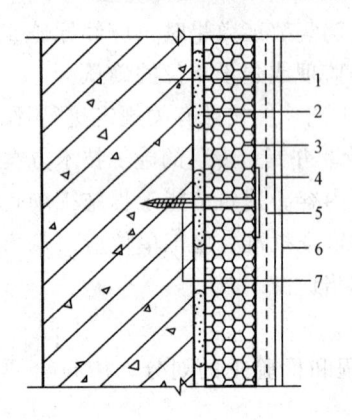

图 3-102 EPS 板薄抹灰系统
1—基层；2—胶粘剂；3—EPS 板；
4—玻纤网；5—薄抹面层；
6—饰面涂层；7—锚栓

1) EPS 板薄抹灰外墙外保温系统（以下简称"EPS 板薄抹灰系统"）由 EPS 板保温层、薄抹面层和饰面涂层构成，EPS 板用胶粘剂固定在基层上，薄抹面层中满铺玻纤网（图 3-102）。

2) EPS 板薄抹灰外墙外保温系统施工过程。施工准备→基层墙体处理→弹线→配胶粘砂浆→粘贴 EPS 保温板→钻孔、安装固定件→打磨找平→特殊部位处理→抹底层砂浆→铺设网格布→抹面层砂浆→检查验收。

①基层墙体处理。EPS 板薄抹灰系统的基层表面应清洁，无油污、脱模剂等妨碍粘结的附着物。凸起、空鼓和疏松部位应剔除并找平。找平层应与墙体粘结牢固，不得有脱层、空鼓、裂缝，面层不得有粉化、起皮、爆灰等现象。

②墙面弹线、挂线。施工前首先读懂图纸，确认基层结构墙体的伸缩缝、结构沉降缝、防震缝、墙体体型突变的具体部位，并作出标记。此外，还应弹出首层散水标高线和伸缩缝具体位置。

③配制粘结专用砂浆。将粘结专用胶粘剂和保温干混料按照重量配比配合，用搅拌机充分搅拌均匀，静置 3min 后即可使用。严禁加水使用。每次配好的胶粘砂浆应在 1h 内用完，超过此时间的胶粘砂浆不得继续使用。

④粘贴 EPS 板。

a. 粘贴 EPS 板时，应将胶粘剂涂在 EPS 板背面，涂胶粘剂面积不得小于 EPS 板面积的 40%。板与板之间要相互挤紧，每贴完一块板后及时清理挤出的胶粘砂浆。

b. EPS 板应按顺砌方式粘贴，竖缝应逐行错缝。EPS 板应粘贴牢固，不得有松动和空鼓。

c. 墙角处 EPS 板应交错互锁（图 3-103）。门窗洞口四角处 EPS 板不得拼接，应采用整块 EPS 板切割成形，EPS 板接缝应离开角部至少 200mm（图 3-104）。

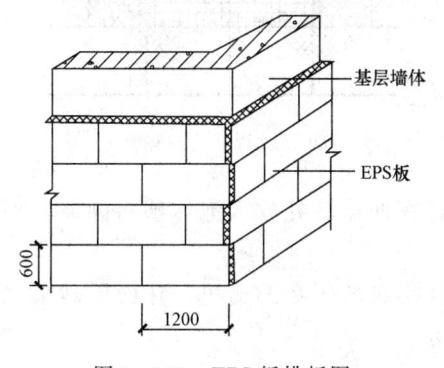

图 3-103　EPS 板排板图

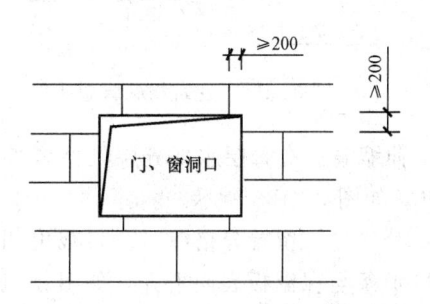

图 3-104　门窗洞口 EPS 板排列

d. 建筑物高度在 20m 以上时，在受负风压作用较大的部位宜使用锚栓辅助固定；EPS 板宽度不宜大于 1200mm，高度不宜大于 600mm；必要时应设置抗裂分隔缝。

⑤安装固定件。固定件在 EPS 板粘贴 8h 后开始安装，并在其 24h 内完成，用冲击钻钻孔，用自攻螺丝将工程塑料膨胀钉的钉冒与聚苯乙烯泡沫板表面平齐。粘贴在外墙阳角、空洞边缘的保温板，安装固定件在水平、垂直两个方向上均需加密，其间距不大于 300mm，距基层边缘不小于 60mm；固定件位置布置如图 3-105 所示。

⑥打磨找平。保温板贴完 4h 后，且待粘结剂达到一定粘结强度时 EPS 粘贴牢固后，如发现有接缝不平的现象，立即用打磨抹子打磨，磨平后用刷子将 EPS 碎屑清理干净。

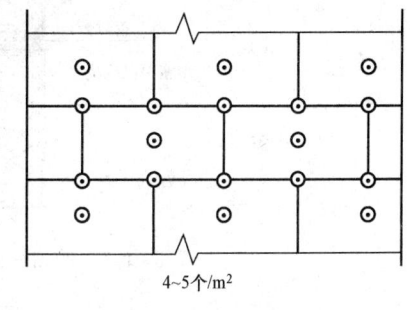

图 3-105　锚固件布置图

⑦抹底层砂浆。在打磨好的保温板面层上先将拌匀的抹面砂浆抹在板缝和锚固件表面接缝不平处；将基层砂浆均匀地抹在安装好的保温板上，厚度在 1.5~2mm。

⑧铺设网格布。在抹面砂浆后，应随即将网格布压入湿的抹面砂浆内，压入深度不得过深，表面网纹应显露，并压实平整，不得有皱折、空鼓、翘边现象；铺设网格布，应沿工作面外墙自上而下的铺设；用抹子由中间向上、下两边将其抹平，使其压紧至抹面砂浆层上。同时，在勒脚、门窗四角保温板收头处加强网格布做法，如图 3-106、图 3-107 所示。

⑨面层砂浆。基层砂浆凝结前（待砂浆干至不粘手时）再抹面层砂浆，厚度控制在 1~2mm，仅以覆盖网格布，微见网格布轮廓为宜。抹面砂浆施工完毕后需养护 7d 后方可进行后续工序的施工。

⑩对"缝"的处理。

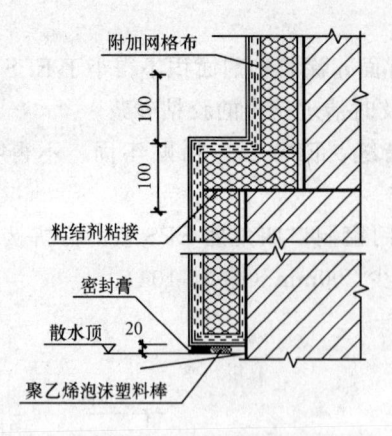

图 3-106 建筑物勒脚做法

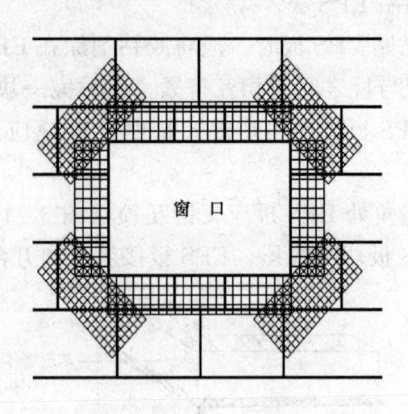

图 3-107 窗口做法

a. 伸缩缝。在每层水平分层处留置伸缩缝，在伸缩缝处放入泡沫塑料圆棒，外表用油膏嵌缝。如图 3-108 所示。

b. 分格缝。留置分格缝时，将裁出凹槽，网格布埋压在凹槽里，抹面层砂浆之前放入塑料U形条与保温板表面平齐，如图 3-109 所示。

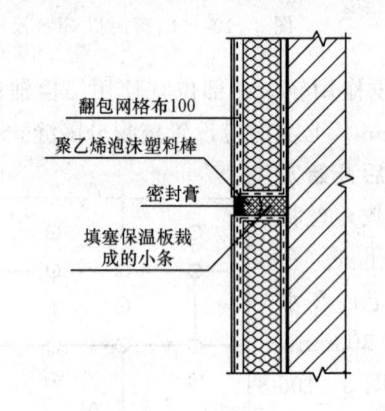

图 3-108 伸缩缝做法

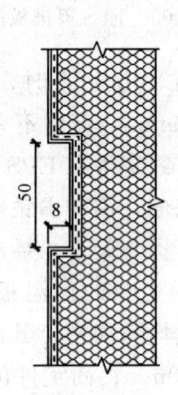

图 3-109 分格缝做法

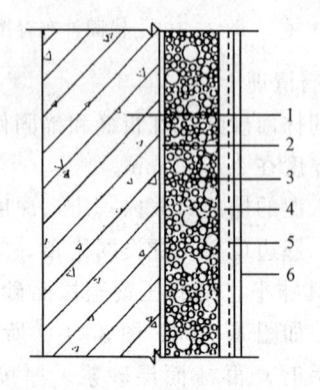

图 3-110 保温浆料系统
1—基层；2—界面砂浆；3—胶粉 EPS 颗粒保温浆料；
4—抗裂砂浆薄抹面层；5—玻纤网；6—饰面层

(2) 胶粉 EPS 颗粒保温浆料外墙外保温系统。

1) 构造层做法。胶粉 EPS 颗粒保温浆料外墙外保温系统（以下简称"保温浆料系统"）应由界面层、胶粉 EPS 颗粒保温浆料保温层、抗裂砂浆薄抹面层和饰面层组成（图 3-110）。胶粉 EPS 颗粒保温浆料经现场拌和后喷涂或抹在基层上形成保温层。薄抹面层中应满铺玻纤网。

2) 施工工艺。胶粉聚苯颗粒保温浆料体系的多层、高层外墙外保温施工程序是：基层墙体处理→墙体基层涂刷专用界面砂浆→吊垂直、套方、弹控制线→用保温浆料作灰饼、作冲筋→钻孔→分遍抹保温浆料→晾置干燥,平整度、垂直度验收→划分格线→抹抗裂砂浆,铺压玻纤网布→抹第二遍抗裂砂浆、压入第二层玻纤网格布(涂料饰面需用加强层时)→抗裂防护层验收→饰面层施工。

3)施工要点。

①保温层一般做法。胶粉EPS颗粒保温浆料宜分遍抹灰,每遍间隔时间应在24h以上,每遍厚度不宜超过20mm。第一遍抹灰应压实,最后一遍应找平,应达到冲筋厚度搓平。保温层固化干燥(以用手掌按不动表面为宜,一般为3～5d)后方可进行抗裂保护层施工。

②分格线条。根据建筑物立面情况,分格缝宜分层设置,分块面积单边长度应不大于15m;按设计要求在胶粉聚苯颗粒保温浆料层上弹出分格线和滴水槽的位置。

③抹抗裂砂浆,铺贴玻纤网格布。玻纤网格布按楼层间尺寸事先裁好,抹抗裂砂浆一般分两遍完成,第一遍厚度为(2±0.5)mm,随即横向铺贴玻纤网格布,用抹子将玻纤网格布压入砂浆,搭接宽度不应小于50mm,先压入一侧抹抗裂砂浆,再压入另一侧,严禁干搭接。网格布铺贴要平整无褶皱,饱满度应达到100%,随即抹平压实。

④补洞及修理。对墙面使用外架子所留孔洞及损坏处应修补,方法如下:当架子与墙体的连接拆除后,应立即对连接点的孔洞用与基层相同的材料进行填补,并用1:3水泥砂浆抹平;按孔洞的面积用胶粉聚苯颗粒抹平,并打磨其边缘部位,使之与孔洞严密接合;用胶带将孔洞周边已做好的面层盖住,以防修补过程中污染。对于墙面损坏处的处理方法与上述方法相同。

(3)EPS板现浇混凝土外墙外保温系统。

1)EPS板现浇混凝土外墙外保温系统(以下简称"无网现浇系统")以现浇混凝土外墙作为基层,EPS板为保温层。EPS板内表面(与现浇混凝土接触的表面)沿水平方向开有矩形齿槽,内、外表面均满涂界面砂浆。在施工时将EPS板置于外模板内侧,并安装锚栓作为辅助固定件。浇灌混凝土后,墙体与EPS板以及锚栓结合为一体。EPS板表面抹抗裂砂浆薄抹面层,外表以涂料为饰面层(图3-111),薄抹面层中满铺玻纤网。

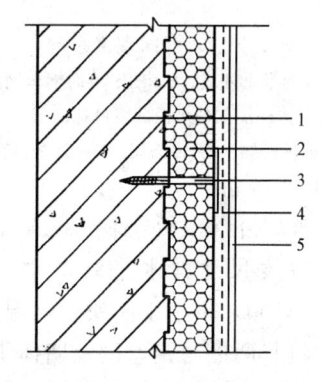

图3-111 无网现浇系统
1—现浇混凝土外墙;2—EPS板;3—锚栓;
4—抗裂砂浆薄抹面层;5—饰面层

2)聚苯保温板安装施工顺序。墙体钢筋隐蔽检查验收完毕→拼装墙间保温板(同时做好临时固定)→在保温板上插好插接锚栓→保温板安装预检检查验收→墙体模板安装→浇灌墙体混凝土→拆模及混凝土养护→抹面层聚合物砂浆(中间压入一层耐碱玻纤网布)→饰面层。

3)施工方法。

①EPS板宽度宜为1.2m,高度宜为建筑物层高。

②先由阴阳角边缘开始安装保温板,由一侧进行拼装保温板,如外墙施工面积较大,可由两侧向中间同时拼装。

③锚栓每平方米宜设2～3个。

④水平抗裂分隔缝宜按楼层设置。垂直抗裂分隔缝宜按墙面面积设置,在板式建筑中不宜大于30m^2,在塔式建筑中可视具体情况而定,宜留在阴角部位。

⑤应采用钢制大模板施工。

⑥混凝土一次浇筑高度不宜大于1m,混凝土需振捣密实、均匀,墙面及接茬处应光滑、平整。

⑦混凝土浇筑后,EPS板表面局部不平整处宜抹胶粉EPS颗粒保温浆料修补和找平,修补和找平处厚度不得大于10mm。

⑧模板拆除。在常温条件下,墙体混凝土强度不低于1.0MPa,即可拆除模板。拆模时应以同条件试块抗压强度为准(或根据实际情况总结出的拆模时间为准)。

⑨抹罩面抗裂砂浆防护面层。抹面层弹性聚合物砂浆,抹灰厚度以盖住网格布为准;罩面防护砂浆施工完成后,待面层砂浆干燥后方可进行下道工序。

(4)EPS钢丝网架板现浇混凝土外墙外保温系统。

1)基本构造。钢丝网聚苯板混凝土外墙外保温工程(以下简称"有网现浇系统")是以现浇混凝土为基层墙体,采用腹丝穿透钢丝网聚苯板做保温隔热材料,聚苯板单面钢丝网架板置于外墙外模板内侧,并以Φ6锚筋钩紧固定与钢筋混凝土现浇为一体,聚苯板的抹面层为抗裂砂浆,属于厚型抹灰面层,面砖饰面。如图3-112所示。

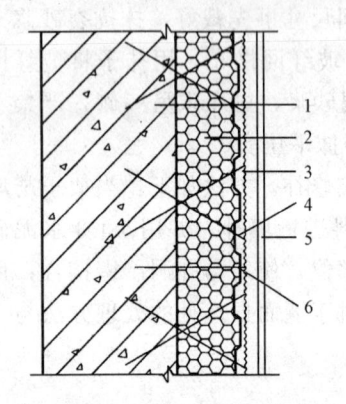

图3-112 有网现浇系统
1—现浇混凝土外墙;2—EPS单面钢丝网架;
3—掺外加剂的水泥砂浆厚抹面层;
4—钢丝网架;5—饰面层;6—Φ6钢筋

2)施工工艺和施工操作要点。墙体放线→绑扎外墙钢筋,钢筋隐检→安装钢丝网架聚苯板→验收钢丝网架聚苯板→支外墙模板→验收模板→浇筑墙体混凝土→检验墙及钢丝网架聚苯板→钢丝网架聚苯板板面抹灰。

施工要点如下:

①外墙外保温板安装:混凝土内外钢筋绑扎必须验收合格后方可进行。按照设计图纸上的墙体厚度尺寸弹水平线及垂直线,同时在外墙钢筋外侧绑扎塑料卡垫块,每块板内(1200×2700)不小于4块。保温板就位后,可将L型Φ6钢筋按垫块位置穿过保温板,用火烧丝将其两侧与钢丝网及墙体绑扎牢固。

②应采用钢制大模板施工,并应采取可靠措施保证EPS钢丝网架板和辅助固定件安装位置准确。

③混凝土一次浇筑高度不宜大于1m,混凝土需振捣密实、均匀,墙面及接茬处应光滑、平整。

④应严格控制抹面层厚度,并采取可靠抗裂措施确保抹面层不开裂。

3.4.3 建筑节能工程验收

1. 建筑节能工程验收的程序和组织

建筑节能工程的验收应遵守《建筑工程施工质量验收统一标准》(GB 50300—2013)的要求,并应符合下列规定:

(1)节能工程的检验批验收和隐蔽工程验收应由专业监理工程师组织,施工单位项目专业的质量检查员、专业工长等进行验收。

(2) 节能分项工程验收应由专业监理工程师组织，施工单位项目技术负责人等进行验收。

(3) 节能分部工程验收应由总监理工程师（建设单位项目负责人）组织，施工单位项目负责人、项目技术负责人等进行验收。设计单位项目负责人和施工单位的质量技术负责人应参加节能分部工程验收。

2. 建筑节能工程的检验批质量验收

检验批质量验收合格应符合下列规定：

(1) 检验批应按主控项目和一般项目验收。

(2) 主控项目应全部合格。

(3) 一般项目应合格；当采用计数检验时，至少应有90%以上的检查点合格，且其余检查点不得有严重缺陷。

(4) 应具有完整的施工操作依据和质量验收记录。

3. 建筑节能分项、分部工程质量验收

建筑节能分项工程质量验收合格，应符合下列规定：

(1) 分项工程所含的检验批均应合格。

(2) 分项工程所含检验批的质量验收记录应完整。

建筑节能分部工程质量验收合格，应符合下列规定：

(1) 分项工程应全部合格。

(2) 质量控制资料应完整。

(3) 外墙节能构造的现场实体检验结果应符合设计要求。

(4) 严寒、寒冷和夏热冬冷地区的外窗气密性现场实体检测结果应合格。

(5) 建筑设备工程系统的节能性能检测结果应合格。

本 节 练 习 题

一、单项选择题

1. 建筑节能工程为单位建筑工程的一个（　　）。
   A. 分部工程　　　B. 分项工程　　　C. 检验批　　　D. 主控项目

2. EPS板薄抹灰外墙外保温系统在粘贴EPS板时，应将胶粘剂涂在EPS板背面，涂胶粘剂面积不得小于EPS板面积的（　　）。
   A. 30%　　　　　B. 40%　　　　　C. 50%　　　　　D. 100%

3. EPS板薄抹灰外墙外保温系统在粘贴EPS板时，门窗洞口四角处EPS板不得拼接，应采用整块EPS板切割成形，EPS板接缝应离开角部至少（　　）mm。
   A. 100　　　　　B. 150　　　　　C. 200　　　　　D. 300

4. 胶粉EPS颗粒保温浆料宜分遍抹灰，每遍间隔时间应在（　　）h以上。
   A. 12　　　　　　B. 6　　　　　　C. 14　　　　　　D. 24

5. EPS板无网现浇混凝土外墙外保温系统，混凝土一次浇筑高度不宜大于（　　）m，混凝土需振捣密实均匀。
   A. 1　　　　　　B. 2　　　　　　C. 0.5　　　　　D. 1.5

二、判断题

1. 粘贴 EPS 板时，应将胶粘剂涂在 EPS 板背面，涂胶粘剂面积不得小于 EPS 板面积的 40%。（ ）

2. 铺设网格布应沿工作面外墙自上而下的铺设；用抹子由中间向上、下两边将其抹平，使其压紧至抹面砂浆层上。（ ）

3. 胶粉 EPS 颗粒保温浆料宜分遍抹灰，每遍间隔时间应在 24h 以上，每遍厚度不宜超过 20mm。（ ）

3.5 装饰装修工程

【工程背景】 装饰工程是指为了保护建筑物的主体结构，完善建筑物的使用功能和美化建筑物，采用装饰装修材料或装饰物，对建筑物的内外表面及空间进行的各种处理过程。装饰工程包括抹灰工程、门窗工程、楼地面工程、饰面板（砖）工程、吊顶工程、轻质隔墙工程、幕墙工程、涂饰工程、裱糊与软包工程以及细部工程等。

3.5.1 门窗工程

门窗工程是建筑物的主要组成部分。常用门窗的种类有木门窗、钢门窗、铝合金门窗、塑料门窗和塑钢门窗、断桥铝门窗（又叫铝塑复合门窗）等六大种。

1. 木门窗

（1）木门窗制作和安装。

制作：木门窗宜在木材加工厂定型制作，不宜在施工现场加工制作。

安装：木门窗框安装有先立门窗框（立口）和后塞门窗框两种。

（2）木门窗的安装要求。门窗框在洞口内要立正立直，同一层门窗要拉通线控制水平位置，多层建筑的上下门窗也要位于同一条垂直线上，门窗框要用临时木楔固定，用钉子固定在预埋木砖内。

2. 铝合金门窗

铝合金门窗安装方法采用后塞口。铝合金门窗一般是先安装门窗框，后安装门窗扇。

（1）铝合金门窗安装施工工艺流程是：弹线、找规矩→门窗洞口处理→门窗洞口内埋设连接铁件→铝合金门窗拆包检查→按图纸编号运至安装地点→检查铝合金保护膜→铝合金门窗安装→门窗口四周嵌缝、填保温材料→清理→安装五金配件→安装门窗密封条→质量检验→纱扇安装。

（2）施工要点。

1）弹线、找规矩：在最高层找出门窗口边线，用大线坠将门窗口边线下引，并在每层门窗口处画线标记，对个别不直的口边应剔凿处理。高层建筑可用经纬仪找垂直线。门窗口的水平位置应以楼层+50cm 水平线为准，往上反，量出窗下皮标高，弹线找直，每层窗下皮（若标高相同）则应在同一水平线上。

2）铝合金门窗安装时若采用连接铁件固定，铁件应进行防腐处理，连接件最好选用不锈钢件。

3）就位和临时固定：根据已放好的安装位置线安装，并将其吊正找直，无问题后才可用木楔临时固定。

4) 与墙体固定：铝合金门窗与墙体固定有以下三种方法：

①沿窗框外墙用电锤打 $\phi 6$ 孔（深 60mm），再将铁脚与预埋钢筋焊牢。

②连接铁件与预埋钢板或剔出的结构箍筋焊牢。

③混凝土墙体可用射钉枪将铁脚与墙体固定。

不论采用哪种方法固定，铁脚至窗角的距离不应大于 180mm，铁脚间距应小于 600mm。

5) 处理门窗框与墙体的缝隙：铝合金门窗固定好后，应及时处理门窗框与墙体的缝隙。如设计未规定填塞材料品种时，应采用矿棉或玻璃棉毡条分层填塞缝隙，外表面留 5～8mm 深槽口填嵌嵌缝膏，严禁用水泥砂浆填塞。在门窗框两侧进行防腐处理后，可填嵌设计指定的保温材料和密封材料。待铝合金窗和窗台板安装后，将窗框四周的缝隙同时填嵌，填嵌时用力不应过大，防止窗框受力后变形。

3. 塑钢门窗

(1) 施工准备工作。

1) 塑钢门窗安装前，应先认真熟悉图纸，核实门窗洞口位置、洞口尺寸，检查门窗的型号、规格、质量是否符合设计要求，如图纸对门窗框位置无明确规定时，施工负责人根据工程性质及使用具体情况，作统一交底，明确开向、标高及位置（墙中、里平或外平等）。

2) 安装门窗框时，上下层窗框吊齐、对正；在同一墙面上有几层窗框时，每层都要拉通线来找平窗框的标高。

3) 门窗框安装前，应对 +50cm 线进行检查，并找好窗边垂直线及窗框下皮标高的控制线，拉通线，以保证门窗框高低一致。

4) 塑钢门窗安装工程应在主体结构分部工程验收合格后，才可进行施工。

5) 塑钢门窗及其配件、辅助材料应全部运到施工现场，数量、规格、质量应完全符合设计要求。

(2) 塑钢门窗安装。安装工艺流程是：轴线、标高复核→原材料、半成品进场检验→门窗框定位→安装门窗框（后塞口）→塑钢门窗扇安装→五金安装→嵌密封条→验收。

施工要点包括：

1) 立门窗框前要看清门窗框在施工图上的位置、标高、型号，门窗框规格，门扇开启方向，门窗框是内平、外平或是立在墙中间。根据图纸设计要求在洞口上弹出立口的安装线，照线立口。

2) 预先检查门窗洞口的尺寸、垂直度及预埋件数量。

3) 塑钢门窗框安装时用木楔临时固定，待检查立面垂直、左右间隙大小、上下位置一致，均符合要求后，再将镀锌锚固板固定在门窗洞口内。

4) 塑钢门窗与墙体洞口的连接要牢固可靠，门窗框的铁脚至框角的距离不应大于 180mm，铁脚间距应小于 600mm。

5) 塑钢门窗框上的锚固板与墙体的固定方法有预埋件连接、燕尾铁脚连接、金属膨胀螺栓连接、射钉连接等。当洞口为砖砌体时，不得采用射钉固定。

6) 塑钢门窗框与洞口的间隙，应采用矿棉条或玻璃棉毡条分层填塞，缝隙表面留 5～8mm 深的槽口嵌填密封材料。

7) 安装门窗扇时，扇与扇、扇与框之间要留适当的缝隙，一般情况下，留缝限值不大于 2mm，无下框时门扇与地面间留缝 4~8mm。

8）塑钢门窗交工之前，应将型材表面的塑料胶纸撕掉，如果塑料胶纸在型材表面留有胶痕，宜用香蕉水清洗干净。

（3）质量验收。

1）主控项目。

①塑钢门窗的品种、类型、规格、尺寸、性能、开启方向、安装位置、连接方式及塑钢门窗的型材壁厚应符合设计要求；塑钢门窗的防腐处理及填嵌、密封处理应符合设计要求。

②塑钢门窗框的安装必须牢固；预埋件的数量、位置、埋设方式、与框的连接方式必须符合设计要求。

③塑钢门窗扇必须安装牢固，并应开关灵活、关闭严密，无倒翘；推拉门窗扇必须有防脱落措施。

④塑钢门窗配件的型号、规格、数量应符合设计要求，安装应牢固，位置应正确，功能应满足使用要求。

2）一般项目。

①塑钢门窗表面应洁净、平整、光滑、色泽一致，无锈蚀；大面应无划痕、碰伤；漆膜或保护层应连续。

②塑钢门窗、推拉门窗扇开关力应不大于 100N。

③塑钢门窗框与墙体之间的缝隙应填嵌饱满，并采用密封胶密封；密封胶表面应光滑、顺直，无裂纹。

④塑钢门窗扇的橡胶密封条和毛毡密封条应安装完好，不得脱槽。

⑤有排水孔的塑钢门窗，排水孔应畅通，位置和数量应符合设计要求。

⑥塑钢门窗安装的允许偏差和检验方法应符合表 3-47 的规定。

表 3-47　　　　　　　塑钢门窗安装的允许偏差和检验方法

项次	项 目		允许偏差/mm	检 验 方 法
1	门窗槽口宽度、高度	≤1500mm	1.5	用钢尺检查
		>1500mm	2	
2	门窗槽口对角线长度差	≤2000mm	3	用钢尺检查
		>2000mm	4	
3	门窗框的正、侧面垂直度		2.5	用垂直检测尺检查
4	门窗横框的水平度		2	用 1m 水平尺和塞尺检查
5	门窗横框标高		5	用钢尺检查
6	门窗竖向偏离中心		5	用钢尺检查
7	双层门窗相邻扇高度差		4	用钢尺检查
8	推拉门窗相邻扇高度差		1.5	用钢直尺检查

4．断桥铝门窗

断桥铝门窗又叫铝塑复合门窗，采用隔热断桥铝型材和中空玻璃，具有节能、隔声、防噪、防尘、防水等功能。断桥铝门窗的导热系数 K 值不大于 $3W/(m^2 \cdot K)$，比普通门窗热量散失减少一半，降低取暖费用 30% 左右，隔声量达 29 分贝以上，水密性、气密性良好，均达国家 A1 类窗标准。

(1) 断桥铝门窗的优点。

1) 降低热量传导。采用隔热断桥铝合金型材，其导热系数为 $1.8\sim3.5$W/($m^2\cdot$K)，大大低于普通铝合金型材的导热系数 $140\sim170$W/($m^2\cdot$K)；采用中空玻璃结构，其导热系数为 $3.17\sim3.59$W/($m^2\cdot$K)，大大低于普通铝合金型材的导热系数 $6.69\sim6.84$W/($m^2\cdot$K)，有效降低了通过门窗传导的热量。

2) 防止冷凝。带有隔热条的型材内表面的温度与室内温度接近，降低室内水分因过饱和而冷凝在型材表面的可能性。

3) 节能。在冬季，带有隔热条的窗框能够减少 1/3 的通过窗框散失的热量；在夏季，如果是在有空调的情况下，带有隔热条的窗框能够更多地减少能量的损失。

4) 保护环境。通过隔热系统的应用，能够减少能量的消耗，同时减少了由于空调和暖气产生的环境辐射。

5) 有益健康。人体与环境交换热量取决于室内空气的温度、空气流动速度和室外空气温度。通过调节门窗室内温度，使其不低于 12~13℃，使达到最舒适的环境。

6) 降低噪声。采用厚度不同的中空玻璃结构和隔热断桥铝型材空腔结构，能够有效降低声波的共振效应，阻止声音的传递，可以降低噪声 30dB 以上。

7) 颜色丰富多彩。采用阳极氧化、粉末喷涂表面处理后可以生产 RAL 色系、200 多款不同颜色的铝型材，经滚压组合后，使隔热铝合金门窗产生室内、室外不同颜色的双色窗。

断桥铝合金门窗的突出优点是强度高，保温隔热性好，刚性好，防火性好，采光面积大，耐大气腐蚀性好，综合性能高，使用寿命长，装饰效果好。断桥铝门窗节能达到 50% 左右。使用断桥铝门窗无老化问题之忧、无气体污染之困扰。在建筑达到寿命周期后，门窗可以回收利用，不会为下一代产生环境污染。所以断桥铝门窗被确定为"绿色环保"产品。

(2) 断桥铝门窗的安装方法。同塑钢门窗的安装方法，工艺过程也相同。

(3) 断桥铝门窗的安装质量检查。

1) 窗户表面。窗框要洁净、平整、光滑，大面无划痕、碰伤，型材无开焊，断裂。

2) 五金件。五金件要齐全，位置正确，安装牢固，使用灵活，能达到各自的使用功能。

3) 玻璃密封条。密封条与玻璃及玻璃槽口的接触应平整，不得卷边、脱槽。

4) 密封质量。门窗半闭时，扇与框之间无明显缝隙，密封面上的密封条应处于压缩状态。

5) 玻璃。玻璃应平整、安装牢固，不应有松动现象，单层玻璃不得直接接触型材，双层玻璃内外表面均应洁净，玻璃夹层内不得有灰尘和水汽，隔条不能翘起。

6) 压条。带密封条的压条必须与玻璃全部贴紧，压条与型材的接缝处应无明显缝隙，接头缝隙应小于或等于 1mm。

7) 拼樘料。拼樘料应与窗框连接紧密，同时用嵌缝膏密封，不得晃动，螺钉间距应小于或等于 600mm，内衬增强型钢两端均应与洞口固定牢靠。

8) 开关部件。平开、推拉或旋转窗均应关闭严密。

9) 框与墙体连接。窗框应横平竖直、高低一致，固定片的间距应小于或等于 600mm，框与墙体应连接牢固，缝隙应用弹性材料填嵌饱满，表面用嵌缝膏密封，无裂缝。

10) 排水孔。排水孔位置要正确，同时还要通畅。

3.5.2 抹灰工程

抹灰工程是用灰浆涂抹在房屋建筑的墙、地、顶棚表面上的一种传统做法的装饰工程。抹灰工程分内抹灰和外抹灰。

1. 抹灰工程的分类和组成

（1）抹灰工程的分类。抹灰工程按使用的材料及其装饰效果可分为一般抹灰和装饰抹灰。

1）一般抹灰。一般抹灰所使用的材料有石灰砂浆、水泥混合砂浆、水泥砂浆、聚合物水泥砂浆、麻刀灰、纸筋石灰、粉刷石膏等。一般抹灰按质量要求分为普通抹灰和高级抹灰两个等级。当设计无要求时，按普通抹灰验收。普通抹灰由一层底层和一层面层或一层底层、一层中层和一层面层组成，要求表面光滑、洁净、接槎平整、分格缝应清晰。高级抹灰由一层底层、数层中层和一层面层组成，要求表面光滑、洁净、颜色均匀无抹纹，分格缝和灰线应清晰美观。

2）装饰抹灰。装饰抹灰是指通过操作工艺及选用材料等方面的改进，使抹灰更富于装饰效果。主要有水刷石、斩假石、干粘石、假面砖等。

（2）抹灰工程的组成。为了保证砂浆与基层粘结牢固，表面平整，不产生裂缝，抹灰施工一般分层操作，可分为底层、中层、面层。底层主要起与基层粘结作用，兼起初步找平作用，砂浆厚度为10～12mm。中层主要起找平作用。砂浆的种类基本与底层相同。面层主要起装饰作用，要求大面平整、无裂纹、颜色均匀。

2. 抹灰工程的施工工艺

（1）一般抹灰的施工。

1）材料要求。

①水泥。水泥为不小于32.5级的普通硅酸盐水泥、矿渣硅酸盐水泥；抹灰工程应对水泥的凝结时间和安定性进行复验。

②石灰膏和磨细生石灰粉。块状生石灰须经熟化成石灰膏后使用；将块状生石灰碾碎磨细后即为磨细生石灰粉。

③砂。抹灰用砂，最好是中砂。

④纤维材料。包括麻刀、纸筋、稻草、玻璃纤维。它们在抹灰层中起拉结和骨架作用，提高抹灰层的抗拉强度，增加抹灰层的弹性和耐久性，使抹灰层不易裂缝脱落。

⑤颜料和胶粘剂。为了加强装饰效果，往往在砂浆中掺入适量的颜料，要求抹灰用颜料必须为耐碱、耐光的矿物颜料。加入适量的胶粘剂，如108胶可提高抹灰层的粘结力，改善抹灰性能，提高抹灰质量。

2）一般抹灰基层表面处理。抹灰工程施工前，必须对基层表面作适当的处理，使其坚实粗糙，以增强抹灰层的粘结。基层处理包括以下内容：

①将砖、混凝土、加气混凝土等基层表面的灰尘、污垢和油渍等清除干净，并洒水湿润；混凝土基体上抹灰前，必须在表面洒水湿润后涂刷1∶1水泥砂浆加适量108胶，做到涂刷均匀，不得有漏刷，然后洒水养护，待强度达到一定程度后进行抹灰，或采用界面处理剂涂刷，以增加粘结力。加气混凝土基体应在湿润后涂刷界面剂后，再抹强度不大于M5的水泥混合砂浆。

②检查基体表面平整度，对凹凸过大的部位应凿补平整。

③墙上的施工孔洞及管道线路穿越的孔洞应堵塞并填平密实。

④室内墙面、柱面和门洞口的阳角做法应符合设计要求。设计无要求时，应采用1∶2水泥砂浆做护角，其高度不应低于2m，每侧宽度不应小于50mm。

⑤抹灰工程应分层进行。当抹灰总厚度大于或等于35mm时，应采取加强措施。不同材料基体交接处表面的抹灰，应采取防止开裂的加强措施，当采用加强网时，加强网与各基体的搭接宽度不应小于100mm。如图3-113所示。

3) 一般抹灰工艺顺序。应遵循先外墙后内墙，先上后下，先顶棚、墙面后地面的顺序，重点讲解外墙抹灰施工工艺。其工艺过程是：基层处理→湿润墙面→设置标筋（做灰饼、冲筋）→阴阳角找方→做护角线→抹墙面底层灰→抹墙面中层灰→弹线粘贴分格条→抹墙面面层灰，表面压光并修整起分格条→抹滴水线→养护。

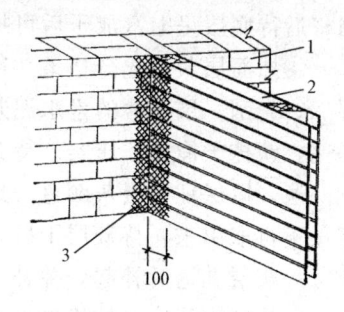

图3-113 不同材料基体交接处的处理
1—砖墙；2—板条墙；3—钢丝网

外墙抹灰施工要点包括如下：

①吊垂直、套方、找规矩、做灰饼、冲筋。根据建筑高度确定放线方法，高度建筑可利用墙大角、门窗口两边，用经纬仪找垂直。多层建筑时，可从顶层用大线坠吊垂直，找规矩，横向水平线可依据楼层标高或施工＋50cm线为水平基准线进行交圈控制，然后按抹灰操作层抹灰饼，每层抹灰时则以灰饼做基准冲筋，使其保证横平竖直。操作时应先抹上灰饼，再抹下灰饼。抹灰饼时应根据室内抹灰要求，确定灰饼的正确位置，如图3-114所示，再用靠尺板找好垂直与平整，如图3-115所示。灰饼宜用1∶3水泥砂浆抹成5cm见方梯形状。当灰饼砂浆达到七八成干时，即可用与抹灰层相同砂浆冲筋。冲筋根数应根据房间的宽度和高度确定，一般冲筋宽度为5cm，两筋间距不大于1.5m。

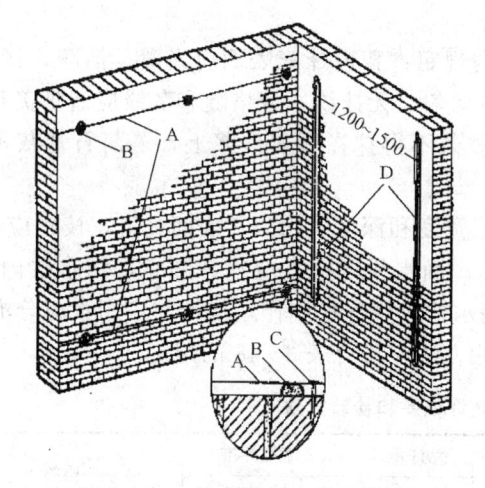

图3-114 挂线做标志块及标筋
A—引线；B—灰饼（标志块）；C—钉子；D—标筋

图3-115 用托线板挂垂直做标志

②抹底层灰、中层灰。根据不同的基体，抹底层灰前可刷一道掺108胶的水泥浆，然后抹1∶3水泥砂浆（加气混凝土墙应抹1∶1∶6混合砂浆），每层厚度控制在5～7mm为宜。

分层抹灰,用木杠刮平找直,木抹搓毛,每层抹灰不宜跟得太紧,以防收缩影响质量。

③弹线、嵌分格条。根据图纸要求弹线分格、粘分格条。分格条宜采用红松制作,也可以采用塑料制作。木分格条粘前应用水充分浸透。粘时在分格条两侧用素水泥浆抹成45°八字坡形。粘分格条时注意竖条应粘在所弹线的同一侧,防止左右乱粘,出现分格不均匀。条粘好后待底层呈七八成干后可抹面层灰。

④抹面层灰、起分格条。待底灰呈七八成干时开始抹面层灰,将底灰墙面浇水使其均匀湿润,先刮一层薄薄的素水泥浆,随即抹罩面灰且与分格条平,并用木杠横竖刮平,木抹子搓毛、铁抹子溜光、压实。待其表面无明水时,用软毛刷蘸水并垂直于地面,向同一方向轻刷一遍,以保证面层灰颜色一致,避免出现收缩裂缝,随后将分格条取出。如果采用塑料分格条不再取出来,待灰层干后,用素水泥膏将缝勾好。难取的分格条不要硬取,防止棱角损坏,等灰层干透后补起,并补勾缝。

⑤抹滴水线。在抹檐口、窗台、窗眉、阳台、雨篷、压顶和突出墙面的腰线以及装饰凸线时,应将其上面作成向外的流水坡度,严禁出现倒坡。下面做滴水线(槽)。流水坡度及滴水线(槽)距外表面不小于4cm,滴水线深度和宽度一般不小于10mm,并应保证其流水坡度方向正确。

⑥养护:水泥砂浆抹灰常温24h后应喷水养护。冬期施工要有保温措施。

4)质量标准。

①主控项目。

a. 抹灰前基层表面的尘土、污垢、油渍等应清除干净,并应洒水润湿。

b. 一般抹灰材料的品种和性能应符合设计要求。水泥凝结时间和安定性应合格。砂浆的配合比应符合设计要求。

c. 抹灰层与基层之间及各抹灰层之间必须粘结牢固,抹灰层无脱层、空鼓,面层应无爆灰和裂缝。

②一般项目。

a. 一般抹灰工程的表面质量应符合下列规定:普通抹灰表面应光滑、洁净,接槎平整,分格缝应清晰。高级抹灰表面应光洁、颜色均匀、无抹纹,分格缝和灰线应清晰美观。

b. 抹灰总厚度应符合设计要求,水泥砂浆不得抹在石灰砂浆上,罩面石膏灰不得抹在水泥砂浆层上。

c. 抹灰分格缝的设置应符合设计要求,宽度和深度应均匀,表面光滑,棱角应整齐。

d. 有排水要求的部位应做滴水线(槽)。滴水线(槽)应整齐顺直,滴水线内高外低,滴水槽的宽度和深度均不应小于10mm,滴水槽应用红松制作,使用前应用水充分泡透。

e. 一般抹灰工程质量的允许偏差和检验方法应符合表3-48的规定。

表3-48　　　　　　　一般抹灰的允许偏差和检验方法

项次	项目	允许偏差/mm(国家标准) 普通抹灰	允许偏差/mm(国家标准) 高级抹灰	允许偏差/mm(企业标准) 普通抹灰	允许偏差/mm(企业标准) 高级抹灰	检验方法
1	立面垂直度	4	3	3	2	用2m垂直检测尺检查
2	表面平整度	4	3	3	2	用2m靠尺和塞尺检查
3	阴阳角方正	4	3	3	2	用直角检测尺检测

续表

项次	项目	允许偏差/mm（国家标准） 普通抹灰	允许偏差/mm（国家标准） 高级抹灰	允许偏差/mm（企业标准） 普通抹灰	允许偏差/mm（企业标准） 高级抹灰	检验方法
4	分格条（缝）直线度	4	3	3	2	拉5m线，不足5m拉通线，用钢直尺检查
5	墙裙、勒脚上口直线度	4	3	3	2	拉5m线，不足5m拉通线，用钢直尺检查

（2）装饰抹灰施工。装饰抹灰除具有与一般抹灰相同的功能外，主要是装饰艺术效果更加鲜明。装饰抹灰的底层和中层的做法与一般抹灰基本相同，只是面层的材料和做法有所不同。主要包括水刷石、干粘石、斩假石、假面砖。

1）水刷石的施工。

①主要材料要求。水泥宜采用普通硅酸盐水泥或硅酸盐水泥，也可采用矿渣水泥、火山灰水泥、粉煤灰水泥及复合水泥，彩色抹灰宜采用白色硅酸盐水泥。水泥强度等级宜采用32.5级的颜色一致、同一批号、同一品种、同一强度等级、同一厂家生产的产品。水泥进厂须对产品名称、代号、净含量、强度等级、生产许可证编号、生产地址、出厂编号、执行标准、日期等进行外观检查，同时验收合格证。

②施工工艺。基层处理→湿润墙面→设置标筋→抹墙面底、中层灰→弹线和粘贴分格条→抹水泥石子浆→洗刷→检查质量→养护。

③施工要点包括：

a. 待底面灰六七成干时首先将墙面润湿并涂一层胶粘性素水泥浆，然后开始用钢抹子抹面层水泥石子浆，自下往上分两遍并与分格条抹平，有坑凹处要及时填补，边抹边拍打揉平。

b. 修整、赶实、压光、喷刷。将抹好在分格块内的石子浆面层拍平压实，再用铁抹子溜光压实，反复3～4遍。拍压时特别要注意阴阳角部位石渣饱满，以免出现黑边。待面层初凝时（手指按无痕，用水刷子刷不掉石粒为宜），开始刷洗面层水泥浆，喷刷分两遍进行，喷刷要均匀，使石子露出表面1～2mm为宜。最后用水壶从上往下将石渣表面冲洗干净，冲洗时不宜过快，同时注意避开大风天，以避免造成墙面污染发花。若使用白水泥砂浆做水刷石墙时，在最后喷刷时，可用草酸稀释液冲洗一遍，再用清水洗一遍，墙面更显洁净、美观。

c. 养护。待面层达到一定强度后，可喷水养护以防止脱水、收缩而造成空鼓、开裂。

2）干粘石的施工。

①干粘石的施工工艺是：基层处理→湿润墙面→设置标筋→抹墙面底、中层灰→弹线和粘贴分格条→抹面层砂浆→撒石子→修整、拍平。

②施工要点。

a. 当抹完粘结层后，紧跟其后一手拿装石子的托盘，一手用木拍板向粘结层甩石子。要求甩严、甩均匀，并用托盘接住掉下来的石粒，甩完后随即用钢抹子将石子均匀地拍入粘结层，石子嵌入砂浆的深度应不小于粒径的1/2为宜，并应拍实、拍严。操作时要先甩两边，后甩中间，从上至下快速均匀地进行，甩出的动作应快，用力均匀，不使石子下溜，并应保证左右搭接紧密，石粒均匀。

b. 拍平、修整，处理黑边。拍平、修整要在水泥初凝前进行，先拍压边缘，而后中间，拍压要轻重结合、均匀一致。拍压完成后，应对已粘石面层进行检查，发现阴阳角不顺直、表面不平整、黑边等问题，应及时处理。

c. 喷水养护。粘石面层完成后常温 24h 并喷水养护，养护期不少于 2~3d。夏日阳光强烈，气温较高时，应适当遮阳，避免阳光直射，并适当增加喷水次数，以保证工程质量。

3）斩假石的施工。斩假石的施工工艺是：基层处理→湿润墙面→设置标筋→抹墙面底、中层灰→弹线和粘贴分格条→抹水泥石子浆→养护→斩剁→清理。

4）假面砖的施工。假面砖是用掺加了氧化铁黄和氧化铁红等颜料的罩面厚度为 3mm 的水泥砂浆，达到一定强度后，用铁梳子沿靠尺由上而下划纹，然后按面砖宽度划出深横沟，露出底层砂浆，最后清扫墙面，达到模拟面砖的装饰效果。

3.5.3 饰面工程

饰面工程是在墙柱表面镶贴或安装具有保护和装饰功能的块料而形成的饰面层。块料面层分为饰面板和饰面砖两种。饰面板有石材饰面板（包括天然石材和人造石材）、金属饰面板、塑料饰面板、镜面玻璃饰面板、木制饰面板等。饰面砖有釉面瓷砖、外墙面砖、陶瓷锦砖和玻璃马赛克等。

1. 釉面瓷砖（内墙面砖）的施工

（1）施工工艺流程是：弹线分格→选砖、浸砖→贴灰饼→镶贴（顺序自下而上，从阳角开始，用整砖镶贴，非整砖留在阴角处）→擦缝。

（2）施工方法。

1）内墙釉面砖镶贴前，应在水泥砂浆基层上弹线分格，弹出水平、垂直控制线。在同一墙面上的横、竖排列中，不宜有一行以上的非整砖，非整砖行应安排在次要部位或阴角处。在镶贴釉面砖的基层上用废面砖按镶贴厚度上下左右做灰饼，并上下用托线板校正垂直，横向用线绳拉平，按 1500mm 间距补做灰饼。阳角处做灰饼的面砖正面和侧边均应吊垂直，即所谓双面挂直。镶贴：由下往上进行。

2）镶贴用砂浆宜采用 1:2 水泥砂浆，砂浆厚度为 6~10mm。釉面砖的镶贴也可采用专用胶粘剂或聚合物水泥浆，后者的配比（重量比）为水泥:108 胶:水=10:0.5:2.6。采用聚合物水泥浆不但可提高其粘结强度，而且可使水泥浆缓凝，利于镶贴时的压平和调整操作。

3）釉面砖镶贴前先应湿润基层，然后以弹好的地面水平线为基准，从阳角开始逐一镶贴。镶贴时用铲刀在砖背面刮满粘贴砂浆，四边抹出坡口，再准确置于墙面，用铲刀木柄轻击面砖表面，使其落实贴牢，随即将挤出的砂浆刮净。

4）镶贴过程中，随时用靠尺以灰饼为准检查平整度和垂直度。如发现高出标准砖面，应立即压挤面砖；如低于标准砖面，应揭下重贴，严禁从砖侧边挤塞砂浆。

5）接缝宽度应控制在 1~1.5mm 范围内，并保持宽窄一致。镶贴完毕后，应用棉纱、净水及时擦净表面余浆，并用薄铁皮刮缝，然后用同色水泥浆嵌缝。

6）镶贴釉面砖的基层表面遇到突出的管线、灯具、卫生设备的支承等，应用整砖套割吻合，不得用非整砖拼凑镶贴，同时在墙裙、浴盆、水池的上口和阴、阳角处应使用配件砖，以便过度圆滑、美观，同时不易碰损。

2. 外墙面砖的施工

外墙面砖施工工艺流程与要点（基层为混凝土墙面时的操作方法）是：

(1) 基层处理。剔平凸出墙面的混凝土，凿毛墙面（并用钢丝刷满刷一遍），毛化处理；吊垂直、套方、找规矩、贴灰饼。根据面砖的规格、尺寸分层设点、做灰饼；横向与竖向基准线控制应全部是整砖。

(2) 抹底层砂浆。分层抹水泥砂浆。

(3) 弹线分格。分段分格弹线。

(4) 排砖。横竖向排砖并保证面砖缝隙均匀，浸砖。

(5) 镶贴面砖。镶贴应自上而下进行；材料采用1∶2水泥砂浆，108胶混合砂浆，胶粉。

(6) 面砖勾缝与擦缝。用1∶1水泥砂浆勾缝，先勾水平缝再勾竖缝，勾好后要求凹进面砖外表面2~3mm。若横竖缝为干挤缝，应用白水泥配颜料进行擦缝处理。

3. 饰面板安装工艺（以大理石、花岗岩石材安装为重点讲解）

饰面板的安装工艺有传统湿作业法（灌浆法）、干挂法和直接粘贴法。

(1) 传统湿作业法施工。其施工工艺流程是：材料准备与验收、板材钻孔→基体处理→弹线定位→饰面板安装→灌浆→清理→嵌缝→打蜡。

1) 材料准备。饰面板材安装前，应挑选检验并试拼，使板材的色调、花纹基本一致，试拼后按部位编号，以便施工时对号安装。对已选好的饰面板材进行钻孔剔槽，以系固铜丝或不锈钢丝。每块板材的上、下边钻孔数各不得少于2个，孔位宜在板宽两端1/3~1/4处，孔径5mm左右，孔深15~20mm，直孔应钻在板厚度的中心位置。为使金属丝绕过板材穿孔时不搁占板材水平接缝，应在金属丝绕过部位轻剔一槽，深约5mm。

2) 基层处理，挂钢筋网。把墙面清扫干净，剔除预埋件或预埋筋，也可在墙面钻孔固定金属膨胀螺栓。对于加气混凝土或陶粒混凝土等轻型砌块砌体，应在预埋件固定部位加砌黏土砖或局部用细石混凝土填实，然后用 $\phi6mm$ 的 HPB235 钢筋纵横绑扎成网片且与预埋件焊牢。纵向钢筋间距为 500~1000mm，横向钢筋间距视板面尺寸而定。第一道钢筋应高于第一层板的下口 100mm 处，以后各道均应在每层板材的上口以下 10~20mm 处设置。

3) 弹线定位。弹线分为板面外轮廓线和分块线。外轮廓线弹在地面，距墙面 50mm（即板内面距墙 30mm），如图 3-116 所示。分块线弹在墙面上，由水平线和垂直线构成，是每块板材的定位线。

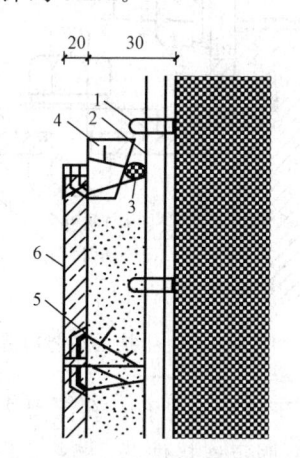

图 3-116　石材饰面板传统湿作业法安装

1—预埋筋；2—竖筋；3—横筋；4—定位木楔；5—铜丝；6—大理石饰面板

4) 饰面板安装。根据预排编号的饰面板材，对号入座进行安装。第一皮饰面板材先在墙面两端以外皮弹线为准固定两块板材，找平找直，然后挂上横线，再从中间或一端开始安装。随后用水平尺检查水平，用靠尺检查平整度，用线锤或托线板检查板面垂直度，调整好垂直、平整、方正后，在板材表面横竖接缝处每隔 100～150mm 用石膏浆板材碎块固定。为防止板材背面灌浆时板面移位，根据具体情况可加临时支撑，将板面撑牢。

5) 灌浆。灌注砂浆一般采用 1:2.5 的水泥砂浆，稠度为 80～150mm。灌注前，应浇水将饰面板及基体表面润湿，然后用小桶将砂浆灌入板背面与基体间的缝隙。灌浆应分层灌入，第一层浇灌高度不大于 150mm，并应不大于 1/3 板高。浇灌时应随灌随插捣密实，并及时注意不得漏灌，板材不得外移。当块材为浅色大理石或其他浅色板材时，应采用白水泥、白石屑浆，以防透底，影响饰面效果。

6) 清理、擦缝、打蜡。一层面板灌浆完毕待砂浆凝固后，清理上口余浆，隔日拔除上口木楔和有碍上层安装板材的石膏饼，然后按上述方法安装上一层板材，直至安装完毕。全部板材安装完毕后，洁净表面。室内光面、镜面板接缝应干接，接缝处用与板材同颜色的水泥浆嵌缝，缝隙嵌浆应密实，颜色要一致。室外光面或镜面饰面板接缝可干接或在水平缝中垫硬塑料板条，待灌浆砂浆硬化后将板条剔出，用水泥细砂浆勾缝。干接应用与光面板相同的彩色水泥浆嵌缝。最后打蜡。

(2) 干挂法施工。饰面板的传统湿作业法工序多，操作较复杂，而且易造成粘结不牢、容易空鼓、表面接槎不平等弊病，同时仅适用于多、高层建筑外墙首层或内墙面的装饰，墙面高度不大于 10m。近年来国内外采用了饰面板施工新工艺，其中干挂法是应用较为广泛的一种。干挂法一般适用于钢筋混凝土外墙或有钢骨架的外墙饰面，不能用于砖墙或加气混凝土墙的饰面。

干挂法是直接在饰面板厚度面和反面开槽或打孔，然后用不锈钢连接件与安装在钢筋混凝土墙体内的膨胀金属螺栓或钢骨架相连接。饰面板背面与墙面间形成 80～100mm 的空腔。板缝间加泡沫塑料阻水条，外用防水密封胶做嵌缝处理。该种方法多用于 30m 以下的建筑外墙饰面。如图 3-117 所示。

大理石饰面板干挂法施工工艺为：墙面修整、弹线、打孔→固定连接件→安装板块→调整、固定→嵌缝→清理。

1) 石材安装前，对混凝土外墙表面应进行凿平、修整、清扫干净，并根据设计要求和实际需要弹出石材安装的位置线。在板材的上、下两顶面钻孔，孔深为 21mm，孔径为 6mm。

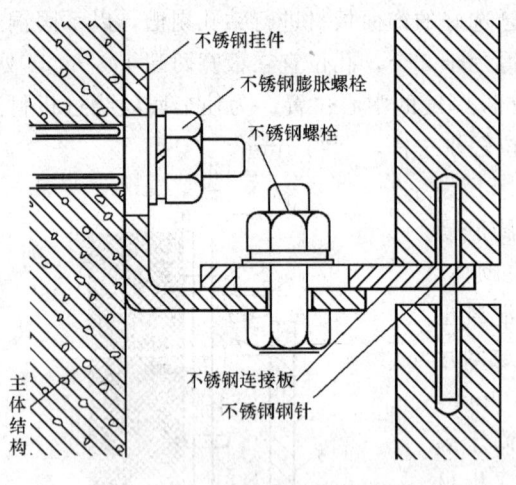

图 3-117 干挂法工艺构造示意图

2) 固定连接件。

3) 板材安装固定。进行底层石板安装、中间板块安装、顶部板安装。

4) 嵌缝。每一施工段安装后经检查无误，可清扫拼接缝，填塞聚乙烯泡沫嵌条，石材表面粘贴防污胶条。随后用胶枪嵌注密封硅胶。

(3) 直接粘贴法。直接粘贴法适用于厚度在 10～12mm 以下的石材薄板和碎大理石板的铺设。胶粘剂可采用不低于 32.5 级的普通硅酸盐水泥砂浆或白水泥浆，也可采用专用的石材胶粘剂（如 AH-03 型大理石专用胶粘胶）。粘贴顺序为由下至上逐层粘贴。粘贴初步定位后，应用橡皮锤轻敲表面，以取得板面的平整和与水泥砂浆接合的牢固。每层用水平尺靠平。

4. 铝塑板的施工

(1) 铝塑复合板组成及特点。铝塑复合板是由多层材料复合而成，上下层为高纯度铝合金板，中间为无毒低密度聚乙烯（PE）芯板，其正面还粘贴一层保护膜。在室外，铝塑板正面涂覆氟碳树脂（PVDF）涂层；在室内，其正面可采用非氟碳树脂涂层。铝塑板的特点是易于加工、成型，能缩短工期，降低成本。铝塑板可以切割、裁切、开槽、带锯、钻孔、加工埋头，也可以冷弯、冷折、冷轧，还可以铆接、螺栓连接或胶合粘结等。

(2) 干挂铝塑板施工工艺。施工工艺流程是：放线→安装固定连接件→安装龙骨架→安装铝塑板。

1) 放线工作。根据土建实际的中心线及标高点进行；饰面的设计以建筑物的轴线为依据。铝塑板骨架由横竖杆件组成，先弹好竖向杆件的位置线，然后再将竖向杆件的锚固点确定。

2) 安装固定连接件。在放线的基础上，用电焊固定连接件，焊缝处涂防锈漆二度。连接件与主体结构上的预埋件焊接固定，当主体结构上没有埋设预埋铁件时，可在主体结构上打孔安设膨胀螺栓与连接铁件固定。

3) 安装骨架。用焊接方法安装骨架，边安装边随时检查标高、中心线位置，并同时将截面连接焊缝做防锈漆处理。固定连接件做隐蔽检查记录，包括连接件焊缝长度、厚度，位置埋置标高、数量、嵌入深度。

4) 安装铝塑板。在型材内架上，先打螺钉孔位，用铆钉将铝塑板饰面逐块固定在型钢骨架上；板与板之间的间隙为10～15mm，再注入硅酮密封胶；铝塑板安装前严禁拆包装纸，直至竣工前才撕开包装保护膜。

(3) 木龙骨细木板基层铝塑板饰面工程的施工。施工工艺流程是：弹线→防潮层安装→龙骨安装→基层板安装→饰面板安装。

1) 弹线。根据设计图纸上的尺寸要求，先在墙上划出水平标高，弹出分格线，根据分格线在墙上加木楔，位置应符合龙骨分档的尺寸，横竖间距一般为300mm，不大于400mm。

2) 防潮层安装。木制墙面必须在施工前进行防潮处理，防潮层的做法一般是在基层板或龙骨刷二道水柏油。

3) 木龙骨安装。根据设计要求制成木龙骨架，整片或分色拼装。全墙面饰面的应根据房间四角和上下龙骨先找平找直，按面板分块大小由上到下做好木标筋，然在空档内根据设计要求钉横竖龙骨。

4) 基层板安装。本工程启用细木工板安装在龙骨上作为基层，安装平整牢固、无翘曲。表面如有凹陷或凸出须修正，对结合层上留有的灰尘、胶迹颗粒、钉头应完全清除或修平。

5) 饰面板安装。根据设计施工图要求在已制作好的木基层上弹出水平标高线、分格线，检查木基层表面平整和立面垂直、阴阳角套方。铝塑板按设计要求进行选材裁割，然后采用二面涂刷强力胶粘贴，涂刷胶水必须均匀，胶水及作业面整洁，涂刷胶水后，应待胶水不粘手再粘贴，并用木块做垫块、用榔头间接敲实。

3.5.4 楼地面工程

1. 楼地面的组成和分类

楼地面是底层地面和楼板面的总称。楼地面由面层、结合层、找平层、防潮层、保温层、垫层、基层等组成。根据不同的设计，其组成也不尽相同。楼地面分类：按面层施工方法不同可将楼地面分三大类：整体楼地面，又分为水泥砂浆地面、水泥混凝土地面、水磨石地面等；块材地面，又分为预制板材、大理石和花岗石、陶瓷地砖等，木竹地面等。

2. 整体楼地面的施工

(1) 基层的施工。

1) 抄平弹线统一标高。检查墙、地、楼板的标高，并在各房间内弹离楼地面高 50cm 的水平控制线，房间内一切装饰都以此为基准。

2) 楼面的基层是楼板，做好板面清理工作。

3) 地面基层为土质时，应是原土和夯实回填土。回填土夯实要求同基坑回填土夯实要求一样。

(2) 混凝土垫层。混凝土垫层由厚度不小于 70mm，等级不低于 C10 的混凝土铺设而成。坍落度宜为 10～30mm，要拌和均匀。混凝土采用表面振动器捣实，浇筑完后，应在 12h 内覆盖浇水养护不少于 7d。混凝土强度达到 1.2MPa 以后，才能进行下道工序施工。

(3) 面层施工。

1) 水泥砂浆地面施工的工艺流程与要点：基层处理→找标高弹线（量测出面层标高，并在墙上弹线）→洒水湿润→抹灰饼和标筋（或称冲筋）（根据面层标高弹线，确定面层抹灰厚度）→搅拌砂浆→刷水泥浆结合层→铺水泥砂浆面层→木抹子搓平，并用 2m 靠尺检查其平整度→铁抹子压第一遍→第二遍压光→第三遍压光→养护：压光后 24h，铺锯末或其他材料覆盖并洒水养护，当抗压强度达到 5MPa 才能上人。

应注意的质量问题及防治：

①地面起砂。这是由于水泥过期，强度等级不够，水泥砂浆搅拌不均匀，水灰比掌握不准，压光不适时而造成的。施工用水泥应符合材质要求，严格控制配合比，压光应在砂浆终凝前完成。

②空鼓裂纹。这是由于基层清理不干净，前一天没认真洒水湿润，涂刷水泥浆与铺灰操作工序的间隔时间过长而造成的。施工应保证用料符合要求，基层清理应认真，铺灰、压实、压光应掌握好时间，保证垫层、面层应有的厚度；分仓缝深度不够，为假缝。施工时，应特别注意，分仓缝的施工应用统一的分格条，分格条部位表面平整，不得起棱，保证分仓缝深度。

③地面不平和漏压。水泥砂浆铺设后抹压边角，管道根部刮杠不到头，搓平不到边，容易漏压或不平。施工时应认真操作。

2) 细石混凝土楼面施工工艺。基层清理→洒水湿润→刷素水泥浆→贴灰饼、冲筋→浇筑混凝土→抹面→养护。

3) 现浇水磨石施工工艺。基层处理→洒水湿润→抹灰饼和标筋→做水泥砂浆找平层→养护（强度达到 1.2MPa）→镶嵌玻璃分格条（金属条）→铺抹水泥石子浆面层→养护、试磨→第一遍磨光浆面并养护→第二遍磨光浆面并养护→第三遍磨光浆面并养护→酸洗打蜡。如图 3-118 所示。

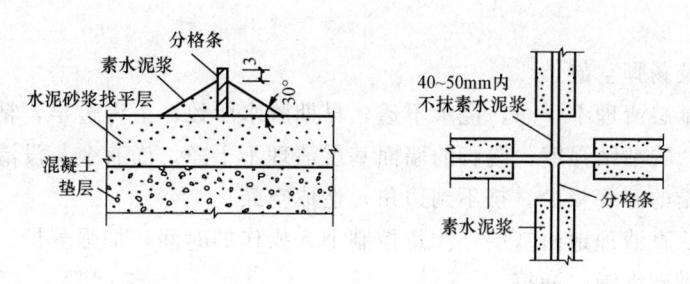

图 3-118 镶嵌分格条示意图

3. 板块楼地面的施工
(1) 陶瓷地砖面层的施工。
1) 工艺流程是：基层处理→弹线→预铺→铺贴→勾缝→清理→成品保护→分项验收。
施工要点包括：

①基层处理。将楼地面上的砂浆污物、浮灰、落地灰等清理干净，以达到施工条件的要求。考虑到装饰层与基层的结合力，在正式施工前用少许清水湿润地面，用素水泥浆做结合层一道。

②弹线。施工前在墙体四周弹出标高控制线（依据墙上的 1.0m 控制线），在地面弹出十字线，以控制地砖分隔尺寸。找出面层的标高控制点，注意与各相关部位的标高控制一致。

③预铺。首先应在图纸设计要求的基础上，对地砖的色彩、纹理、表面平整等进行严格的挑选，依据现场弹出的控制线和图纸要求进行预铺。对于预铺中可能出现的尺寸、色彩、纹理误差等进行调整、交换，直至达到最佳效果。按铺贴顺序堆放整齐以备用，一般要求不能出现小于半块砖，尽量将半砖排到边缘。

④铺贴。地砖铺设采用 1:4 或 1:3 干硬性水泥砂浆粘贴（砂浆的干硬程度以手捏成团不松散为宜），砂浆厚度控制在 25～30mm。在干硬性水泥砂浆上撒素水泥，并洒适量清水。将地砖按照要求放在水泥砂浆上，用橡皮锤轻轻敲击地砖饰面直至密实平整达到要求；根据水平线用铝合金水平尺找平，铺完第一块后向两侧或后退方向顺序镶铺。砖缝无设计要求时一般为 1.5～2mm，铺装时要保证砖缝宽窄一致，纵横在一条线上。

⑤勾缝。地砖铺完 24h 后进行勾缝，采用 1:1 水泥砂浆勾缝。

⑥清理。当水泥浆凝固后再用棉纱等物对地砖表面进行清理（一般宜在 12h 之后）。清理完毕后用锯末养护 2～3d，当交叉作业较多时采用三合板或纸板保护。

2) 施工应注意的质量问题。

①地面标高错误。出现在厕所、走道与房间门口处。

原因分析：控制线不准；楼板标高超高；防水层超高；结合层砂浆过厚。

防止措施：施工时应对楼层标高和基层情况进行核查，并严格控制每道工序的施工厚度，防止超高。

②地面铺贴不平，出现高低差。

原因分析：砖的厚度不一致，没有严格挑选，或砖不平，或粘结层厚度不均，上人太早。

防止措施：要求必须事先选砖，铺贴时要拍实，铺好地面后封闭门口，常温 48h 用湿锯未养护。

③地面面层及踢脚空鼓。

原因分析：基层清理不干净，浇水不透，早期脱水所致；上人过早，粘结砂浆未达到强度受外力振动，影响粘结强度；踢脚的墙面基层清理不干净，尚有余灰没清扫干净，影响粘结形成空鼓；粘结的砂浆量少，挤不到边角，造成空鼓。

防止措施：认真清理地面基层；注意控制上人操作的时间，加强养护。加强基层清理浇水，粘贴踢脚时做到满铺、满挤。

④黑边。

原因分析：不足整砖时，不切半块砖铺贴而用砂浆补边，形成黑边，影响观感。

防止措施：按照规矩补贴。

(2) 大理石、花岗石及碎拼大理石地面的施工流程。施工流程是：准备工作→试拼：应按图案、颜色、纹理试拼→弹线：在房间内拉十字控制线，并弹线于垫层上，依据墙面+50cm 标高线找出面层标高，在墙上弹出水平标高线→试排：在两个相互垂直的方向铺两条干砂（宽度大于板块宽度，厚度不小于 3cm）→刷水泥素浆及铺砂浆结合层→铺砌板块：板块应先用水浸湿，待擦干或表面晾干后才可铺设→灌浆、擦缝：在板块铺砌后 1～2 昼夜进行灌浆擦缝→养护→打蜡：当水泥砂浆结合层达到强度后，才可进行打蜡，使面层光滑、洁亮→擦缝与打蜡。

(3) 实木复合地板。

1) 工艺流程：排板→铺防潮层→铺钉面层。

2) 施工要点。

①排板。首先根据房间大小确定铺板方向，然后进行排板。

②铺设塑料波纹纸防潮层一道。

③铺沥青纸，铺钉面层地板从墙的一边开始铺钉企口条板，靠墙的一块板应距墙面有 19～20mm 缝隙，以后逐块排紧，用汽钉从板侧凹角处斜向钉入，钉到最后一块企口板时，因无法斜着钉，可用明打钉，钉帽要冲入板内。铺钉完之后及时清理干净。

4. 施工时注意的质量问题

(1) 板面与基层空鼓。

原因分析：混凝土垫层清理不干净或浇水湿润不够；刷素水泥浆不均匀或完成时间较长而过度风干造成找平层成为隔离层；石材未浸润等。

防治措施：施工操作时严格按照操作规程进行；基层必须清理干净；找平层砂浆用干硬性砂浆；做到随铺随刷结合层；板块铺装前必须润湿。

(2) 尽端出现大小头。

原因分析：铺砌时操作者未拉通线或者板块之间的缝隙控制不一致。

防治措施：要严格按施工程序进行拉通线并及时检查缝隙是否顺直，以避免出现大小头。

(3) 接缝高低不平、缝子宽窄不匀。

原因分析：石材本身有厚薄、宽窄、窜角、翘曲等缺陷，预先未挑选；房间内水平标高不统一，铺砌时未拉通线等。

防治措施：石材铺装前必须进行挑选，凡是翘曲、拱背、宽窄不方正等全部调出；随时用水平尺检查；室内的水平控制线要进行复查，符合设计要求的标高。

3.5.5 涂饰工程

涂饰是将涂料涂敷于基体表面，使其与基体表面很好的粘结，干燥后形成完整的装饰、保护膜层。涂饰工程分类：按照涂装的基体材料的不同，可分为混凝土面、抹灰面、木材面、金属面等涂饰；按照涂装的部位不同，可分为外墙、内墙面、墙裙、顶棚、地面、门窗、家具及细部工程等涂饰；按照涂饰的特殊功能要求，可分为防火、防水、防霉、防结露、防虫等涂饰。

1. 涂饰施工的程序与条件

(1) 施工程序。涂饰施工应在抹灰工程、地面工程、木装修工程、水暖工程、电气工程等全部完工并经验收合格后进行。门窗的面层涂料、地面涂饰应在墙面、顶棚等装修工程完毕后进行。建筑物中的细木制品如为现场制作组装，则组装前应先刷一遍底子油（干性油、防锈涂料等），待安装后再进行涂饰。金属管线及设备的防锈涂料和第一遍银粉涂料，应在设备、管道安装就位前涂刷。最后一遍银粉涂料应在顶墙涂料完成后再涂刷。

(2) 条件。对于混凝土或抹灰基体的含水率，涂刷溶剂型涂料时不得大于8%；涂刷乳液型涂料时不得大于10%。木材制品的含水率不得大于12%。在正常温度气候条件下，抹灰面的龄期不得少于14d，混凝土龄期不得少于一个月，才可进行涂饰施工。涂饰施工的环境温度和湿度必须符合所用涂料的要求，以保证其正常成膜和硬化。

2. 建筑涂饰施工

(1) 基层处理。基层处理的主要工作内容包括基层清理和修补。基层表面必须干净、坚实，无酥松、脱皮、起壳、粉化等现象，对基层表面的泥土、灰尘、污垢、粘附的砂浆等应清扫干净，酥松的表面应予铲除。新建筑物的混凝土或抹灰基层应涂刷抗碱封闭底漆，旧墙面在涂饰涂料前应清除疏松的旧装饰层，并涂刷界面剂。木材基层的缺陷处理好后，表面上应作打底子处理。

(2) 刮腻子与磨平。腻子应平整、坚实、牢固，无粉化、起皮和裂缝。磨平后，表面应用干净的潮布掸净。

(3) 涂饰施工。

1) 一般规定。涂料的溶剂（稀释剂）、底层涂料、腻子等均应合理地配套使用。涂饰遍数应根据工程的质量等级而定。后一遍涂料必须在前一遍干燥后进行；每遍涂层不宜过厚，应涂饰均匀，各层结合牢固。

2) 涂饰方法。涂饰的基本方法有刷涂、滚涂、喷涂、刮涂、弹涂和抹涂等。如图3-119所示。

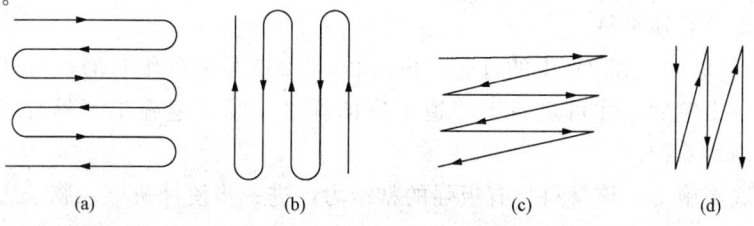

图 3-119 涂饰方法

(a) 横向喷涂正确路线；(b) 竖向喷涂正确路线；(c)、(d) 错误喷涂路线

3.5.6 裱糊工程

采用粘贴的方法，把可折卷的软质面材固定在墙、柱、顶棚上的施工称为裱糊工程。

1. 作业条件

混凝土和抹灰面含水率不大于8%；木材制品不得大于12%。环境温度应不低于10℃，施工过程中和干燥前应无穿堂风。电气和其他设备已安装完，影响裱糊的设备或附件应临时拆除。

2. 施工流程

施工流程是：基层清理、填补打磨→找补腻子→满刮腻子、磨平→涂刷封底涂料→墙面画准线→壁纸及基层涂刷胶粘剂→裱糊→清理修整。

【例3-6】 某学校大门口门岗楼外墙涂料采用了氟碳漆，现将其施工工艺介绍如下：金属氟碳涂料可采用喷涂、滚涂、刷涂等常规施工方式涂覆，此外，根据所选择硬化剂的不同，金属氟碳涂料可在常温至200～300℃的高温下短时间内达到硬化。因此，金属氟碳涂料既适于工厂涂装，也适于施工现场涂装。金属氟碳涂料是一种高品质的涂料，业主对其施工要求较高，都希望做成铝单板幕墙效果。具体施工工艺如下：基层面检查→基层处理→平底腻子施工→打磨→涂刷底层涂料→分格缝定位并进行分格线施工→弹性涂料施工→弹性氟碳中层漆施工→弹性氟碳金属漆施工→自洁型弹性氟碳罩面清漆施工→墙面整体检查→修补→验收。

施工要点包括：

（1）基面检查在基层抹灰约15d后，对抹灰基面进行勘察、平整。

（2）基面处理。用灰刀将表面的浮灰、垃圾、油污等清理干净；将墙体粉刷的塑料分格缝用环氧底漆涂刷后再用聚合物抗裂砂浆填平，将明显凹陷的地方用专用腻子点补平整；将凸起的部位打磨平整，平整度要求小于1.5mm。用玻纤布对分格缝进行加强处理。用聚合物抗裂砂浆薄涂分格缝，嵌入耐碱玻纤网，再用聚合物抗裂砂浆覆涂于耐碱玻纤网上，要求宽度大于耐碱玻纤网边缘2cm。

（3）平底腻子施工。

1）第一道平底腻子施工：用专用刮尺从上到下、从左到右各刮一遍，在施工过程中刮尺要平稳，并一次到位，中途不能有停顿，以防留下痕迹，其目的是平整。

2）打磨：要用150～220号的砂纸进行打磨，每道腻子施工完4h后，对干燥、固化的腻子进行打磨，消除较明显凹凸不平的部位。

3）第二道平底腻子施工。用专用的批刀满批一次，注意收刀不能有接头、刀疤，满批要一次到位，要求必须平整。

4）干燥后打磨同上述2）中的打磨，再用200～300号的砂纸打磨。特别注意：①打磨洞口的四周必须平整后，才可进行下一道工序的施工；②两遍施工间隔时间不能少于4h，并注意中途要洒水养护。

（4）封墙底漆施工。该材料具有极强的粘结力，进一步使抹灰层、腻子底融为一体，提高防水性能，中和并隔离游离碱，防止泛碱。施工要求是用短羊毛辊筒滚涂到位，要求无流挂、无漏涂。

(5) 分格缝设置。分格缝定位、宽度、横竖方向以及整体分布，按照工程设计要求进行；分格缝定位后才可放线，以确保分格缝宽度、均匀一致。

(6) 弹性氟碳中层漆施工方法：将中层漆基料、固化剂、稀释剂按比例混合，用短羊毛辊筒滚涂到位，要求无流挂、无漏涂。

(7) 弹性氟碳金属漆施工对涂料系统形成完整的保护，具有卓越的耐候性。施工方法是将面漆基料、固化剂、稀释剂按比例混合，先熟化 30min，先喷去基面灰尘，然后按从左到右、从上到下的顺序施工，要求均匀以防止薄厚不一致，从而避免发花、流挂等不良现象的发生。

(8) 注意事项。

1) 湿度在 85％以下，温度在 5～40℃为宜，若雨、雪、雾、霜、大风或相对湿度在 85％以上则不可施工。

2) 打磨后，用清水将表面冲洗干净，等到水分干燥后，才可进行喷涂。

3) 漆膜干燥 7d 左右才能完全固化，此时建议不要提前使用。

4) 一定要按要求将各组分搅拌均匀，熟化 30min 后才能使用。

5) 配置好的材料，应在规定的时间用完，如超过时间的材料不准再用。

6) 必须使用本产品的专用配套辅料，严禁使用其他市售辅料。

本节练习题

一、单选题或多选题

1. 下列抹灰属于装饰抹灰的是（　　）。
   A. 水泥砂浆　　　　B. 干粘石　　　　C. 麻刀石灰　　　　D. 石灰砂浆
2. 在下列各部分中，起找平作用的是（　　）。
   A. 基层　　　　　　B. 中层　　　　　C. 底层　　　　　　D. 面层
3. 装饰抹灰与一般抹灰的区别在于（　　）。
   A. 面层不同　　　　B. 基层不同　　　C. 底层不同　　　　D. 中层不同
4. 适用于小规格饰面板的施工方法的是（　　）。
   A. 镶贴法　　　　　B. 胶粘法　　　　C. 挂钩法　　　　　D. 湿挂安装法

二、简答题

1. 什么是断桥铝门窗？有哪些优点？
2. 简述抹灰工程的分类和组成及每层的作用。
3. 什么是饰面工程？饰面工程的种类有哪些？
4. 简述楼地面工程的组成和分类。
5. 简述现浇水磨石施工工艺。
6. 大理石饰面安装的传统湿作业法的工艺流程是什么？
7. 大理石饰面板干挂法施工工艺是什么？与传统湿作业法相比有何优点？
8. 干挂铝塑板施工工艺有哪些？
9. 陶瓷地砖面层的施工应注意的质量问题有哪些？

第4章

施工组织设计准备知识和编制规定

4.1 基本建设程序与建筑施工程序

4.1.1 基本建设项目及其组成

基本建设是指国民经济各部门中固定资产的形成过程以及与之相关的各项工作。基本建设是再生产的重要手段，是国民经济发展的重要物质基础。土地征用、勘察设计、房屋拆迁、招投标、工程监理等也是基本建设的组成部分。

1. 基本建设项目概述及分类

基本建设项目，简称建设项目。凡是按一个总体设计组织施工，建成后具有完整的系统，可以独立形成生产能力或使用价值的建设工程，称为一个建设项目。

按照不同的角度，可以将建设项目分为：

(1) 按照建设项目性质分类：新建项目、扩建项目、迁建项目、复建项目、更新改造项目。

(2) 按照建设规模分类：大型项目、中型项目和小型项目三类。

(3) 按照建设项目的用途分类：生产性建设项目、非生产性建设项目。

(4) 按照建设项目的投资主体分类：国家投资、地方政府投资、企业投资、"三资"企业以及各类投资主体联合投资的建设项目。

2. 建筑工程的划分

一个建设项目，按《建筑工程施工质量验收统一标准》(GB 50300—2013) 规定，可以划分为单位（子单位）工程、分部（子分部）工程、分项工程和检验批。

(1) 单位（子单位）工程。单位工程是指具备独立施工条件并能形成独立使用功能的建筑物及构筑物。例如，工业建设项目中各个独立的生产车间、办公楼；一个民用建设项目中，学校的教学楼、食堂、图书馆等，这些都可以称为一个单位工程。建筑规模较大的单位工程，可将其能形成独立使用功能的部分作为一个子单位工程，如某商厦大楼的裙楼等。子单位工程的划分，由建设单位、监理单位、施工单位自行商议确定。

(2) 分部（子分部）工程。组成单位工程的若干个分部称为分部工程。分部工程的划分应按照建筑部位、专业性质确定。当分部工程较大或较复杂时，可按材料种类、施工特点、施工程序、专业系统及类别等划分为若干个子分部工程。一个单位（子单位）工程一般由若干个分部（子分部）工程组成。如建筑工程中的建筑装饰装修工程为一项分部工程，其地面工程、墙面工程、顶棚工程、门窗工程、幕墙工程等为子分部工程。

(3) 分项工程。分项工程是分部工程的组成部分。分项工程应按主要工种、材料、施工工艺、设备类别等进行划分。如屋面卷材防水子分部工程可以划分为保温层、找平层、防水层等分项工程。

（4）检验批。分项工程可由一个或若干个检验批组成。检验批可根据施工及质量控制和专业验收需要按楼层、施工段、变形缝等进行划分。例如，框架结构一层框架柱钢筋绑扎为检验批。

4.1.2 基本建设程序

基本建设程序是建设项目从设想、选择、评估、决策、设计、施工到竣工验收、投入生产或交付使用的整个建设过程中各项工作必须遵守的先后顺序。

4.1.3 建筑施工程序

建筑施工程序是拟建工程在整个施工过程中各项工作必须遵循的先后顺序。

1. 承接施工任务、签订承包合同

施工单位承接任务的方式一般有三种：国家或上级主管部门直接下达式；受建设单位委托式；通过招投标而中标承揽任务式。

2. 全面统筹安排，做好施工规划

签订施工合同后，施工单位在技术调查的基础上，拟订施工规划，收集有关资料，编制施工组织设计。

3. 落实施工准备，提出开工报告

在做好各项准备工作的基础上，具备开工条件后，提出开工报告并经审查批准，即可正式开工。

4. 组织施工

一般情况，各项目施工应按照先主体后围护，先重点后一般，先地下后地上，先结构后装修，先土建后安装的原则进行。

5. 竣工验收、交付使用

工程完工后，在竣工验收前，施工单位应根据施工质量验收规范逐项进行预验收，检查各分部、分项工程的施工质量，整理各项竣工验收的技术经济资料。

4.2 施工组织设计分类及编制要求

4.2.1 施工组织设计的分类

施工组织设计是以施工项目为对象编制的，用以指导施工技术、经济和管理的综合性文件。依据《建筑施工组织设计规范》（GB/T 50502—2009），施工组织设计按编制对象，可分为施工组织总设计、单位工程施工组织设计和施工方案。

（1）施工组织总设计。以若干单位工程组成的群体工程或特大型项目为主要对象编制的施工组织设计，对整个项目的施工过程起统筹规划、重点控制的作用。例如，某科技大学施工组织设计、新天地住宅小区施工组织设计等。

（2）单位工程施工组织设计。以单位（子单位）工程为主要对象编制的施工组织设计，对单位（子单位）工程的施工过程起指导和制约作用。例如，某框架结构实训楼施工组织设计、某学校办公楼施工组织设计等。

（3）施工方案。以分部（分项）工程或专项工程为主要对象编制的施工技术与组织方案，用以具体指导其施工过程。例如，高层住宅主体分部工程施工方案、钢筋分项工程施工方案等。

4.2.2 施工组织设计的编制原则

施工组织设计的编制必须遵循工程建设程序，并应符合下列原则：

（1）符合施工合同或招标文件中有关工程进度、质量、安全、环境保护、造价等方面的要求。

（2）积极开发、使用新技术和新工艺，推广应用新材料和新设备。

（3）坚持科学的施工程序和合理的施工顺序，采用流水施工和网络计划等方法，科学配置资源，合理布置现场，采取季节性施工措施，实现均衡施工，达到合理的经济技术指标。

（4）采取技术和管理措施，推广建筑节能和绿色施工。

（5）与质量、环境和职业健康安全三个管理体系有效结合。

4.2.3 施工组织设计的编制依据

（1）与工程建设有关的法律、法规和文件。
（2）国家现行的有关标准和技术经济指标。
（3）工程所在地区行政主管部门的批准文件，建设单位对施工的要求。
（4）工程施工合同或招标投标文件。
（5）工程设计文件。
（6）工程施工范围内的现场条件，工程地质及水文地质，气象等自然条件。
（7）与工程有关的资源供应情况。
（8）施工企业的生产能力、机具设备状况、技术水平等。

4.2.4 施工组织设计的内容

施工组织设计包括编制依据、工程概况、施工部署、施工进度计划、施工准备与资源配置计划、主要施工方法、施工现场平面布置及主要施工管理计划等基本内容。施工组织设计应在工程竣工验收后归档。

4.2.5 施工组织设计的编制和审批规定

（1）施工组织设计应由项目负责人支持编制，可根据需要分阶段编制和审批。

（2）施工组织总设计应由总承包单位技术负责人审批；单位工程施工组织设计应由施工单位技术负责人或技术负责人授权的技术人员审批；施工方案应由项目技术负责人审批；重点、难点分部（分项）工程和专项工程施工方案应由施工单位技术部门组织相关专家评审，施工单位技术负责人批准。

（3）由专业承包单位施工的分部（分项）工程或专项工程的施工方案，应由专业承包单位技术负责人或技术负责人授权的技术人员审批；有总承包单位时，应由总承包单位项目技术负责人核准备案。

（4）规模较大的分部（分项）工程和专项工程的施工方案应按单位工程施工组织设计进行编制和审批。

4.2.6 施工组织设计的动态管理

施工组织设计应实行动态管理，并应符合下列规定：
（1）项目施工过程中，发生以下情况之一时，施工组织设计应及时进行修改或补充：
1）工程设计有重大修改。
2）有关法律、法规、规范和标准的实施、修订和废止。
3）主要施工方法有重大调整。
4）主要施工资源配置有重大调整。
5）施工环境有重大改变。
（2）经修改或补充的施工组织设计应重新审批后实施。
（3）项目施工前应进行施工组织设计逐级交底；项目施工过程应对施工组织设计的执行情况进行检查、分析并适时调整。

4.3 施工组织总设计包括的内容

4.3.1 工程概况

（1）工程概况应包括项目主要情况和项目主要施工条件等。
（2）项目主要情况应包括下列内容：
1）项目名称、性质、地理位置和建设规模。
2）项目的建设、勘察、设计和监理等相关单位的情况。
3）项目设计概况。
4）项目承包范围及主要分包工程范围。
5）施工合同或招标文件对项目施工的重点要求。
6）其他应说明的情况。
（3）项目主要施工条件应包括下列内容：
1）项目建设地点的气象状况。
2）项目施工区域的地形和工程水文地质状况。
3）项目施工区域的地上、地下管线及相邻的地上、地下建（构）筑物情况。
4）与项目施工有关的道路、河流等状况。
5）当地建筑材料、设备供应和交通运输等服务能力状况。
6）当地供电、供水、供热和通信能力状况。
7）其他与施工有关的主要因素。

4.3.2 总体施工部署

（1）施工组织总设计应对项目总体施工做出下列宏观部署：

1) 确定项目施工总目标，包括进度、质量、安全、环境和成本目标。
2) 根据项目施工总目标的要求，确定项目分阶段（期）交付的计划。
3) 确定项目分阶段（期）施工的合理顺序及空间组织。
(2) 对于项目施工的重点和难点应进行简要分析。
(3) 总承包单位应明确项目管理组织机构形式，并宜采用框图的形式表示。
(4) 对于项目施工中开发和使用的新技术、新工艺应做出部署。
(5) 对主要分包项目施工单位的资质和能力应提出明确要求。

4.3.3 施工总进度计划

(1) 施工总进度计划应按照项目总体施工部署的安排进行编制。
(2) 施工总进度计划可采用网络图或横道图表示，并附必要说明。

4.3.4 总体施工准备与主要资源配置计划

(1) 总体施工准备应包括技术准备、现场准备和资金准备等。
(2) 技术准备、现场准备和资金准备应满足项目分阶段（期）施工的需要。
(3) 主要资源配置计划应包括劳动力配置计划和物资配置计划等。
(4) 劳动力配置计划应包括下列内容：
1) 确定各施工阶段（期）的总用工量。
2) 根据施工总进度计划确定各施工阶段（期）的劳动力配置计划。
(5) 物资配置计划应包括下列内容：
1) 根据施工总进度计划确定主要工程材料和设备的配置计划。
2) 根据总体施工部署和施工总进度计划确定主要施工周转材料和施工机具的配置计划。

4.3.5 主要施工方法

(1) 施工组织总设计应对项目涉及的单位（子单位）工程和主要分部（分项）工程所采用的施工方法进行简要说明。
(2) 对脚手架工程、起重吊装工程、临时用水用电工程、季节性施工等专项工程所采用的施工方法应进行简要说明。

4.3.6 施工总平面布置

(1) 施工总平面布置应符合下列原则：
1) 平面布置科学合理，施工场地占用面积少。
2) 合理组织运输，减少二次搬运。
3) 施工区域的划分和场地的临时占用应符合总体施工部署和施工流程的要求，减少相互干扰。
4) 充分利用既有建（构）筑物和既有设施，为项目施工服务降低临时设施的建造费用。
5) 临时设施应方便生产和生活，办公区、生活区和生产区宜分离设置。
6) 符合节能、环保、安全和消防等要求。
7) 遵守当地主管部门和建设单位关于施工现场安全文明施工的相关规定。

（2）施工总平面布置图应符合下列要求：
1）根据项目总体施工部署，绘制现场不同施工阶段（期）的总平面布置图。
2）施工总平面布置图的绘制应符合国家相关标准要求并附必要说明。
（3）施工总平面布置图应包括下列内容：
1）项目施工用地范围内的地形状况。
2）全部拟建的建（构）筑物和其他基础设施的位置。
3）项目施工用地范围内的加工设施、运输设施、存储设施、供电设施、供水供热设施、排水排污设施、临时施工道路和办公、生活用房等。
4）施工现场必备的安全、消防、保卫和环境保护等设施。
5）相邻的地上、地下既有建（构）筑物及相关环境。

本 章 练 习 题

1. 单位（子单位）工程划分的原则是什么？
2. 分部（子分部）工程划分的原则是什么？
3. 施工组织设计分几类？什么是单位施工组织设计？
4. 施工组织总设计包括哪些内容？

第5章 单位工程施工组织设计的编制及案例

5.1 单位工程施工组织设计编制的规定

依据《建筑施工组织设计规范》(GB/T 50502—2009)规定,单位工程施工组织设计编制的内容包括以下方面:

1. 工程概况

(1) 工程概况应包括工程主要情况、各专业设计简介和工程施工条件等。

(2) 工程主要情况应包括下列内容:

1) 工程名称、性质和地理位置。
2) 工程的建设、勘察、设计、监理和总承包等相关单位的情况。
3) 工程承包范围和分包工程范围。
4) 施工合同、招标文件或总承包单位对工程施工的重点要求。
5) 其他应说明的情况。

(3) 各专业设计简介应包括下列内容:

1) 建筑设计简介应依据建设单位提供的建筑设计文件进行描述,包括建筑规模、建筑功能、建筑特点、建筑耐火、防水及节能要求等,并应简单描述工程的主要装修做法。

2) 结构设计简介应依据建设单位提供的结构设计文件进行描述,包括结构形式、地基基础形式、结构安全等级、抗震设防类别、主要结构构件类型及要求等。

3) 机电及设备安装专业设计简介应依据建设单位提供的各相关专业设计文件进行描述,包括给水、排水及采暖系统,通风与空调系统,电气系统,智能化系统,电梯等各个专业系统的做法和要求。

4) 工程施工条件应参照《建筑施工组织设计规范》(GB/T 50502—2009)所列主要内容进行说明。

2. 施工部署

(1) 工程施工目标应根据施工合同、招标文件以及本单位对工程管理目标的要求确定,包括进度、质量、安全、环境和成本等目标。各项目标应满足施工组织总设计中确定的总体目标。

(2) 施工部署中的进度安排和空间组织应符合下列规定:

1) 工程主要施工内容及其进度安排应明确说明,施工顺序应符合工序逻辑关系。
2) 施工流水段应结合工程具体情况分阶段进行划分;单位工程施工阶段的划分一般包括地基基础、主体结构、装修装饰和机电设备安装四个阶段。

(3) 对于工程施工的重点和难点应进行分析,包括组织管理和施工技术两个方面。

(4) 工程管理的组织机构形式应按照《建筑施工组织设计规范》第 4.2.3 条的规定执行，并确定项目经理部的工作岗位设置及其职责划分。

(5) 对于工程施工中开发和使用的新技术、新工艺应做出部署，对新材料和新设备的使用应提出技术及管理要求。

(6) 对主要分包工程施工单位的选择要求及管理方式应进行简要说明。

3. 施工进度计划

(1) 单位工程施工进度计划应按照施工部署的安排进行编制。

(2) 施工进度计划可采用网络图或横道图表示，并附必要说明；对于工程规模较大或较复杂的工程，宜采用网络图表示。

4. 施工准备与资源配置计划

(1) 施工准备应包括技术准备、现场准备和资金准备等。

1) 技术准备应包括施工所需技术资料的准备、施工方案编制计划、试验检验及设备调试工作计划、样板制作计划等。

①主要分部（分项）工程和专项工程在施工前应单独编制施工方案，施工方案可根据工程进展情况分阶段编制完成；对需要编制的主要施工方案应制订编制计划。

②试验检验及设备调试工作计划应根据现行规范、标准中的有关要求及工程规模、进度等实际情况制订。

③样板制作计划应根据施工合同或招标文件的要求并结合工程特点制订。

2) 现场准备应根据现场施工条件和实际需要准备现场生产、生活等临时设施。

3) 资金准备应根据施工进度计划编制资金使用计划。

(2) 资源配置计划应包括劳动力计划和物资配置计划等。

1) 劳动力配置计划应包括下列内容：确定各施工阶段用工量；根据施工进度计划确定各施工阶段劳动力配置计划。

2) 物资配置计划应包括下列内容：

①主要工程材料和设备的配置计划应根据施工进度计划确定，包括各施工阶段所需主要工程材料、设备的种类和数量。

②工程施工主要周转材料和施工机具的配置计划应根据施工部署和施工进度计划确定，包括各施工阶段所需主要周转材料、施工机具的种类和数量。

5. 主要施工方案

(1) 单位工程应按照《建筑工程施工质量验收统一标准》（GB 50300—2013）中分部、分项工程的划分原则，对主要分部、分项工程制订施工方案。

(2) 对脚手架工程、起重吊装工程、临时用水用电工程、季节性施工等专项工程所采用的施工方案应进行必要的验算和说明。

6. 施工现场平面布置

(1) 施工现场平面布置图应参照《建筑施工组织设计规范》第 4.6.1 条和第 4.6.2 条的规定并结合施工组织总设计，按不同施工阶段分别绘制。

(2) 施工现场平面布置图应包括下列内容：

1) 工程施工场地状况。

2) 拟建建（构）筑物的位置、轮廓尺寸、层数等。

3) 工程施工现场的加工设施、存储设施、办公和生活用房等的位置和面积。

4) 布置在工程施工现场的垂直运输设施、供电设施、供水供热设施、排水排污设施和临时施工道路等。

5) 施工现场必备的安全、消防、保卫和环境保护等设施。

6) 相邻的地上、地下既有建（构）筑物及相关环境。

5.2 单位工程施工组织设计案例

5.2.1 某医院病房楼施工组织设计的工程概况

1. 工程特点

本工程位于某市人民医院院内，建筑面积为 39 464.8m^2。建筑物高度为 55.67m，结构类型为框架—剪力墙结构，基础形式为筏形基础。地下 1 层，地上 14 层。场地平整达到开工前的规定要求，具备三通一平。

（1）主要承包内容（见表 5-1）。招标人所发放图纸中所有土建及安装工程施工，即招标人所列工程量清单中的全部内容。甲方另行发包工程包括：①电梯采购及安装；②中央空调系统；③室内外高级装修；④弱电工程；⑤消防工程。工程主要情况如下：

表 5-1　　　　　　　　　　　主 要 承 包 内 容

工程名称	某市人民医院病房楼
工程地点	某市人民医院院内
建设单位	某市人民医院
设计单位	某建筑设计有限责任公司
承包方式	包工包料
质量标准	国家施工验收规范合格标准
质量目标	争创"省优"
合同工期	总工期：600 日历天　开工日期：2009 年 5 月 28 日　竣工日期：2011 年 1 月 17 日

（2）经济技术指标（见表 5-2）。

表 5-2　　　　　　　　　　　经 济 技 术 指 标

经济技术指标		单　位	数　　量
建设用地面积		m^2	44 766.7
总建筑面积		m^2	39 464.8
其中	地上建筑面积	m^2	36 775.76
	地下建筑面积	m^2	2689.04
建筑总高度		m	55.67
层数		层	地上 12 层，局部 14 层
			地下 1 层
室内外高差		m	0.22

(3) 建筑设计概况（见表 5-3）。

表 5-3　　　　　　　　　　　　建 筑 设 计 概 况

建筑高度	55.67m		建筑性质	公共建筑
防水等级	地下室：一级		抗震设防烈度	7 度
	屋面：二级		建筑类别	一类
耐火等级	一级		层数（地上/地下）	14/1
使用年限	50 年		±0.00 相当于绝对标高	61.50m
室内外高差	0.22m			
使用功能	地下一层：空调机房、水泵房、低压配电室及中心供应用房；首层：门诊、超市、农村合作医疗办理、药房；二层：化验室；三层：手术室；四～十二层：住院病房；十三层：会议室；十四层：水箱间			
防水	地下室	FS101 防水水泥砂浆；FS102 抗渗钢筋混凝土防水			
	地上室内	卫生间及有水房间：20mm 厚 FS101 防水水泥砂浆；四周沿墙上翻 150(100)mm			
	屋面	3cm 厚高聚物改性沥青防水卷材两道			
保温	1. 屋面：50mm 挤塑聚苯乙烯泡沫塑料板 2. 外墙：35mm 厚挤塑聚苯板 3. 地下室保温：50mm 厚挤塑聚苯板			
防火	防火分类为一类，防火等级为一级			
屋面	1. 上人屋面：保温屋面 2. 非上人屋面：保温屋面			
墙体	1. 外墙：地下室为 300mm 厚钢筋混凝土墙；地上部分为 250mm 厚钢筋混凝土墙，填充墙为 250mm 厚加气混凝土墙 2. 内墙：地下室为 240mm 厚非黏土烧结实心砖、200mm 厚加气混凝土砌块；地上部分为 200mm 厚加气混凝土砌块和 90mm 厚轻质隔墙、250mm 厚钢筋混凝土墙体			
门窗	1. 窗：单框双玻阻桥铝合金窗 2. 外门：阻桥铝合金门 3. 内门：夹板门 4. 手术室：采用木门（包防火板） 5. 用水房间：胶合板门，采用酚醛树脂胶合板			
楼地面	1. 细石混凝土地面：地下室空调机房、配电室等 2. 防滑地砖面：卫生间、更衣间、卫生间、盥洗室、新生儿洗浴间等 3. 地砖面：楼梯间、电梯前厅、更衣室、办公室等 4. 磨光花岗岩楼面：候诊区、出入院取药区、门厅、电梯厅、公共走廊等			
踢脚	1. 地砖踢脚：同楼面 2. 花岗岩踢脚：同楼面 3. PVC 塑胶踢脚：同楼面			

(4) 结构情况（见表 5-4）。

表 5-4　　　　　　　　　　　结　构　情　况

地基承载力	240kPa	基础类型	筏板基础
钢筋混凝土剪力墙结构		设计使用年限	50 年
抗震设防烈度 7 度（0.1g）；设计地震分组为第一组			
基础底板、地下室外墙为 C30 抗渗混凝土，抗渗等级为 P6			
HPB235 级钢筋（Φ）210MPa HRB335 级钢筋（Φ）300MPa HRB400 级钢筋（Φ）360MPa		钢筋连接头方式	锥螺纹套筒连接及焊接 纵向受力钢筋采用焊接或机械连接，梁纵向钢筋采用机械连接
混凝土强度等级	灌注桩 C25；基础垫层 C15；基础梁板 C50；墙柱（一～六层）C50；墙柱（七～十二层）C35		

框架柱：KZ2、KZ15，圆柱，直径为 600mm；KZ4、KZ14、KZ2、KZ22，截面尺寸为 650mm×700mm。

剪力墙：Q-1、Q-8，厚度为 250mm；Q-2、Q-5、Q-11、Q-12、Q-13、Q-17，厚度为 300mm。

框架梁：KL1，截面尺寸为 350mm×550mm；KL2，截面尺寸为 350mm×600mm；KL3，截面尺寸为 350mm×800mm。

（5）电气概况。

供配电：双路独立 10kV 电源，当一个电源发生故障时，另一个不致同时受到损坏。变配电所设在地下一层，配电电压为 380/220V。

照明系统：对于其他有吊顶的房间，走道照明选用嵌入式格栅灯，房间内照明选用嵌入式格栅荧光灯，应急照明灯具。

防雷接地：按二类防雷要求进行设计，在屋顶采用 ϕ10 热镀锌圆钢做避雷带。利用框架柱内两根 Φ16 以上主筋通长焊接作为引下线，上端与避雷带焊接，下端与接地装置焊接。

（6）给排水概况。

给水系统：楼内的生活和消防用水，从医院就近的给水管网接入室内设置的配套储水池。生活给水进行竖向分区供水，地下一层至地上三层为低区，以上部分为高区，采用下行上给枝状供水，低压区由市政自来水直接供水，高压区由地下室水泵供水。

污水系统：采用污废合流制，污废水靠自重自流排入室外污水管、地下室消防电梯井、空调机房集水坑、水泵房集水坑，由潜水排污泵排之室外，经处理达到合格标准后排放。

（7）通风、防烟、空调系统。

通风系统一层各门内门斗设置空气幕，病房楼中区采用吊柜空调器补充新风，每层两台。变压式排风道的房间采用变压式排风道上设排风扇的机械排风方式。地下室设独立送排风系统。空调系统全部采用集中空调，采用风机盘管加新风系统。

2. 地点特征

本工程位于医院院内北侧、病房楼东侧、居民住宅楼南侧，地形较平坦，地质情况一般。基础深度范围内无地下水且处于某市繁华地段，过往行人熙熙攘攘，材料运输困难加大，存在扰民，因此必须采取措施做好环保、文明安全施工工作。冬期施工时间为每年的 11 月 15 日～下一年的 3 月 15 日，雨期施工时间为每年的 6 月 15 日～9 月 15 日。

3. 施工条件

现场已实现三通一平,当地交通运输条件良好,能保证资源的供应。施工机械、劳动力已基本落实。项目管理实行内部承包,现场临时设施已建好,供水、供电问题已解决。

5.2.2 施工总体部署工程内容

1. 项目管理目标承诺

(1) 质量目标:争创省优。

(2) 工期目标:计划 2009 年 5 月 28 日开工,2011 年 1 月 17 日竣工,总工期 600 日历天。

(3) 安全文明施工目标:达到省级安全文明工地标准,争"省样板文明工地"。无死亡和重伤事故,一般事故率小于 2‰。

(4) 环境保护目标:营建花园式文明工地,施工中全部使用绿色环保产品。

(5) 科技目标:争创"全国新技术推广应用示范工程"。

2. 施工部署中的进度安排和空间组织

(1) 本工程以土建施工为主线及施工重点,施工过程贯穿整个施工周期。

(2) 在施工中遵循"先地下后地上、先基础后主体、先主体后装饰"的施工程序原则。结构施工时采取"平面分区,区内流水"的原则,外装饰工程按照由上而下的原则进行,室内装修以层分段。确保在承诺的工期内保质保量完成本工程合同内的全部工作。

(3) 施工区域及流水段划分。

1) 本工程分为两个施工区域,即①~⑦轴为一个区、⑧~⑭轴为一个区。

2) 流水段划分。每个施工区域根据后浇带的位置划分施工流水段,即 A、B、C、D 4 个流水段。

3) 结构施工顺序。B、C 区地下一层结构施工→A、D 区地下一层结构施工→B、C 区一层结构施工→A、D 区一层结构施工→B、C区二层结构施工→A、D 区二层结构施工→……→结构封顶。

根据本工程的施工特点,为了保证施工进度,本工程主体施工计划投入一个施工队伍,两个施工区域同时展开施工。

±0.00 以下结构施工阶段安排在 2009 年 6 月 1 日~2009 年 8 月 30 日,共计 60 天。

主体结构施工阶段安排在 2009 年 9 月 1 日~2010 年 1 月 10 日,共计 130 天。

粗装修和室外装修施工阶段安排在 2010 年 3 月 1 日~2010 年 10 月 30 日,共计 240 天。

安装工程施工阶段安排在 2009 年 7 月 1 日~2010 年 10 月 30 日,共计 480 天。

(4) 施工顺序。平整场地→建筑物定位、放线→土方开挖→桩基施工及检测→破桩头及基础垫层施工→基础工程施工→地下结构施工→一至三层结构施工→四至十二层结构施工→十三层结构施工层至结构封顶→屋面工程→室内粗装修→外装修→安装工程施工→砌筑工程→系统联合调试→室外工程→竣工清理→竣工验收。

(5) 工程实施的重点、难点分析和解决方案。

1) 临水方案。

①工程用水量计算,其计算式为

$$q_1 = K_1 \times \frac{\sum Q_1 N_1}{T_1 b} \times \frac{K_2}{8 \times 3600}$$

式中 q_1——施工工程用水量（L/s）；
　　K_1——未预见的施工用水系数，取 1.05；
　　Q_1——年（季）度工程量（以实物计量单位表示），取值见表 5-5；
　　N_1——施工用水定额，取值见表 5-5；
　　T_1——年（季）度有效工作日（d），取 300d；
　　b——每天工作班数（班），取 2；
　　K_2——用水不均匀系数，取 1.50。

表 5-5　　　　　　　　　　　工程施工用水定额列表

序号	用水名称	用水定额 N_1	单位	工程量 Q_1
1	浇筑混凝土全部用水	1700.0	m³	16 000
2	混凝土自然养护	200.0	m³	16 000

经过计算得到 $q_1 = 1.05 \times 30\ 400\ 000.00 \times 1.500/(300 \times 2 \times 8 \times 3600) = 2.7700 \text{L/s}$。

②机械用水量计算。其计算公式为

$$q_2 = K_1 \sum Q_2 N_2 \times \frac{K_3}{8 \times 3600}$$

式中 q_2——施工机械用水量（L/s）；
　　K_1——未预见的施工用水系数，取 1.05；
　　Q_2——同一种机械台数（台），取值见表 5-6；
　　N_2——施工机械台班用水定额，取值见表 5-6；
　　K_3——施工机械用水不均匀系数，取 2.00。

表 5-6　　　　　　　　　　　机械用水定额列表

序号	机械名称	型号	单位	耗水量	机械台数
1	打桩机、挖土机、切断机		m³	0	3

$$q_2 = 1.05 \times 0 \times 2/8 \times 3600 \text{L/s} = 0 \text{L/s}$$

③生活用水量计算。其计算公式为

$$q_3 = \frac{P_1 N_3 K_4}{b \times 8 \times 3600}$$

式中 q_3——施工工地生活用水量（L/s）；
　　P_1——施工现场高峰期生活人数，取 500 人；
　　N_3——施工工地生活用水定额，$N_3 = 100 \text{L/(人·班)}$；
　　K_4——施工工地生活用水不均匀系数，取 1.30；
　　b——每天工作班数（班），取 1。

经过计算得到 $q_3 = 500.00 \times 100.00 \times 1.30/(1 \times 8 \times 3600) \text{L/s} = 2.2569 \text{L/s}$。

④生活区用水量计算。其计算公式为

$$q_4 = \frac{P_2 K_5 N_4}{24 \times 3600}$$

式中　q_4——生活区生活用水量（L/s）；

　　　P_2——生活区居住人数，取 500 人；

　　　N_4——生活区昼夜全部生活用水定额，$N_4=1.0$L/(人·班)；

　　　K_5——生活区生活用水不均匀系数，取 2.00。

经过计算得到 $q_4 = 500.00 \times 1.00 \times 2.00/(24 \times 3600)$L/s $= 0.0116$L/s。

⑤消防用水量计算。根据消防范围确定消防用水量 $q_5=10.00$L/s。

⑥施工工地总用水量计算。施工工地总用水量 Q 可按以下组合公式计算：

$$Q = \begin{cases} q_5 + (q_1+q_2+q_3+q_4)/2 & (q_1+q_2+q_3+q_4 \leqslant q_5) \\ q_1+q_2+q_3+q_4 & (q_1+q_2+q_3+q_4 > q_5) \end{cases}$$

在此计算中得：$Q = q_5 + (q_1+q_2+q_3+q_4)/2$L/s $= 10.00+(2.77+0.00+2.26+0.00)/2$L/s $= 12.51$L/s；最后计算出的总用水量，还应增加 10%，以补偿不可避免的水管漏水损失。最后 Q 还应增加 10%，得出 $Q=12.51+1.25$L/s$=13.76$L/s。

⑦供水管径计算。工地临时网路需用管径，可按下式计算为

$$d = \sqrt{\frac{4Q}{1000\pi v}}$$

式中　d——配水管直径（m）；

　　　Q——施工工地用水量（L/s）；

　　　v——管网中水流速度（m/s），取 $v=1.00$(m/s)。

供水管径由计算公式得：$d = [4 \times 13.76/(3.14 \times 1.00 \times 1000)]^{0.5}$m $= 0.126$m $= 126$mm。得临时网路需用内径为 126mm 的供水管。

2）塔式起重机选型、布置、安拆施工方案。

①塔式起重机选型。根据业主提供的某市人民医院招标文件及设计图纸，本工程为钢筋混凝土框架—剪力墙结构，地下 1 层，地上 14 层，屋面标高 55.67m，屋顶总高 55m，属高层建筑；根据我集团在同类工程的施工经验，在考虑塔式起重机的数量、型号与固定方式时，既要考虑钢筋混凝土结构施工阶段钢管扣件、木方、模板、钢筋、预埋线管、机具的垂直运输、起重高度、工期；同时要考虑装修安装阶段大型机电设备的垂直运输。根据本工程的结构特点，塔式起重机设备的选择依据如下：塔式起重机的吊次是否满足钢筋混凝土结构的施工进度需要；塔式起重机是否满足设备层、屋面大型机电设备的垂直运输要求；对塔式起重机起重高度的要求，根据塔式起重机吊次计算、起重高度的分析，现场布置两台 C4015 固定附着式塔式起重机，主要负责混凝土结构施工的垂直运输工作。

②塔式起重机选型原则。根据设计图纸和工程实际情况，在地下、地上结构施工时，塔式起重机完全能够覆盖钢筋加工区、周转材料堆放区和结构施工区，完全满足结构施工阶段的吊运工程量的需求，基本能满足施工进度需要。

③塔式起重机的安装。

a. 安装准备。塔式起重机专用电箱。为了满足塔式起重机正常工作，塔式起重机必须配专用电箱，在进行现场临电布置设计时应根据塔式起重机的定位对塔式起重机电箱合理布置，塔式起重机专用电箱距塔式起重机中心不得大于 3m；提供场地，便于塔式起重机部件的摆放和起重机的入场选位；所有入场安拆人员必须持证上岗；基础施工时，塔式起重机设置在现场西面，塔式起重机基础施工主要由项目经理部负责完成，塔式起重机由安装公司负

责基础预埋及塔式起重机安装。

对塔式起重机基础的地下部分进行钎探，查明地底下是否有不实结构（如防空洞、化粪池等）以及地下物质运输管道（如煤气管道、水管等）。根据塔式起重机基础地下部分的钎探报告（钎探报告必须是按规范操作），测算地基承载力，保证塔式起重机地基承载力不低于 $20t/m^2$，同时避免塔式起重机非均匀沉降；作好施工作业记录，并存档。

b. 塔式起重机安装。

（a）塔式起重机安装场地准备。项目根据塔式起重机说明书要求划好安装区域，严禁其他作业进入，并对区域做好安全防护。组织准备工作：利用吊车将 C4015 塔式起重机件运至基础旁边，保证吊装一次到位。检查组装所需件齐全完好状况；组装前核查配合部位的尺寸，特别对吊点和重量的核查要准确；安装底座后，在安装基础节和套架前，必须对汽车起重机进行检查，保证基本性能完好，确保吊装的安全。

（b）塔机主体安装。安装底座基础，安装面打平，清除地脚螺栓上的杂物；底座分别装入四角，连接梁装好，紧固连接螺栓和双螺母；校准水平，核准截面尺寸，并及时安装好起重臂拉杆，安装其余平衡臂；穿钢丝绳；通电试车。

（c）塔式起重机验收。塔式起重机安装好后，使用单位应通知安装单位派出专业人员前来进行性能载荷试验等自检验收，验收合格且双方签字盖章后才可投入使用。使用单位并将自检验收情况连同资料报当地有关部门申请进行检查。

（d）塔式起重机安装过程中的安全技术措施。在安装塔式起重机过程中，塔身 60m 范围内如有机械及作业人员则必须撤离，施工务必停止，以防发生意外；在整个安装过程中要配备联络通信工具，严格按本方案要求进行有秩序的安装，并维护好安全警戒线；实行对桥式起重机整个作业统一指挥，确保万无一失；安装人员必须戴好安全帽，穿好防滑鞋，系好安全带；高处作业所用的工具物品要平放好，不得抛掷；工作每一环节结束后要及时清理作业环境，做到噪声、粉尘的控制满足相关要求；严禁酒后作业，禁止违章作业和违章指挥；所有安装人员在作业前必须进行安全技术交底，明确各自职责，做到"三不伤害"，确保整体作业安装的安全。

c. 塔式起重机拆除。主体工程完成后，清除有阻碍塔式起重机平衡臂、起重臂、驾驶室等结构自由降落的障碍物，诸如脚手架、架空电线等；对塔式起重机进行一次检查，确保拆除过程安全有效；检查拆装工具、汽车起重机、葫芦等使用性能，确保安全可靠。

（6）工程管理的组织机构形式。配备各部门主要管理人员及专业人员见表 5-7。

表 5-7　　　　　　　　各部门主要管理人员及专业人员配备表

部门名称	岗位名称	配备人数	说　　明
项目领导层	项目经理	1	
	生产经理	1	
	经营经理	1	
	项目总工程师	1	
土建工程部	负责人	1	
	专业工程师（施工员）	3	

续表

部门名称	岗位名称	配备人数	说明
机电工程部	负责人	1	
	专业工程师（施工员）	3	根据进度和专业要求配备
技术管理部	技术负责人	1	
	土建技术员	2	
	安装技术员	1	
	测量工程师	1	测量工2人另配
	资料员	1	
	试验员	2	兼计量员
质量管理部	质量总监	1	
	质检员	2	
安全环保部	安全总监	1	
	安全员	3	
物资机械部	负责人	1	
	材料员	2	
	机械管理员	1	
经营部	负责人		兼经营经理
	成本会计	1	
	预算员	2	
综合办公室	主任（综合后勤管理）	1	兼扰民协调组长
	劳资员	1	

（7）开发和使用的新技术、新工艺部署。积极推广应用新技术、新工艺、新材料，提高工程科技含量；积极开展全面质量管理，进行技术攻关活动，采用新型建筑材料，争取缩短工期；结构混凝土按清水混凝土施工，减少施工工序，缩短工期；粗直径钢筋采用机械连接接头，可有效地缩短工期；楼板支撑采用碗扣式早拆支撑体系，以减少拼装模板的时间，提高劳动效率；混凝土浇筑采用泵送入模等，上述措施既缩短了工序占用时间，又保证了工程的施工质量。

5.2.3　施工进度计划

施工进度计划图如图5-1所示。

5.2.4　施工准备与资源配置计划

1. 施工准备

（1）现场准备。施工场地已由建设单位基本平整，施工临时通道为C10混凝土路面。

（2）施工临时设施。本工程施工场地宽裕，生产加工、职工住宿均设在现场，详见施工总平面图及临时设施计划表。主要机械设备现场布置详见施工总平面图。根据工程特点和进度计划的安排，合理组织劳动力进场，是保证项目按期完成的前提之一。

图 5-1 施工进度计划图

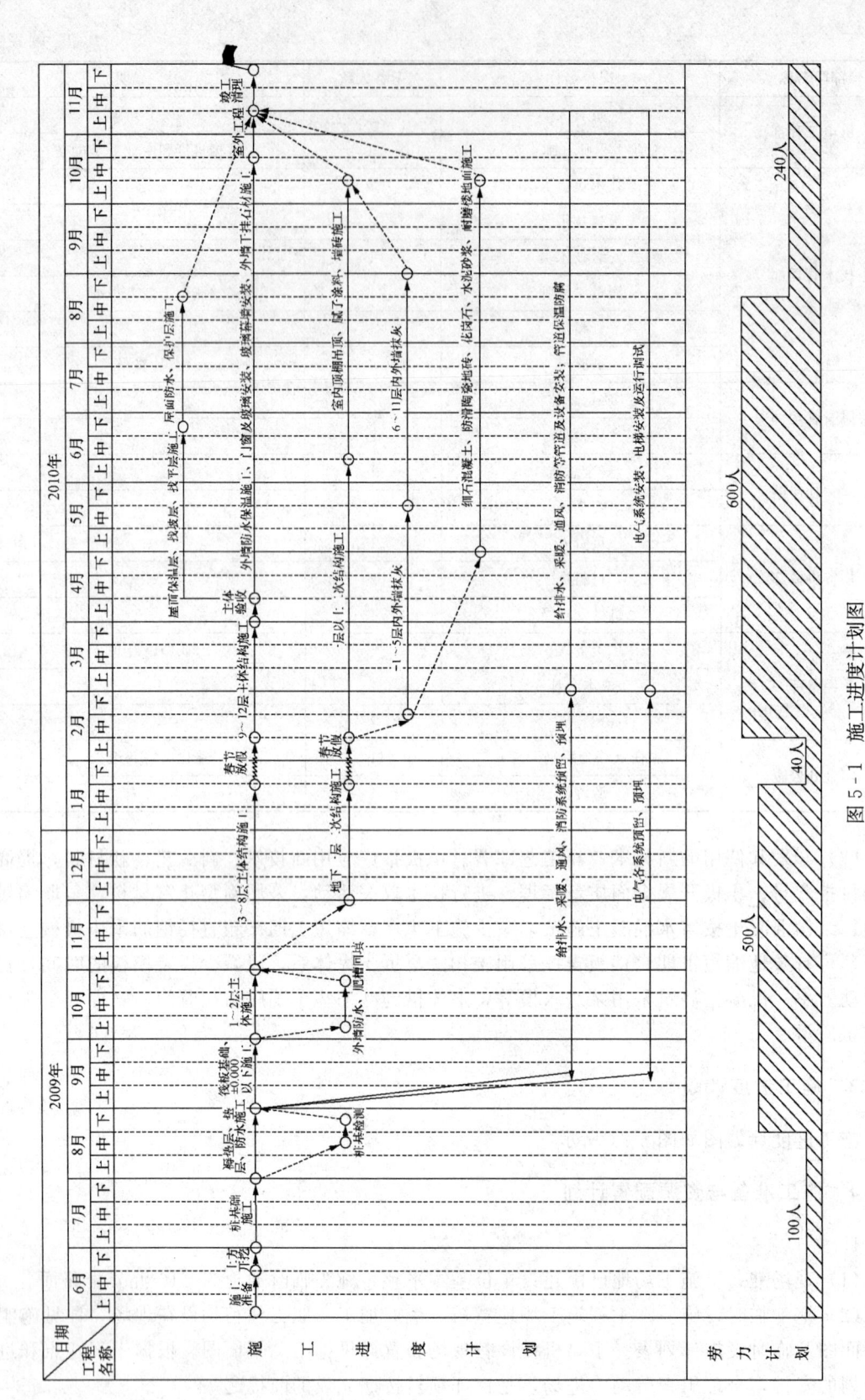

（3）技术准备。组织现场施工人员熟悉图纸、合同及有关资料，提出问题，及时会同建设单位做好图纸会审，做好变更洽商工作。组织相关人员对合同与施工组织设计进行技术交底和学习讨论，明确项目的进度、质量与施工技术要求，并做好施工图变更和各分项工程书面施工技术交底。建筑物的龙门板定位放线和高程引进都要经建设方、监理单位复核，验收后才可进入下一道工序。做好计量准备工作，组织技术人员校正测量工具，现场取样试配各级混凝土、砂浆的级配。组织各职能人员和操作专业队，针对施工图要求学习有关施工规范，质量验收标准，新材料、新工艺等技术准备工作。组织技术人员编制主要分项工程施工方案，研讨技术质量攻关项目，成立以项目经理为组长的QC小组。及时做好上岗前各工种"三级"安全教育及新工人上岗教育。

（4）组织准备。工程施工中管理是关键。根据本工程特点，公司选派优秀项目经理担任该工程项目经理，全面负责本工程的工作。同时精选懂业务、善管理、责任心强且施工过同类工程的专业管理人员组织项目职能部门实施对项目的管理、控制和监督。

2. 劳动力和资源配置计划

（1）劳动力配置计划。本工程在施工中住院楼部分地下工程按照收缩后浇带的位置分为两个施工流水段（A、C流水段），地上部分也分为四个施工流水段（A、B、C、D流水段）。根据本工程的施工特点，为了保证施工进度，本工程主体结构施工计划投入一个施工队伍，两个施工区域同时展开施工。

1）±0.00以下结构施工阶段安排在2009年6月1日～2009年8月30日，共计60天，计划投入劳动力320人。

2）主体结构施工阶段安排在2009年9月1日～2010年1月10日，共计130天，计划投入劳动力350人。

3）粗装修和室外装修施工阶段安排在2010年3月1日～2010年10月30日，共计240天，计划投入劳动力约250人。

4）安装工程施工阶段安排在2009年7月1日～2010年10月30日，共计480天，计划投入劳动力约150人。

（2）资源配置计划。

1）模板需用量计划（见表5-8）。

表5-8　　　　　　　　　　模板需用量计划表

序号	分部分项工程	选择模板品种	数量/m²	备 注
1	基础梁模板	15mm厚覆膜木胶合板	2000	按基础数量满配
2	地下室内、外墙模板	15mm厚覆膜木胶合板	2600	按地下一层墙体满配
3	圆柱	18mm厚覆膜木胶合板	80	配置14根
4	梁模板	15mm厚覆膜木胶合板	4800	按首层模板量配置两层模板
5	楼梯模板	15mm厚木胶板	100	按标准层楼梯模板量配置两层模板

2）脚手架需用量计划（见表5-9）。

表 5-9　　　　　　　　　　　　　脚手架需用量计划表

序号	材料名称	规格	单位	数量
1	立杆	$\phi 48 \times 3.5$	t	124.538
2	大横杆	$\phi 48 \times 3.5$	t	191.98
3	小横杆	$\phi 48 \times 3.5$	t	74.21
4	斜杆	$\phi 48 \times 3.5$	t	22.8
5	直角扣件		个	45 717
6	一字扣件		个	12 113
7	旋转扣件		个	1470
8	底座	DZ-1	个	1617
9	木脚手板	50mm 厚	块	2000
10	安全网		m²	20 000

3）主要建筑材料投入计划（见表 5-10）。

表 5-10　　　　　　　　　　　　主要建筑材料投入计划表

序号	材料名称	单位	数量	进场时间
1	基础土方	m³	23 124	随工程进度
2	CFG 桩	根	1535	随工程进度
3	砌砖	千块	166	随工程进度
4	加气砌块	m³	5358	随工程进度
5	混凝土及钢筋混凝土	m³	16 980	随工程进度
6	钢筋	t	4862	随工程进度
7	木材	m³	450	随工程进度
8	碎石	t	27 418	随工程进度
9	塑钢门窗	m²	1000	随工程进度
10	20mm 厚 800mm×800mm 花岗岩	m²	2228	随工程进度

4）主要机械设备投入计划（见表 5-11）。

表 5-11　　　　　　　　　　　　主要机械设备投入计划表

序号	设备名称	型号规格	数量	国别产地	制造年份	额定功率/kW	进场时间
1	塔式起重机	C4015 $R=42m$	2 台	河北	2008	55	2009 年 6 月 13 日
2	钢筋调直机	GTQ4/14	2 台	河北	2008	4	2009 年 6 月 1 日
3	钢筋套丝机	TQ100-A	2 套	河北	2008	3	2009 年 6 月 1 日
4	钢筋切断机	FGQ40A	2 台	河北	2008	5.5	2009 年 6 月 1 日
5	混凝土搅拌站	JS750	1 台	河北	2007	38.6	2009 年 5 月 20 日
6	插入式振捣器	ZX30	15 台	河北	2009	1.1	2009 年 6 月 15 日
7	混凝土地泵	HBT60	2 台	北京	2008	75	2009 年 6 月 1 日

5.2.5 主要施工方法

主要施工方法同第3章讲述的地基基础工程、主体结构工程、建筑装饰装修工程、建筑屋面分部分项工程的施工方法。

5.2.6 施工现场总平面布置

根据工程总体规划和现场的具体情况，对临时设施统筹安排，便于交通、生产和生活。

1. 施工场地条件概述

现场踏勘简介表见表5-12。

表5-12　　　　　　　　　　　现场踏勘简介表

序号	项目	说明
1	交通环境	交通较便利
2	周边环境	附近无居民区
3	临时用水	满足施工要求
4	临时用电	满足施工要求
5	通信设施	暂时不满足施工要求。稍后才能到达厂区
6	临时设施	职工生活区、办公室设在场区西侧厂房
7	场地情况	现场内高低差大，能满足施工要求
8	地质情况	地基土质为粉质软土。持力层透水能力强
9	地下水位	场地水量一般及地下水位埋深不深
10	前期工作	已具备开工条件

2. 施工现场平面布置方案概述

场地布置要紧凑合理，少占地；主要机械布置要方便运输，搅拌站覆盖面要尽可能达到结构边缘；材料堆放位置要尽量缩短运距、避免二次搬运；整个现场道路、机械、材料的布置应方便生产，同时必须符合国家关于安全、消防、环卫、市容的有关规定和法规；功能区域要划分清晰，根据现场情况分区布置。

3. 临时设施规划设计项目概要

临时设施规划设计项目概要见表5-13。

表5-13　　　　　　　　　　　临时设施规划设计项目概要

序号	项目	内容
1	临时生活设施	职工宿舍、食堂、开水房、浴室、厕所、工具房等
2	临时生产设施	甲方、监理、施工单位办公室、会议室、门卫室、配电房、工具房、仓库、茶水亭、电工室、厕所、施工入口、施工道路、木工房、水泥库、钢筋加工棚、搅拌机棚、垃圾间等
3	机械布置位置	塔式起重机1台；搅拌机2台、泵车2台、施工电梯2台、钢筋加工机械、木工机械等

续表

序 号	项 目	内 容
4	各种材料堆场	砂、石料场地，模板原材堆场，钢筋原材堆场，钢管堆场等
5	现场加工场地	钢筋成型场地、钢筋线材调直场地、预制场地、搅拌场地等
6	临时水电设计	临时用水管径计算、临时用电量布线计算、水电管线铺设设计
7	临时排水设计	排水设施、排水沟、沉淀池位置
8	其他	八牌一图

4. 现场规划布置

（1）施工出入口。整个施工范围根据规划的厂区道路外侧用硬围挡封闭。施工主入口设在本项目的北侧。入口处道路宽8m，设双开钢板门，大门左侧开一人行小门。主入口的左侧设门卫岗亭。

（2）八牌一图。施工主入口右侧设施工现场"八牌一图"。

（3）施工道路。施工道路依据本工程永久规划道路设置，施工道路可作为后期规划道路的基层，见"施工总平面布置图"。施工主干道宽为6m，考虑消防，消防通道均大于3.5m。场内道路环形设置，道路拐角设置车辆回转场地。图示施工主干道采用15cm厚C30混凝土浇筑，下铺15cm碎石垫层。路面中心标高高于路边5～6cm，并沿道路外侧设置排水沟，经二级沉淀后，排入市政管网。场内便道和场区绿化场地外均为硬化地面。

（4）临时生活用房。办公室、职工宿舍采用整洁美观、易于搭建的保温彩钢板活动板房，食堂、厕所、仓库等采用砖瓦结构。

（5）临时生产设施。临时生产设施将根据各施工段情况进行配置，主要生产设施见表5-14，生产设施布置详见"施工总平面布置图"。

表5-14　　　　　　　　各项临时生产设施的面积、数量

项目名称	面积/m² 面积=A/m×B/m×数量	搭建材料	基本要求
搅拌机棚	9.6×10×2=192	钢管、石棉瓦、竹笆两层防护	设于现场
水泥库	9×15×4=135	砖墙、钢架、石棉瓦、竹笆屋盖	设于现场
木工房	9×25=225	砖墙、钢架、石棉瓦、竹笆屋盖	设于现场
钢筋棚	9×20=180	钢管、石棉瓦、竹笆两层防护	设于现场

5. 现场办公室位置

现场办公室设于本期工程的东侧生活区的北面，均为两层盒子房，为施工、甲方、监理单位办公用房。

6. 垂直运输机械布置

主体结构施工时布置一台QTZ5513塔式起重机，臂长55m。在基坑土方挖运时，优先考虑塔式起重机部位的挖土，保证基础施工使用。

7. 职工生活设施

现场西侧共安排有办公室、职工食堂、宿舍、活动用房、厕所及洗澡间等。与办公区相邻，均建二层临时建筑。

本 章 练 习 题

1. 单位工程施工组织设计编制的内容包括哪些?
2. 施工准备应包括哪些内容?
3. 施工现场平面布置图应包括哪些内容?
4. 施工现场临时用水计算方法是什么?

第6章

流水施工进度

6.1 流水施工的概述

6.1.1 流水施工组织方式

流水施工组织方式包括依次施工、平行施工、流水施工。

1. 依次施工

依次施工,又叫顺序施工,它是将拟建工程项目的整个建造过程分解成若干个施工过程,按照一定的施工顺序,前一个施工过程完成后,下一个施工过程才开始施工;或前一个工程完成后,下一个工程才开始施工。

优点是:每天投入的劳动力较少,机具、设备使用不集中,材料供应较单一,施工现场管理简单,便于组织和安排。缺点是:班组施工及材料供应无法保持连续均衡,工人有窝工的情况或不能充分利用工作面,工期长。

【例6-1】 拟建三幢相同的建筑物,它们的基础工程量都相等,且都分为挖基槽、做混凝土垫层、砌筑砖基础和回填土四个施工过程。每个施工过程的施工天数均为6天,其中,挖基槽时,工作队由10人组成;做混凝土垫层时,工作队由8人组成;砌筑砖基础时,工作队由16人组成;回填土时,工作队由6人组成。施工的总工期为

$$T = 4 \times 6 \times 3d = 72d$$

2. 平行施工

在拟建工程任务十分紧迫、工作面允许以及资源保证供应的条件下,可以组织几个相同的工作队,在同一时间、不同空间上,完成同样的施工任务。但施工的专业工作队数目大大增加,工作队的工作仍然有间歇,劳动力及物资资源的消耗相对集中。

3. 流水施工

流水施工是指所有施工过程按一定的时间间隔依次施工。各个施工过程陆续开工、陆续竣工,同一施工过程的施工班组保持连续、均衡施工,不同施工过程的尽可能平行搭接施工。

(1) 流水施工的优点。

1) 充分、合理地利用工作面,减少或避免"窝工"现象,缩短工期。

2) 资源消耗均衡,从而降低了工程费用。

3) 能保持各施工过程的连续性、均衡性,从而提高了施工管理水平和技术经济效益。

4) 能使各施工班组在一定时期内保持相同的施工操作和连续、均衡施工,从而有利于提高劳动生产率。

【例 6-2】 [例 6-1]中，利用流水施工，其施工的总工期为

$$T = (m+n-1)k$$

式中，T 为总工期；m 为施工段数；n 为施工过程数；k 为每一施工过程所需时间。

流水施工横道图见表 6-1。

表 6-1 流水施工横道图

工程编号	施工进度					
	6	12	18	24	30	36
①	挖	垫	砌	回		
②		挖	垫	砌	回	
③			挖	垫	砌	回

显然，$m=3$；$n=4$（施工过程数）；$k=6d$（每一施工过程所需时间），所以总工期 $T=36d$。

(2) 组织流水施工的条件。

1) 划分施工段。

2) 划分施工过程。

3) 施工班组的组织。

4) 主要施工过程必须连续、均衡施工。

5) 不同施工过程尽可能组织平行搭接施工。

(3) 流水施工的分级和表达方式。

1) 分项工程流水施工。组织一个施工过程的流水施工。例如，现浇钢筋混凝土施工过程：安装模板→绑钢筋→浇筑混凝土。

2) 分部工程流水施工。组织一个分部工程的流水施工。例如，基础工程、主体工程、装修工程。

3) 单位工程流水施工。组织一个单位工程的流水施工。例如，一个办公楼、一个厂房。

4) 群体工程流水施工。组织多幢建筑物或构筑物的流水施工。例如，一个住宅小区、一个工业厂区。

6.1.2 流水施工参数

在组织拟建工程项目流水施工时，用以表达流水施工在工艺流程、空间布置和时间排列等方面开展状态的参数，称为流水参数。它包括工艺参数、空间参数、时间参数。

1. 工艺参数

(1) 施工过程数（n）。将施工对象所划分的工作项目称为施工过程，一般用"n"表示。施工过程划分的数目多少和粗细程度，一般与下列因素有关：施工计划的性质和作用；施工方案及工程结构；工程量的大小与劳动力的组织；施工的内容和范围。

(2) 流水强度（v）。流水强度是指某施工过程在单位时间内所完成的工程量。机械施工过程的流水强度计算式为

$$v = \sum_{1}^{x} R_i S_i$$

式中　R_i——i 施工过程的某种施工机械台数；

S_i——i 施工过程的某种施工机械产量定额。

2. 空间参数

空间参数主要有工作面、施工段和施工层。

(1) 工作面。某专业工种的工人在从事建筑产品施工过程中所必须具备的活动空间，这个活动空间称为工作面。

(2) 施工段数（m）。项目在平面上划分为劳动量相等或大致相等的若干个施工区段，这些施工区段称为"施工段"，一般用"m"表示。划分施工段的目的是为了组织流水施工。

划分施工段的原则：

1) 各施工段上所消耗的劳动量相等或大致相等，以保证各施工班组施工的连续性和均衡性。

2) 施工段的数目及分界要合理。

3) 施工段的划分界限要以保证施工质量且不违反操作规程为前提。

4) 当组织楼层结构流水施工时，每一层的施工段数必须大于或等于其施工过程数，即 $m \geqslant n$。

划分施工段的一般部位包括：

1) 设置有伸缩缝、沉降缝的建筑工程，可按此缝为界划分施工段。

2) 单元式的住宅工程，可按单元为界分段。

3) 道路、管线等可按一定长度划分施工段。

4) 多幢同类型建筑，可以以一幢房屋为一个施工段。

(3) 施工层。为满足竖向流水施工的需要，在建筑物垂直方向上划分的施工区段，称为施工层，一般用"r"表示。

3. 时间参数

时间参数一般有流水节拍、流水步距、平行搭接时间、技术组织间歇时间、工期等。

(1) 流水节拍。流水节拍是指从事某一个施工过程的施工班组在一个施工段上完成施工任务所需的持续时间，称为流水节拍。用"t_i"表示。

流水节拍的计算式为

$$t_i = Q/(SR)$$

式中　Q——施工过程在一个施工段上的工程量；

　　　S——每工日（每台班）的生产定额；

　　　R——作业队（组）的人数（机械台数）。

(2) 流水步距（K）。两个相邻的施工过程或施工班组先后进入同一施工段开始施工的时间间隔，称为"流水步距"，用"$K_{i,i+1}$"表示。流水步距始终保持两个相邻施工过程的先后工艺顺序；保证各专业工作队都能连续作业；保证相邻两个专业队在开工时间上最大限度地、合理地搭接；保证工程质量，满足安全生产。

确定流水步距的方法包括公式计算法和累加数列法。

1) 公式计算法。其计算式为

$$K_{i,i+1} = \begin{cases} t_i + t_j - t_d & t_i \leqslant t_{i+1} \\ mt_i - (m-1) \times t_{i+1} + t_j - t_d & t_i > t_{i+1} \end{cases}$$

2) 累加数列法。潘特考夫斯基法也称为"最大差法"，简称累加数列法。计算步骤是：

①根据专业工作队在各施工段上的流水节拍，求累加数列。

②根据施工顺序，对所求相邻的两个专业工作队在各施工段上的流水节拍累加数列错位相减。

③根据错位相减的结果，确定相邻专业工作队之间的流水步距，即相减结果中数值最大者。

(3) 平行搭接时间（t_d）。在组织流水施工时，有时为了缩短工期，在工作面允许的条件下，如果前一个施工队组完成部分施工任务后，能够提前为后一个施工队组提供工作面，使后者提前进入前一个施工段，两者在同一施工段上平行搭接施工的搭接时间。

(4) 技术组织间歇时间（t_j）。在组织流水施工时，有些施工过程完成后，后续施工过程不能立即投入施工，必须有足够的间歇时间。由于建筑材料或现浇构件工艺性质决定的间歇称为技术间歇，如混凝土浇筑后的养护，由于施工组织的原因造成的间歇称为组织间歇。

(5) 工期。是指完成一项工程任务或一个流水组的施工时，从第一个施工过程进入第一个施工段开始算起到最后一个施工过程退出最后一个施工段的整个持续时间。工期一般采用下式计算

$$T = \sum K_{i,j+1} + T_n + \sum t_j - \sum t_d$$

式中　$\sum K_{i,j+1}$——流水施工中，各流水步距之和；

　　　T_n——最后一个施工过程在各个施工段上持续时间之和；

　　　$\sum t_j$——所有技术组织间歇时间之和；

　　　$\sum t_d$——所有平行搭接时间之和。

6.2 流水施工组织方式

有节奏流水施工是指同一施工过程在各个施工段上的流水节拍都相等的一种流水施工方式。有节奏流水施工可分为等节奏流水施工和异节奏流水施工。

1. 等节奏流水施工

全等节奏流水（全等节拍流水）。全等节奏流水是指同一施工过程在各个施工段上的流水节拍都相等，并且不同施工过程之间的流水节拍也相等的一种流水施工方式，也称为全等节拍流水或固定节拍流水。

(1) 特征。

1) 所有施工过程在各施工阶段上的流水节拍均相等，即 $t_1 = t_2 = \cdots = t_n = t$。

2) 相邻施工过程的流水步距彼此相等，而且等于流水节拍，即 $K=t$。
3) 各个专业工作队都能够连续施工，施工段没有空闲。
4) 专业工作队数（n_1）等于施工过程数（n），即 $n_1=n$。

(2) 全等节拍流水施工工期计算。

【例 6-3】 某工程划分为 A、B、C 三个施工过程，每个施工过程划分三个施工段，各施工段流水节拍均为 3 天，试组织流水施工。

【分析】 根据题意组织等节拍等步距流水。即各流水步距值均相等，且等于流水节拍，即

$$K=t$$

工期：

$$T=(m+n-1)\times K \quad 或 \quad T=(m+n-1)\times t$$
$$T=(3+3-1)\times 3=15d$$

【例 6-4】 某工程划分为 A、B、C 三个施工过程，每个施工过程划分三个施工段，各施工段流水节拍均为 3 天，在施工过程 A 与 B 之间有 2d 的技术与组织间歇时间，在施工过程 B 与 C 之间有 1 天的搭接时间，试组织流水施工。

【分析】 根据题意组织等节拍不等步距流水。即各施工过程的流水节拍相等，但各流水步距不相等。

$$K_{i,i+1}=t+t_j-t_d$$

工期：

$$T=(m+n-1)t+\sum t_j-\sum t_d=(3+3-1)\times 3+2-1d=16d$$

全等节拍流水一般适用于工程规模较小、建筑结构比较简单、施工过程不多的房屋或某些构筑物。常用于组织一个分部工程的流水施工。

(3) 全等节拍流水施工的施工组织方法。

1) 划分施工过程，应将劳动量小的施工过程合并到临时施工过程中去，以使各流水节拍相等。
2) 根据工程量，确定主要施工过程的施工班组人数并计算流水节拍。
3) 根据已定的流水节拍，确定其他施工过程的施工班组人数。
4) 计算工期。
5) 画出横道图。

【例 6-5】 某一地基基础工程，包括挖土方、做垫层、砌基础、回填土四个施工过程，划分为五个施工段，采用全等节拍流水施工，流水节拍为 3 天，试组织专业流水施工并绘制横道图。

【分析】 该工程包括四个施工过程 $n=4$，施工段 $m=5$

采取全等节拍流水施工 $t=3d$

由于没有搭接时间，技术组织间歇时间，所以流水施工总工期为

$$T=(m+n-1)\times t=(5+4-1)\times 3d=24d$$

最后绘制横道图见表 6-2。

2. 异节奏流水施工

异节奏流水施工是指同一施工过程在各个施工段上的流水节拍都相等，不同施工过程之间的流水节拍不完全相等的一种流水施工方式。可分为成倍节拍流水施工和不等节拍流水施工。

(1) 成倍节拍流水施工。成倍节拍流水施工是指同一施工过程在各个施工段上的流水节拍都相等，不同施工过程之间的流水节拍不完全相等，但各施工过程的流水节拍均为最小流水节拍的整数倍的施工组织方式。见表6-2。

表6-2 流水施工横道图

编号	施工过程	施工进度/d							
		3	6	9	12	15	18	21	24
1	挖土方	①	②	③	④	⑤			
2	做垫层		①	②	③	④	⑤		
3	砌基础			①	②	③	④	⑤	
4	回填土				①	②	③	④	⑤

1) 特征。同一施工过程在各施工段上的流水节拍彼此相等；不同施工过程在同一施工段上的流水节拍彼此不等，但互为倍数关系；流水步距彼此相等，且等于各流水节拍的最大公约数，即 $K=$最大公约数 $\{D_1, D_2, \cdots, D_n\}$；各专业工作队都能保证连续施工，施工段没有空闲；专业工作队数大于施工过程数，即 $n_1 > n$。

2) 成倍节拍流水施工的组织方法：划分施工过程；根据工程量计算每个施工过程在各个施工段上的劳动量；根据施工班组人数，确定劳动量最少的施工过程的流水节拍；确定流水步距：$K_b=$最大公约数 $\{t_1, t_2, \cdots, t_i, \cdots, t_n\}$；专业工作队数目的确定。具体步骤包括：

①确定施工班组数：

$$b_i = \frac{D_i}{K_b} \quad n_1 = \sum_{i=1}^{n} b_i$$

②确定流水步距：

$$K_b = 最大公约数\{t_i\}$$

③确定工期：

$$T = (m + n_1 - 1) \times K_b$$

【例 6-6】 某住宅小区共有 6 幢同类型的住宅楼基础工程施工,其基础施工划分为挖基槽、做垫层、砌筑砖基础、回填土四个施工过程,它们的作业时间分别为:$t_1=4d$,$t_2=2d$,$t_3=4d$,$t_4=2d$。试组织这 6 幢住宅楼基础工程的流水施工。

解 (1) 确定流水步距:

$$K_b = 最大公约数\{4,2,4,2\} = 2d$$

(2) 确定施工班组数:

$$b_{\text{I}} = \frac{t_1}{K_b} = \frac{4}{2} = 2 个 \quad b_{\text{II}} = \frac{t_2}{K_b} = \frac{2}{2} = 1 个$$

$$b_{\text{III}} = \frac{t_3}{K_b} = \frac{4}{2} = 2 个 \quad b_{\text{IV}} = \frac{t_4}{K_b} = \frac{2}{2} = 1 个$$

(3) 确定施工班组总数:

$$n_1 = \sum_{i=1}^{4} b_i = 2+1+2+1 = 6 个$$

(4) 计算总工期:

$$T = (m+n_1-1) \times K_b = (6+6-1) \times 2d = 22d$$

(5) 绘制流水施工进度图表(见表 6-3)。

表 6-3　　　　　　　　　　进度计划横道图

n	队组	2	4	6	8	10	12	14	16	18	20	22
I	a	1—1	1—2	1—3	1—4	2—1	2—2	2—3	2—4			
II	b_1			1—1		1—3		2—1		2—3		
II	b_2				1—2		1—4		2—2		2—4	
III	c					1—1	1—2	1—3	1—4	2—1	2—2	2—3	2—4

【例 6-7】 已知某二层现浇钢筋混凝土楼盖 $j=2$,$n=3$,$t_1=2$,$t_2=4$,$t_3=2$,试组织成倍节拍流水施工,画出流水施工进度图。

【分析】 该工程三个施工过程的流水节拍均为 2 的整数倍,故可组织成倍节拍流水,无层间间歇和工艺间歇。

(1) 确定流水步距。流水步距取各施工过程流水节拍的最大公约数,故取 $K=2d$。

(2) 确定施工班组数:

$$b_1 = b_3 = \frac{t_1}{K} = 1 \quad b_2 = \frac{t_2}{K} = 2$$

故

$$\sum b_i = 1+1+2 = 4$$

(3) 确定施工段数：
$$m \geqslant \sum b_i = 4 \quad 取 m = 4$$

(4) 计算工期：
$$T = (mj + \sum b_i - 1) \times K = (4 \times 2 + 4 - 1) \times 2\mathrm{d} = 22\mathrm{d}$$

(5) 绘制进度计划图表（见表6-4）。

表6-4　　　　　　　　　　　进度计划横道图

施工过程	队组	施工进度									
		2	4	6	8	10	12	14	16	18	20	22
Ⅰ	a	1—1	1—2	1—3	1—4	2—1	2—2	2—3	2—4			
Ⅱ	b_1				1—1		1—3		2—1		2—3	
	b_2					1—2		1—4		2—2		2—4	
Ⅲ	c					1—1	1—2	1—3	1—4	2—1	2—2	2—3	2—4

注：1—1 表示第一层第一个施工段。

(2) 不等节拍流水施工。不等节拍流水施工是指同一施工过程在各个施工段上的流水节拍都相等，不同施工过程之间的流水节拍既不完全相等也不成倍数的流水施工方式。不等节拍流水施工的计算步骤是：

1) 计算流水步距：

$$K_{i,i+1} = \begin{cases} t_i + t_j - t_\mathrm{d} & t_i \leqslant t_{i+1} \\ mt_i - (m-1)t_{i+1} + t_j - t_\mathrm{d} & t_i > t_{i+1} \end{cases}$$

2) 计算工期：

$$T = \sum K + T_n$$

不等节拍流水实质是一种不等节拍、不等步距的流水施工，这种方式适用于施工段大小相等的工程施工组织。

3. 无节奏流水施工

无节奏流水施工是指同一施工过程在各个施工段上的流水节拍不完全相等的一种流水施工方式。无节奏流水施工的计算步骤是：

(1) 计算流水步距：方法是："累加斜减取大差"。步骤是：①将每个施工过程的流水节拍逐段累加；②错位相减；③取差值最大者作为流水步距。

(2) 计算工期：

$$T = \sum K + T_n$$

【例6-8】 根据表6-5，确定流水步距、总工期，并绘制流水施工进度表。

表 6-5　　　　　　　　　　　　　已 知 条 件

施工过程 n \ 施工段数 m		工作持续时间				
		一	二	三	四	五
1	5	4	6	2	2	4
2	4	4	8	6	2	
3	4	2	4	4	2	

【分析】

(1) 确定流水步距。

计算 K_{12}：

$$
\begin{array}{rrrrrr}
& 4 & 10 & 12 & 14 & 18 \\
- & & 4 & 12 & 18 & 20 \\
\hline
& 4 & \boxed{6} & 0 & -4 & -2
\end{array}
$$

所以　　　　　　　　　　　$K_{12} = 6$

计算 K_{23}：

$$
\begin{array}{rrrrr}
& 4 & 12 & 18 & 20 \\
- & 2 & 6 & 10 & 12 \\
\hline
& 4 & 10 & \boxed{12} & 10 & -12
\end{array}
$$

所以　　　　　　　　　　　$K_{23} = 12$

(2) 计算工期：

$$T = \sum K_{i,i+1} + T_n = 6 + 12 + 12\mathrm{d} = 30\mathrm{d}$$

(3) 绘制进度计划图（见表 6-6）。

表 6-6　　　　　　　　　　　横 道 图

施工过程	施工进度														
	2	4	6	8	10	12	14	16	18	20	22	24	26	28	30
一		1		2		3	4		5						
二					1		2			3		4			
三										1	2		3	4	
	$k_{12} = 6\mathrm{d}$					$k_{23} = 12\mathrm{d}$					$T_n = 12\mathrm{d}$				

注：横线上的 1、2、3、4、5 分别代表第几施工段。

无节奏流水不像有节奏流水那样有一定的时间约束，在进度安排上比较灵活、自由，适用于各种不同结构性质和规模的工程施工组织，实际应用比较广泛。

本 章 练 习 题

1. 流水施工的主要参数有哪些？
2. 流水施工的组织方式有哪些？
3. 全等节拍流水施工的主要特征是什么？
4. 成倍节拍流水施工的主要特征是什么？
5. 某市建筑公司承建一座五星级宾馆的施工任务，该工程的结构形式为现浇框架结构体系，地上12层，地下2层，结构标准层的施工过程划分为柱、梁、板三个施工过程，每个施工过程所需的持续时间分别为柱16d，梁18d，板20d，施工组织方式采用流水，问题：如果各段的持续时间相同，计算各施工过程在各段的流水节拍。
6. 某主体工程施工时划分了四个施工段和三个施工过程，施工过程分为柱、梁板模板、梁板混凝土。每一个施工过程在四个施工段上的流水节拍分别为3，3，3，3；2，2，2，3；2，2，2，2。试画出此主体工程的非节奏流水施工横道图，并计算工期。
7. 某工程，合同工期140d。

事件一：施工单位将施工作业划分为A、B、C、D四个施工过程，分别由指定的专业班组进行施工，每天一班工作制，组织无节奏流水施工，流水施工参数见表6-7。

表6-7 流水施工参数

流水节拍d \ 工序	A工序	B工序	C工序	D工序
施工一段	12	18	25	12
施工二段	12	20	25	13
施工三段	19	18	20	15
施工四段	13	22	22	14

问题：

(1) 事件一中，列式计算A、B、C、D四个施工过程之间的流水步距分别是多少d？

(2) 事件一中，列式计算流水施工的计划工期是多少d？能否满足合同工期的要求？

8. 单选题

(1) 建设工程施工通常按流水施工方式组织，是因其具有（　　）的特点。

A. 单位时间内所需用的资源量较少（属于依次施工的特点）

B. 使各专业工作队能够连续施工

C. 施工现场的组织、管理工作简单（属于依次施工的特点）

D. 同一施工过程的不同施工段可以同时施工（属于平行施工的特点）

(2) 某道路工程划分为4个施工过程、5个施工段进行施工，各施工过程的流水节拍分别为6、4、4、2d。如果组织加快的成倍节拍流水施工，则流水施工工期为（　　）d。

A. 40　　　　　　　　B. 30　　　　　　　　C. 24　　　　　　　　D. 20

(3) 某分部工程有 3 个施工过程,各分为 4 个流水节拍相等的施工段,各施工过程的流水节拍分别为 6、6、4d。如果组织加快的成倍节拍流水施工,则流水步距和流水施工工期分别为（　　）d。

A. 2 和 22　　　　B. 2 和 30　　　　C. 4 和 28　　　　D. 4 和 36

(4) 建设工程组织非节奏流水施工时,其特点之一是（　　）。

A. 各专业队能够在施工段上连续作业,但施工段之间可能有空闲时间

B. 相邻施工过程的流水步距等于前一施工过程中第一个施工段的流水节拍（不尽相等）

C. 各专业队能够在施工段上连续作业,施工段之间不可能有空闲时间（可能有）

D. 相邻施工过程的流水步距等于后一施工过程中最后一个施工段的流水节拍（不尽相等）

(5) 建设工程组织流水施工时,相邻专业工作队之间的流水步距不尽相等,但专业工作队数等于施工过程数的流水施工方式是（　　）。

A. 固定节拍流水施工和加快的成倍节拍流水施工

B. 加快的成倍节拍流水施工和非节奏流水施工

C. 固定节拍流水施工和一般的成倍节拍流水施工

D. 一般的成倍节拍流水施工和非节奏流水施工

第7章 网络计划技术

7.1 基本概念

7.1.1 网络计划技术（或称统筹法）的基本原理

首先是把所要做的工作，哪项工作先做，哪项工作后做，各占用多少时间，以及各项工作之间的相互关系等运用网络图的形式表达出来。其次是通过简单的计算，找出哪些工作是关键的，哪些工作不是关键的，并在原来计划方案的基础上，进行计划的优化。最后是组织计划的实施，并且根据变化了的情况，搜集有关资料，对计划及时进行调整，重新计算和优化，以保证计划执行过程中自始至终能够最合理地使用人力、物力，保证多快、好省地完成任务。

7.1.2 横道进度计划与网络计划的特点分析

（1）横道图。其优点是：编制比较容易，绘图比较简单，形象表达直观，排列整齐有序，便于对劳动力、材料以及机具的需要量进行统计等。其缺点是：不能直接反映出施工过程之间的相互联系、相互依赖和相互制约的逻辑关系；不能明确地反映哪些施工过程是关键的，哪些施工过程是不关键的；不能计算每个施工过程的各个时间参数；不能应用电子计算机进行计算，更不能对计划进行科学的调整与优化。

（2）网络计划。其优点是：能够明确地反映相互各施工过程之间的逻辑关系，使各个施工过程组成一个有机的统一的整体；由于施工过程之间的逻辑关系明确，便于进行各种时间参数的计算，有利于进行定量分析；能在错综复杂的计划中找出影响整个工程进度的关键施工过程；以利用计算得出的某些施工过程的机动时间，更好地利用和调配人力、物力，以达到降低成本的目的；可以利用电子计算机对复杂的计划进行计算、调整与优化，实现计划管理的科学化。缺点是：表达计划不直观、不易看懂，而且不能反映出流水施工的特点及不能直接显示资源的平衡情况。

7.2 网络计划的表达方法

网络图是由箭线和节点组成的有向有序的网状图形。网络图按所有符号的意义不同，可分为有双代号网络图和单代号网络图两种。

（1）双代号网络图：以箭线及其两端节点的编号表示工作的网络图称为双代号网络图。如图7-1所示。

（2）单代号网络图：以节点及其编号表示工作，以箭线表示工作之间的逻辑关系的网络图称为单代号网络图。即每一个节点表示一项工作，节点所表示的工作名称、持续时间和工作代号等标注在节点内。如图7-2所示。

7.2.1 双代号网络图绘制

双代号网络图是由箭线、节点、线路三要素组成。

1. 箭线

网络图中一端带箭头的实线即为箭线。如图7-3所示的箭线表达的内容如下：

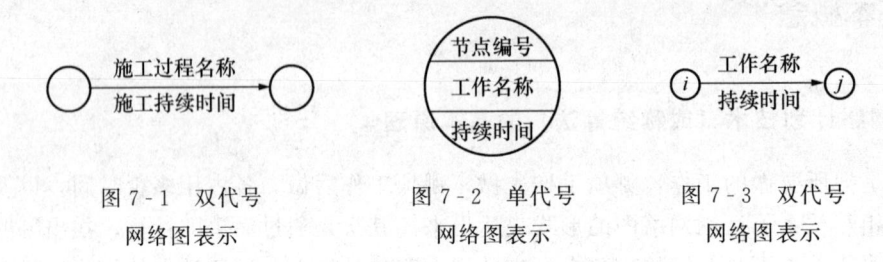

图7-1 双代号网络图表示

图7-2 单代号网络图表示

图7-3 双代号网络图表示

（1）一根箭线表示一项工作或表示一个施工过程。

（2）一根箭线表示一项工作所消耗的时间与资源，分别用数字标注在箭线的下方和上方。

（3）在无时间坐标的网络图中，箭线的长度不代表时间的长短；在有时间坐标的网络图中，其箭线的长度必须根据完成该项工作所需时间长短按比例绘制。

（4）箭线的方向表示工作进行的方向和前进的路线，箭尾表示工作的开始，箭头表示工作的结束。

（5）箭线可以画成直线、折线和斜线。

2. 节点

在网络图中，表示工作的开始、结束或连接关系的圆圈，称为节点。

（1）节点表达的内容。

1）节点表示前面工作结束和后面工作开始的瞬间，所以节点不消耗时间和资源。

2）箭线的箭尾节点表示该工作的开始，箭线的箭头节点表示该工作的结束。紧前工作、紧后工作和平行工作如图7-4所示。

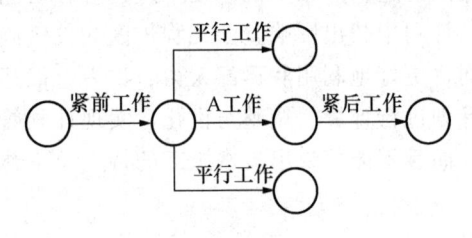

图7-4 工作表达的内容

（2）节点的分类。

1）起点节点。网络图的第一个节点，表示一项工作的开始。

2）终点节点。网络图的最后一个节点，表示一项任务的完成。

3）中间节点。除起点节点和终点节点以外的节点称为中间节点。

（3）节点的编号。

1）顺序。从起点节点开始，依次向终点节点进行。

2）原则。箭头节点编号必须大于箭尾节点编号，节点编号不能重复。

3. 线路

线路是指从网络图的开始节点到终点节点，沿着箭头方向通过一系列箭线与节点的通路。

关键线路：线路上总的工作持续时间最长的线路称为关键线路。

关键工作：关键线路上的工作称为关键工作。

紧前工作：在本工作之前的工作称为本工作的紧前工作。

紧后工作：在本工作之后的工作称为本工作的紧后工作。

平行工作：可与本工作同时进行的工作称为本工作的平行工作。

4. 虚工作及其应用

在双代号网络图中，只表示前后相邻工作之间的逻辑关系，既不消耗时间，也不消耗资源的工作称为虚工作。虚工作有联系作用、区分作用、断路作用三个作用。

7.2.2 网络图的逻辑关系及其正确表达

1. 网络图的逻辑关系

逻辑关系是指网络计划中所表示的各个施工过程之间的先后顺序关系，可分为工艺逻辑关系和组织逻辑关系。

（1）工艺逻辑关系。是由施工工艺所决定的各个施工过程之间客观上存在的先后顺序关系。

（2）组织逻辑关系。是施工组织安排中，考虑劳动力、机具、材料或工期等影响，在各施工过程之间主观上安排的施工先后顺序关系。

2. 逻辑关系的表达

（1）施工过程 A、B、C 依次完成，如图 7-5 所示。

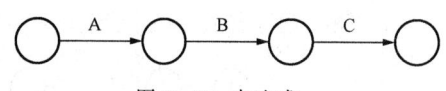

图 7-5 表达式一

（2）施工过程 B、C 在施工过程 A 完成后同时开始，如图 7-6 所示。

（3）施工过程 C 在施工过程 A、B 同时完成后开始，如图 7-7 所示。

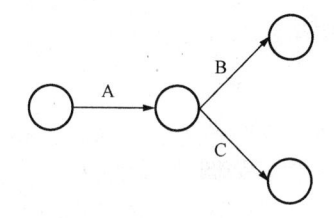

图 7-6 表达式二 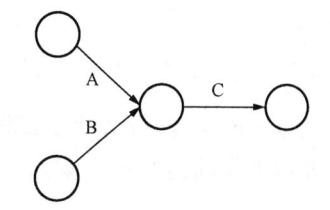　　　　图 7-7 表达式三

（4）施工过程 C、D 在施工过程 A、B 完成后同时开始，如图 7-8 所示。

（5）施工过程 C 在施工过程 A、B 完成之后开始，施工过程 D 在施工过程 B 完成之后开始，如图 7-9 所示。

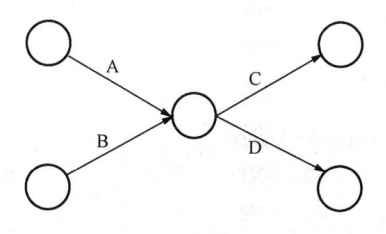

图 7-8 表达式四 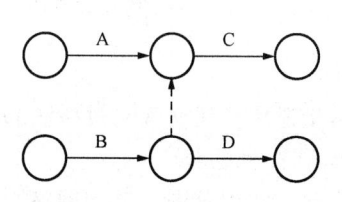　　　　图 7-9 表达式五

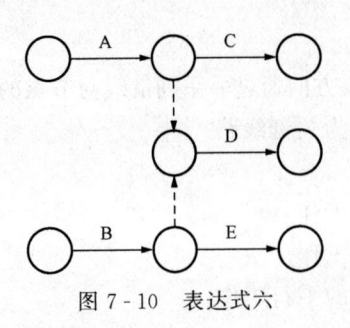

(6) 施工过程 A 完成后施工过程 C、D 开始，施工过程 B 完成后有施工过程 E、D 开始，如图 7-10 所示。

(7) 用网络图表示流水施工时，两个没关系的施工过程之间，有时会产生有联系的错误。

解决办法：用虚箭线切断不合理的联系，以消除逻辑的错误。

图 7-10 表达式六

7.2.3 绘制网络图的基本原则及要求

1. 绘制原则

(1) 一张网络图只允许有一个开始节点和一个终点节点，如图 7-11 所示。

(2) 在网络图中，不允许出现闭合回路，如图 7-12 所示。

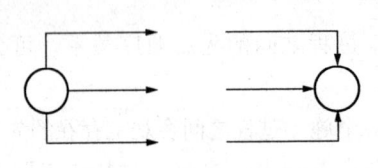

图 7-11 绘制原则一

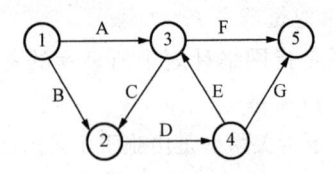

图 7-12 绘制原则二

(3) 同一项工作在一个网络图中不能表达 2 次以上，如图 7-13 所示。

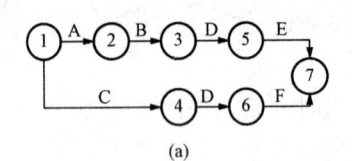

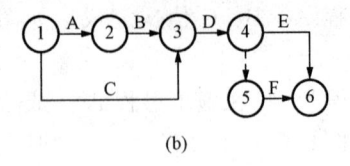

图 7-13 绘制原则三
(a) 不正确；(b) 正确

(4) 工作编号不能重复（$i<j$），如图 7-14 所示。

(5) 正确表达工作间的逻辑关系，合理添加虚工作，如图 7-15 所示。

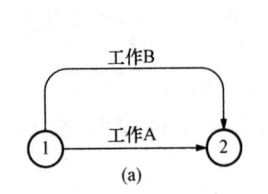

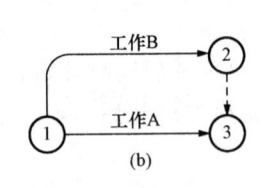

图 7-14 绘制原则四
(a) 不正确；(b) 正确

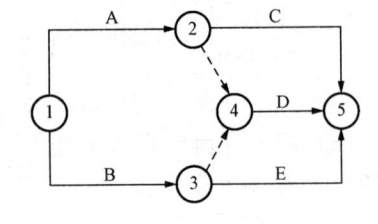

图 7-15 绘制原则五

(6) 尽量避免箭线交叉（过桥法和指向法），如图 7-16 所示。

2. 绘制步骤和要求

绘制步骤：绘制草图；整理网络图。

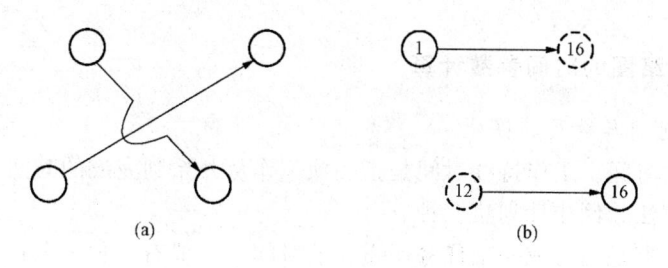

图 7-16 绘制原则六
（a）过桥法；（b）指向法

绘制要求：网络图的箭线应以水平线为主，竖线和斜线为辅；在网络图中，箭线应保持从左到右的方向，避免出现"反向箭线"；在网络图中，应尽量减少不必要的虚箭线。

【例 7-1】 根据以下各工作的逻辑关系（见表 7-1），绘制双代号网络图。

表 7-1　　　　　　　　　　各工作的逻辑关系

工作	A	B	C	D	E	F	G	H	I
紧后工作	D	E、G	F	G	H	H、I	—	—	—

【分析】绘制双代号网络图，如图 7-17 所示。

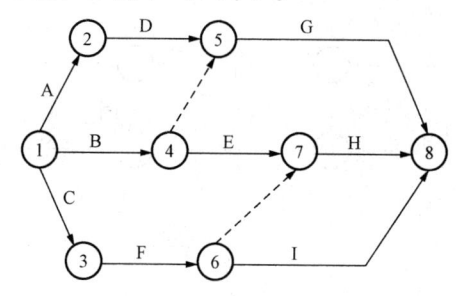

图 7-17　双代号网络图

【例 7-2】 根据以下各工作的逻辑关系（见表 7-2），绘制双代号网络图。

表 7-2　　　　　　　　　　各工作的逻辑关系

工作	A	B	C	D	E	F	G	H
紧后工作	C、D	E、F	E、F	G、H	G、H	H	—	—

绘制双代号网络图，如图 7-18 所示。

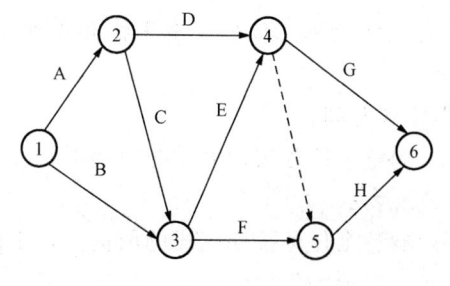

图 7-18　双代号网络图

7.2.4 双代号网络图的时间参数计算

1. 网络计划时间参数及其符号

（1）工作持续时间。工作持续时间是指一项工作从开始到完成的时间。计算方法有定额计算法、经验估算法、倒排计划法三种。

（2）工期。工期是指完成一项任务所需要的时间。一般有三种工期：

1) 计算工期：是指根据时间参数计算所得到的工期，用 T_c 表示。

2) 要求工期：是指任务委托人提出的指令性工期，用 T_r 表示。

3) 计划工期：是指根据要求工期和计算工期所确定的实施目标的工期，用 T_p 表示。

当规定了要求工期时：$T_p \leq T_r$；当未规定要求工期时：$T_p = T_c$。

（3）节点时间计算（图 7-19）。

1) 节点最早时间（ET_i）（按正向计算）。双代号网络计划中，以该节点为开始节点的各项工作的最早开始时间，称为节点最早时间。计算方法：顺着箭线方向相加，逢箭头相撞取大值。

图 7-19 节点时间表示

【例 7-3】 根据图 7-20 所示的已知条件，计算节点最早时间。

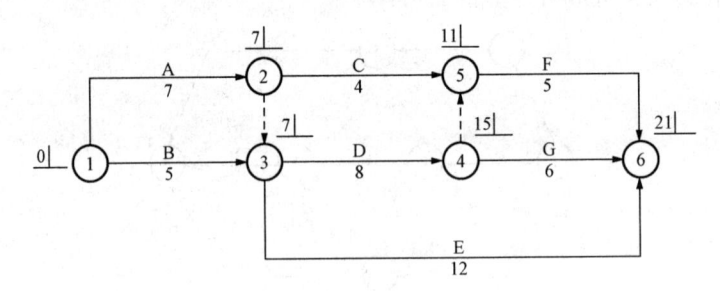

图 7-20 节点最早时间计算图

2) 节点最迟时间（LT_i）（按反向计算法）。

双代号网络计划中，以该节点为完成节点的各项工作的最迟完成时间，称为节点最迟时间。计算方法：逆着箭线方向相减，逢箭尾相撞取小值。

（4）工作时间参数。

1) 最早开始时间和最早完成时间。

最早开始时间是指各紧前工作全部完成后，本工作有可能开始的最早时刻。工作 $i—j$ 的最早开始时间用 $ES_{i—j}$ 表示。

最早完成时间是指各紧前工作全部完成后，本工作有可能完成的最早时刻。工作 $i—j$ 的最早完成时间用 $EF_{i—j}$ 表示。

2) 最迟开始时间和最迟完成时间。

最迟开始时间是指在不影响整个任务按期完成的前提下，工作必须开始的最迟时刻。工作 $i—j$ 的最迟开始时间用 $LS_{i—j}$ 表示。

最迟完成时间是指在不影响整个任务按期完成的前提下，工作必须完成的最迟时刻。工作 $i—j$ 的最迟完成时间用 $LF_{i—j}$ 表示。

3) 总时差和自由时差。

总时差是指各项工作在不影响总工期的前提下所具有的机动时间。工作 i—j 的总时差用 TF_{i-j} 表示。

自由时差是指各项工作在不影响其紧后工作最早开始时间的情况下所具有的机动时间。工作 i—j 的自由时差用 FF_{i-j} 表示。

2. 双代号网络计划时间参数的计算方法

双代号网络计划时间参数的计算方法有图上计算法、表上计算法、矩阵法、电算法。这里主要介绍图上计算法。

(1) 计算各工作的最早开始和最早完成时间，其计算式为

$$\begin{cases} ES_{i-j} = ET_i \\ EF_{i-j} = ES_{i-j} + D_{i-j} \end{cases}$$

式中　ES_{i-j}——工作 i—j 的最早开始时间；

EF_{i-j}——工作 i—j 的最早完成时间；

D_{i-j}——工作 i—j 的持续时间；

ET_i——节点 i 的最早时间。

(2) 计算各工作的最迟开始和最迟完成时间，其计算式为

$$\begin{cases} LF_{i-j} = LT_j \\ LS_{i-j} = LF_{i-j} - D_{i-j} \end{cases}$$

式中　LF_{i-j}——工作 i—j 的最迟完成时间；

LS_{i-j}——工作 i—j 的最迟开始时间；

LT_j——节点 i 的最迟时间。

(3) 工作时差。

1) 总时差是指各工作在不影响计划总工期的情况下所具有的机动时间。工作 i—j 的总时差用 TF_{i-j} 表示。计算公式为

$$TF_{i-j} = LF_{i-j} - EF_{i-j} = LS_{i-j} - ES_{i-j}$$

式中　TF_{i-j}——工作 i—j 的总时差。

2) 自由时差是指各工作在不影响阶段性目标工期或后续工作最早开始时间的情况下所具有的机动时间。工作 i—j 的自由时差用 FF_{i-j} 表示。计算公式为

$$FF_{i-j} = \min\{ES_{i-k} - EF_{i-j}\} = \min\{ES_{i-k} - ES_{i-j} - D_{i-j}\}$$

式中　FF_{i-j}——工作 i—j 的自由时差。

(4) 关键工作与关键线路。

1) 定义。网络图中，凡是总时差为 0 的工作，即为关键工作。由关键工作所组成的线路，总持续时间最长，即为关键线路。

2) 关键线路的求法。网络图制成以后，计算各工作的总时差，就可知道哪些工作的总时差为 0，把这些工作连接起来，就是关键线路。

3) 关键线路的特点。关键线路上的工作，各类时差（TF、FF）均等于 0；关键线路是从网络计划开始点到结束点之间持续时间最长的线路；关键线路在网络计划中不一定只有一条，有时存在两条以上；关键线路以外的工作称非关键工作。如果使用了总时差，就转化为关键工作；如果非关键线路延长的时间超过它的总时差，非关键线路就变成关键线路。

4) 关键工作和关键线路的确定：①总时差为最小的工作为关键工作；②自始至终全部由关键线路组成的线路或线路上总的工作持续时间最长的线路应为关键线路。该线路在网络图上应用粗线、双线或彩色线标注。

【例 7-4】 根据图 7-21 所示的已知条件，计算工作时间参数，并确定关键线路。

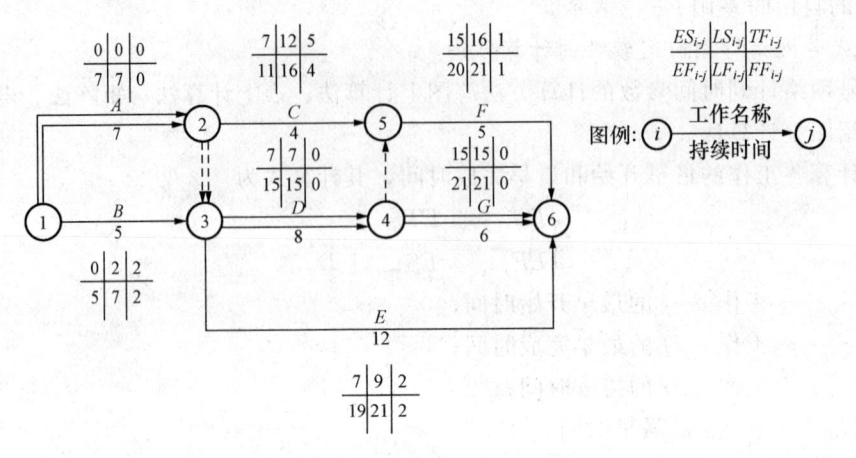

图 7-21 工作时间参数计算

【分析】 用图上计算法，把六个参数已计算出来，关键线路用双箭线表示出来，即①→②→③→④→⑥。

【例 7-5】 在某工程网络计划中，工作 M 的最迟完成时间为第 30d，其持续时间为 7d。工作 M 有三项紧前工作，他们的最早完成时间分别为第 13d、第 15d 和第 17d，则工作 M 的总时差为（　　）d。

A. 17　　　　B. 13　　　　C. 10　　　　D. 6

【分析】 根据总时差的公式：

$$TF_{i-j} = LF_{i-j} - EF_{i-j} = LS_{i-j} - ES_{i-j} \quad LF_{i-j} = 30d$$

$$EF_{i-j} = 24d \quad TF_{i-j} = 30 - 24d = 6d$$

所以应选择 D。

【例 7-6】 某施工单位与建设单位按《建设工程施工合同（示范文件）》签订了固定总价施工承包合同，合同工期 390d，合同总价 5000 万元。施工前施工单位向工程师提交了施工组织设计和施工进度计划（图 7-22），单位：d。

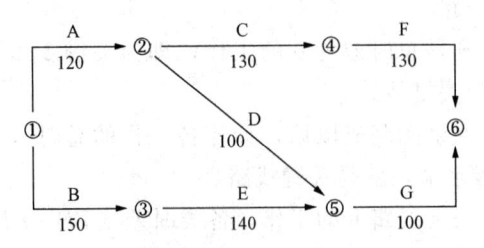

图 7-22 施工进度计划

该工程在施工过程中出现了如下事件：

(1) 因地质勘探报告不详，出现图纸中未标明的地下障碍物，处理该障碍物导致工作 A 持续时间延长 10d，增加人工费 2 万元、材料费 4 万元、机械费 3 万元。

(2) 基坑开挖时因边坡支撑失稳坍塌，造成工作 B 持续时间延长 15d，增加人工费 1 万元、材料费 1 万元、机械费 2 万元。

(3) 因不可抗力而引起施工单位的供电设施发生火灾，使工作 C 持续时间延长 10d，增加人工费 1.5 万元、机械费损失费用 2 万元、材料费损失 3 万元。

(4) 结构施工阶段因建设单位提出工程变更，导致施工单位增加人工费 4 万元、材料费 6 万元、机械费 5 万元，工作 E 持续时间延长 30d。

以上事件的损失均为全部费用，经过了工程师核实。针对上述事件，施工单位按程序提出了工期索赔和费用索赔。

【问题】

1. 按照图示施工进度计划，确定该工程的关键线路和计算工期，并说明按此计划该工程是否能按合同工期要求完工？

2. 对于施工过程中发生的事件，施工单位是否可以获得工期和费用补偿？分别说明理由。

3. 施工单位可以获得的工期补偿是多少天？

【解】问题 1.

关键路线：①→③→⑤→⑥ ［或：B、E、G］即 150＋140＋100＝390d

计算工期：390d，按此计划该工程可以按合同工期要求完工。

问题 2.

事件（1）：不能获得工期补偿，因为工作 A 的延期没有超过其总时差；可以获得费用补偿，因为图纸未标明的地下障碍物属于建设单位风险的范畴。

事件（2）：不能获得工期和费用补偿，因为基坑边坡支撑失稳属于施工单位施工方案有误，应由承包商承担该风险。

事件（3）：能获得工期补偿，因应由建设单位承担不可抗力的工期风险；不能获得费用补偿，因不可抗力发生的费用应由双方分别承担各自的费用损失。

问题 3.

施工单位可获得的工期延期补偿为 30d，因为考虑建设单位应承担责任或风险的事件：(1) 工作 A 延长 10d、(3) 工作 C 延长 10d、(4) 工作 E 延长 30d，关键线路还是：①→③→⑤→⑥，变成了 150＋（140＋30）＋100＝420d。

新的计算工期为 420d，420－390＝30d。

7.3 时标网络计划

时标网络计划是将无时标网络计划与横道计划有机结合即形成时标网络计划。时标网络计划是以时间坐标为尺度绘制的网络计划。如图 7-23 所示。

1. 时标网络计划的特点

时标网络计划中工作箭线的长度与工作的持续时间长度一致，可直接显示各工作的时间参数和关键线路；由于时标网络在绘制中受到时间坐标的限制，因此像"闭合回路"之类的

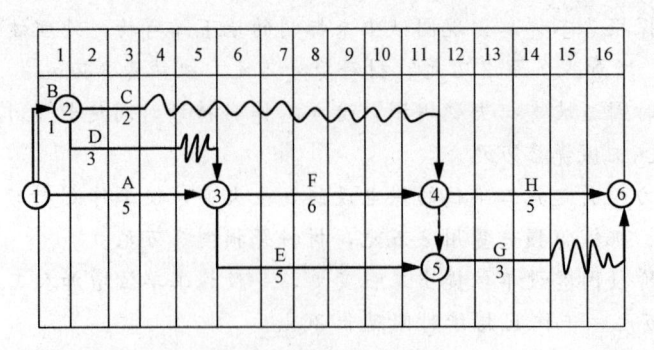

图 7-23 时标网络计划图

错误容易被发现；可以直接在时标网络图的下方绘出资源动态曲线，便于分析，平衡调度；由于时标网络计划中工作箭杆线长度和位置受到时间坐标的限制，因此它的修改和调整没有无时标网络计划图方便。

2. 时标网络计划的绘制方法

（1）直接绘制法。首先将起点节点定位在时间坐标横轴为零的纵轴上；其次按工作持续时间在时间坐标上绘制以起点节点为开始节点的各工作箭线；其他工作的开始节点必须在该工作的全部紧前工作都绘出后，定位在这些紧前工作最晚完成的时标纵轴上。某些工作的箭线长度不足以达到该节点时，用波浪线来补足，箭头画在波浪线与节点连接处；用以上方法从左到右依次确定其他节点的位置，直至网络计划的终点节点定位为止。

（2）间接绘制法。

1）绘制双代号网络图，计算时间参数，找出关键线路，确定关键工作。

2）根据实际需要确定时间单位并绘制时标横轴。

3）根据工作最早开始时间或节点的最早时间确定各节点的位置。

4）依次在各节点间绘出箭线及自由时差。

5）用虚箭线连接各有关节点，将有关的工作连接起来。

注意：关键线路是自始至终不出现波形线的线路。

7.4 单代号网络图的基本概念

1. 单代号网络图的构成及基本符号

单代号网络图由许多节点和箭线组成，与双代号网络图不同，节点表示工作而箭线仅表示各工作之间的逻辑关系。它与双代号网络图相比，不用虚箭线，网络图便于检查和修改。

图 7-24 单代号网络图表示方法

（1）节点。可用圆圈或方框表示，如图 7-24 所示。节点表示的工作名称、持续时间、节点编号一般都标注在圆圈或方框内。节点编号方法与双代号网络图相同。

（2）箭线。用实线，箭头方向表示工作的先后顺序。如图 7-25 所示。

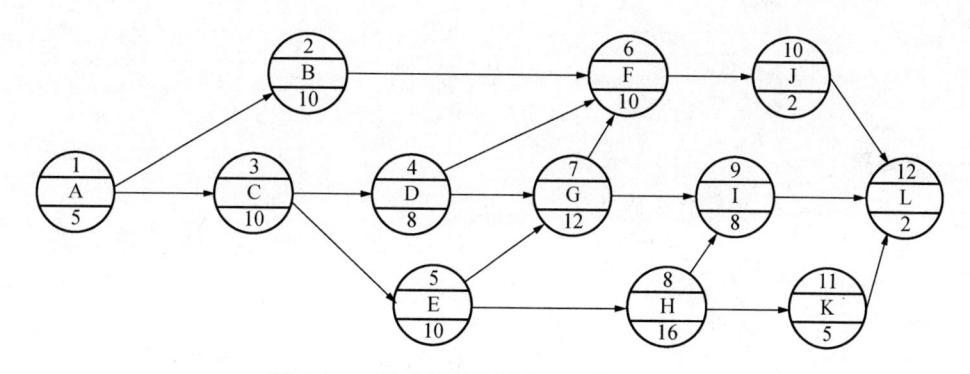

图 7-25 单代号网络图表示工作先后顺序

2. 单代号网络图的绘制规则及示例

单代号网络图的绘制原则是：正确表达已定的逻辑关系；严禁出现循环回路；箭线不宜交叉。当交叉不可避免时，可采用过桥法；一个起点节点和一个终止节点。起点节点用 St 表示，终止节点用 Fin 表示。

【例 7-7】 根据表 7-3 中的已知条件，绘制单代号网络图，如图 7-26 所示。

表 7-3　　　　　　　　　　　工 作 先 后 顺 序

工作名称	A	B	C	D	E	F	G	H	I
紧前工作	—	—	—	B	B、C	C	A、D	E	E、F
紧后工作	G	D、E	E、F	G	H、I	I	—	—	—

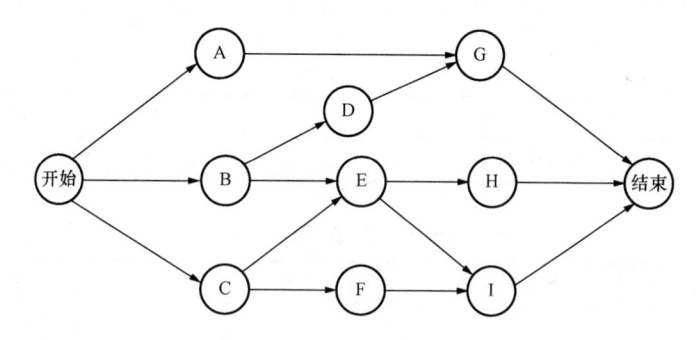

图 7-26 单代号网络图

3. 单代号网络图时间参数计算

工作的时间参数如图 7-27 所示。

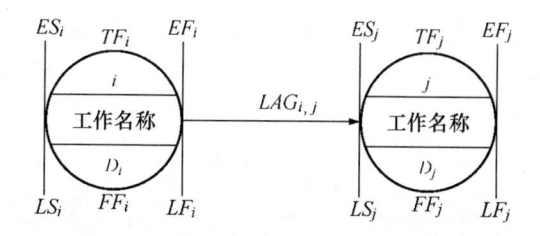

图 7-27 单代号网络图工作时间参数表示

本章练习题

一、选择题

1. 工作之间的逻辑关系不包括（　　）。
   A. 紧前工作　　　　B. 紧后工作　　　　C. 前序工作　　　　D. 后序工作
   E. 平行工作
2. 绘制网络图的两种方法是（　　）。
   A. 关键线路法　　　　　　　　　　　B. 计划评审法
   C. 单代号网络图　　　　　　　　　　D. 双代号网络图
3. 双代号网络图又称为（　　）。
   A. 节点型网络图　　　　　　　　　　B. 箭杆型网络图
   C. 时标网络图　　　　　　　　　　　D. 搭接网络图
4. 下列各项不属于虚工作的作用的是（　　）。
   A. 联系　　　　　　B. 区分　　　　　　C. 断路　　　　　　D. 指向
5. 下列术语中属于网络图绘制规则的是（　　）。
   A. 遵循逻辑关系　　　　　　　　　　B. 避免循环线路
   C. 严禁在箭杆中引箭线　　　　　　　D. 尽量避免交叉线路

二、绘制下列工作的网络计划

已知网络图的资料见表7-4、表7-5。试用节点位置法绘出双代号网络图和单代号网络图。

表7-4　　　　　　　　　　　　网络图资料一

工作	A	B	C	D	E	G	H
紧前工作	D、C	E、H	—	—	—	H、D	—

表7-5　　　　　　　　　　　　网络图资料二

工作	A	B	C	D	E	G
紧前工作	—	—	—	—	B、C、D	A、B、C

三、在某网络计划中，工作M的最早开始时间和最迟开始时间分别为第12d和第18d，其持续时间为5d。工作M有三项紧后工作，他们的最早开始时间分别为第21d、第24d和第28d，则工作M的自由时差为多少d？

四、在工程网络计划中，工作M的最迟完成时间为第25d，其持续时间为6d。该工作有三项紧前工作，他们的最早完成时间分别是第10d、第12d和第13d，则工作M的总时差为多少d？

第8章

施工质量控制及质量保证措施

【工程背景】 工程位于某市医院院内，建筑面积为 39 464.8m²。建筑物高度为 55.67m，结构类型为框架—剪力墙结构，基础形式主要为筏形基础，地下一层，地上十四层。场地平整达到开工前的规定要求，具备三通一平。

8.1 工程质量目标

分部分项工程一次验收合格，达到《建筑工程施工质量验收统一标准》（GB 50300—2013）中规定的合格标准，争创省优工程。

工程质量控制目标的分解见表 8-1。

表 8-1 工程质量控制目标

序号	分部工程	质量分解目标	目标要求	备注
1	地基与基础	优良	1. 所有分项和检验批必须符合《建筑工程施工质量验收统一标准》（GB 50300—2013）的规定，必须全部合格，达到主体创优标准 2. 地下室防水必须保证不渗不漏	
2	主体结构	优良	1. 所有分项和检验批必须符合《建筑工程施工质量验收统一标准》（GB 50300—2013）的规定，必须全部合格。达到主体创优标准 2. 主体结构必须合格。现浇混凝土一律按照清水混凝土施工 3. 各项工序施工前必须样板引路，鉴定合格后，才可大面积施工	
3	建筑屋面	优良	1. 所有分项和检验批必须符合《屋面工程质量验收规范》（GB 50207—2012）的规定，必须全部合格 2. 屋面防水施工完成后，对整个屋面进行淋水试验，时间不小于2h，然后进行渗漏检查	
4	建筑给排水及采暖	合格	所有分项和检验批必须符合《建筑给水排水及采暖工程施工质量验收规范》（GB 50242—2012）的规定，必须全部合格	
5	建筑电气	优良	1. 所有分项和检验批必须符合《建筑电气工程施工质量验收规范》（GB 50303—2012）的规定，必须全部合格 2. 成套配电柜（盘）及动力开关柜安装，避雷针（网）及接地装置安装分项工程必须合格	
6	通风与空调	合格	所有分项和检验批必须符合《通风与空调工程施工及验收规范》（GB 50300—2002）的规定，必须全部合格	
7	电梯	优良	1. 所有分项和检验批必须符合《电梯工程施工质量验收规范》（GB 50310—2002）的规定，必须全部合格 2. 安全保护装置及试运行分项工程必须合格	

8.2 确保工程质量措施

1. 质量控制和保证的指导原则

（1）首先建立完善的质量管理体系，配备高素质的项目管理和质量管理人员，强化"项目管理，以人为本"。

（2）严格过程控制和程序控制，开展全面质量管理，树立创"过程精品"、"业主满意"的质量意识，使该工程成为具有代表性的优质工程。

（3）严格执行样板制、三检制、工序交接制度和质量检查和审批等制度；广泛深入开展质量职能分析、质量讲评，大力推行"一案三工序"管理措施，即"质量设计方案、监督上工序、保证本工序、服务下工序"。

（4）大力加强图纸会审、图纸深化设计、详图设计和综合配套图的设计和审核工作，通过确保设计图纸的质量来保证工程施工质量。

（5）物资的质量对工程质量有直接影响，严格按照要求，做好分供方的选择，物资的验证，物资的检验，物资的标识，物资的保管、发放和投用，不合格品的处理等环节的控制工作，确保投用到工程的所有物资均符合规定要求。

（6）材料（包括原材料、成品和半成品）、设备的出厂质量和进场质量有关。

（7）确保检验、试验和验收与工程进度同步；工程资料与工程进度同步。

1）材料进场检验流程。为保证材料质量，由主管材料员组织对进场材料进行检验，检验流程如下：材料进场后由材料员收料、验量、检查外观后通知质检员、技术员、实验员对材料的必要技术性能进行检验，合格后备齐资料报监理进行抽样复验，不合格材料通知采购员退货索赔。

2）施工过程检验。为保证工序工程质量，由工长、质检员负责对具体工序质量严格控制，加强过程检验，杜绝不合格工序转入下道工序施工。管理流程如下：班组自检→工长复验→质检员复验→办理隐蔽、预检手续→报监理→转入下道工序。

2. 组织措施

（1）现场成立TQC全面质量管理小组，对现场经常出现的质量问题运用TQC管理方法（如排列图、因果图、调查表等方法）分析质量产生原因，制订对策，及时整改。

（2）全员参与：全体员工在实施创建精品工程的过程中，通过各种宣传手段，将创造精品的意识树立于每个员工的头脑中，自觉地以精品的意识和标准衡量和计划每一项工作，同时通过岗位责任制将每位员工的职责与精品工程的创建相联系。

（3）强化技术管理，严格执行图纸会审制度，深入了解设计意图并贯彻执行。项目技术部根据图纸会审及设计交底情况，对项目人员及分承包商进行图纸交底，使设计意图贯彻到施工中的每一个工序。

（4）严格贯彻监理规程程序。施工期间严格按照建设工程规程程序办事，严格按设计图纸和国家有关施工规程、规范进行施工；对进场材料进行自检和送检，并提供相应的证明材料。不合格的建筑材料、构配件和设备不能在工程上使用；坚持按施工工序施工，质量不合格或未经验收的工程，不能进行下一道工序施工。

（5）明确总承包质量职责：总承包方对整个施工过程中的全部施工工序负责全面的质量

保证，总承包商承担的施工部分和每个分承包商承担的施工部分的质量均处于项目经理部的控制之下，并将根据施工中出现的不同问题加以改进和解决，并及时汇报给业主和监理方。

（6）质量目标分解：为实现工程的质量目标，将对总目标进行逐层分解，分解后的质量目标逐层落实至各分承包商和材料分供应商。每个分承包合同和材料采购合同签订前，均有技术部门根据分解的质量目标提出针对合同标的物的工程技术质量要求，这些要求将作为合同的有效组成部分，约束其质量达到设计标准和使用要求。

（7）设置质量控制点：在影响工程质量的关键部位和重要工序设置控制点，如对测量放线、模板、钢筋定位和全部隐蔽工程，设立以专业工程师牵头的检查小组实施控制。

（8）建立质量信息反馈系统：建立高效、灵敏的质量信息反馈系统，设专职质检员和专业工程师作为信息收集和反馈传递的主要人员。针对存在的问题，项目经理部生产组织管理系统应及时调整施工部署，纠正偏差。

（9）精心操作：一方面指具体的施工操作者对每一道施工工序、每一项施工内容均精心操作；另一方面指项目部的管理人员在各项工作中精心计划、精心组织和精心管理。

（10）严格控制：即在施工管理中运用过程控制的管理方法，对施工进行全过程、全方位、全员的控制，确定最佳的施工工艺流程，并与管理人员的岗位职责相联系。

（11）严密组织：在施工管理中应用计划管理的手段，将施工各环节纳入计划的轨道，严格执行计划中的各项规定。施工管理中编制以下计划：总体进度控制计划、月度施工进度计划、施工周计划、施工日计划。

3. 施工过程管理

（1）确保施工过程始终处于受控状态，是保证工程质量目标的关键。施工时按规范、规程施工，加强预先控制、过程控制，样板开路。

（2）施工过程分为一般过程和特殊过程。工程的地下室防水、防水混凝土施工、钢筋焊接工程属于特殊过程，其余分项工程属于一般过程。

（3）一般过程施工分为一般工序和关键工序。初步确定测量放线分项工程、钢筋分项工程、模板分项工程、混凝土分项工程、屋面防水、卫生间防水、幕墙工程等为关键工序，关键工序将编制专项施工技术方案。

（4）关键工序质量控制点见表8-2。

表8-2　　　　　　　　　　　关键工序质量控制点

工序名称	控 制 要 点	备 注
测量放线	由测量工程师负责完成，项目质量检查员负责检查，测量工程师办理报验手续。根据业主和规划局测量大队移交的控制线的高程控制点，建立本工程测量控制网	
	重点是墙体、柱的轴线、层高及垂直度、楼板标高、平整度及预留洞口尺寸及位置	测量控制的重点
钢筋工程	由钢筋专业工程师负责组织施工，质量检查员负责检查并向监理办理隐蔽验收。控制钢筋的原材质量，钢筋必须有出厂合格证、现场复试合格，严格控制钢筋的下料尺寸、钢筋绑扎间距、搭接长度、锚固长度、绑扎顺序、保护层厚度、楼板钢筋的有效高度、钢筋接头操作、重点控制套丝长度等，按规范要求进行接头取样试验	曲线部分的梁、墙等构件，其钢筋在绑扎前应进行放大样并预弯，以保证绑扎质量

续表

工序名称	控制要点	备注
模板工程	模板将根据图纸进行专门设计，重点控制模板的刚度、强度及平整度，梁柱接头、电梯井将设计专门模板，施工重点控制安装位置、垂直度、模板拼缝、起拱高度、脱模剂使用、支撑固定性等	曲线形结构是模板控制的重点
混凝土工程	振捣部位及时间、混凝土坍落高度、试块的制作和养护、施工缝处混凝土的处理、混凝土试块的留置及强度试验报告及强度统计等	基础大体积混凝土土方量较大，是混凝土工程控制的最大重点
砌筑工程	砌块必须持有材质合格证的复试报告；砌筑砂浆用水泥必须持有准用证、合格证和复试报告；砂浆施工配合比由试验室确定。现场严格按配合比组织施工，重点控制砌体的垂直度、平整度、灰缝厚度、砂浆饱满度、洞口位置、洞口方正等	
抹灰工程	严把原材料质量关，抹灰用材料必须按规定进行试验。合格后才可使用；严格控制砂浆的配合比、抹灰基层的清理、抹灰的厚度、平整度、阴阳角的方正及养护等	
屋面防水及卫生间防水	所用材料必须具有出厂合格证及现场复试报告，重点控制基层含水率、基层质量（不得空鼓、开裂和起砂）、基层清理、突出地面附加层施工，卫生间及屋面必须做蓄水试验	

（5）一般过程施工。

1）技术交底。施工前，主管专业工程师向作业班组或专业分包商进行交底，并填写技术交底记录。

2）设计变更、工程洽商。由设计单位、建设单位及施工单位会签后生效。

3）施工环境。施工前和施工过程中的施工作业环境及安全管理，按规定执行并做好记录。

4）施工机械。①项目专业工程师负责对进场设备组织验收，并填写保存验收记录，建立项目设备台账；②项目专业工程师负责编制施工机械设备保养计划，并负责组织实施；③机电部定期组织对项目机械设备运行状态进行检查。

5）测量、检验和试验设备。施工过程中使用的测量、检验和试验设备，按相关规定进行控制。

6）隐蔽工程验收。在班组自检合格后，由主管专业工程师组织复检，质量工程师和作业人员或专业分包商参加，复检合格后报请监理（业主、设计院）进行最终验收，验收签字合格后才可进行下道工序施工。

（6）特殊过程施工。

1）地下室防水、大体积混凝土施工、钢结构焊接工程为特殊过程。其中大体积混凝土、钢结构焊接在施工组织设计中有详细叙述。主要对地下防水工程进行阐述。地下防水一般采用自防水混凝土和3mm厚聚氨酯防水涂料，按特殊过程控制进行施工。

2）地下室抗渗混凝土自防水施工。

①首先项目要针对商品混凝土搅拌站所用材料进行控制。水泥必须持有市建委颁发的备案证明、出厂合格证和现场复试报告；外加剂必须持有出厂合格证，砂、石原材料必须持有复试报告；不合格证材料不得用于工程。

②施工前由专业工程师依据已获批准的抗渗混凝土施工方案对施工班组进行技术交底，并检查技术交底执行情况。

③项目专业工程师在上道工序验收合格后填写混凝土浇筑申请书，项目总工程师负责批准此申请。

④项目专业工程师及质量工程师负责对操作者上岗证、施工设备、作业环境及安全防护措施进行检查，并由项目副总经理组织混凝土开盘鉴定并填写"特殊过程预先鉴定记录"，只有在预先鉴定通过后才能进行大面积施工。

⑤项目专业工程师负责施工过程的连续监控并做好记录，填写"特殊过程连续监控记录"。

8.3 质量通病的预防措施

8.3.1 模板工程

1. 梁模板

(1) 通病现象。梁身不平直、梁底不平及下挠、梁侧模爆模、局部模板嵌入柱内而导致拆除困难。

(2) 防治措施。支模时遵守边模板包底模板的原则，梁模与柱模连接处的下料尺寸略微缩短。梁侧模必须有压脚板、斜撑，线拉直后将梁侧钉牢。梁底模按规定起拱。

2. 柱、墙模板

(1) 通病现象。爆模，断面尺寸凸出、偏斜。

(2) 预防措施。对拉螺栓布置合理、数量足够；周边斜撑安装牢固。

3. 楼板模板

(1) 通病现象。板中部下挠，板底混凝土不平。

(2) 预防措施。楼板模板厚度要一致，格栅木料要有足够的强度和刚度，格栅木料刨至统一尺寸；支撑要符合规定的保证项目的要求。

8.3.2 钢筋工程

(1) 通病现象。钢筋下料长度不准；箍筋歪斜、扭曲，绑扎间距不均匀；钢筋贴模板，负筋下塌。

(2) 预防措施。指派熟练工人操作钢筋加工机械，定期校核调直机的计量部件。加工箍筋时一次性加工个数不得超过5个。梁、板及墙柱钢筋绑扎时，先画线后按线绑扎。混凝土垫块要有足够的强度和数量，厚度同保护层厚度一致，墙柱钢筋的垫块要绑扎牢固。板面负筋要用钢筋马凳垫起，马凳数量要足够，避免践踏。

8.3.3 混凝土工程

(1) 通病现象。蜂窝、麻面、露筋、墙柱底部缺陷（烂脚）、表面有不规则裂缝。

(2) 预防措施。按规定使用振动器。间歇浇筑混凝土时，新旧接缝处要小心振捣。模板安装前清理好表面及接缝处的杂物。钢筋过密时选择相应粒径的石子，并小心振捣。模板表面要平整光滑，并满涂隔离剂，浇筑前要洒水湿润。钢筋垫块厚度要符合设计规定的保护层厚度；垫块放置要间距适当，使钢筋下垂挠度减少。墙柱模板缝隙宽度超过 2.5mm 时要填塞紧密，特别防止侧板吊脚；浇筑混凝土前先浇筑 50~100mm 厚的水泥砂浆。混凝土终凝后立即洒水养护，高温天气要用麻袋等物品覆盖，保证构件有足够的湿润时间；混凝土未终凝前严禁在其上行走或加其他荷载。厚大构件参照大体积混凝土施工的有关规定执行。

8.3.4 砌体抹灰裂缝

（1）通病现象。在梁下位置、与混凝土接缝处、与木结构、铝合金结构接缝处、预埋线管处的砌体抹灰产生裂缝。

（2）预防措施。砌体施工前要选择强度足够、养护时间足够的砌块；砌块间的水泥砂浆要填塞饱满。在上述容易产生裂缝的位置加钉钢丝网；钉时注意钢丝网要平顺，覆盖面积足够。砌体完成后尽可能不要立即抹灰，应搁置一个月或更长时间来让砌体充分沉降，待沉降稳定后再开始抹灰。砌体、抹灰施工时，一定要注意洒水养护。

8.3.5 屋面工程

1. 保温层

通病现象和预防措施包括：

（1）铺设厚度不均匀。铺设时不认真操作，应拉线找坡，铺平整，操作时避免材料在屋面上堆积而二次倒运，保证均质铺设。

（2）保温层边角处存在质量问题，如边线不直，边楞不齐整，影响找坡、找平和排水。板块保温材料铺贴不实会影响保温、防水效果，造成找平层裂缝，因此要严格验收管理。

2. 找平层

通病现象和预防措施包括：

（1）起砂。水泥砂浆找平层施工后养护不好，使找平层早期脱水；砂浆拌和加水过多，影响成品强度；找压时机不对，过晚破坏了水泥硬化，过早踩踏损坏了表面养生硬度；施工中注意配合比，控制加水量；掌握抹压时间，成品不能过早上人。

（2）空鼓开裂。由于砂子过细，水泥砂浆配不好，找平层厚薄不均，养护不够，均可基层表面清理不干净，水泥砂浆找平层施工前用水湿润好。造成空鼓，要认真清理基层，认真施工结合工序，造成找平层开裂。（注意：使用符合要求的砂料，保温层平整度要严格控制，保证找平层的厚度基本一致，防止表面开裂。）

（3）泛水。保温层施工时要保证找坡泛水，抹找平层前检查保温坡度泛水是否符合要求，涂抹砂浆时掌握好坡向和厚度。

3. 防水层

通病现象和预防措施包括：

（1）屋面不平整。找平层不平整，造成积水，施工时应找好线，放好坡，找平层施工中要拉线检查，做到坡度符合要求，平整无积水。

（2）空鼓。铺贴卷材时基层不干燥，铺贴不认真，边角处易出现空鼓，铺贴卷材时要掌握基层含水率，不符合要求不铺贴卷材，同时铺贴时应平实，压边紧密，粘贴牢固。

（3）渗漏。多发生在细部位置，铺贴附加层时从卷材剪裁、粘贴、操作要使附加层紧贴到位、封严、压实，不得有翘边等现象。交叉作业完毕后，各专业进行交接检查。

8.4 主要工序控制措施

主要工序控制措施见表 8-3。

表 8-3　　　　　　　　　　　主 要 工 序 控 制 措 施

分项工程	施工程序	技 术 措 施	管 理 措 施
土方工程	土方开挖	严格按照施工组织设计进行开挖,做好马道以及维护工作	生产经理主抓土方开挖工作,并现场监督实施。挖土机械禁止碰撞桩体。禁止超挖
	土方回填	按照设计要求回填土,铺土厚度不大于 250mm。蛙夯夯实,铺土厚度每层 200~250mm	铺土厚度严格控制。回填土必须过筛控制粒径。试验员及时取样,绘制取样草图
测量工程	仪器选择	GTS-711 全站仪 1 台、DJD2-1G 电子经纬仪 1 台、DZS3-1 电子水平仪 1 台、钢卷尺	现场计量员和测量员一起进场检查,未经法定检测机构检测的仪器立即退场
	测量放线	1. 工程定位:根据测绘单位提供的红线桩定出建筑物位置、轴线控制桩、基槽开挖线 2. 楼面放线:待楼层作业面、底板混凝土强度达到设计要求时,将上一层控制线引测至作业面 3. 标高引测:墙柱钢筋绑扎完毕后,根据首层 50 线引测标高,将作业面上一层的钢筋 50 线抄测到钢筋上	由测量员进行施测,项目工程师进行复测,合格后报监理单位验收,签字认可后才可进行下一道工序
防水工程	防水做法	1. 地下室外墙:三元乙丙高分子卷材防水 2. 屋面:改性沥青卷材防水 3. 卫生间:聚氨酯涂膜防水	1. 项目工程师组织技术人员熟悉图纸,清楚知道各部位的防水做法 2. 注意设计变更以及洽商记录
	材料进场	1. 质量证明文件:应具有产品合格证、性能检测报告、使用说明书以及专用防伪标志 2. 外观质量:对外观质量、厚度、卷重、包装标识等逐项检验核对,全部合格即为合格,有一项不合格应加倍复试,全部达标视为合格 3. 抽检复试:依据防水规范进行抽检	1. 证明不全的材料不能订货 2. 由项目工程师、工长、抽样员联合对现场材料进行抽样 3. 无包装标识的不予以复试 4. 外观质量不合格的禁止使用 5. 复试必须在施工前进行
	基层处理	1. 清理基层表面,彻底清扫干净 2. 基层必须牢固、无松动现象。含水率、平整度、阴阳角应符合施工要求	项目工程师应组织有关人员检查基层处理情况,合格之前不得施工
	卷材铺贴	1. 先进行特殊部位的附加层铺贴,再铺平面与立面部位,后铺立面 2. 卷材接缝搭接长度应满足规范要求,防止翘曲、有气泡	项目工程师应组织有关人员检查,搭接长度、附加层不符合要求的,返工重做
	防水隐检	1. 施工完毕后,工长填写隐检记录,由项目工程师或质量员报请监理单位验收,合格后才可进行下一道工序 2. 内容:防水基层、材料规格、厚度、铺贴方式、阴阳角处理、搭接、密封处理等	1. 防水层验收要层层把关、做好隐检 2. 隐检记录及时填写,资料不全、记录不符的不得进入下一道工序
	成品保护	防水层施工合格后才可进入下一道工序;严禁在做好的防水层上堆放重物,特别是金属制品	发现不做好成品保护的进行处罚

续表

分项工程	施工程序	技术措施	管理措施
钢筋工程	钢筋进场验收	钢筋进场检验、复试应符合质量验收规范要求	1. 各种证明齐全才可进场卸料 2. 材料员应填写原材进场通知单，报送抽样内容应不少于：规格、型号、厂名、吨位、应用部位 3. 抽样员按照通知单填写委托单，现场抽样，送交试验室。复试不合格的不得使用
	钢筋加工	钢筋调直、切断，箍筋加工，螺纹钢筋套扣应符合现行规范标准	1. 钢筋加工应根据配料单进行 2. 各工序超出规范要求的标准误差，要进行处罚 3. 未经项目工程师同意擅自代换钢筋者进行处罚
	钢筋连接	人工绑扎和机械连接均应符合现行规范标准。纵向受力钢筋采用焊接或机械连接，梁纵向钢筋采用机械连接，柱纵向钢筋接头采用电渣压力焊焊接	1. 钢筋绑扎施工操作人员应进行培训 2. 机械连接的操作人员应持证上岗
	接头检验	型式检验、工艺检验、现场检验均应符合现行规范要求	1. 接头检验工作由项目工程师组织有关人员进行，抽样员参加确定数量、填写报告单 2. 未经型式检验的机械接头禁止使用 3. 抽样员通知工艺检验合格后才可进行机械接头加工及连接
	钢筋绑扎	接头设置、锚固长度、搭接长度、保护层厚度均应符合现行规范要求	不符合现行规范要求的进行处罚
	验筋	浇筑混凝土过程中有专人调整钢筋位置、保护层厚度以及钢筋上污染的混凝土	由工长在混凝土浇筑过程中不定期检查巡视
模板工程	模板体系	针对工程地下室外墙、地下室内墙、墙、梁、板、楼梯、洞口、挑檐以及节点部位，深化施工组织设计	由项目经理组织项目经理部技术人员以及施工技术人员根据施工组织设计编制模板工程施工专项方案
	模板	严格执行模板专项方案	不严格执行模板专项方案的，进行处罚
	模板验收	模板支护完毕后，由项目工程师组织验收，验收合格后，报请监理单位验收	1. 梁、板模板验收前必须拉好通线 2. 各种检验记录必须及时填写，如资料不全，严禁进行下一道工序
	模板拆除	1. 梁、板、墙的拆模时间应由抽样员根据同条件试件的强度报告决定 2. 模板拆除后应进行模板修补，涂刷保护剂	过早拆模和野蛮拆模的进行处罚
	模板堆放	严禁散乱堆放	模板应按照文明施工标准进行码放，不符合要求的进行处罚

续表

分项工程	施工程序	技 术 措 施	管 理 措 施
混凝土工程	混凝土泵送	应满足强度、坍落度、和易性等要求外，还必须保证可泵性、不泌水、不离析、摩擦阻力小等性能	1. 项目工程师针对工程特点向混凝土提供单位提出要求 2. 抽样员现场取样检查 3. 工长在浇筑前对泵管敷设进行检查
	混凝土振捣	1. 在各道隐检手续合格后才可进行 2. 严格执行混凝土专项浇筑方案	由生产经理组织相关人员对操作人员进行培训，施工过程中依据专项方案进行检查
	同条件试件	1. 种类：结构实体检验用、冬期施工临界强度、冬转常温28天、拆除梁板模板 2. 取样地点：在混凝土浇筑地点随机取样 3. 养护方式：封存在相应部位，同条件养护	1. 现场由试验员专人取样，做好同条件养护工作 2. 不得随意移动同条件养护的试件 3. 试验员根据同条件试件的强度通知施工队拆模时间
	施工缝后浇带	1. 满足设计要求的施工缝（后浇带）处理时间 2. 主体的施工缝（后浇带）应提前有坚固的支撑 3. 做好止水带的处理，剔出浮浆，清理干净 4. 按预定专项方案进行施工	1. 施工缝（后浇带）处理应由现场项目工程师亲自监督、实施，在处理完成后，回报项目经理进行验收，及时办理隐检、预检手续 2. 严格执行施工缝（后浇带）处理专项方案

8.5 编制质量技术交底

8.5.1 建筑工程质量技术交底的要求

（1）工程质量技术交底应以现行国家标准、规范、规程、行业标准、技术指导性文件和企业标准为依据。

（2）工程质量技术交底应在图纸会审、施工组织设计的基础上，在单位工程开工前和分项工程施工前进行。

（3）工程质量技术交底应以书面形式进行，交底人、承接人必须签字认可；所有工程质量技术交底资料要列入工程技术档案。

（4）分部分项工程的质量技术交底应根据施工先后顺序进行。

（5）工程质量技术交底分类。

1）设计交底。图纸会审和设计交底一般可同时进行，主要是设计人员向施工单位技术交底，使参与项目施工的人员了解担负施工任务的设计意图、施工特点、技术要求、质量标准，强调施工中应注意的事项，回答施工单位提出的疑问，解决图纸中所存在的问题；其内容也可以记录在图纸会审中。

2）项目经理或工程技术负责人向作业队交底，主要以设计图纸、施工组织设计、工艺操作规程和质量验收标准为依据，建设技术责任制、质量责任制等，加强施工质量检验、监督与管理，具体内容包括施工布置，主要项目的施工方法，质量、技术要求重点及环保、文明施工措施等。

3）主要分部（子分部）、分项（工序）工程施工技术交底：技术人员向班组及工人交底，主要是结合工程的特点和实际情况，详细安排各分项工程的工艺规程、操作方法、质量标准、检查验收要求等内容。

（6）分部（子分部）或分项工程质量技术交底的内容。

1）地基与基础工程。

①无支护土方工程：土方开挖、土方回填。

②有支护土方工程：排桩、降水、排水、地下连续墙、锚杆、土钉墙、水泥土桩。

③地基及基础处理工程：灰土地基、砂和砂石地基、碎砖三合土地基、土工合成材料地基、粉煤灰地基、重锤夯实地基、强夯地基、振冲地基、砂桩地基、预压地基、高压喷射注浆地基、土和灰挤密桩砂桩地基、预压地基、高压喷射注浆地基、土和灰挤密桩地基、注浆地基、水泥粉煤灰碎石桩地基、夯实水泥土桩地基。

④桩基础工程：锚杆静压桩及静力压桩、预应力离心管桩、钢筋混凝土预制桩、钢桩、混凝土灌注桩（成孔钢筋笼、清孔、水下混凝土灌注）等。

⑤地下防水：防水混凝土、水泥砂浆防水层、卷材防水层、涂料防水层、金属板防水层、塑料板防水层、细部构造。

⑥混凝土基础：模板、钢筋、混凝土、后浇带混凝土、混凝土结构缝处理。

⑦砌体基础：砖砌体、混凝土砌块砌体、配筋砌体、石砌体。

⑧劲钢（管）混凝土：劲钢（管）焊接、劲钢（管）与钢筋的连接、混凝土。

⑨钢结构：焊接钢结构、拴接钢结构、钢结构制作、钢结构安装、钢结构涂装。

2）主体结构。

①混凝土结构：模板、钢筋、混凝土、预应力、现浇结构、装配式结构。

②劲钢（管）混凝土结构：劲钢（管）焊接、螺栓连接、劲钢（管）与钢筋的连接、劲钢（管）制作与安装、混凝土。

③砌体结构：砖砌体、混凝土小型空心砌块砌体、石砌体、填充墙砌体、配筋砖砌体。

3）建筑装饰装修。

①地面。

  a. 整体面层：基层、水泥混凝土面层、水泥砂浆面层、水磨石面层。

  b. 板块面层：基层、砖面层（陶瓷锦砖、缸砖、陶瓷地砖和水泥花砖面层）、大理石面层和花岗石面层、预制板块面层（预制水泥混凝土、水磨石板块面层）、料石面层（条石面层）、塑料板面层、活动地板面层、地毯面层。

  c. 木竹面层：基层、实木地板面层（条材、块材面层）、实木复合地板面层（条材、块材面层）、中密度（强化）复合地板面层（条材面层）、竹地板面层。

②抹灰工程：一般抹灰、装饰抹灰、清水砌体勾缝。

③门窗：木门窗安装、金属门窗安装、塑料门窗安装、特种门安装、门窗玻璃安装。

④吊顶：暗龙骨吊顶、明龙骨吊顶。

⑤轻质隔墙：板材隔墙、骨架隔墙、活动隔墙、玻璃隔墙。

⑥饰面板（砖）：饰面板安装、饰面砖粘贴。

⑦幕墙：玻璃幕墙、金属幕墙、石材幕墙。

⑧涂饰：水性涂料涂饰、溶剂型涂料涂饰、美术涂饰。

⑨裱糊与软包：裱糊、软包。
⑩细部：橱柜制作与安装、窗帘盒、窗台板和暖气罩制作与安装、门窗套制作与安装、护栏制作与安装、花饰制作与安装。

4) 建筑屋面。

①基层与保护：找坡层和找平层、隔汽层、隔离层、保护层。

②保温与隔热：泡聚氨酯保温层、纤维材料保温层、喷涂硬泡聚氨酯保温层等。

③防水与密封：卷材防水层、涂薄防水层、复合防水层、按缝密封防水等。

④瓦面与防水板面：烧结瓦和混凝土瓦。

⑤：檐沟和天沟、水落口变形缝等。

5) 建筑给水、排水及采暖工程。

6) 建筑电气。

7) 智能建筑。

8) 通风与空调工程。

9) 电梯工程。

8.5.2 质量技术交底案例的编制

【例8-1】 框架结构主体钢筋加工质量技术交底。根据 JGJ/T 185—2009《建筑工程资料管理规程》，技术交底记录见表8-4。

表8-4　　　　　　　　技术交底记录

工程名称	某框架结构工程	编号	
		交底日期	
施工单位		分项工程名称	钢筋加工
交底摘要	主体结构钢筋加工	页数	共　页　第 1 页
交底内容	1. 施工准备 1.1 材料准备 1.1.1 钢筋：Φ6.5、Φ8、Φ10、Φ12、⫿12、⫿14、⫿18、⫿20、⫿22、⫿25 1.1.2 绑扎铁丝：20～22号火烧丝 1.1.3 水泥：32.5普通硅酸盐水泥 1.1.4 砂：中砂，平均粒径在0.35～0.5mm，不含黏土和有机质 1.2 机具准备 调直机、弯曲机、切断机、手摇扳子、横口扳子、除锈机、电焊机 1.3 劳动力安排 钢筋成形：4人　　钢筋切断：2人 钢筋弯曲：10人　　垫块：2人 电焊：1人 1.4 技术准备 充分熟悉钢筋的下料单、工程规范要求、机械的操作规程。熟练掌握机械的操作方法 1.5 作业条件 1.5.1 钢筋原材存放的场地，要求地面硬化并保持干燥，场地四周设排水沟 1.5.2 进场钢筋经技术人员检查合格，三证齐全，按施工平面图指定位置，按品种、规格码放整齐，用砖或木块垫起，离地200mm以上，根据天气情况，必要时加盖雨布		

续表

| 交底内容 | 1.5.3 按照平面图的位置搭设钢筋加工棚，顶棚采用波形石棉瓦，夜间施工用的照明灯挂在顶棚，并加灯罩，电线绝缘良好
1.5.4 将现场库存钢筋的品种、规格同下料单进行核对，如发现现场钢筋短缺且近期不能进场时，同技术人员洽商以进行代换
2. 工艺流程
加工前准备 → 钢筋除锈 → 钢筋调直 → 钢筋切断 → 检查 → 钢筋成型
2.1 操作要点和技术要求
2.1.1 现场使用的钢筋表面要洁净，无损伤、油污、铁锈，加工前要检查，发现有油污的钢筋，采用洗衣粉清洗干净，表面有陈锈的盘条钢筋，通过调直机进行除锈，较粗的钢筋采用除锈机进行除锈。有老锈的钢筋不得使用
2.1.2 对于盘条钢筋采用卷扬机进行拉直，对于直条钢筋采用手工扳子矫正，要求调直钢筋时不得有明显擦伤
2.1.3 统计下料单上的钢筋，采用切断机进行断料，先断长料，后断短料，尽量减少短头。断料时将被切断的钢筋握紧，在冲压刀片向后退时将钢筋送入刀口，手距刀片保持150mm以上，切短钢筋时要用钳子夹住送料
2.1.4 手工成型时，箍筋采用手摇扳子成型，弯曲钢筋前，根据下料单要求的样式和尺寸画出分段线，弯曲钢筋时扳子托平，不可上下摆动，使弯曲钢筋在同一平面上，弯曲时用力要慢，结束时要稳，掌握好弯曲位置，以免弯曲过头或没有弯到要求角度
2.1.5 对直径在12mm以上的钢筋采用机械成型，成型前要熟悉倒顺开关的使用方法和工作盘的旋转方向，弯曲时要根据钢筋的粗细和所要求的圆弧弯曲直径，随时更换轴套
2.1.6 钢筋的弯钩和弯折的要求
2.1.6.1 Ⅰ级钢筋末端要做180°的弯钩，其圆弧弯曲直径D为所弯钢筋直径d的2.5倍（$\Phi 6.5$，$D=15mm$、$\Phi 8$，$D=20mm$、$\Phi 10$，$D=25mm$、$\Phi 12$，$D=30mm$），平直部分的长度为钢筋直径d的3倍（$\Phi 6.5$，$D=18mm$、$\Phi 8$，$D=24mm$、$\Phi 10$，$D=30mm$、$\Phi 12$，$D=36mm$）
2.1.6.2 二级钢筋末端要做90°的弯折，其弯曲直径D为钢筋直径d的4倍（$\Phi 12$，$D=48mm$、$\Phi 14$，$D=56mm$、$\Phi 18$，$D=72mm$、$\Phi 20$，$D=80mm$、$\Phi 22$，$D=88mm$、$\Phi 25$，$D=100mm$）
2.1.6.3 弯曲钢筋中间部位弯折处的弯曲直径D为钢筋直径d的5倍（$\Phi 22$，$D=110mm$）
2.1.6.4 钢筋的末端做135°的弯钩，平直段长度为$10d$（$\Phi 8$，$D=80mm$、$\Phi 10$，$D=100mm$）
2.1.7 垫块的制作
2.1.7.1 用1∶2水泥砂浆预制成500mm×50mm的垫块，其厚度为保护层厚度，基础地板垫块采用小豆石制作
2.1.7.2 垫块现场预制，预先由木工采用2m长、20mm宽、使用部位厚的木条分别制成50mm×50mm的格栅，并刷好隔离剂，制作垫块时，在地下首先铺竹胶合板，然后放上模具，用拌制好的砂浆浇筑在方框内并抹平，根据使用部位要预埋20～22号火烧丝
2.1.7.3 垫块制作完成12h后，铺麻袋并浇水湿润，养护7d派专人负责，待达到终凝后才能进行使用，要求做好的垫块要分类码放
2.1.7.4 要求垫块的规格、尺寸、方正满足施工要求，否则不允许使用
3. 质量要求
3.1 主控项目要求 |

续表

交底内容	3.1.1 钢筋的表面要洁净，无损伤、油渍和带有颗粒状或片状的老锈 3.1.2 钢筋加工要平直，无局部弯折 3.1.3 加工钢筋的规格、形状、尺寸、数量必须符合设计要求和施工规范的规定 3.2 一般项目要求 一般要求见下表。 一 般 要 求 | 序号	检 查 项 目	规范要求偏差/mm	施工要求偏差/mm
---	---	---	---
1	受力钢筋顺长度方向全长的净尺寸	±10	±5
2	弯起钢筋的弯折位置	±20	±10
3	箍筋内净尺寸	±5	±2
4	马凳高度		±3	 4. 其他措施 4.1 成品保护 4.1.1 做好钢筋机械的保养和维护，发现机械运转不正常时要立即停机检修，作业完成后要清除机械周边的杂物，进行整机清洁、保养 4.1.2 加工成型的钢筋必须轻抬轻放，避免摔地而产生变形，码放整齐，做好标识 4.1.3 非急用的钢筋要放在库棚内，库棚顶要严密不漏水，地面保持干燥，钢筋用木头垫起 4.2 安全措施 4.2.1 严格执行机械的操作规程，要求钢筋加工人机固定，操作人员参加培训，持证上岗，非机械操作人员不得擅自使用机械 4.2.2 钢筋长料运输时要注意安全，缓慢转身以免磕碰他人 4.2.3 钢筋断料时，在机械未达到正常运转时不得断料，切料时必须使用切刀的中下部，紧握钢筋，对准刀口，迅速送入，切短料时手要与切刀保持15cm以上的距离，如果手握端小于40cm时，要用套桶或夹具将钢筋短头压住或夹牢 4.2.4 在机械运转过程中，严禁用手直接清除刀口附近的杂物和短头 4.2.5 钢筋棚内和料场架设的夜间施工照明灯要加防护罩，不得用裸线用作导线，料场架设的照明灯距地不得少于5m 4.3 文明施工 4.3.1 严格按照施工平面布置图堆放钢筋材料，成品、半成品材料和机具设备，不得侵占场内道路 4.3.2 钢筋加工成型后，按照尺寸、形状、使用部位分批码放整齐，标明规格 4.3.3 钢筋场内设置明显的施工现场标牌，施工现场的主要管理人员佩戴证卡 4.3.4 钢筋的用电线路、用电设施的安装和使用必须符合安装规范和安全操作规程，不得随意架设，夜间要有照明灯 4.3.5 钢筋加工棚内要保持整洁，随时将钢筋下脚料集中堆放 4.4 环境保护 4.4.1 减少钢筋加工棚内的机械噪声和机械振动，钢筋运输时应轻拿轻放 4.4.2 钢筋的废料及下脚料不得随意乱扔，统一集中，随有随清
签字栏	交底人　　　　　　　　　　　　　　审核人 接受交底人

注：1. 本表由施工单位填写，交底单位与接受交底单位各存一份。
　　2. 当作分项工程施工技术交底时，应填写"分项工程名称"栏，其他技术交底可不填写。

【例 8-2】 CFG 桩的复合地基加固施工技术交底。技术交底记录见表 8-5。

表 8-5　　　　　　　螺旋钻孔灌注桩　分项工程质量技术交底卡

施工单位	某建筑工程有限公司		
工程名称	某高层住宅楼	分部工程	地基与基础
交底部位	地基处理	日　期	2010 年 9 月 10 日

交底内容	
	说明：目前建筑工程中 CFG 桩的复合地基多采用低级别混凝土代替 CFG 桩填料，本节均以此为据 1. 材料要求 (1) 混凝土，混凝土外加剂和掺和料：均应符合标准要求，其掺入量应根据施工要求通过试验室确定 (2) 褥垫层材料：5~32mm 碎石或级配砂石，均应符合标准要求 2. 施工机具 长螺旋钻机、混凝土输送泵、搅拌机、三级电箱、小型挖掘机、钢钎、小推车等 3. 作业条件 (1) 基槽开挖至设计桩顶标高以上 40cm，基槽宽度不小于 50cm (2) 长螺旋钻机、混凝土输送泵、混凝土输送管道等设备应经检查、维修，保证浇筑过程顺利进行 (3) 检查电源、线路，并做好照明准备工作 (4) 配齐所有管理人员和施工人员，并对所有人员进行安全交底 (5) CFG 桩施工前清理施工道路，保证混凝土运输通畅 4. 质量要求 质量要求见下表。 　　　　　　　　　　　　质　量　要　求

项目	序号	检查项目	允许偏差或允许值	
			单位	数值
主控项目	1	原材料		按设计要求
	2	桩径	mm	-20
	3	桩身强度		按设计要求
	4	地基承载力		按设计要求
一般项目	1	桩身完整性		按基桩检测技术规范要求
	2	桩位偏差		满堂布桩≤0.40D 条基布桩≤0.25D
	3	桩垂直度	%	≤1.5
	4	桩长	mm	+100
	5	褥垫层夯填度		≤0.9

注：1. 夯填度是指夯实后的褥垫层厚度与虚体厚度的比值。
　　2. 桩径允许偏差负值是指个别断面。

5. CFG 桩复合地基施工流程图
施工工艺流程：设备、人员进场→测放桩位、材料采购→试桩施工→按桩基顺序施工→清槽至桩顶标高→凿桩头→检测→褥垫层施工→退场

续表

交底内容	单桩施工工艺流程：钻机就位→钻孔→终孔至设计深度→压灌混凝土→提钻并压灌混凝土至孔口 6. 操作工艺 （1）放线：施工前根据放出的外墙轴线或外墙皮线，在四周交点用钢钎打入地下，按照桩位布置图统一进行测放桩位线，桩位中心点用钎子插入地下，并用白灰明示，桩位偏差小于 2cm。 （2）成孔：长螺旋钻机成孔应匀速钻进，避免形成螺旋孔；成孔深度在钻杆上应有明确标记，成孔深度误差不超过 0.1m，确保桩端进入持力层深度大于 200mm；垂直度偏差小于 1%。 （3）混凝土灌注：成孔至设计深度后，现场指挥员应通知钻机停钻，提升钻杆，并同时通知司机开始灌注混凝土并保持连续灌注。灌注混凝土至桩顶时，应适当超过桩顶设计标高 70cm 左右（至槽面上 30cm 左右），以保证桩顶标高和桩顶混凝土质量均符合设计要求；灌注混凝土之前，应检查管路是否顺畅稳固；每班第 1 根桩灌注前，应用水泥砂浆湿润管路。压灌混凝土时一次提钻高度小于 25cm，混凝土埋钻高度大于 1.0m；现场设专人负责检查混凝土灌注质量及意外情况的处理；商品混凝土进场后应立即灌注（2h 内），严禁长时间搁置；保证桩身混凝土至少 24h 养护，避免扰动；施工过程中应认真填写施工记录，每台班或每日留取试块 1～2 组。 （4）清土及剔桩：第一步：清土，在灌注桩施工完毕后立即将多余混凝土铲除；第二步：在成桩后 5d 左右剔桩，避免因桩身强度较大时剔桩困难。清土采用小型机械设备及人工开挖、运输，避免断桩及对地基土的扰动；清土顶预留至少 20cm 人工清除、找平；清槽后人工截桩，采用 3 根钢钎，间隔 120mm，沿径向楔入桩体，直至上部桩体断开，桩顶采用小钎修平；因剔桩造成桩顶开裂、断裂，按桩基混凝土接桩规定，断面凿毛，刷素水泥浆后用高一级混凝土填补并振捣密实。 （5）褥垫层：复合地基施工检测合格后，才可进行褥垫层施工；褥垫层材料使用 5～32mm 碎石或级配砂石；褥垫层虚铺 22～24cm，采用平板振动仪振密。平板振动仪功率大于 1500kW，压振 3～5 遍，控制振速，振实后的厚度与虚铺厚度之比小于 0.93，干密度不作要求。 7. 成品保护 已成桩后严防重型机械行走或扰动，防止使桩头压松而造成桩顶混凝土不成型、断桩。清土采用小型机械设备及人工开挖、运输，清土顶预留至少 20cm 人工清除、找平；避免断桩及对地基土的扰动

专业技术负责人：　　　　　　　交底人：　　　　　　　接收人：

本 章 练 习 题

1. 关键工序质量控制点有哪些内容？
2. 工程质量技术交底分为几类？
3. 地基与基础分部工程包括哪些子分部工程及分项工程？
4. 单位工程包括哪些分部工程？举例说明。
5. 如何填写技术交底记录？

第9章

施工安全、职业健康、环境技术管理

9.1 施工安全管理

9.1.1 建筑工程施工安全管理

1. 建筑工程施工安全管理程序
(1) 确定安全管理目标。
(2) 编制安全措施计划。
(3) 实施安全措施计划。
(4) 安全措施计划实施结果的验证。
(5) 评价安全管理绩效并持续改进。

2. 安全措施计划的主要内容
(1) 工程概况。
(2) 管理目标。
(3) 组织机构与职责权限。
(4) 规章制度。
(5) 风险分析与控制措施。
(6) 安全专项施工方案。
(7) 应急准备与响应。
(8) 资源配置与费用投入计划。
(9) 教育培训。
(10) 检查评价、验证与持续改进。

3. 应单独编制安全专项施工方案的工程
对于达到一定规模、危险性较大的分部分项工程，应单独编制安全专项施工方案。
(1) 下列工程应单独编制安全专项施工方案：
1) 开挖深度超过5m（含5m）的基坑（槽）支护与降水工程；或基坑虽未超过5m，但地质条件和周围环境复杂、地下水位在坑底以上的基坑支护与降水工程。
2) 开挖深度超过5m（含5m）的基坑（槽）的土方开挖工程。
3) 各类工具式模板工程，包括滑模、爬模、大模板等；水平混凝土构件模板支撑属于特殊结构模板工程。
4) 现场临时用电工程。
5) 现场外电防护工程；地下供电、供气、通风、管线及毗邻建筑物防护工程。

6) 脚手架工程：高度超过24m的落地式钢管脚手架；附着式升降脚手架（包括整体式提升与分片式提升）；悬挑式脚手架；门型脚手架；挂脚手架；吊篮脚手架；卸料平台。

7) 塔吊、施工电梯等特种设备安拆工程。

8) 起重吊装工程。

9) 采用人工、机械拆除或爆破拆除的工程。

10) 其他危险性较大的工程：建筑幕墙的安装施工；预应力结构张拉施工；大型设备安装施工；网架和索膜结构施工；6m以上的边坡施工；采用新技术、新工艺、新材料，可能影响建设工程质量安全，危险性较大的工程等。

(2) 安全专项施工方案必须有设计、有计算、有详图、有文字说明。

(3) 安全专项施工方案应由施工企业专业工程技术人员编制，由施工企业技术部门的专业工程技术人员及监理单位专业监理工程师审核，审核合格，由施工企业技术负责人、监理单位总监理工程师审批后执行。

4. 建筑工程危险源辨识

(1) 伤亡事故。高处坠落、物体打击、机械伤害、触电、坍塌事故，是建筑业最常发生的五种事故，应重点加以防范。

(2) 安全事故的主要诱因。

1) 人的不安全行为。主要包括身体缺陷、错误行为、违纪违章等。

2) 物的不安全状态。主要包括设备、装置的缺陷，作业场所缺陷，物质与环境的危险源等。

3) 环境的不利因素。现场布置杂乱无序、视线不畅、电器无漏电保护等。

4) 管理上的缺陷。对物的管理失误；对人的管理失误；管理工作的失误。

5. 建筑工程安全事故防范措施

(1) 落实安全责任、实施责任管理。

(2) 安全教育与训练。

(3) 安全检查。

(4) 作业标准化。

(5) 生产技术与安全技术的统一。

(6) 施工现场文明施工管理。

(7) 正确对待事故的调查与处理。

9.1.2 建筑工程安全检查

1. 建筑工程施工安全检查的主要内容

查安全思想、查安全责任、查安全制度、查安全措施、查安全防护、查设备设施、查教育培训、查操作行为、查劳动防护用品使用和查伤亡事故处理等为建筑工程施工安全检查的主要内容。

2. 安全检查的主要形式

安全检查的主要形式有定期检查、经常性检查、季节性检查、节假日前后检查、开工与复工检查、专业性检查、设备设施检查。

3. 施工安全控制的基本要求

"一方针"：安全第一，预防为主。

"二类危险源"：能量意外释放、约束失效。

"三级教育"：进公司（厂）、进项目部（车间）、进班组。

"三级事故"：死亡事故、重大事故（3~9人）、特大事故。

"三同时"：同时设计、同时施工、同时使用。

"三宝"：安全帽、安全带、安全网。

"三级配电"：总配电箱、分配电箱、开关箱。

"四口"：楼梯口、电梯口、预留洞口、通道口。

"四不放过"：事故原因不清不放过、责任人未受教育不放过、隐患不消除不放过、责任人未处理不放过。

"五临边"：阳台周边、屋面周边、框架工程周边、卸料外侧边、跑道、斜道边。

"五查"：查思想、查管理、查隐患、查整改、查事故处理。

"五定"：定整改责任人、定整改措施、定整改完成时间、定整改完成人、定整改验收人。

"五检查"：日常性检查、专业性检查、季节性检查、节假日前后检查、不定期检查。

"五标志"：指令、禁止、警告、提示、电力安全。

"五牌一图"：工程概况牌、管理人员名单及监督电话牌、消防保卫牌、安全生产牌、文明施工和环境保护牌及施工现场总平面图。

"六关"：措施关、交底关、教育关、防护关、检查关、改进关。

"六杜绝"：伤亡事故、坍塌事故、物体打击事故、高处坠落事故、机械伤害事故、触电事故。

4. 涉及安全（质量）事故原因分析的技巧

（1）直接原因分析。基本照抄原背景资料就是直接原因。

（2）间接原因。

1）技术分析。如新工人培训，专项安全技术措施制订，安全设施质量问题等。

2）通用的管理问题。如领导安全（质量）责任心差，现场管理差，教育不到位等。

5. 建筑工程安全检查方法

建筑工程安全检查方法是问、看、量、测、试运。

9.1.3 建筑工程职业健康与环境管理

1. 施工现场的环境保护

（1）施工现场必须建立环境保护、环境卫生管理和检查制度，并应做好检查记录。对施工现场作业人员的教育培训、考核应包括环境保护、环境卫生等有关法律法规的内容。

（2）在城市市区范围内从事建筑工程施工，项目必须在工程开工15日以前向工程所在地、县级以上地方人民政府环境保护管理部门申报登记。夜间施工的，须办理夜间施工许可证明，并公告附近社区居民。

（3）施工现场污水排放要与所在地、县级以上人民政府市政管理部门签署污水排放许可协议，申领《临时排水许可证》。雨水排入市政雨水管网，污水经沉淀处理后二次使用或排入市政污水管网。施工现场泥浆、污水未经处理的不得直接排入城市排水设施和水系。

(4) 施工现场的主要道路必须进行硬化处理，土方应集中堆放。施工现场土方作业应采取防止扬尘措施。

(5) 经过施工现场的地下管线，应由发包人在施工前通知承包人，标出位置，加以保护。

(6) 施工时发现文物、古迹、爆炸物、电缆等，应当停止施工，保护好现场，及时向有关部门报告，按照有关规定处理后才可继续施工。

2. 施工现场的卫生与防疫

施工现场卫生与防疫的基本要求是：

(1) 施工现场应设专职或兼职保洁员，负责现场日常的卫生清扫和保洁工作。

(2) 施工区应配备流动保温水桶，水质应符合饮用水安全、卫生要求。

3. 文明施工

(1) 现场文明施工管理的主要内容。

1) 抓好项目文化建设。

2) 规范场容，保持作业环境整洁、卫生。

3) 创造文明有序、安全生产的条件。

4) 减少对居民和环境的不利影响。

(2) 现场文明施工管理的控制要点。

1) 施工现场出入口应标有企业名称或企业标识，主要出入口明显处应设置工程概况牌，大门内应设置施工现场总平面图和安全生产、消防保卫、环境保护、文明施工和管理人员名单及监督电话牌等制度牌。

2) 场地四周必须采用封闭围挡，一般路段的围挡高度不得低于1.8m，市区主要路段的围挡高度不得低于2.5m。

3) 在建工程内严禁住人。

4) 高层建筑要设置专用的消防水源和消防立管，每层留设消防水源接口。

【例9-1】 某高层民用建筑，框架—剪力墙结构，地下一层，地上十二层，建筑高度为49.45m，抗震设防烈度为6度。地下部分：外墙为300mm厚钢筋混凝土墙；内墙为240mm厚页岩砖。地上部分：外墙为200mm厚加气混凝土砌块墙；内墙为200mm加气混凝土砌块。施工单位如何编制本工程安全措施计划内容。

1. 安全管理方针、目标

(1) 安全方针："安全第一，预防为主"。

(2) 安全管理目标：杜绝重伤、死亡事故；轻伤事故频率控制在2‰；不发生重大机械事故、火灾事故、急性中毒事故；达到安全文明样板工地标准。

2. 安全管理体系组织机构及职责权限

(1) 组织机构。项目安全管理体系组织机构如图9-1所示。

(2) 职责权限

1) 项目经理。

①对整个项目的安全生产负全面领导责任，为项目安全生产第一责任人。

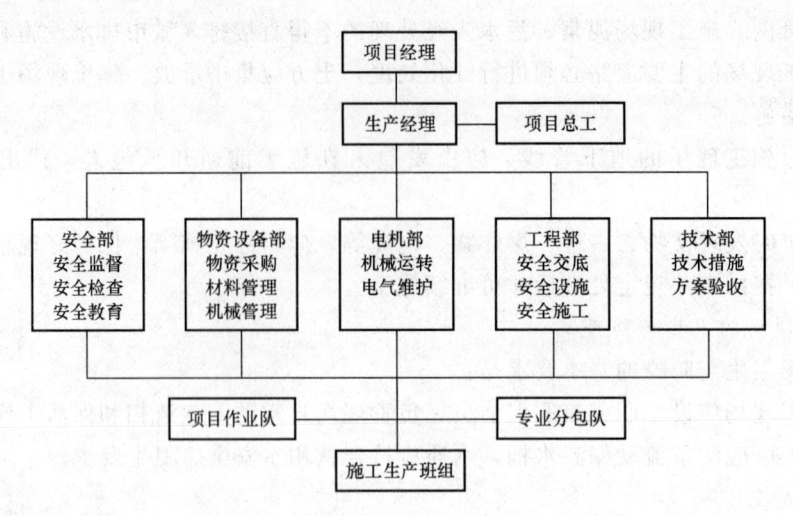

图 9-1 项目安全管理体系组织机构图

②贯彻执行劳动保护和安全生产的政策、法令、规章制度，结合项目工程特点及施工全过程的情况，制订项目各项安全生产管理办法，并监督实施。

③健全和完善用工管理制度，录用的劳务队必须及时向有关部门申报，严格用工制度与管理，适时组织上岗安全教育，要对外联队职工的健康与安全负责，加强劳动保护工作。

④组织落实施工组织设计中的安全技术措施，监督项目工程施工中安全技术交底制度和设备、设施验收制度的实施。

⑤领导、组织施工现场定期的安全生产检查，发现施工生产中不安全问题，组织制订措施，及时解决。

2）项目总工。

①组织编制施工组织设计、施工方案、技术措施时，要制订有针对性的安全技术措施，并随时检查、监督、落实。

②项目工程应用新材料、新技术、新工艺，要及时上报，经批准后才可实施，同时要组织上岗人员的安全技术培训、教育。认真执行相应的安全技术措施与安全操作工艺、要求，预防施工中因化学物品引起的火灾、中毒或新工艺实施中可能造成的事故。

③组织安全防护设施和设备的验收。发现异常情况应及时采取措施，严禁不符合标准的防护设备、设施投入使用。

④参加安全生产检查，对施工中存在的不安全因素，从技术方面提出整改意见。

3）安全员。

①认真贯彻执行安全生产方针、政策、法规及国家、行业、地方、企业等有关安全生产的各项规定，用规范化、标准化、制度化的科学管理方法，协助项目领导搞好安全施工，创建文明安全工地。

②做好安全生产宣传教育工作，总结交流推广安全先进经验。

③深入施工现场各作业环境，按规定认真监督检查，掌握安全生产状况，纠正违章作业，消除不安全因素，如实填写日检表或记载所发现和处理的不安全问题。

④检查发现的不安全问题除当即指令改正外，还要下书面整改通知，限期改正。

⑤对违章作业除立即制止外，情节严重的要处以罚款，对安全状况差的队组，提出处罚意见送领导研究处理。

⑥发现重大险情或严重违章的，必须令其停工，迅速撤离危险区，并立即报告有关领导处理后才可复工。

⑦做好项目工程安全管理基础资料的收集，归档成册，建立健全建设 JGJ 59—1999《建筑施工安全检查标准》规定的十项安全管理资料和文明安全达标考核所需的资料，建立特种作业工种和工伤事故台账。

⑧与分包、劳务作业队安全员共同开展安全检查、监督工作、严格执法。

⑨发生工伤或未遂事故要立即上报，保护现场，配合事故调查，督促落实、预防措施。

4）工长。

①认真执行安全技术措施及安全操作规程，针对生产任务特点，向班组进行书面安全技术交底，履行签认手续，并对规程、措施、交底要求执行情况经常检查，随时纠正违章作业。

②经常检查所属班组作业环境及各种设备设施的安全状况，发现问题及时处理。严格执行安全技术交底，落实安全技术措施，做到不违章指挥，接受安全部门的监督检查，及时安排消除不安全因素。

③定期组织所辖班组学习安全操作规程，开展安全教育活动。

5）施工现场班组长。

①认真执行安全交底，合理安排班组人员工作，对本班组人员在生产中的安全和健康负责，有权拒绝违章指挥。

②经常组织班组人员学习安全操作规程，监督班组人员正确使用个人劳保用品，不断提高自保能力。

③班前要对所使用的机具、设备、防护用具及作业环境进行检查，如发现问题立即采取改进措施。

④认真做好新工人的岗位教育。

⑤发生工伤事故时保护好现场并立即上报工长。

6）作业人员安全生产责任。

①严格执行安全技术操作规程，遵守安全生产规章制度。

②积极参加安全活动，认真执行安全交底，不违章作业，服从安全指导。

③发扬团结友爱精神，在安全生产方面做到互相帮助、互相监督，对新工人要积极传授安全知识，维护一切安全设施和防护用具，做到正确使用，不准拆改。对不安全作业的要积极提出意见，并有权拒绝违章指挥。

9.2 施工安全管理制度

1. 安全教育制度

一般安全教育包括入场三级安全教育、转场教育、变换工种教育、特种作业人员教育、经常性安全教育、现场安全活动、班前安全讲话等。项目的各项一般安全教育由质量安全组统一组织、指导，各分包单位有关人员配合完成，并留存教育记录。

(1) 入场三级安全教育。新工人入场必须进行项目总包单位、项目分包单位、作业班组三级安全教育并做好记录，经总包单位质量安全组考试合格、登记备案后，才准上岗作业。

(2) 转场安全教育。从本公司其他工程项目转入本工程项目进行施工作业时，必须接受总承包单位组织的至少8h的转场安全教育，并做好记录，经总包单位质量安全组考核合格、登记备案后才准上岗。

(3) 变换工种安全教育。凡改变工种或调换工作岗位的工人必须接受总包单位组织的变换工种安全教育，做好记录。变换工种安全教育时间不得少于4h，经总包单位质量安全组考核合格、登记备案后才准上岗。

(4) 特种作业安全教育。从事特种作业的人员必须经过专门的安全技术培训，经考核合格取得操作证后才可独立作业，并按特种作业人员有关管理办法按要求进行年审，同时进入现场作业时，应将有效的操作证复印件交总包单位质量安全组登记备案。

(5) 经常性安全教育。工程项目出现以下几种情况时，应对施工人员进行适时安全生产教育，做好记录，时间不少于2h：实施重大和季节性安全技术措施；更新仪器、设备和工具，推广新工艺、新技术；发生因工伤亡事故、机械损坏事故及重大未遂事故；节前、节后及执行特殊施工任务；出现其他不安全因素，安全生产环境发生了变化。

2. 安全检查制度

建立定期和不定期的项目施工安全检查制度，对各级管理人员、作业队组定期进行检查、考核、评比，做到奖优罚劣。对于施工现场的安全违章人员，发包人给予警告，并依照情节，给予相应罚款。该警告及罚款将被记录在案。

3. 着装制度

应穿长袖上衣或T恤、长裤、皮鞋或橡胶鞋，戴安全帽，禁止穿着凉鞋、拖鞋、短衣、短裤进入施工现场。除特别指定的吸烟区外，施工现场禁止吸烟。禁止在施工现场猛跑、追逐、嬉闹、闲游。禁止酒后进入施工现场。

4. 安全行为制度

(1) 一般行为。特殊工种作业人员须持有特种作业有效证件上岗。标牌和告示设在显眼的地方。承包商规划施工现场报警系统，划定紧急疏散通道，粘贴到员工能看到的地方。在有地下电线和管道的地方，设警告标志。

(2) 个人防护。进入施工区域人员必须戴安全帽；高空作业人员必须佩戴安全带，安全带要扣挂在牢固处，高挂低用；特殊工种必须持证上岗，并配备安全防护用品。

5. 其他制度

(1) 现场保安制度。施工现场设立24h警卫；外来人员进入现场必须登记，并换发出入证；外来车辆进入现场，实行通行证制度。

(2) 建立安全生产班前讲话制度。安全工程师应根据具体施工进展情况及各阶段施工特点，在施工之前及时对班组作业人员进行安全讲话。

(3) 机械设备、临电设施和脚手架的验收制度。各种机械设备、临电设施和脚手架在安装完毕后必须进行专项验收，未经验收或验收不合格严禁使用。

(4) 特种作业持证上岗制度。施工现场的特种作业人员必须经过专门培训，考试合格后取得特种作业操作证才能上岗作业。

9.3 安全专项施工方案

为加强对危险性较大的分部分项工程安全管理，明确安全专项施工方案编制内容，规范专家论证程序，确保安全专项施工方案实施，积极防范和遏制建筑施工生产安全事故的发生，依据《建设工程安全生产管理条例》及相关安全生产法律法规制定了《危险性较大的分部分项工程安全管理办法》（建质〔2009〕87号）。

9.3.1 安全管理办法的适用范围和规定

（1）本办法适用于房屋建筑和市政基础设施工程（以下简称"建筑工程"）的新建、改建、扩建、装修和拆除等建筑安全生产活动及安全管理。

（2）本办法所称危险性较大的分部分项工程是指建筑工程在施工过程中存在的、可能导致作业人员群死群伤或造成重大不良社会影响的分部分项工程。危险性较大的分部分项工程范围见附录A。

危险性较大的分部分项工程安全专项施工方案（以下简称"专项方案"），是指施工单位在编制施工组织（总）设计的基础上，针对危险性较大的分部分项工程单独编制的安全技术措施文件。

（3）建设单位在申请领取施工许可证或办理安全监督手续时，应当提供危险性较大的分部分项工程清单和安全管理措施。施工单位、监理单位应当建立危险性较大的分部分项工程安全管理制度。

（4）施工单位应当在危险性较大的分部分项工程施工前编制专项方案；对于超过一定规模的危险性较大的分部分项工程，施工单位应当组织专家对专项方案进行论证。超过一定规模的危险性较大的分部分项工程范围见附录B。

（5）建筑工程实行施工总承包的，专项方案应当由施工总承包单位组织编制。其中，起重机械安装拆卸工程、深基坑工程、附着式升降脚手架等专业工程实行分包的，其专项方案可由专业承包单位组织编制。

（6）专项方案编制应当包括以下内容：

1）工程概况。危险性较大的分部分项工程概况、施工平面布置、施工要求和技术保证条件。

2）编制依据。相关法律、法规、规范性文件、标准、规范及图纸（国标图集）、施工组织设计等。

3）施工计划。包括施工进度计划、材料与设备计划。

4）施工工艺技术。技术参数、工艺流程、施工方法、检查验收等。

5）施工安全保证措施。组织保障、技术措施、应急预案、监测监控等。

6）劳动力计划。专职安全生产管理人员、特种作业人员等。

7）计算书及相关图纸。

（7）专项方案应当由施工单位技术部门组织本单位施工技术、安全、质量等部门的专业技术人员进行审核。经审核合格的，由施工单位技术负责人签字。实行施工总承包的，专项方案应当由总承包单位技术负责人及相关专业承包单位技术负责人签字。

不需专家论证的专项方案,经施工单位审核合格后报监理单位,由项目总监理工程师审核签字。

(8) 超过一定规模的危险性较大的分部分项工程专项方案应当由施工单位组织召开专家论证会。实行施工总承包的,由施工总承包单位组织召开专家论证会。

下列人员应当参加专家论证会:

1) 专家组成员;
2) 建设单位项目负责人或技术负责人;
3) 监理单位项目总监理工程师及相关人员;
4) 施工单位分管安全的负责人、技术负责人、项目负责人、项目技术负责人、专项方案编制人员、项目专职安全生产管理人员;
5) 勘察、设计单位项目技术负责人及相关人员。

(9) 专家组成员应当由 5 名及以上符合相关专业要求的专家组成。

本项目参建各方的人员不得以专家身份参加专家论证会。

(10) 专家论证的主要内容。

1) 专项方案内容是否完整、可行。
2) 专项方案计算书和验算依据是否符合有关标准规范。
3) 安全施工的基本条件是否满足现场实际情况。

专项方案经论证后,专家组应当提交论证报告,对论证的内容提出明确的意见,并在论证报告上签字。该报告作为专项方案修改完善的指导意见。

(11) 施工单位应当根据论证报告修改完善专项方案,并经施工单位技术负责人、项目总监理工程师、建设单位项目负责人签字后,方可组织实施。

实行施工总承包的,应当由施工总承包单位、相关专业承包单位技术负责人签字。

(12) 专项方案经论证后需做重大修改的,施工单位应当按照论证报告修改,并重新组织专家进行论证。

(13) 施工单位应当严格按照专项方案组织施工,不得擅自修改、调整专项方案。

如因设计、结构、外部环境等因素发生变化确需修改的,修改后的专项方案应当按本办法第八条重新审核。对于超过一定规模的危险性较大工程的专项方案,施工单位应当重新组织专家进行论证。

(14) 专项方案实施前,编制人员或项目技术负责人应当向现场管理人员和作业人员进行安全技术交底。

(15) 施工单位应当指定专人对专项方案实施情况进行现场监督和按规定进行监测。发现不按照专项方案施工的,应当要求其立即整改;发现有危及人身安全紧急情况的,应当立即组织作业人员撤离危险区域。

施工单位技术负责人应当定期巡查专项方案实施情况。

危险性较大的分部分项工程范围见附录 A。超过一定规模的危险性较大的分部分项工程范围见附录 B。

【例 9-2】某医院门诊楼和住院楼的总建筑面积为 25 000m²,其中住院楼地上 7 层,地下两层。建筑基坑深度为 6.8m。采用钢筋混凝土平板式筏形基础。住院楼土方开挖时,南、北、西侧均采用土钉墙,东侧与门诊楼土方工程挖通。按计划基坑土方施工时间为 2014 年

7月20日～2014年8月20日，处于雨期施工季节。在基坑施工过程中发生如下事件：

事件一：项目部技术负责人编制了基坑土方开挖专项施工方案，施工单位技术负责人审批后报监理工程师签字认可，项目部随即组织基坑土方开挖施工。

事件二：公司季度检查时发现，基坑外未设置截水、排水设施；在基坑北侧坑边大约1m处堆置了2m土方。

事件三：土方由挖掘机分层开挖至设计高程，验槽时发现基地局部有0.5～1m的软弱土层，施工单位将软土挖出，自行回填石屑。问题如下：

（1）指出事件一中的土方开挖施工方案是否需要专家论证，说明理由。

（2）根据《危险性较大的分部分项工程安全管理办法》（建质〔2009〕87号），事件一中的土方开挖施工方案，应包含哪些内容？

（3）指出事件二中的不妥之处，分别说明理由。

（4）指出事件三中的不妥之处，分别说明理由。

【分析与解答】

（1）土方开挖施工方案需要专家论证。

理由：本工程基坑深度6.8m，基坑开挖深度已超过5m。

（2）专项施工方案包括以下内容：

1）工程概况；

2）编制依据；

3）施工计划；

4）施工工艺技术；

5）劳动力计划：专职安全生产管理人员、特种作业人员等；

6）计算书及相关图纸。

（3）不妥之处和理由分别如下：

不妥之一：该基坑开挖前未做好坑外截水、排水和防渗水措施。

理由：本基坑施工正是雨期施工。

不妥之二：在基坑临边1m处堆土高达2m。

不少于2m，堆置高度不应超过1.5m。

（4）不妥之处和理由分别如下：

不妥之一：机械开挖至设计高程，未留人工清槽土层。

理由：应预留200～300mm厚度的土方，进行人工清槽、修坡，避免超挖，扰动基底的土层。

不妥之二：施工单位自行回填。

理由：施工单位应及时与设计单位、监理或建设单位联系，共同商讨处理意见，形成书面洽商文件，并四方签字认可。

9.3.2 脚手架工程安全措施

（1）本工程外防护采用双排落地式脚手架，外挂双层密目网封闭。

（2）脚手架搭前，根据工程的特点确定搭设方案，内容包括基础处理、搭设要求、杆件间距及连墙杆设置位置、连接方法，并绘制施工详图及大样图。

(3) 脚手板铺设两层，上层为作业层，下层为防护层。靠近作业层处拉一层平网作防护层，外侧全部用密目网封严，上下脚手架设置专门人行通道，宽度1m，坡度1∶3。

(4) 脚手架的构配件质量与搭设质量必须经检查验收合格后才准使用。作业层上的施工荷载符合设计要求，不得超载，不得将模板支架、缆风绳、泵送混凝土和砂浆输送管等固定在脚手架上；严禁悬挂起重设备。在脚手架使用期间，严禁拆除主节点处的纵、横向水平杆，纵、横向扫地杆以及连墙杆。脚手架外侧应有防止坠物伤人的防护措施。

(5) 搭、拆脚手架时，地面设围栏和警戒标志，并派专人看守，严禁非操作人员入内。

9.3.3 危险性较大分部分项工程的安全管理措施

根据住房和城乡建设部建质〔2009〕87号《危险性较大的分部分项工程安全管理办法》文件，危险性较大工程主要包括开挖深度在5m以上的基坑工程，高度超过24m的落地式钢管脚手架工程。施工中采取以下措施进行管理：

(1) 该场地基坑开挖深度为6m，超过了5m，结合类似工程实际情况，综合考虑技术安全和经济情况，采用1∶2放坡即可保证边坡的稳定性。在基坑土方开挖及施工期间，安排专人用经纬仪、水准仪、目测等方法观测护壁的沉降、裂缝、位移情况，如发现有问题应及时反映，以便采取加固措施。

使用机械挖土前，应先发出信号；挖土的时候，在挖土机挖土范围内，不得进行其他工作；装土的时候，任何人不得停留在装土车上。

(2) 模板及支架应具有足够的强度、刚度和稳定性，能可靠地承受新浇混凝土的自重、侧压力和施工中产生的荷载及风荷载。各种材料模板的制作，应符合相关技术标准的规定。模板支架材料宜采用钢管、门型架、型钢、塔身标准节、木杆等。模板支架材质应符合相关技术标准的规定。模板支架底部的建筑物结构或地基，必须具有支撑上层荷载的能力。当底部支撑楼板的设计荷载不足时，可采取保留两层或多层支架立杆（经计算确定）的措施予以加强；当支撑在地基上时，应验算地基的承载力。

当采用多层支模时，上下各层立杆应保持在同一垂直线上。须进行二次支撑的模板，当安装二次支撑时，模板上不得有施工荷载。模板支架的安装应按照设计图纸进行，安装完毕且浇筑混凝土前，要经验收以确认符合要求。应严格控制模板上堆料及设备荷载，当采用小推车运输时，应搭设小车运输通道，将荷载传给建筑结构。

【例9-3】 2008年1月12日，包工头何某接到某工地项目经理电话，要求帮助其拆除工地脚手架。13日上午，包工头何某带领其老乡5人前往工地，到工地与项目经理见面以后，便口头向5名老乡分配了一下任务。因来时匆忙，现场又没有富余的安全帽和安全带，5名工人没有就在没有佩戴任何安全防护用具的情况下开始作业。接近中午12点钟左右，包工头何某想叫5人下来吃饭，5人中的一人准备移动位置时，突然站立不稳，从架子上摔了下来，现场人员立即将其送往医院，但因内脏大量出血，于14日凌晨死亡。事后经调查了解，死者本身患有高血压。

问题：(1) 请简要分析这起事故发生的主要原因。

(2) 请问患有哪些疾病的人员不宜从事建筑施工高处作业活动？

(3) 何为"三宝"？何为"四口"？何为"十临边"？

【分析】

(1) 这起事故发生的主要原因有：

1) 脚手架拆除作业没有制订施工方案。

2) 施工单位对拆除作业人员在上岗前没有进行安全教育和安全技术交底，也没有进行必要的身体检查。

3) 拆除作业人员非专业架子工，无证上岗，违章作业。

4) 施工单位和包工头均未为拆除作业人员提供安全帽、安全带和防滑鞋等安全防护用具。

5) 施工现场安全管理失控，对违章指挥、违章作业现象无人过问和制止。

(2) 凡患有高血压、心脏病、贫血、癫痫等疾病的人员不宜从事建筑施工高处作业活动。

(3) "三宝"是指安全网、安全帽、安全带。"四口"是指楼梯口、通道口、电梯井口、预留洞口。"十临边"是指基坑周边；尚未安装栏杆或栏板的阳台周边；无脚手架防护的楼面与屋面周围边；分层施工的楼梯与楼梯段边；龙门架、井架、施工电梯或外脚手架等通向建筑物的通道两侧边；框架结构建筑的楼层周边；斜道两侧边；料台与挑平台周边；雨篷与挑檐边；水箱与水塔周边等。

9.4 文明施工、环境职业健康安全保证措施

9.4.1 文明施工安全保证措施

1. 施工场地

(1) 施工场地内最大限度地进行混凝土路面硬化。易积水的地方，如搅拌机等处做好排水坡度和排水槽，保持排水良好，其他场地进行排水网络控制。循环干道保持经常畅通，不堆放构件、材料。

(2) 工程施工的废水、泥浆经流水槽或管道流到工地积水池统一沉淀处理，现场管道做到不跑、冒、滴、漏，无大面积积水现象。

(3) 工地设吸烟室且远离危险区，设必要的灭火器材，现场禁止吸烟。

(4) 场地能绿化的做到绿化，主体工程全部用密目网全封闭，且使用防尘密目网。现场有保洁制度，垃圾集中存放并及时清除。

(5) 各种机械设备统一挂安全操作规程牌，车容、机容整洁；并搭设标准的防护棚，防护棚内地面硬化并有良好的排水措施。

2. 材料堆放

施工现场工具、构件、材料的堆放按照总平面图的规定放置。各种材料、构件按品种、分规格码放，并设置明显标牌。物料堆放整齐。砖成丁，砂、石等材料成方。大型工具一头见齐，钢筋、构件、模板堆放整齐并用木方垫起。

作业区及建筑物楼层内，随完工随清理，除施工层外，下部各楼层凡达到强度的随拆模随及时清理运走。不能马上运走的，码放整齐。各楼层内垃圾及时封闭运走，易燃、易爆物品专设库房，按规定存放。

9.4.2 文明建设

大门入口设五牌一图,现场设宣传栏、板报、宣传标语。管理人员及班组职工佩戴胸卡进入现场,保持文明用语、严格的纪律,执行职业道德,对分包队伍按自有职工管理。

9.4.3 现场环境保护措施

施工现场在做好排水、绿化地面、硬化道路的基础上,重点加强搅拌机管理,搅拌机处设沉淀池,沉淀池最后进入排水管网,污水泥浆沉淀处理后定向排放。为防止施工污水污染,施工临时道路要洒水。建筑垃圾封闭管理,做到日集日清,集中堆放,专人管理,统一搬运。防止施工车辆运送中随地散落,如有散落,派专人打扫。落实施工现场"门前三包"。现场不焚烧有毒、有害材料,设临时厕所,禁止在施工现场随地大小便。施工车辆驶出工地前用水冲洗干净轮胎。土方及其他散体建筑材料运输时必须全封闭、建筑垃圾设专车全封闭运输,不撒漏,灰尘不飞扬,不污染市容。

针对施工工艺,设置防尘和防噪声设施:在主体结构及外装修施工时,外侧挂双层密目网;在作业层及其上、下层挂专用消声屏障;抹灰用的搅拌机、混凝土输送地泵、电锯、电刨等噪声大的设备,要搭设消声操作棚;混凝土运输车卸料时均采用隔声板做好临时围护,以减少施工噪声。主动与当地政府联系,申请政府予以协调,处理好噪声污染问题。电线、电缆外皮剥掉后回收集中处理,严禁随手乱丢,严禁焚烧。焊条头应随手放入工具袋内,不准随地乱扔。

9.4.4 扬尘污染控制措施

(1) 生活区内宿舍周围及现场周边进行绿化,按照不裸露原地面的原则,生产区及生活区地面满铺 2~3cm 厚碎石屑,定期洒水。

(2) 主体及装修阶段施工时,外双排脚手架全部采用双层防尘密目网封闭。

(3) 水泥、石灰等易产生扬尘污染的材料设专用封闭库房管理,库房内及库房门口设专人定期清扫。

(4) 建立完善的现场保洁制度,建筑垃圾及生活垃圾封闭管理,集中堆放,做到日集日清,专人管理,统一搬运。

(5) 现场堆积土方或裸露土层全部用防尘密目网覆盖。在工地门口设两条临时管线,设车辆冲洗台和沉淀池,施工车辆驶出工地前用水冲洗干净轮胎及槽帮,污水经沉淀后排入雨水管网。

(6) 土方及其他散体建筑材料运输时必须全封闭,建筑垃圾设专车运输,不撒漏,灰尘不飞扬、不污染环境。现场办公区、生活区、生产区范围内及工地大门处划分卫生区,并设专人负责做到每日清扫、洒水。

9.4.5 职业健康安全保证措施

1. 环境与职业健康安全管理目标

严格按照标准进行统一规划设计,做好现场硬化、绿化、美化,实现花园式办公。合理布置施工现场,控制现场降噪扬尘;合理选择施工材料,考虑对社会资源的节约;制订水资源节约利用措施；对机械设备采取封闭隔声措施以减少噪声污染。

杜绝重伤、死亡事故，轻伤事故频率控制在1‰以内，不发生重大机械事故、火灾事故、急性中毒事故。

2. 职业健康安全保证措施

（1）危险源辨识评价。为了确保工程施工安全，项目部组织人员对工程中存在的危险源进行识别调查。通过危险源识别调查和评价，确定项目的一般危险源和重大危险源，并制订管理方案和应急预案。

（2）危险源的控制。项目部通过制订各种管理制度、安全管理方案及应急预案对调查评价出的危险源进行控制管理，加强培训和教育，增强施工人员的安全意识和自我保护意识，降低事故发生的概率和风险。

（3）职业病的防治。为了预防、控制和消除职业病的危害，保护劳动者健康，根据《中华人民共和国职业病防治法》的规定，在职业病防治工作上坚持"预防为主、防治结合"的方针，实行分类管理，综合治理；建立健全职业病防治责任制，加强对职业病防治的管理。在有职业危害的施工作业前后，均对施工人员及作业场所进行职业健康检查，建立职业健康档案，同时加强职业病防治安全教育，采用有效的安全技术措施，提供符合职业病要求的职业防护措施和个人使用职业病防护用品，改善劳动条件，以确保劳动者的身体健康和安全。

【例9-4】 某高层住宅楼工程，地下2层，基础底板尺寸为90m×40m×1m，中间设一后浇带。工程地处市内居民区，拟建项目南侧距居民楼最近处20m，北侧场地较宽。混凝土采用商品混凝土。在底板大体积混凝土施工时，施工单位制订了夜间施工方案：为了减少混凝土运输车在场内夜间运输距离，混凝土泵布置在场地南侧；适当增加灯光照明亮度，增加人员值班。

夜里12点，部分居民围住工地大门，因为施工单位夜间施工噪声太大，要求施工单位出示夜间施工许可证，否则停工。

项目经理对居民说，底板大体积混凝土每块必须连续浇筑混凝土，否则地下室会因为施工缝而漏水，不能停止施工，请求大家谅解，并保证以后特殊情况下进行夜间施工作业时，都提前公告附近居民。

【问题】

（1）居民的要求是否合理？为什么？

（2）项目经理关于夜间施工提前公告的说法是否合理？为什么？

【分析与答案】

（1）合理。符合《环境噪声污染防治法》规定，在城市范围内向周围生活环境排放建筑施工噪声的，应当符合国家规定的建筑施工场界环境噪声排放标准。在城市市区范围内，建筑施工过程可能产生噪声污染，施工单位须在开工前15d以前向所在地县以上环境行政主管部门申报该工程采取的环境噪声污染防治情况。

（2）合理。符合《环境噪声污染防治法》以下规定：在城市市区噪声敏感区域内，禁止夜间进行产生噪声污染的施工作业，但个别情况除外者，必须公告附近居民。

【例9-5】 编制安全技术交底案例。

安全技术交底案例见表9-1。

表 9-1　　　　　　　　　建筑施工高处作业安全防护管理要则交底

工程名称：

施工单位			建设单位	
作业名称			作业部位	
交底部门		交底人	施工期限	年　月　日至　年　月　日

接受交底班组或员工签名：

交底内容：
1. 进入现场，必须戴好安全帽，扣好帽带，并正确使用个人防护用具
2. 悬空作业处应有牢靠的立足处，并必须视具体情况配置防护网、栏杆或其他安全设施
3. 悬空作业所用的索具、脚手板、吊篮、吊笼、平台等设备，均须经过技术鉴定或检证才可使用
4. 建筑施工进行高处作业之前，应进行安全防护设施的逐项检查和验收。验收合格后，才可进行高处作业。验收也可分层进行，或分阶段进行
5. 安全防护设施，应由单位工程负责人验收，并组织有关人员参加
6. 安全防护设施的验收，应具备下列资料：
1) 施工组织设计及有关验算数据
2) 安全防护设施验收记录
3) 安全防护设施变更记录及签证
7. 安全防护设施的验收，主要包括以下内容：
1) 所有临边、洞口等各类技术措施的设置状况
2) 技术措施所用的配件、材料和工具的规格和材质
3) 扣件和连接件的紧固程序
4) 安全防护设施的用品及设备的性能与质量是否合格的验证
8. 安全防护设施的验收应按类别逐项查验，并作出验收记录。凡不符合规定者，必须修整合格后再行查验。施工工期内还应定期进行抽查

补充作业指导内容：

本 章 练 习 题

1. 安全措施计划的主要内容是什么？
2. 哪些工程应单独编制安全专项施工方案？
3. 建筑工程施工安全检查的主要内容是什么？
4. "三宝"、"四口"、"十临边"分别指什么？

第10章 施工信息资料管理

为提高建筑工程管理水平，规范建筑工程资料管理，特制定规程 JGJ/T 185—2009《建筑工程资料管理规程》（以下简称"本规程"）。本规程适用于新建、改建、扩建建筑工程的资料管理。

1. 建筑工程资料管理的基本规定

（1）工程资料应与建筑工程的建设过程同步形成，反映建筑工程的建设情况和实体质量。

（2）工程资料的管理应符合下列规定：

1）工程资料管理应制度健全、岗位责任明确，并应纳入工程建设管理的各个环节和各级相关人员的职责范围。

2）工程资料的套数、费用、移交时间应在合同中明确。

3）工程资料的收集、整理、组卷、移交及归档应及时。

（3）工程资料的形成应符合下列规定：

1）工程资料形成单位应对资料内容的真实性、完整性、有效性负责；由多方形成的资料，应各负其责。

2）工程资料的填写、编制、审核、审批、签认应及时进行，其内容应符合相关规定。

3）工程资料不得随意修改；当须修改时，应实行划改，并由划改人签署。

4）工程资料的文字、图表、印章应清晰。

（4）工程资料应为原件；当为复印件时，提供单位应在复印件上加盖单位印章，并应有经办人签字及日期。提供单位应对资料的真实性负责。

（5）工程资料应内容完整、结论明确、签认手续齐全。

（6）工程资料宜按本规程附录 A 图 A.1.1 中的主要步骤形成。

（7）工程资料宜采用信息化技术进行辅助管理。

2. 工程资料管理

（1）工程资料分类。

1）工程资料可分为工程准备阶段文件、监理资料、施工资料、竣工图和工程竣工文件 5 类。

2）工程准备阶段文件可分为决策立项文件、建设用地文件、勘察设计文件、招投标及合同文件、开工文件、商务文件 6 类。

3）监理资料可分为监理管理资料、进度控制资料、质量控制资料、造价控制资料、合同管理资料和竣工验收资料 6 类。

4）施工资料可分为施工管理资料、施工技术资料、施工进度及造价资料、施工物资资料、施工记录、施工试验记录及检测报告、施工质量验收记录、竣工验收资料 8 类。

5）工程竣工文件可分为竣工验收文件、竣工决算文件、竣工交档文件、竣工总结文件4类。

（2）工程资料填写、编制、审核及审批。

1）工程准备阶段文件和工程竣工文件的填写、编制、审核及审批应符合国家现行有关标准的规定。

2）监理资料的填写、编制、审核及审批应符合现行国家标准 GB 50319—2000《建设工程监理规范》的有关规定；监理资料用表宜符合本规程附录 B 的规定；附录 B 未规定的，可自行确定。

3）施工资料的填写、编制、审核及审批应符合国家现行有关标准的规定；施工资料用表宜符合本规程附录 C 的规定；附录 C 未规定的，可自行确定。

4）竣工图的编制及审核应符合下列规定：

①新建、改建、扩建的建筑工程均应编制竣工图；竣工图应真实反映竣工工程的实际情况。

②竣工图的专业类别应与施工图对应。

③竣工图应依据施工图、图纸会审记录、设计变更通知单、工程洽商记录（包括技术核定单）等绘制。

④当施工图没有变更时，可直接在施工图上加盖竣工图章以形成竣工图。

⑤竣工图的绘制应符合国家现行有关标准的规定。

⑥竣工图应有竣工图章及相关责任人签字。

⑦竣工图应按本规程附录 D 的方法绘制，并应按本规程附录 E 的方法折叠。

3. 工程资料编号

（1）工程准备阶段文件、工程竣工文件宜按本规程附录 A 表 A.2.1 中规定的类别和形成时间顺序编号。

（2）监理资料宜按本规程附录 A 表 A.2.1 中规定的类别和形成时间顺序编号。

（3）施工资料编号宜符合下列规定：

1）施工资料编号可由分部、子分部、分类、顺序号 4 部分组成，组与组之间应用横线隔开（图 10-1），即图中①为分部工程代号。可按本规程附录 A.3.1 的规定执行；图中②为子分部工程代号，可按本规程附录 A.3.1 的规定执行；图中③为资料的类别编号，可按本规程附录 A.2.1 的规定执行；图中④为顺序号，可根据相同表格、相同检查项目，按形成时间顺序填写。

××-××-××-×××
① ② ③ ④

图 10-1 施工资料编号

2）属于单位工程整体管理内容的资料，编号中的分部、子分部工程代号可用"00"代替。

3）同一厂家、同一品种、同一批次的施工物资用在两个分部、子分部工程中时，资料编号中的分部、子分部工程代号可按主要使用部位填写。

4）竣工图宜按本规程附录 A 表 A.2.1 中规定的类别和形成时间顺序编号。

5）工程资料的编号应及时填写，专用表格的编号应填写在表格右上角的编号栏中；非专用表格应在资料右上角的适当位置注明资料编号。

4. 工程资料收集、整理与组卷

（1）工程资料的收集、整理与组卷应符合下列规定：

1）工程准备阶段文件和工程竣工文件应由建设单位负责收集、整理与组卷。

2）监理资料应由监理单位负责收集、整理与组卷。

3）施工资料应由施工单位负责收集、整理与组卷。

4）竣工图应由建设单位负责组织，也可委托其他单位。

（2）工程资料的组卷除应执行本规程第4.4.1条的规定外，还应符合下列规定：

1）工程资料组卷应遵循自然形成规律，保持卷内文件、资料的内在联系。工程资料可根据数量多少组成一卷或多卷。

2）工程准备阶段文件和工程竣工文件可按建设项目或单位工程进行组卷。

3）监理资料应按单位工程组卷。

4）施工资料应按单位工程组卷，并应符合下列规定：

①专业承包工程形成的施工资料应由专业承包单位负责，并应单独组卷。

②电梯应按不同型号的每台电梯单独组卷。

③室外工程应按室外建筑环境、室外安装工程单独组卷。

④当施工资料中部分内容不能按一个单位工程分类组卷时，可按建设项目组卷。

⑤施工资料目录应与其对应的施工资料一起组卷。

5）竣工图应按专业分类组卷。

6）工程资料组卷内容宜符合本规程附录A中表A.2.1的规定。

7）工程资料组卷应编制封面、卷内目录及备考表，其格式及填写要求可按现行国家标准《建设工程文件归档整理规范》（GB/T 50328—2001）的有关规定执行。

5．工程资料移交与归档

（1）工程资料移交归档应符合国家现行有关法规和标准的规定；当无规定时，应按合同约定移交归档。

（2）工程资料移交应符合下列规定：

1）施工单位应向建设单位移交施工资料。

2）实行施工总承包的，各专业承包单位应向施工总承包单位移交施工资料。

3）监理单位应向建设单位移交监理资料。

4）工程资料移交时应及时办理相关移交手续，填写工程资料移交书、移交目录。

5）建设单位应按国家有关法规和标准的规定向城建档案管理部门移交工程档案，并办理相关手续。有条件时，向城建档案管理部门移交的工程档案应为原件。

（3）工程资料归档应符合下列规定：

1）工程参建各方宜按本规程附录A中表A.2.1规定的内容将工程资料归档保存。

2）归档保存的工程资料，其保存期限应符合下列规定：

①工程资料归档保存期限应符合国家现行有关标准的规定；当无规定时，不宜少于5年。

②建设单位工程资料归档保存期限应满足工程维护、修缮、改造、加固的需要。

③施工单位工程资料归档保存期限应满足工程质量保修及质量追溯的需要。

【例10-1】 某大厦是一座现代化的智能型建筑，框架—剪力墙结构，地下3层，地上28层，建筑面积5.8万 m^2，施工总承包单位是某市第三建筑公司，由于该工程设备先进，要求高，因此，该公司将机电设备安装工程分包给具有相应资质的某大型安装公司。在工程

档案归档中,发生以下事件:

事件一:安装公司将机电设备分包部分的竣工资料直接交给监理单位。

事件二:发包人要求设计、监理及施工总承包单位将工程档案直接移交给市档案馆。

【问题】

(1) 事件一做法是否妥当?为什么?

(2) 事件二做法是否妥当?为什么?

【分析与答案】

(1) 不妥。因为,建设工程项目实行总承包的,总包单位负责收集、汇总各分包单位形成的工程档案,并应及时向建设单位移交;各分包单位应将本单位形成的工程文件,整理、立卷后及时移交总包单位。

(2) 不妥。因为,建设单位应收集和汇总勘察、设计、施工、监理等单位立卷归档的工程档案,并向当地档案馆(室)移交一套符合规定的工程档案。

本 章 练 习 题

1. 工程资料如何分类?
2. 竣工图如何绘制?
3. 工程资料的收集、整理与组卷应符合什么规定?

第11章

建筑工程造价相关知识

11.1 建筑安装工程费用项目组成

根据《建筑安装工程费用项目组成》（建标〔2013〕44号）规定，建筑安装工程费用项目组成可按费用构成要素划分，也可以按造价形成划分。

11.1.1 按费用构成要素划分

建筑安装工程费按照费用构成要素划分：由人工费、材料（包含工程设备，下同）费、施工机具使用费、企业管理费、利润、规费和税金组成。其中，人工费、材料费、施工机具使用费、企业管理费和利润包含在分部分项工程费、措施项目费、其他项目费中（图11-1）。

（1）人工费。是指按工资总额构成规定，支付给从事建筑安装工程施工的生产工人和附属生产单位工人的各项费用。内容包括：计时工资或计件工资、奖金、津贴补贴、加班加点工资、特殊情况下支付的工资。

（2）材料费。是指施工过程中耗费的原材料、辅助材料、构配件、零件、半成品或成品、工程设备的费用。内容包括：材料原价、运杂费、运输损耗费、采购及保管费。

（3）施工机具使用费。是指施工作业所发生的施工机械、仪器仪表使用费或其租赁费。内容包括：施工机械使用费（含折旧费、大修理费、经常修理费、安拆费及场外运费、人工费、燃料动力费、税费）、仪器仪表使用费。

（4）企业管理费。是指建筑安装企业组织施工生产和经营管理所需的费用。内容包括：管理人员工资、办公费、差旅交通费、固定资产使用费、工具用具使用费、劳动保险和职工福利费、劳动保护费、检验试验费、工会经费、职工教育经费、财产保险费、财务费、税金（指企业按规定缴纳的房产税、车船使用税、土地使用税、印花税等）、其他（包括技术转让费、技术开发费、投标费、业务招待费、绿化费、广告费、公证费、法律顾问费、审计费、咨询费、保险费等）。

（5）利润。是指施工企业完成所承包工程获得的盈利。

（6）规费。是指按国家法律、法规规定，由省级政府和省级有关权力部门规定必须缴纳或计取的费用。包括：社会保险费（含养老保险费、失业保险费、医疗保险费、生育保险费、工伤保险）、住房公积金、工程排污费。其他应列而未列入的规费，按实际发生计取。

（7）税金。是指国家税法规定的应计入建筑安装工程造价内的营业税、城市维护建设税、教育费附加以及地方教育附加。

```
                            ┌─ 1. 计时工资或计件工资
                            │   2. 奖金
                ┌─ 人工费 ──┤   3. 津贴、补贴
                │           │   4. 加班加点工资
                │           └─ 5. 特殊情况下支付的工资
                │
                │           ┌─ 1. 材料原价
                │           │   2. 运杂费                                  ┌─ 1. 分部分项工程费
                ├─ 材料费 ──┤   3. 运输损耗费
                │           └─ 4. 采购及保管费
                │                                    ┌─ ①折旧费
                │                                    │  ②大修理费
                │           ┌─ 1. 施工机械使用费 ────┤  ③经常修理费
                │           │                        │  ④安拆费及场外运费
                ├─施工机具──┤                        │  ⑤人工费
建              │  使用费   │                        │  ⑥燃料动力费
筑              │           │                        └─ ⑦税费
安              │           └─ 2. 仪器仪表使用费
装              │                                                          ├─ 2. 措施项目费
工              │           ┌─ 1. 管理人员工资
程              │           │   2. 办公费
费 ─┤           │           │   3. 差旅交通费
                │           │   4. 固定资产使用费
                │           │   5. 工具用具使用费
                │           │   6. 劳动保险和职工福利费
                ├─企业管理费┤   7. 劳动保护费
                │           │   8. 检验试验费
                │           │   9. 工会经费
                │           │  10. 职工教育经费
                │           │  11. 财产保险费                              ├─ 3. 其他项目费
                │           │  12. 财务费
                │           │  13. 税金
                │           └─ 14. 其他
                │
                ├─ 利润
                │                                    ┌─ ①养老保险费
                │                                    │  ②失业保险费
                │           ┌─ 1. 社会保险费 ────────┤  ③医疗保险费
                ├─ 规费 ────┤   2. 住房公积金          │  ④生育保险费
                │           └─ 3. 工程排污费          └─ ⑤工伤保险费
                │
                │           ┌─ 1. 营业税
                │           │   2. 城市维护建设税
                └─ 税金 ────┤   3. 教育费附加
                            └─ 4. 地方教育附加
```

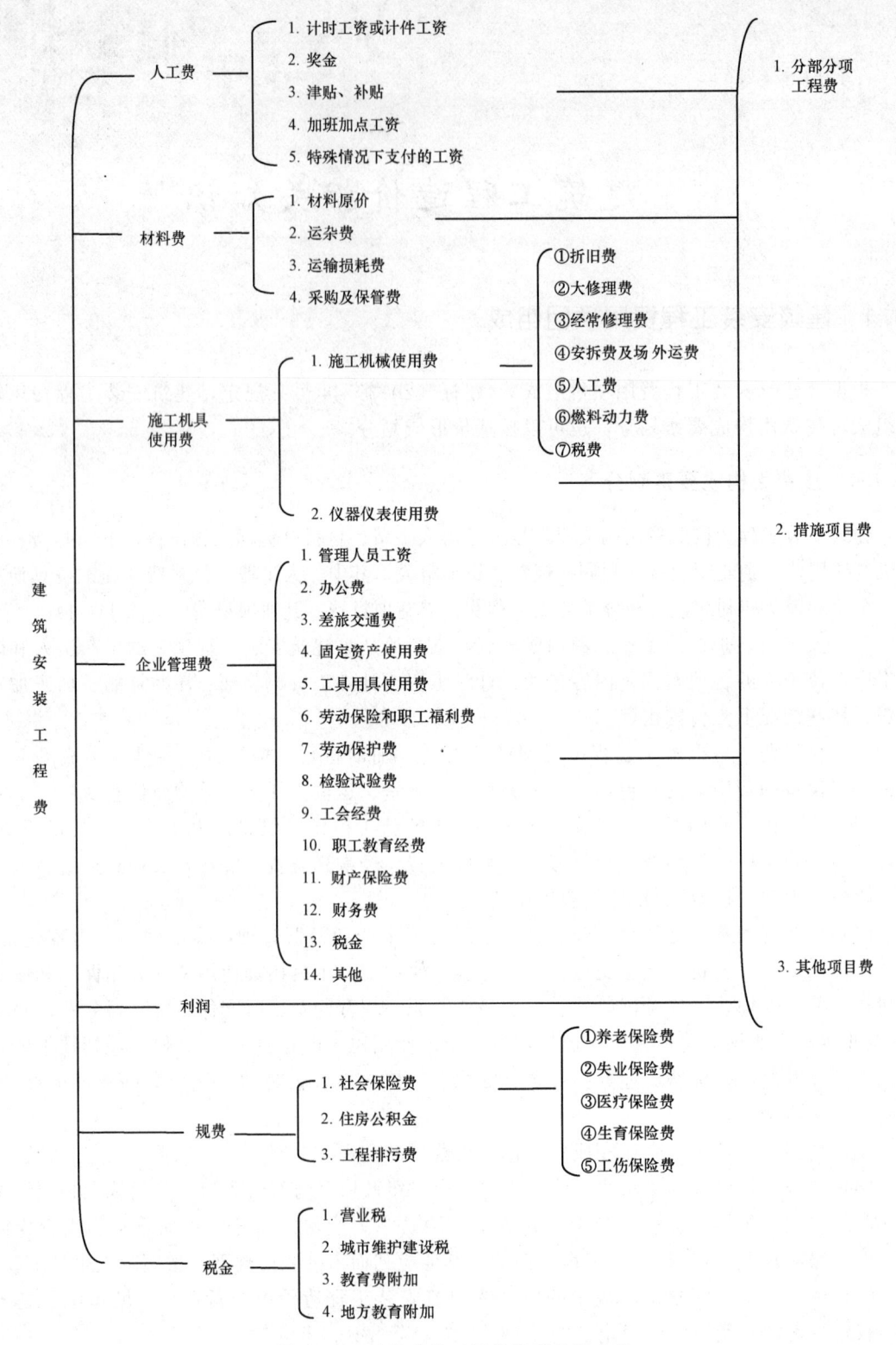

图 11-1　建筑安装工程费用项目组成表
（按费用构成要素划分）

11.1.2 按造价形成划分

建筑安装工程费按照工程造价形成由分部分项工程费、措施项目费、其他项目费、规费、税金组成。分部分项工程费、措施项目费、其他项目费包含人工费、材料费、施工机具使用费、企业管理费和利润（图 11-2）。

建筑安装工程费
- 分部分项工程费
  - 1. 房屋建筑与装饰工程
    - ①土石方工程
    - ②桩基工程
    - ……
  - 2. 仿古建筑工程
  - 3. 通用安装工程
  - 4. 市政工程
  - 5. 园林绿化工程
  - 6. 矿山工程
  - 7. 构筑物工程
  - 8. 城市轨道交通工程
  - 9. 爆破工程
  - ……
- 措施项目费
  - 1. 安全文明施工费
  - 2. 夜间施工增加费
  - 3. 二次搬运费
  - 4. 冬、雨期施工增加费
  - 5. 已完工程及设备保护费
  - 6. 工程定位复测费
  - 7. 特殊地区施工增加费
  - 8. 大型机械进出场及安拆费
  - 9. 脚手架工程费
  - ……
- 其他项目费
  - 1. 暂列金额
  - 2. 计日工
  - 3. 总承包服务费
  - ……
- 规费
  - 1. 社会保险费
    - ①养老保险费
    - ②失业保险费
    - ③医疗保险费
    - ④生育保险费
    - ⑤工伤保险费
  - 2. 住房公积金
  - 3. 工程排污费
- 税金
  - 1. 营业税
  - 2. 城市维护建设税
  - 3. 教育费附加
  - 4. 地方教育附加

分部分项工程费、措施项目费、其他项目费包含：
1. 人工费
2. 材料费
3. 施工机具费
4. 企业管理费
5. 利润

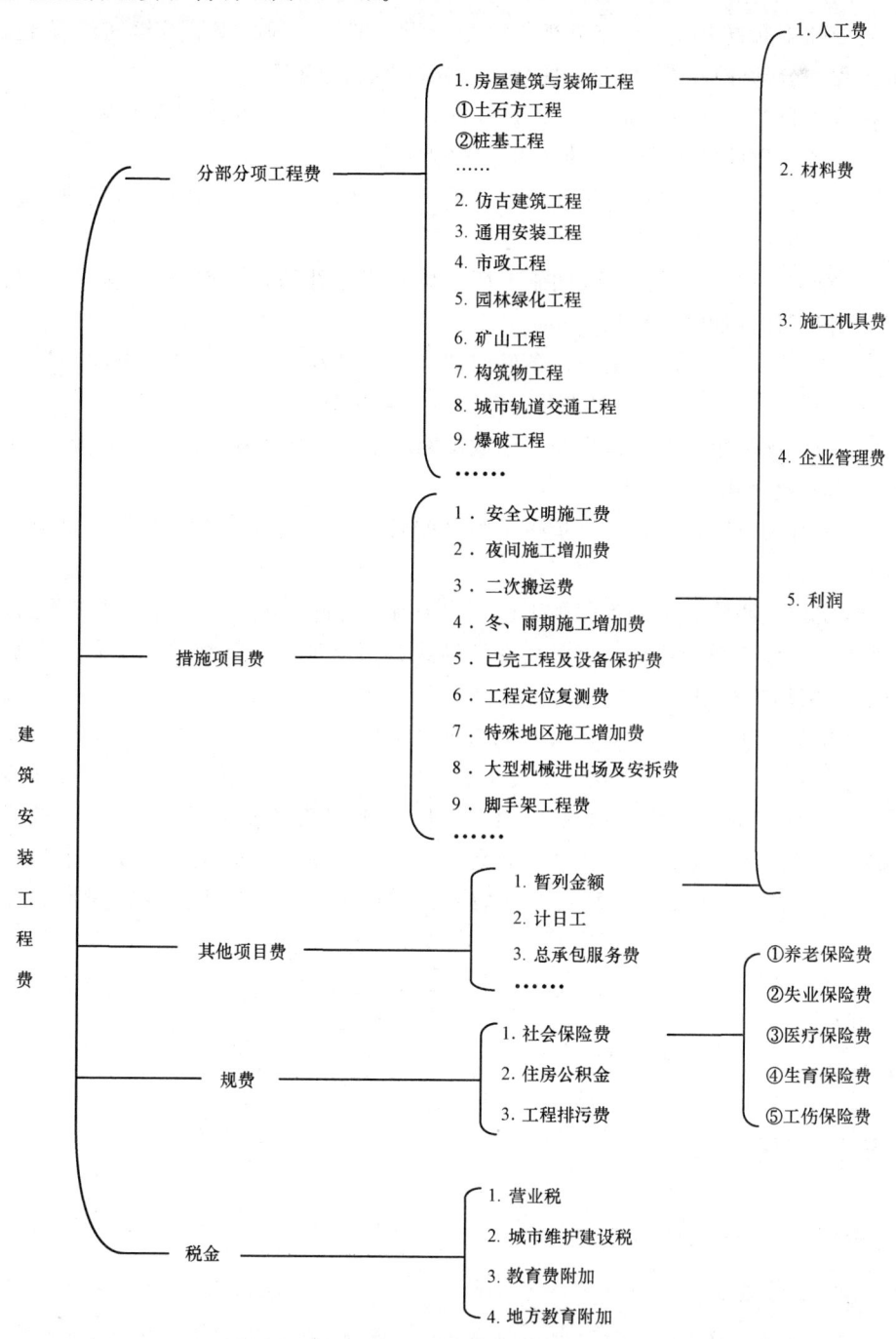

图 11-2 建筑安装工程费用项目组成表
（按造价形成划分）

(1) 分部分项工程费。是指各专业工程的分部分项工程应予列支的各项费用。

1) 专业工程。是指按现行国家计量规范划分的房屋建筑与装饰工程、仿古建筑工程、通用安装工程、市政工程、园林绿化工程、矿山工程、构筑物工程、城市轨道交通工程、爆破工程等各类工程。

2) 分部分项工程。是指按现行国家计量规范对各专业工程划分的项目。如房屋建筑与装饰工程划分的土石方工程、地基处理与桩基工程、砌筑工程、钢筋及钢筋混凝土工程等。各类专业工程的分部分项工程划分见现行国家或行业计量规范。

(2) 措施项目费。是指为完成建设工程施工，发生于该工程施工前和施工过程中的技术、生活、安全、环境保护等方面的费用。内容包括：

1) 安全文明施工费。包括：①环境保护费；②文明施工费；③安全施工费；④临时设施费。

2) 夜间施工增加费。是指因夜间施工所发生的夜班补助费、夜间施工降效、夜间施工照明设备摊销及照明用电等费用。

3) 二次搬运费。是指因施工场地条件限制而发生的材料、构配件、半成品等一次运输不能到达堆放地点，必须进行二次或多次搬运所发生的费用。

4) 冬、雨期施工增加费。是指在冬期或雨期施工需增加的临时设施、防滑、排除雨雪、人工及施工机械效率降低等费用。

5) 已完工程及设备保护费。是指竣工验收前对已完工程及设备采取的必要保护措施所发生的费用。

6) 工程定位复测费。是指工程施工过程中进行全部施工测量放线和复测工作的费用。

7) 特殊地区施工增加费。是指工程在沙漠或其边缘地区、高海拔、高寒、原始森林等特殊地区施工增加的费用。

8) 大型机械设备进出场及安拆费。是指机械整体或分体自停放场地运至施工现场或由一个施工地点运至另一个施工地点，所发生的机械进出场运输及转移费用及机械在施工现场进行安装、拆卸所需的人工费、材料费、机械费、试运转费和安装所需的辅助设施的费用。

9) 脚手架工程费。是指施工需要的各种脚手架搭、拆、运输费用以及脚手架购置费的摊销（或租赁）费用。措施项目及其包含的内容详见各类专业工程的现行国家或行业计量规范。

(3) 其他项目费。包括暂列金额、计日工、总承包服务费。

(4) 规费。

(5) 税金。

11.2 建筑工程计量

11.2.1 建筑工程计量的相关知识

1. 建筑工程计量的依据

(1) 2012 年《全国统一建筑工程基础定额××省消耗量定额上、下册》。

(2) 招标文件及其补充通知、答疑纪要。

(3) 施工图纸及相关资料。
(4) 施工现场情况、工程特点及拟定的投标施工组织设计或施工方案。

2. 建筑工程计量的范围

建筑工程计量的范围包括：土、石方工程；桩与地基基础工程；砌筑工程；混凝土及钢筋混凝土工程；厂库房大门、特种门、木结构工程；金属结构工程；屋面及防水工程；防腐、隔热、保温工程；构件运输工程；厂区道路及排水工程；可竞争措施项目；不可竞争措施项目。

3. 建筑工程计算工程量的顺序

按工程量计算依据的编排顺序列项计算、按施工过程列项计算、按楼层从上到下或从下到上列项计算、按构件的分类列项计算等。

4. 建筑工程计量的操作流程

收集相关资料→熟悉图纸→勘察现场→计算工程量→汇总并校核工程量（包括：是否有漏项、重项，是否符合计算规则的要求，是否计算准确）。

5. 工程量计量单位

除另有规定外，工程量计量单位应按下列规定计算：
(1) 以体积计算的为立方米（m³）。
(2) 以面积计算的为平方米（m²）。
(3) 以长度计算的为米（m）。
(4) 以重量计算的为吨或千克（t 或 kg）。
(5) 以件（个或组）计算的为件（个或组）。

汇总工程量时，其准确度取值为：立方米（除木材立方米小数点后取三位外）、平方米、米小数点后取两位；吨小数点后取三位；千克小数点后取两位；件取整数。

11.2.2 建筑面积

建筑面积亦称建筑展开面积，是建筑物（包括墙体）所形成的楼地面面积。以"平方米"为计量单位。建筑面积包括使用面积、辅助面积、结构面积。根据《建筑工程建筑面积计算规范》（GB/T 50353—2013）规定：

(1) 建筑物的建筑面积应按自然层外墙结构外围水平面积之和计算。结构层高在 2.20m 及以上的，应计算全面积；结构层高在 2.20m 以下的，应计算 1/2 面积。

(2) 建筑物内设有局部楼层时，对于局部楼层的二层及以上楼层，有围护结构的应按其围护结构外围水平面积计算，无围护结构的应按其结构底板水平面积计算，且结构层高在 2.20m 及以上的，应计算全面积，结构层高在 2.20m 以下的，应计算 1/2 面积。

(3) 对于形成建筑空间的坡屋顶（图 11-3），结构净高在 2.10m 及以上的部位应计算全面积；结构净高在 1.20m 及以上至 2.10m 以下的部位应计算

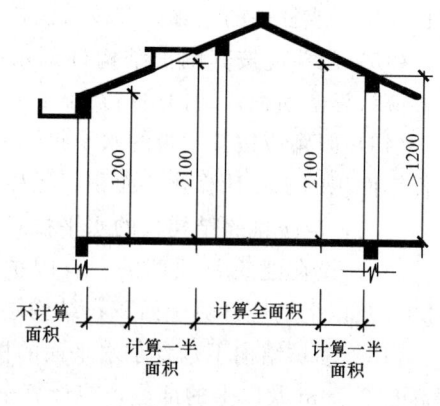

图 11-3 坡屋顶

1/2面积；结构净高在1.20m以下的部位不应计算建筑面积。

（4）对于场馆看台下的建筑空间，结构净高在2.10m及以上的部位应计算全面积；结构净高在1.20m及以上至2.10m以下的部位应计算1/2面积；结构净高在1.20m以下的部位不应计算建筑面积。室内单独设置的有围护设施的悬挑看台，应按看台结构底板水平投影面积计算建筑面积。有顶盖无围护结构的场馆看台应按其顶盖水平投影面积的1/2计算面积。

（5）地下室、半地下室应按其结构外围水平面积计算。结构层高在2.20m及以上的，应计算全面积；结构层高在2.20m以下的，应计算1/2面积。

（6）出入口外墙外侧坡道有顶盖的部位，应按其外墙结构外围水平面积的1/2计算面积。

（7）建筑物架空层及坡地建筑物吊脚架空层，应按其顶板水平投影计算建筑面积。结构层高在2.20m及以上的，应计算全面积；结构层高在2.20m以下的，应计算1/2面积。

（8）建筑物的门厅、大厅应按一层计算建筑面积，门厅、大厅内设置的走廊应按走廊结构底板水平投影面积计算建筑面积。结构层高在2.20m及以上的，应计算全面积；结构层高在2.20m以下的，应计算1/2面积。

（9）对于建筑物间的架空走廊，有顶盖和围护设施的，应按其围护结构外围水平面积计算全面积；无围护结构、有围护设施的，应按其结构底板水平投影面积计算1/2面积。

（10）对于立体书库、立体仓库、立体车库，有围护结构的，应按其围护结构外围水平面积计算建筑面积；无围护结构、有围护设施的，应按其结构底板水平投影面积计算建筑面积。无结构层的应按一层计算，有结构层的应按其结构层面积分别计算。结构层高在2.20m及以上的，应计算全面积；结构层高在2.20m以下的，应计算1/2面积。

（11）有围护结构的舞台灯光控制室，应按其围护结构外围水平面积计算。结构层高在2.20m及以上的，应计算全面积；结构层高在2.20m以下的，应计算1/2面积。

（12）附属在建筑物外墙的落地橱窗，应按其围护结构外围水平面积计算。结构层高在2.20m及以上的，应计算全面积；结构层高在2.20m以下的，应计算1/2面积。

（13）窗台与室内楼地面高差在0.45m以下且结构净高在2.10m及以上的凸（飘）窗，应按其围护结构外围水平面积计算1/2面积。

（14）有围护设施的室外走廊（挑廊），应按其结构底板水平投影面积计算1/2面积；有围护设施（或柱）的檐廊，应按其围护设施（或柱）外围水平面积计算1/2面积。

（15）门斗应按其围护结构外围水平面积计算建筑面积，且结构层高在2.20m及以上的，应计算全面积；结构层高在2.20m以下的，应计算1/2面积。

（16）门廊应按其顶板的水平投影面积的1/2计算建筑面积；有柱雨篷应按其结构板水平投影面积的1/2计算建筑面积；无柱雨篷的结构外边线至外墙结构外边线的宽度在2.10m及以上的，应按雨篷结构板的水平投影面积的1/2计算建筑面积。

（17）设在建筑物顶部的、有围护结构的楼梯间、水箱间、电梯机房等，结构层高在2.20m及以上的应计算全面积；结构层高在2.20m以下的，应计算1/2面积。

（18）围护结构不垂直于水平面的楼层，应按其底板面的外墙外围水平面积计算。结构净高在2.10m及以上的部位，应计算全面积；结构净高在1.20m及以上至2.10m以下的部位，应计算1/2面积；结构净高在1.20m以下的部位，不应计算建筑面积。

(19) 建筑物的室内楼梯、电梯井、提物井、管道井、通风排气竖井、烟道应并入建筑物的自然层计算建筑面积。有顶盖的采光井应按一层计算面积，且结构净高在 2.10m 及以上的，应计算全面积；结构净高在 2.10m 以下的，应计算 1/2 面积。

(20) 室外楼梯应并入所依附建筑物自然层，并应按其水平投影面积的 1/2 计算建筑面积。

(21) 在主体结构内的阳台，应按其结构外围水平面积计算全面积；在主体结构外的阳台，应按其结构底板水平投影面积计算 1/2 面积。

(22) 有顶盖无围护结构的车棚、货棚、站台、加油站、收费站等，应按其顶盖水平投影面积的 1/2 计算建筑面积。

(23) 以幕墙作为围护结构的建筑物，应按幕墙外边线计算建筑面积。

(24) 建筑物的外墙外保温层，应按其保温材料的水平截面积计算，并计入自然层建筑面积。

(25) 与室内相通的变形缝，应按其自然层合并在建筑物建筑面积内计算。对于高低联跨的建筑物，当高低跨内部连通时，其变形缝应计算在低跨面积内。

(26) 对于建筑物内的设备层、管道层、避难层等有结构层的楼层，结构层高在 2.20m 及以上的，应计算全面积；结构层高在 2.20m 以下的，应计算 1/2 面积。

(27) 下列项目不应计算建筑面积：
1) 与建筑物内不相连通的建筑部件。
2) 骑楼、过街楼底层的开放公共空间和建筑物通道。
3) 舞台及后台悬挂幕布和布景的天桥、挑台等。
4) 露台、露天游泳池、花架、屋顶的水箱及装饰性结构构件。
5) 建筑物内的操作平台、上料平台、安装箱和罐体的平台。
6) 勒脚、附墙柱、垛、台阶、墙面抹灰、装饰面、镶贴块料面层、装饰性幕墙，主体结构外的空调室外机搁板（箱）、构件、配件，挑出宽度在 2.10m 以下的无柱雨篷和顶盖高度达到或超过两个楼层的无柱雨篷。
7) 窗台与室内地面高差在 0.45m 以下且结构净高在 2.10m 以下的凸（飘）窗，窗台与室内地面高差在 0.45m 及以上的凸（飘）窗。
8) 室外爬梯、室外专用消防钢楼梯。
9) 无围护结构的观光电梯。
10) 建筑物以外的地下人防通道，独立的烟囱、烟道、地沟、油（水）罐、气柜、水塔、贮油（水）池、贮仓、栈桥等构筑物。

【例 11-1】 建筑物如图 11-4 所示，试计算。
(1) 当 $H=2.8m$ 时，建筑物的建筑面积。
(2) 当 $H=2.1m$ 时，建筑物的建筑面积。

【解】 分析：多层建筑物，当层高在 2.20m 及以上者应计算全面积；层高不足 2.20m 者应计算 1/2 面积。

(1) $S_{建}=(3.6\times6+7.2+0.24)\times(5.4\times2+2.4+0.24)\times5=1951.49m^2$

(2) $S_{建}=(3.6\times6+7.2+0.24)\times(5.4\times2+2.4+0.24)\times4+(3.6\times6+7.2+0.24)\times$
$(5.4\times2+2.4+0.24)/2=1756.38m^2$

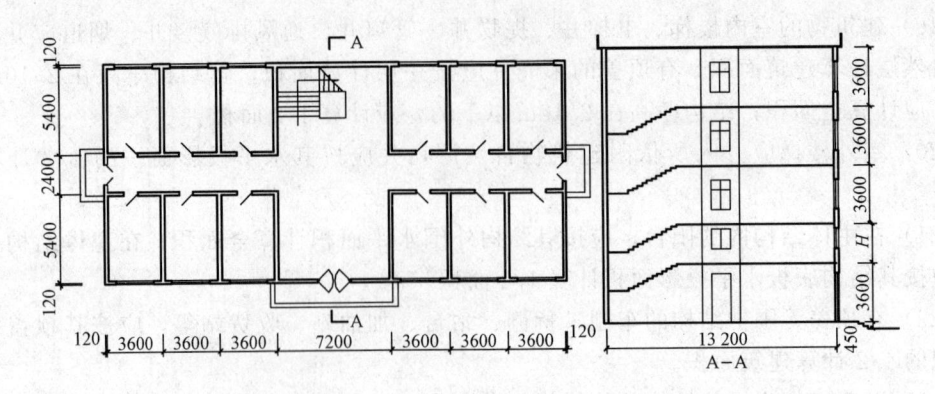

图 11-4 建筑物平面图、立面图

【例 11-2】 试分别计算高低联跨建筑物的建筑面积，如图 11-5 所示。

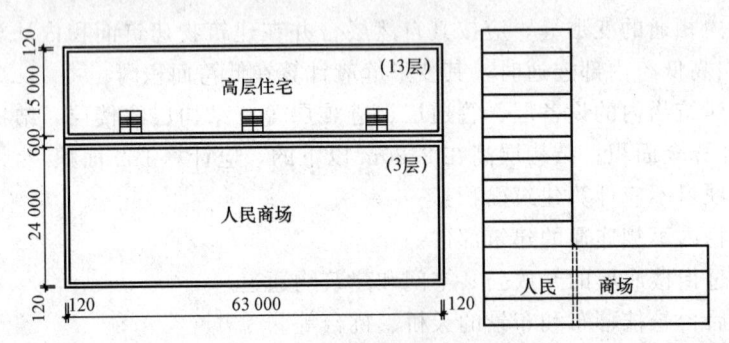

图 11-5 建筑物平面、立面图

【解】 高跨：$(63+0.24) \times (15+0.24) \times 13 = 12\,529.11 \text{m}^2$
低跨：$(24+0.6) \times (63+0.24) \times 3 = 4667.11 \text{m}^2$

11.3 建设工程工程量清单计价规范的运用

《建设工程工程量清单计价规范》（GB 50500—2013）（以下简称"本规范"）自 2013 年 7 月 1 日开始实施。

11.3.1 总则

(1) 为规范建设工程造价计价行为，统一建设工程计价文件的编制原则和计价方法，根据《中华人民共和国建筑法》、《中华人民共和国合同法》、《中华人民共和国招标投标法》等法律、法规，制定本规范。

(2) 本规范适用于建设工程发承包及实施阶段的计价活动。

(3) 建设工程发承包及实施阶段的工程造价应由分部分项工程费、措施项目费、其他项目费、规费和税金组成。

(4) 招标工程量清单、招标控制价、投标报价、工程计量、合同价款调整、合同价款结算与支付以及工程造价鉴定等工程造价文件的编制与核对，应由具有专业资格的工程造价人员承担。

（5）承担工程造价文件的编制与核对的工程造价人员及其所在单位，应对工程造价文件的质量负责。

（6）建设工程发承包及实施阶段的计价活动应遵循客观、公正、公平的原则。

（7）建设工程发承包及实施阶段的计价活动，除应符合本规范外，尚应符合国家现行有关标准的规定。

11.3.2　术语

1. 工程量清单

载明建设工程分部分项工程项目、措施项目、其他项目的名称和相应数量以及规费、税金项目等内容的明细清单。

2. 招标工程量清单

招标人依据国家标准、招标文件、设计文件以及施工现场实际情况编制的，随招标文件发布供投标报价的工程量清单，包括其说明和表格。

3. 已标价工程量清单

构成合同文件组成部分的投标文件中已标明价格，经算术性错误修正（如有）且承包人已确认的工程量清单，包括其说明和表格。

4. 综合单价

完成一个规定清单项目所需的人工费、材料和工程设备费、施工机具使用费和企业管理费、利润以及一定范围内的风险费用。

5. 工程成本

承包人为实施合同工程并达到质量标准，在确保安全施工的前提下，必须消耗或使用的人工、材料、工程设备、施工机械台班及其管理等方面发生的费用和按规定缴纳的规费和税金。

6. 工程造价信息

工程造价管理机构根据调查和测算发布的建设工程人工、材料、工程设备、施工机械台班的价格信息，以及各类工程的造价指数、指标。

7. 工程造价指数

反映一定时期的工程造价相对于某一固定时期的工程造价变化程度的比值或比率。包括按单位或单项工程划分的造价指数，按工程造价构成要素划分的人工、材料、机械等价格指数。

8. 工程变更

合同工程实施过程中由发包人提出或由承包人提出经发包人批准的合同工程任何一项工作的增、减、取消或施工工艺、顺序、时间的改变；设计图纸的修改；施工条件的改变；招标工程量清单的错、漏从而引起合同条件的改变或工程量的增减变化。

9. 索赔

在工程合同履行过程中，合同当事人一方因非己方的原因而遭受损失，按合同约定或法律法规规定应由对方承担责任，从而向对方提出补偿的要求。

10. 现场签证

发包人现场代表（或其授权的监理人、工程造价咨询人）与承包人现场代表就施工过程中涉及的责任事件所作的签认证明。

11. 不可抗力

发承包双方在工程合同签订时不能预见的，对其发生的后果不能避免，并且不能克服的自然灾害和社会性突发事件。

12. 工程造价咨询人

取得工程造价咨询资质等级证书，接受委托从事建设工程造价咨询活动的当事人以及取得该当事人资格的合法继承人。

13. 造价工程师

取得造价工程师注册证书，在一个单位注册、从事建设工程造价活动的专业人员。

14. 造价员

取得全国建设工程造价员资格证书，在一个单位注册、从事建设工程造价活动的专业人员。

15. 工程结算

发承包双方根据合同约定，对合同工程在实施中、终止时、已完工后进行的合同价款计算、调整和确认。包括期中结算、终止结算、竣工结算。

16. 招标控制价

招标人根据国家或省级、行业建设主管部门颁发的有关计价依据和办法，以及拟定的招标文件和招标工程量清单，结合工程具体情况编制的招标工程的最高投标限价。

17. 投标价

投标人投标时响应招标文件要求所报出的对已标价工程量清单汇总后标明的总价。

18. 签约合同价（合同价款）

发承包双方在工程合同中约定的工程造价，即包括了分部分项工程费、措施项目费、其他项目费、规费和税金的合同总金额。

11.3.3 计价方式

（1）使用国有资金投资的建设工程发承包，必须采用工程量清单计价。非国有资金投资的建设工程，宜采用工程量清单计价。不采用工程量清单计价的建设工程，应执行本规范除工程量清单等专门性规定外的其他规定。

（2）工程量清单应采用综合单价计价。

（3）措施项目中的安全文明施工费必须按国家或省级、行业建设主管部门的规定计算，不得作为竞争性费用。

（4）规费和税金必须按国家或省级、行业建设主管部门的规定计算，不得作为竞争性费用。

（5）计价风险。

1）建设工程发承包，必须在招标文件、合同中明确计价中的风险内容及其范围，不得采用无限风险、所有风险或类似语句规定计价中的风险内容及范围。

2）由于下列因素出现，影响合同价款调整的，应由发包人承担：

①国家法律、法规、规章和政策发生变化；

②省级或行业建设主管部门发布的人工费调整，但承包人对人工费或人工单价的报价高于发布的除外；

③由政府定价或政府指导价管理的原材料等价格进行了调整。

因承包人原因导致工期延误的，应按本规范相应的规定执行。

3）由于市场物价波动影响合同价款的，应由发承包双方合理分摊，按本规范附录 L.2 或 L.3 填写《承包人提供主要材料和工程设备一览表》作为合同附件，当合同中没有约定，发承包双方发生争议时，应按本规范相应的规定调整合同价款。

4）由于承包人使用机械设备、施工技术以及组织管理水平等自身原因造成施工费用增加的，应由承包人全部承担。

5）当不可抗力发生，影响合同价款时，应按本规范相应的规定执行。

11.3.4 工程量清单编制

1. 一般规定

（1）招标工程量清单应由具有编制能力的招标人或受其委托、具有相应资质的工程造价咨询人编制。

（2）招标工程量清单必须作为招标文件的组成部分，其准确性和完整性应由招标人负责。

（3）招标工程量清单是工程量清单计价的基础，应作为编制招标控制价、投标报价、计算或调整工程量、索赔等的依据之一。

（4）招标工程量清单应以单位（项）工程为单位编制，应由分部分项工程项目清单、措施项目清单、其他项目清单、规费和税金项目清单组成。

（5）编制招标工程量清单应依据：

1）本规范和相关工程的国家计量规范。

2）国家或省级、行业建设主管部门颁发的计价定额和办法。

3）建设工程设计文件及相关资料。

4）与建设工程有关的标准、规范、技术资料。

5）拟定的招标文件。

6）施工现场情况、地勘水文资料、工程特点及常规施工方案。

7）其他相关资料。

2. 分部分项工程项目

（1）分部分项工程项目清单必须载明项目编码、项目名称、项目特征、计量单位和工程量。（它们在分部分项工程量清单的组成中缺一不可，这五个要件是在工程量清单编制和计价时，全国实行五个统一）

（2）分部分项工程项目清单必须根据相关工程现行国家计量规范规定的项目编码、项目名称、项目特征、计量单位和工程量计算规则进行编制。

（3）措施项目。

1）措施项目清单必须根据相关工程现行国家计量规范的规定编制。

2）措施项目清单应根据拟建工程的实际情况列项。

（4）其他项目。其他项目清单应按照下列内容列项：暂列金额、暂估价、计日工、总承包服务费。

（5）规费。规费项目清单应按照下列内容列项：

1）社会保险费：包括养老保险费、失业保险费、医疗保险费、工伤保险费、生育保险费。

2）住房公积金。

3）工程排污费。

（6）税金。税金项目清单应包括下列内容：

1）营业税。

2）城市维护建设税。

3）教育费附加。

4）地方教育附加。

3．招标控制价

（1）国有资金投资的建设工程招标，招标人必须编制招标控制价。

（2）招标控制价应由具有编制能力的招标人或受其委托具有相应资质的工程造价咨询人编制和复核。

（3）工程造价咨询人接受招标人委托编制招标控制价，不得再就同一工程接受投标人委托编制投标报价。

4．投标报价

（1）投标价应由投标人或受其委托具有相应资质的工程造价咨询人编制。

（2）投标人应依据本规范的规定自主确定投标报价。

（3）投标报价不得低于工程成本。

（4）投标人必须按招标工程量清单填报价格。项目编码、项目名称、项目特征、计量单位、工程量必须与招标工程量清单一致。

（5）投标人的投标报价高于招标控制价的应予废标。

5．合同价款约定

（1）实行招标的工程合同价款应在中标通知书发出之日起30天内，由发承包双方依据招标文件和中标人的投标文件在书面合同中约定。合同约定不得违背招标、投标文件中关于工期、造价、质量等方面的实质性内容。招标文件与中标人投标文件不一致的地方，应以投标文件为准。

（2）不实行招标的工程合同价款，应在发承包双方认可的工程价款基础上，由发承包双方在合同中约定。

（3）实行工程量清单计价的工程，应采用单价合同；建设规模较小，技术难度较低，工期较短，且施工图设计已审查批准的建设工程可采用总价合同；紧急抢险、救灾以及施工技术特别复杂的建设工程可采用成本加酬金合同。

6．工程计量

（1）工程量必须按照相关工程现行国家计量规范规定的工程量计算规则计算。

（2）工程计量可选择按月或按工程形象进度分段计量，具体计量周期应在合同中约定。

（3）因承包人原因造成的超出合同工程范围施工或返工的工程量，发包人不予计量。

7. 合同价款调整

(1) 下列事项（但不限于）发生，发承包双方应当按照合同约定调整合同价款：

1) 法律法规变化。
2) 工程变更。
3) 项目特征不符。
4) 工程量清单缺项。
5) 工程量偏差。
6) 计日工。
7) 物价变化。
8) 暂估价。
9) 不可抗力。
10) 提前竣工（赶工补偿）。
11) 误期赔偿。
12) 索赔。
13) 现场签证。
14) 暂列金额。
15) 发承包双方约定的其他调整事项。

(2) 出现合同价款调增事项（不含工程量偏差、计日工、现场签证、索赔）后的14天内，承包人应向发包人提交合同价款调增报告并附上相关资料；承包人在14天内未提交合同价款调增报告的，应视为承包人对该事项不存在调整价款请求。

(3) 出现合同价款调减事项（不含工程量偏差、索赔）后的14天内，发包人应向承包人提交合同价款调减报告并附相关资料；发包人在14天内未提交合同价款调减报告的，应视为发包人对该事项不存在调整价款请求。

(4) 发（承）包人应在收到承（发）包人合同价款调增（减）报告及相关资料之日起14天内对其核实，予以确认的应书面通知承（发）包人。当有疑问时，应向承（发）包人提出协商意见。发（承）包人在收到合同价款调增（减）报告之日起14天内未确认也未提出协商意见的，应视为承（发）包人提交的合同价款调增（减）报告已被发（承）包人认可。发（承）包人提出协商意见的，承（发）包人应在收到协商意见后的14天内对其核实，予以确认的应书面通知发（承）包人。承（发）包人在收到发（承）包人的协商意见后14天内既不确认也未提出不同意见的，应视为发（承）包人提出的意见已被承（发）包人认可。

(5) 发包人与承包人对合同价款调整的不同意见不能达成一致的，只要对发承包双方履约不产生实质影响，双方应继续履行合同义务，直到其按照合同约定的争议解决方式得到处理。

(6) 经发承包双方确认调整的合同价款，作为追加（减）合同价款，应与工程进度款或结算款同期支付。

(7) 工程变更。

1) 因工程变更引起已标价工程量清单项目或其工程数量发生变化时，应按照下列规定调整：

①已标价工程量清单中有适用于变更工程项目的，应采用该项目的单价；但当工程变更导致该清单项目的工程数量发生变化，且工程量偏差超过15%时，该项目单价应按照本规范相应的规定调整。

②已标价工程量清单中没有适用但有类似于变更工程项目的，可在合理范围内参照类似项目的单价。

③已标价工程量清单中没有适用也没有类似于变更工程项目的，应由承包人根据变更工程资料、计量规则和计价办法、工程造价管理机构发布的信息价格和承包人报价浮动率提出变更工程项目的单价，并应报发包人确认后调整。承包人报价浮动率可按下列公式计算：

招标工程：承包人报价浮动率 $L=(1-中标价/招标控制价)\times100\%$

非招标工程：承包人报价浮动率 $L=(1-报价/施工图预算)\times100\%$

④已标价工程量清单中没有适用也没有类似于变更工程项目，且工程造价管理机构发布的信息价格缺价的，应由承包人根据变更工程资料、计量规则、计价办法和通过市场调查等取得有合法依据的市场价格提出变更工程项目的单价，并应报发包人确认后调整。

2）当发包人提出的工程变更因非承包人原因删减了合同中的某项原定工作或工程，致使承包人发生的费用或（和）得到的收益不能被包括在其他已支付或应支付的项目中，也未被包含在任何替代的工作或工程中时，承包人有权提出并得到合理的费用及利润补偿。

8. 工程量偏差

（1）合同履行期间，当应予计算的实际工程量与招标工程量清单出现偏差，且符合本规范的相应规定时，发承包双方应调整合同价款。

（2）对于任一招标工程量清单项目，当因规定的工程量偏差和规定的工程变更等原因导致工程量偏差超过15%时，可进行调整。当工程量增加15%以上时，增加部分的工程量的综合单价应予调低；当工程量减少15%以上时，减少后剩余部分的工程量的综合单价应予调高。

（3）当工程量出现本规范的变化，且该变化引起相关措施项目相应发生变化时，按系数或单一总价方式计价的，工程量增加的措施项目费调增，工程量减少的措施项目费调减。

9. 不可抗力

（1）因不可抗力事件导致的人员伤亡、财产损害及其费用增加，发承包双方应按下列原则分别承担并调整合同价款和工期：

1）合同工程本身的损害、因工程损害导致第三方人员伤亡和财产损失以及运至施工场地用于施工的材料和待安装的设备的损害，应由发包人承担；

2）发包人、承包人人员伤亡由其所在单位负责，并应承担相应费用；

3）承包人的施工机械设备损坏及停工损失，应由承包人承担；

4）停工期间，承包人应发包人要求留在施工场地的必要的管理人员及保卫人员的费用应由发包人承担；

5）工程所需清理、修复费用，应由发包人承担。

（2）不可抗力解除后复工的，若不能按期竣工，应合理延长工期。发包人要求赶工的，赶工费用应由发包人承担。

10. 索赔

（1）当合同一方向另一方提出索赔时，应有正当的索赔理由和有效证据，并应符合合同的相关约定。

（2）根据合同约定，承包人认为非承包人原因发生的事件造成了承包人的损失，应按下列程序向发包人提出索赔：

1）承包人应在知道或应当知道索赔事件发生后 28 天内，向发包人提交索赔意向通知书，说明发生索赔事件的事由。承包人逾期未发出索赔意向通知书的，丧失索赔的权利。

2）承包人应在发出索赔意向通知书后 28 天内，向发包人正式提交索赔通知书。索赔通知书应详细说明索赔理由和要求，并应附必要的记录和证明材料。

3）索赔事件具有连续影响的，承包人应继续提交延续索赔通知，说明连续影响的实际情况和记录。

4）在索赔事件影响结束后的 28 天内，承包人应向发包人提交最终索赔通知书，说明最终索赔要求，并应附必要的记录和证明材料。

（3）承包人索赔应按下列程序处理：

1）发包人收到承包人的索赔通知书后，应及时查验承包人的记录和证明材料。

2）发包人应在收到索赔通知书或有关索赔的进一步证明材料后的 28 天内，将索赔处理结果答复承包人，如果发包人逾期未作出答复，视为承包人索赔要求已被发包人认可。

3）承包人接受索赔处理结果的，索赔款项应作为增加合同价款，在当期进度款中进行支付；承包人不接受索赔处理结果的，应按合同约定的争议解决方式办理。

（4）承包人要求赔偿时，可以选择下列一项或几项方式获得赔偿：

1）延长工期。

2）要求发包人支付实际发生的额外费用。

3）要求发包人支付合理的预期利润。

4）要求发包人按合同的约定支付违约金。

（5）当承包人的费用索赔与工期索赔要求相关联时，发包人在作出费用索赔的批准决定时，应结合工程延期，综合作出费用赔偿和工程延期的决定。

（6）发承包双方在按合同约定办理了竣工结算后，应被认为承包人已无权再提出竣工结算前所发生的任何索赔。承包人在提交的最终结清申请中，只限于提出竣工结算后的索赔，提出索赔的期限应自发承包双方最终结清时终止。

（7）根据合同约定，发包人认为由于承包人的原因造成发包人的损失，宜按承包人索赔的程序进行索赔。

（8）发包人要求赔偿时，可以选择下列一项或几项方式获得赔偿：

1）延长质量缺陷修复期限。

2）要求承包人支付实际发生的额外费用。

3）要求承包人按合同的约定支付违约金。

（9）承包人应付给发包人的索赔金额可从拟支付给承包人的合同价款中扣除，或由承包人以其他方式支付给发包人。

【例 11-3】 已知：基础混凝土的强度等级为 C25，基础下有 100mm 的 C15 的素混凝土垫层，如图 11-6 所示，计算独立基础混凝土的工程量及编制工程量清单。

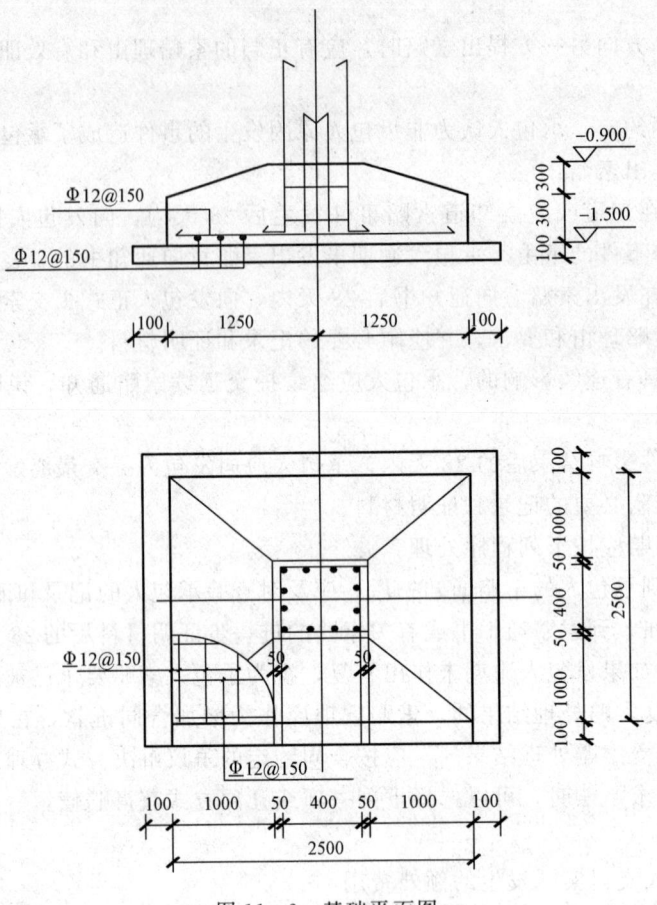

图 11-6 基础平面图

【解】 混凝土独立基础工程量计算规则，应以设计图示尺寸的实体积计算，其高度从垫层上表面算至柱基上表面。根据锥形基础公式，计算独立基础混凝土。

$$独立基础 = 立方体 + 四棱锥台体$$

$$立方体 = 长 \times 宽 \times 高$$

$$四棱锥台体 = \frac{1}{3}H(s_1 + s_2 + \sqrt{s_1 s_2})$$

式中 H——四棱锥台体高；

s_2——四棱锥台体上底面积；

s_1——四棱锥台体下底面积。

$$立方体 = V_1 = 2.5 \times 2.5 \times 0.3 = 1.875 \text{m}^3$$

$$四棱锥台体 = 1/3[2.5 \times 2.5 + 0.5 \times 0.5 + (2.5 \times 2.5 \times 0.5 \times 0.5)^{1/2}] \times 0.3$$
$$= 0.775 \text{m}^3$$

$$V_总 = 1.875 + 0.775 = 2.65 \text{m}^3$$

套用清单组价（见表 11-1）

表 11 - 1　　　　　　　　　　　清单组价

序号	项目编号 (定额编号)	项目名称	单位	工程量	综合单价/元	合价/元	综合单价组成/元				人工单价/(元/工日)
							人工费	材料费	机械费	管理费和利润	
1	010501003001	独立基础 1. 混凝土种类：预拌 2. 混凝土强度等级：C25	m³	2.65	307.52	814.93	36.9	259.14	1.19	10.29	
1.1	A4-165 换	预拌混凝土（现浇）独立基础混凝土换为［预拌混凝土C25］	10m³	0.265	3075.18	814.93	369	2591.43	11.91	102.84	60

本 章 练 习 题

一、单项选择题

1. 根据《建设工程工程量清单计价规范》（GB 50500—2013），应列入规费清单的费用是（　　）。
   A. 上级单位管理费　　　　　　　B. 大型机械进出场及安拆费
   C. 住房公积金　　　　　　　　　D. 危险作业意外伤害保险费

2. 根据《建设工程安装工程费用项目组成》（建标【2013】4 号），施工现场按规定缴纳的工程排污费应计入建筑安装工程（　　）。
   A. 风险费用　　　　　　　　　　B. 规费
   C. 措施费　　　　　　　　　　　D. 企业管理费

3. 根据《建设工程工程量清单计价规范》（GB 50500—2013），因不可抗力事件导致的损害及其费用增加，应由承包人承担的是（　　）。
   A. 工程本身的损害　　　　　　　B. 承包人的施工机械损坏
   C. 发包方现场的人员伤亡　　　　D. 工程所需的修复费用

4. 根据《建设工程工程量清单计价规范》（GB 50500—2013），招标人委托工程造价咨询人编制的招标工程量清单，其封面应有招标人和（　　）盖章确认。
   A. 编制清单的造价员　　　　　　B. 造价咨询人的造价工程师
   C. 工程造价咨询人的法人代表　　D. 工程造价咨询人

5. 根据《建设工程工程量清单计价规范》（GB 50500—2013），招标工程量清单的准确性的完整性应由（　　）负责。
   A. 投标人　　　　　　　　　　　B. 招标人指定的招标代理机构
   C. 招标人的上级部门　　　　　　D. 招标人

6. 按照《建设工程工程量清单计价规范》(GB 50500—2013),完全不能竞争的部分是( )。

A. 分部分项目工程费　　　　　　B. 措施项目费
C. 其他项目费　　　　　　　　　D. 规费

7. 根据《建设工程工程量清单计价规范》(GB 50500—2013),若合同未约定,当工程量清单项目的清单工程量偏差在( )以内时,其综合单价不做调整,执行清单工有的综合单价。

A. 15%　　　　B. 5%　　　　C. 10%　　　　D. 20%

8. 根据现行《建设工程工程量清单计价规范》(GB 50500—2013),下列费用中,应计入分部分项工程费的是( )。

A. 安全文明施工费　　　　　　　B. 二次搬运费
C. 施工机械使用费　　　　　　　D. 大型机械设备进出场及安拆费

9. 分部分项工程量清单必须载明项目编码、项目名称、计量单位、工程量和( )。

A. 项目描述　　B. 项目特征　　C. 特征描述　　D. 工作概况

二、判断题

1. 工程量清单应采用综合单价计价。( )
2. 建设规模较小、技术难度较低、工期较短,且施工图设计已审查批准的建设工程可采用总价合同。( )
3. 工程计量、合同价款调整、合同价款结算与支付等工程造价文件的编制与核对,可以由非专业资格的人员承担。( )
4. 非国有资金投资的建设工程,宜采用工程量清单计价。( )
5. 由于市场物价波动影响合同价款的风险,应由承包人承担。( )
6. 承包人对安全文明施工费应专款专用,并在财务账目中应单独列项备查,不得挪作他用。( )
7. 招标文件与中标人投标文件不一致的地方,应以招标文件为准。( )
8. 由于承包人使用机械设备、施工技术以及组织管理水平等自身原因造成施工费用增加的,应由发包人全部承担。( )

施工员专业管理实务模拟考试习题一

一、单选题（每题1分，共20分）

1. 土方的开挖顺序。方法必须与设计工况相一致，并遵循开槽支撑，（　　），严禁超挖的原则。
   A. 先撑后挖，分层开挖　　　　　　B. 先挖后撑，分层开挖
   C. 先撑后挖，分段开挖　　　　　　D. 先挖后撑，分段开挖

2. 观察验槽的内容不包括（　　）。
   A. 基坑（槽）的位置、尺寸、标高和边坡是否符合设计要求
   B. 是否已挖到持力层
   C. 槽底土的均匀程度和含水量情况
   D. 降水方法与效益

3. 为了能使桩较快地打入土中，打桩宜采用（　　）。
   A. 轻锤高击　　　　　　　　　　　B. 重锤低击
   C. 轻锤低击　　　　　　　　　　　D. 重锤高击

4. 砖砌体水平灰缝的砂浆饱满度应不低于（　　）。
   A. 50%　　　　B. 80%　　　　C. 40%　　　　D. 60%

5. 砌砖墙留直槎时，须加拉结筋。对抗震设防烈度为6、7度地区，拉结筋每边埋入墙内的长度不应小于（　　）mm。
   A. 50　　　　　B. 500　　　　C. 700　　　　D. 1000

6. 每层承重墙的最上一皮砖，在梁或梁垫的下面，应用（　　）砌筑。
   A. 一顺一丁　　　　　　　　　　　B. 丁砖
   C. 三顺一丁　　　　　　　　　　　D. 顺砖

7. 柱施工缝留置位置不当的是（　　）。
   A. 基础顶面　　　　　　　　　　　B. 与吊车梁平齐处
   C. 吊车梁上面　　　　　　　　　　D. 梁的下面

8. 在施工缝处继续浇筑混凝土应待已浇混凝土强度达到（　　）MPa。
   A. 1.2　　　　B. 2.5　　　　C. 1.0　　　　D. 5

9. 跨度为9m、强度为C30的现浇混凝土梁，当混凝土强度至少应达到（　　）N/mm² 时才可拆除底模。
   A. 15　　　　　B. 21　　　　C. 22.5　　　D. 30

10. 防水混凝土的养护时间不得少于（　　）d。
    A. 7　　　　　B. 14　　　　C. 21　　　　D. 28

11. 下列抹灰中属于装饰抹灰的是（　　）。
    A. 水泥砂浆　　　　　　　　　　　B. 干粘石
    C. 麻刀石灰　　　　　　　　　　　D. 石灰砂浆

263

12. 独立基础底板钢筋在布置时，四周第一根钢筋距基础边缘的要求为：（S 为钢筋的间距）（ ）。
   A. ≤S/2 且≤75mm   B. 50mm
   C. ≤S/2 且≤50mm   D. 75mm

13. 屋面防水卷材平行屋脊的卷材搭接缝，其方向应为（ ）。
   A. 顺流水方向   B. 垂直流水方向
   C. 顺年最大频率风向   D. 垂直年最大频率风向

14. 地下工程的防水等级分为（ ）个等级。
   A. 一   B. 二   C. 三   D. 四

15. 防水混凝土底板与墙体的水平施工缝应留在（ ）。
   A. 底板下表面处
   B. 底板上表面处
   C. 距底板上表面不小于 300mm 的墙体上
   D. 距孔洞边缘不少于 100mm 处

16. 砌体工程按冬期施工规定进行的条件是连续 5d 室外日平均气温低于（ ）。
   A. 0℃   B. +5℃   C. −3℃   D. +3℃

17. 在施工资料分类中，下列哪项不正确？（ ）
   A. 施工管理资料   B. 施工技术资料
   C. 施工质量验收记录   D. 施工方案

18. 在城市市区范围内从事建筑工程施工，项目必须在工程开工（ ）日以前向工程所在地县级以上地方人民政府环境保护管理部门申报登记。
   A. 15   B. 20   C. 30   D. 60

19. 安全检查的主要形式中，下列哪项不正确？（ ）
   A. 定期检查   B. 经常性检查
   C. 季节性检查   D. 抽查检查

20. 在某工程双代号网络计划中，（ ）的线路不一定就是关键线路。
   A. 总持续时间最长   B. 相邻工作之间的时间间隔均为零
   C. 由关键节点组成   D. 时标网络计划中没有波形线

二、多选题（每题至少有两个正确的答案，每题 2 分，共 20 分）

1. 人工降低地下水位的方法有（ ）。
   A. 明排水法   B. 轻型井点
   C. 喷射井点   D. 电渗井点

2. 打桩的顺序一般有（ ）。
   A. 先浅后深   B. 逐排打
   C. 分段打   D. 自边沿向中部打

3. 混凝土的养护方法一般可分为（ ）。
   A. 内部养护   B. 自然养护   C. 标准养护   D. 外部养护

4. 钢筋连接的方法有（ ）。
   A. 绑扎连接   B. 机械连接   C. 人工连接   D. 锚固连接

5. 土钉墙的施工过程有（　　）。
   A. 基坑开挖与修坡、定位放线　　B. 安设土钉
   C. 挂钢筋网　　　　　　　　　　D. 喷射混凝土
6. 施工总平面布置图不包括下列（　　）内容。
   A. 项目施工用地范围内的地形状况
   B. 全部拟建的建（构）筑物和其他基础设施的位置
   C. 项目施工用地范围内的钢筋
   D. 施工现场必备的安全、消防、保卫和环境保护等设施
7. 高层建筑常用的基础形式可分为（　　）类型。
   A. 筏形基础　　　　　　　　　　B. 箱形基础
   C. 桩基础和复合基础　　　　　　D. 独立基础
8. 混凝土冬期施工方法有（　　）。
   A. 蓄热法　　　　　　　　　　　B. 掺外加剂法
   C. 冻结法　　　　　　　　　　　D. 综合蓄热法
9. 在浇筑混凝土之前，应进行钢筋隐蔽工程验收，其内容包括（　　）。
   A. 纵向受力钢筋的品种、规格、数量、位置等
   B. 钢筋的连接方式、接头位置、接头数量、接头面积百分率等
   C. 箍筋、横向钢筋的品种、规格、数量、间距等
   D. 预埋件的规格、数量、位置等
10. 对于一般的小型砌块房屋，芯柱宜设置在（　　）。
    A. 外墙转角　　　　　　　　　　B. 楼梯间四角
    C. 纵横墙交接处　　　　　　　　D. 窗间墙

三、综合分析题（共60分）

1. 某住宅小区10号楼，建筑面积5191m²，共六层，底框砖混结构，一层层高为3.3m，二～六层层高为2.8m，问题如下：

（1）现基坑底长80m，宽60m，深8m，四边放坡，边坡坡度为1∶0.5，试计算挖土土方工程量。

（2）为保证基坑边坡不塌方，对基坑边坡采用土钉墙进行加固，确定土钉墙施工的工艺流程。

（3）开挖过程中，用反铲挖土机，开挖到基底应留多厚的土层采用人工开挖？

（4）当开挖到设计基底标高，进行人工钎探，钎探的目的是什么？如何钎探？钎探施工要求有什么？

（5）验槽由谁来组织，有哪些单位参加？验槽的内容是什么？

2. 某施工单位承建了某市某医院门诊楼工程。工程为钢筋混凝土框架结构，9月开工，日平均气温为15℃左右。两个月后基础工程施工完成，此时受寒流影响，连续数天日平均气温降低到0.2℃。由于没有及时采取措施，导致这段时间浇筑的混凝土板出现大面积冻害，抽样检查混凝土强度不能满足设计要求。问题：

（1）混凝土工程什么时候进入冬期施工？什么是混凝土的受冻临界强度？

（2）平均气温降低到0.2℃，应采取什么特殊措施防止冻害？

(3) 此类工程中配制混凝土时,对材料和材料加热的要求有哪些?

(4) 混凝土冬期施工应采用什么施工方法?混凝土试块应如何留置,质量应如何检查?

3. 某省某市重点高中综合教学楼为现浇剪力墙结构,长 62.4m,宽 16.9m,标准层高为 3.6m,地面以上层高为 42.3m。剪力墙结构外墙采用挤塑型聚苯乙烯板保温层,施工采用大钢模板。问题:

(1) 挤塑型聚苯乙烯板保温层的施工工艺流程是什么?

(2) 外墙保温层如何验收?

施工员专业管理实务模拟考试习题二

一、单选题（每题1分，共20分）

1. 基坑开挖过程中，当土质较好时，堆土或材料应距挖方边（　　）m以外，高度不宜超（　　）m。
   A. 0.8，1.0　　B. 1.0，1.5　　C. 0.8，1.5　　D. 1.0，2.0
2. CFG桩是（　　）的简称。
   A. 低标号素混凝土桩　　　　　B. 水泥白灰碎石桩
   C. 白灰粉煤灰碎石桩　　　　　D. 水泥粉煤灰碎石桩
3. Ⅰ级钢筋端部设半圆弯钩（即180°），弯钩增加值为（　　）。（d为钢筋直径）
   A. $6.25d$　　B. $3.0d$　　C. $7.25d$　　D. $5.0d$
4. 拌制砌筑用混合砂浆的生石灰，熟化时间不得少于（　　）d。
   A. 2　　B. 7　　C. 15　　D. 30
5. 冬季混凝土浇筑时，混凝土试块的留设组数应增设（　　）。
   A. 一组　　B. 两组　　C. 不增设　　D. 五组
6. 模板拆除顺序应按设计方案进行。当无规定时，应按照（　　）顺序拆除混凝土模板。
   A. 先支后拆，后支先拆　　　　B. 先支先拆，后支后拆
   C. 先拆次承重模板，后拆承重模板　　D. 先拆复杂部分，后拆简单部分
7. 大体积混凝土的保温养护持续时间不得少于（　　）d。
   A. 7　　B. 14　　C. 3　　D. 9
8. 防水混凝土底板与墙体的水平施工缝应留在（　　）。
   A. 底板下表面处　　　　　　　B. 底板上表面处
   C. 距底板上表面不小于300mm的墙体上　　D. 距孔洞边缘不少于100mm处
9. 现浇水磨石地面施工时，镶嵌分格条用素水泥浆抹成八字形，其涂抹的高度应比分格条顶部（　　）。
   A. 高3mm左右　　B. 低3mm左右　　C. 高10mm左右　　D. 低10mm左右
10. 受力钢筋间距的安装允许偏差值为（　　）mm。
    A. ±10　　B. ±15　　C. ±20　　D. ±30
11. 实行施工总承包的，各专业承包单位应向（　　）移交施工资料。
    A. 施工总承包单位　　　　　　B. 建设单位
    C. 监理单位　　　　　　　　　D. 设计单位
12. 一般屋面卷材平行于屋脊铺贴时，应由（　　）铺贴，并使卷材长出搭接缝，（　　）流水方向。
    A. 最低标高处向上，顺着　　　B. 最低标高处向上，背向
    C. 最高标高处向下，顺着　　　D. 最高标高处向下，背向

13. 主要由梁、柱构件承受荷载的体系是（　　）。
   A. 框架体系　　　　　　　　　B. 剪力墙体系
   C. 框架—剪力墙体系　　　　　D. 筒体
14. 屋面防水设防要求为一道防水的建筑，其防水等级为（　　）。
   A. Ⅰ级　　　　B. Ⅱ级　　　　C. Ⅲ级　　　　D. Ⅳ级
15. 人工降低地下水位的方法有（　　）。
   A. 明排水法　　B. 轻型井点　　C. 喷射井点　　D. 电渗井点
   E. 管井井点
16. 哪一项不属于双代号网络图组成？（　　）
   A. 箭线　　　　B. 节点　　　　C. 线路　　　　D. 虚工作
17. 根据《建筑法》第8条的规定，申请领取建筑工程施工许可证不必具备下列条件（　　）。
   A. 在城市规划区的建筑工程，已经取得规划许可证
   B. 已经确定建筑施工企业
   C. 建设资金已经落实
   D. 拆迁工作已经全部完成
18. 建筑工程安全检查方法不正确的是（　　）。
   A. 问　　　　　B. 照　　　　　C. 量　　　　　D. 测
19. 某工程竣工验收合格后第11年内，部分梁板发生不同程度的断裂，经有相应资质的质量鉴定机构鉴定，确认断裂原因为混凝土施工养护不当致其强度不符合设计要求，则该质量缺陷应由（　　）。
   A. 建设单位维修并承担维修费用
   B. 施工单位维修并承担维修费用
   C. 施工单位维修，设计单位承担维修费用
   D. 施工单位维修，混凝土供应单位承担维修费用
20. 根据《建设工程安全生产管理条例》的规定，属于施工单位安全责任的是（　　）。
   A. 提供相邻构筑物的有关资料
   B. 编制安全技术措施及专项施工方案
   C. 办理施工许可证时报送安全施工措施
   D. 提供安全施工措施费用

二、**多选题**（每题至少有两个正确的答案，每题2分，共20分）

1. 常用填土压实方法有（　　）。
   A. 堆载法　　　B. 碾压法　　　C. 夯实法　　　D. 水灌法
   E. 振动压实法
2. 对于混凝土预制桩的密集群桩，一般可以采用（　　）顺序进行打桩。
   A. 自中间向四周打设　　　　　B. 可随意打
   C. 逐排打　　　　　　　　　　D. 自中部向边沿打
3. 有关浇筑混凝土时施工缝的处理方法，以下说法正确的是（　　）。
   A. 已浇混凝土应达到1.2MPa，以抵抗新浇混凝土的扰动

B. 清理界面，凿除松动的砂、石子
C. 浇水润湿界面，要留些余水
D. 在垂直界面处抹 1∶2.5 的水泥砂浆 20～30mm 厚
E. 在水平界面处抹与混凝土同配合比的水泥砂浆 50～100mm 厚

4. 下列（　　）属于钢丝网架聚苯板外墙外保温的施工工艺过程。
A. 绑扎外墙钢筋，钢筋隐检　　B. 安装钢丝网架聚苯板
C. 支外墙模板　　D. 钢丝网架聚苯板板面抹灰

5. 有关钢筋的连接方法有（　　）。
A. 绑扎连接　　B. 机械连接　　C. 焊接连接

6. 大体积混凝土为防止裂缝的产生可以采取以下（　　）正确的措施？
A. 加大浇筑面积　　B. 放慢浇筑速度
C. 增加水泥用量　　D. 在混凝土中加入缓凝剂

7. 混凝土质量缺陷的修整方法，可采用（　　）。
A. 表面抹浆修补法　　B. 细石混凝土填补法
C. 灌浆法　　D. 抹面法

8. 施工安全控制基本要求中的"四口"指的是（　　）。
A. 楼梯口　　B. 电梯口　　C. 预留洞口　　D. 通道口

9. 施工组织设计按编制对象可分为（　　）。
A. 施工组织总设计　　B. 单位工程施工组织设计
C. 施工方案　　D. 分项工程施工组织设计

10. 高层建筑物轴线的投测，常用方法有（　　）。
A. 经纬仪引桩投测法　　B. 激光铅垂仪投测法
C. 吊线坠法　　D. 水准仪投测法

三、综合分析题（共 60 分）

1. 某基坑底长 60m，宽 40m，深 8m，四边放坡，边坡坡度为 1∶0.5，请回答以下问题：（每小问 2 分，共 10 分）

(1) 请画出边坡示意图（　　）。

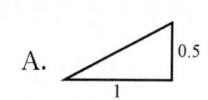

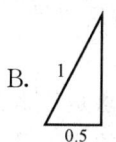

A. ![三角形，底1，高0.5]　　B. ![三角形，高1，底0.5]

(2) 请指出边坡系数 m 是（　　）。
A. 1　　B. 0.5

(3) 对应于基底长 60m 的基坑上口尺寸是（　　）m。
A. 63.2　　B. 68　　C. 66.4

(4) 对应于基底宽 40m 的基坑上口尺寸是（　　）m。
A. 48　　B. 43.2　　C. 46.4

(5) 基坑上口面积是（　　）m²。
A. 3264　　B. 2730.24　　C. 3080.96

269

(6) 基坑的挖方量是（　　　）m³。

(7) 基坑开挖完毕应如何验槽？

2. 某工厂为四层框架结构，总建筑面积 1854.2m²，抗震等级为框架三级，基础形式为柱下独立基础，混凝土强度等级为 C25，主体部分柱混凝土等级为 C25，梁板混凝土等级为 C25，试回答下列问题：

(1) 现浇板配筋如图 1 所示，试计算现浇板所有钢筋的下料长度及根数？填写配料单。

(2) 框架结构主体的施工程序如何？

(3) 框架结构主体框架柱模板安装的要点有哪些？框架柱混凝土浇筑的施工要求是什么？

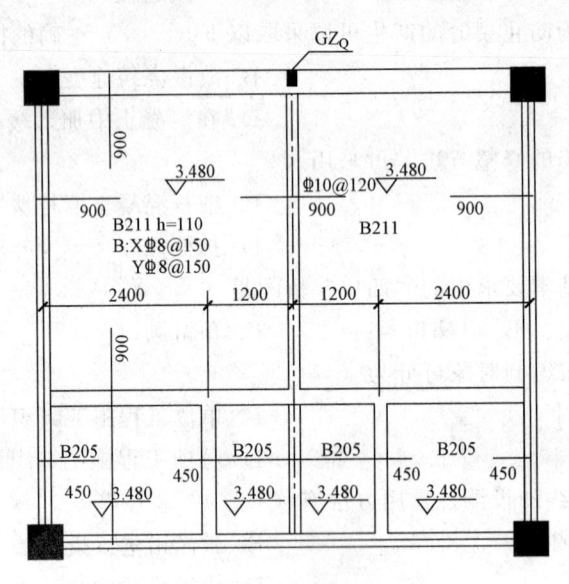

图 1　现浇板配筋

3. 某大型商厦主楼 22 层，地下室 2 层，整个建筑是 T 形，占地面积为 3400m²，建筑总面积为 3 485 480m²，其中地下室面积为 5476.08m²，本工程地下室采用钢筋混凝土结构，底板厚度 1m，强度等级为 C30，抗渗（P10）钢筋混凝土，外墙采用 C40 防渗钢筋混凝土，施工缝用 BW-91 型止水带，并设有后浇带，防水采用外防水；该工程 2007 年开工，在此建筑物的施工过程中，请问：

(1) 地下防水混凝土的施工要求是什么？抗渗混凝土试块如何留置？

(2) 钢筋混凝土的底板和墙体的施工缝应如何留置？

(3) 施工缝处采用 BW-91 型止水带如何施工？

施工员专业管理实务模拟考试习题三

一、单选题（每题1分，共20分）

1. 软弱地基的加固方法有（　　）。
   A. 灰土地基　　　B. 砂和砂石地基　　　C. 碎砖三合土地基
   D. 振冲地基　　　E. 施喷地基

2. 反铲挖土机的工作特点是（　　）。
   A. "后退向下，强制切土"　　　B. "前进向上，强制切土"
   C. "后退向下，自重切土"　　　D. "直上直下，自重切土"

3. 预制桩的混凝土浇筑工作应（　　）连续浇筑，严禁中断，制作完成后，应洒水养护不少于7d。
   A. 由桩尖向桩顶　　　B. 由桩顶向桩尖
   C. 由两端向中间　　　D. 用中间向两端

4. 隔墙或填充墙的顶面与上层结构的接触处，宜（　　）。
   A. 用砂浆塞紧　　　B. 用斜砖砌顶紧
   C. 用埋筋拉结　　　D. 用现浇混凝土连接

5. 砌筑砂浆的抽样频率应符合：每一检验批且不超过（　　）砌体的同种砂浆，每台搅拌机至少抽检一次。
   A. $100m^3$　　　B. $150m^3$　　　C. $250m^3$　　　D. $500m^3$

6. 悬挑长度为2m、混凝土强度等级为C40的现浇阳台板，当混凝土强度至少应达到（　　）时才可拆除底模板。
   A. 70%　　　B. 100%　　　C. 75%　　　D. 50%

7. 模板拆除顺序应按设计方案进行。当无规定时，应按照（　　）顺序拆除混凝土模板。
   A. 先支后拆，后支先拆　　　B. 先支先拆，后支后拆
   C. 先拆次承重模板，后拆承重模板　　　D. 先拆复杂部分，后拆简单部分

8. 在施工缝处继续浇筑混凝土应待已浇混凝土强度达到（　　）MPa。
   A. 1.2　　　B. 2.5　　　C. 1.0　　　D. 5

9. 当采用表面振动器振捣混凝土时，浇筑厚度不超过（　　）mm。
   A. 500　　　B. 400　　　C. 200　　　D. 300

10. 跨度为8m、强度为C30的现浇混凝土梁，当混凝土强度至少应达到（　　）N/mm^2时才可拆除底模。
    A. 15　　　B. 21　　　C. 22.5　　　D. 30

11. 浇筑柱子混凝土时，其柱底部应先浇（　　）。
    A. 5～10mm厚水泥浆　　　B. 5～10mm厚水泥砂浆
    C. 50～100mm厚水泥砂浆　　　D. 500mm厚石子增加一倍的混凝土

12. 防水混凝土底板与墙体的水平施工缝应留在（   ）。

A. 底板下表面处

B. 底板上表面处

C. 距底板上表面不小于300mm的墙体上

D. 距孔洞边缘不少于100mm处

13. "五临边"中，哪一项不正确？（   ）

A. 阳台周边　　　　B. 屋面周边　　　　C. 门口边　　　　D. 斜道边

14. 当屋面坡度大于3%时，卷材铺贴方向应（   ）。

A. 垂直于屋脊　　　B. 平行于屋脊　　　C. 与屋脊相交　　　D. 任意方向

15. 大理石湿作业法安装时，灌浆应分三层进行，其第三层灌浆高度为（   ）。

A. 低于板材上口50mm　　　　　　B. 高于板材上口20mm

C. 与板材上口相平　　　　　　　　D. 视板材吸水率而定

16. 建设单位应当自领取施工许可证之后（   ）个月内开工。

A. 一　　　　　　　B. 两　　　　　　　C. 三　　　　　　　D. 六

17. 网络计划中的虚工作（   ）。

A. 既消耗时间，又消耗资源　　　　B. 只消耗时间，不消耗资源

C. 既不消耗时间，也不消耗资源　　D. 不消耗时间，只消耗资源

18. 在工程网络计划中，判别关键工作的条件是（   ）最小。

A. 自由时差　　　　B. 总时差　　　　　C. 持续时间　　　　D. 时间间隔

19. 某施工单位与某学校签订了教学楼的施工合同，工程竣工后，施工单位向学校提交了竣工报告。学校认为双方合作愉快，为不影响学生上课，还没有组织验收，便直接使用了。结果在使用中发包方发现教学楼存在质量问题，则该质量问题应由（   ）承担。

A. 施工单位　　　　B. 监理单位　　　　C. 学校　　　　　　D. 设计单位

20. 建筑节能分部工程验收应由（   ）主持，（   ）参加。

A. 监理工程师；施工单位相关专业的质量检查员与施工员、设计单位节能设计人员

B. 总监理工程师；施工单位项目经理、施工单位相关专业的质量检查员与施工员

C. 建设单位主管工程人员；监理单位和施工单位项目经理、设计单位节能设计人员

D. 总监理工程师；施工单位项目经理、项目技术负责人和相关专业的质量检查员、施工员，设计单位节能设计人员

二、**多选题**（每题至少有两个正确的答案，每题2分，共20分）

1. 有关饰面砖的镶贴，下列说法正确的是（   ）。

A. 基层上如有突出器具支撑物，应采用整砖套割吻合

B. 应按弹线和标志进行

C. 贴釉面砖时应自上而下进行

D. 室外面砖接缝应用水泥浆或水泥砂浆勾缝

2. 对设有构造柱的抗震多层砖房，下列做法中正确的有（   ）。

A. 构造柱拆模再砌墙

B. 墙与柱沿高度方向每500mm设一道拉结筋，每边伸入墙内应不少于1m

C. 构造柱应与圈梁连接

D. 与构造柱连接处的砖墙应砌成马牙槎，每一马牙槎的高度不得大于 300mm

E. 马牙槎从每层柱脚开始，应先退后进

3. 土钉墙的施工过程主要有（　　）。

A. 基坑开挖与修坡、定位放线　　　B. 安设土钉

C. 挂钢筋网　　　　　　　　　　　D. 喷射混凝土

4. 影响填土质量的主要因素有（　　）。

A. 含水量　　　B. 压实功　　　C. 铺土厚度　　　D. 压实遍数

5. 砌筑工程施工中常用的垂直运输工具有（　　）。

A. 汽车式起重机　　　　　　　　　B. 塔式起重机

C. 井架　　　　　　　　　　　　　D. 龙门架

E. 施工升降机

6. 有关浇筑混凝土时施工缝的处理方法，以下说法正确的是（　　）。

A. 在垂直界面处抹 1∶2.5 的水泥砂浆 20～30mm 厚

B. 清理界面，凿除松动的砂、石子

C. 浇水润湿界面，要留些余水

D. 在水平界面处抹与混凝土同配合比的水泥砂浆 50～100mm 厚

7. 肋形楼板的拆模顺序是（　　）。

A. 柱模板→楼板底模板→梁侧模板→梁底模板

B. 柱模板→梁侧模板→楼板底模板→梁底模板

C. 柱模板→楼板底模板→梁底模板→梁侧模板

D. 梁侧模板→楼板底模板→柱模板→梁底模板

8. 采用 CFG 桩地基处理后，设置褥垫层的作用为（　　）。

A. 保证桩、土共同承担荷载　　　　B. 减少基础底面的应力集中

C. 可以调整桩土荷载分担比　　　　D. 可以调整桩土水平荷载分担比

9. 高层建筑施工中，要严防高空坠落，在"四口"均须采取防护措施，其"四口"指的是（　　）。

A. 电梯口　　　B. 预留洞　　　C. 井架通道口　　　D. 出入口

10. 外墙体采用挤塑型聚苯乙烯板做保温层，下列（　　）是其施工工艺过程。

A. 基层墙体处理　　　　　　　　　B. 保温板的粘贴

C. 安装固定件　　　　　　　　　　D. 网格布的铺设

三、综合分析题（共 60 分）

1. 某高层建筑基础长 20m，宽 10m，厚 3m，使用 C30 商品混凝土，要求采用泵送混凝土连续浇筑，若混凝土运输时间为 24min，混凝土初凝时间为 2h（每层浇筑厚度 300mm），试确定：什么是大体积混凝土？大体积混凝土浇筑方案有哪些？什么是混凝土泵？对泵送混凝土有什么要求？

2. 框架结构主体柱混凝土实验室配合比为 1∶2.28∶4.47，水灰比为 0.63，1m³ 混凝土水泥用量为 286kg，现场实测砂含水率为 3%，石子含水率为 1%，求施工配合比及每立方米混凝土各种材料的用量？如采用 400L 混凝土搅拌机（出料容量 0.26m³），求搅拌一次的投料量？

3. 某基础工程包括：挖基坑、做垫层、浇筑基础混凝土、回填土四个施工过程，每个施工过程又分为 4 个施工段，在每个施工过程上每段作业时间见表 1。根据流水节拍的特点，该工程适合组织无节奏流水施工。试确定流水步距、流水施工的工期、绘制流水施工进度计划横道图。

表 1　　　　　　　　　　　施工过程和施工段

施 工 过 程	施 工 段			
	①	②	③	④
挖基坑	2	2	3	3
做垫层	1	1	2	2
浇筑基础混凝土	3	3	4	4
回填土	1	1	2	2

附录 A 危险性较大的分部分项工程范围

一、基坑支护、降水工程

开挖深度超过 3m（含 3m）或虽未超过 3m 但地质条件和周边环境复杂的基坑（槽）支护、降水工程。

二、土方开挖工程

开挖深度超过 3m（含 3m）的基坑（槽）的土方开挖工程。

三、模板工程及支撑体系

（一）各类工具式模板工程：包括大模板、滑模、爬模、飞模等工程。

（二）混凝土模板支撑工程：搭设高度 5m 及以上；搭设跨度 10m 及以上；施工总荷载 10kN/m² 及以上；集中线荷载 15kN/m² 及以上；高度大于支撑水平投影宽度且相对独立无联系构件的混凝土模板支撑工程。

（三）承重支撑体系：用于钢结构安装等满堂支撑体系。

四、起重吊装及安装拆卸工程

（一）采用非常规起重设备、方法，且单件起吊重量在 10kN 及以上的起重吊装工程。

（二）采用起重机械进行安装的工程。

（三）起重机械设备自身的安装、拆卸。

五、脚手架工程

（一）搭设高度 24m 及以上的落地式钢管脚手架工程。

（二）附着式整体和分片提升脚手架工程。

（三）悬挑式脚手架工程。

（四）吊篮脚手架工程。

（五）自制卸料平台、移动操作平台工程。

（六）新型及异型脚手架工程。

六、拆除、爆破工程

（一）建筑物、构筑物拆除工程。

（二）采用爆破拆除的工程。

七、其他

（一）建筑幕墙安装工程。

（二）钢结构、网架和索膜结构安装工程。

（三）人工挖扩孔桩工程。

（四）地下暗挖、顶管及水下作业工程。

（五）预应力工程。

（六）采用新技术、新工艺、新材料、新设备及尚无相关技术标准的危险性较大的分部分项工程。

附录 B 超过一定规模的危险性较大的分部分项工程范围

一、深基坑工程

（一）开挖深度超过 5m（含 5m）的基坑（槽）的土方开挖、支护、降水工程。

（二）开挖深度虽未超过 5m，但地质条件、周围环境和地下管线复杂，或影响毗邻建筑（构筑）物安全的基坑（槽）的土方开挖、支护、降水工程。

二、模板工程及支撑体系

（一）工具式模板工程：包括滑模、爬模、飞模工程。

（二）混凝土模板支撑工程：搭设高度 8m 及以上；搭设跨度 18m 及以上，施工总荷载 $15kN/m^2$ 及以上；集中线荷载 20kN/m 及以上。

（三）承重支撑体系：用于钢结构安装等满堂支撑体系，承受单点集中荷载 700kg 以上。

三、起重吊装及安装拆卸工程

（一）采用非常规起重设备、方法，且单件起吊重量在 100kN 及以上的起重吊装工程。

（二）起重量 300kN 及以上的起重设备安装工程；高度 200m 及以上内爬起重设备的拆除工程。

四、脚手架工程

（一）搭设高度 50m 及以上落地式钢管脚手架工程。

（二）提升高度 150m 及以上附着式整体和分片提升脚手架工程。

（三）架体高度 20m 及以上悬挑式脚手架工程。

五、拆除、爆破工程

（一）采用爆破拆除的工程。

（二）码头、桥梁、高架、烟囱、水塔或拆除中容易引起有毒有害气（液）体或粉尘扩散、易燃易爆事故发生的特殊建、构筑物的拆除工程。

（三）可能影响行人、交通、电力设施、通讯设施或其他建、构筑物安全的拆除工程。

（四）文物保护建筑、优秀历史建筑或历史文化风貌区控制范围的拆除工程。

六、其他

（一）施工高度 50m 及以上的建筑幕墙安装工程。

（二）跨度大于 36m 及以上的钢结构安装工程；跨度大于 60m 及以上的网架和索膜结构安装工程。

（三）开挖深度超过 16m 的人工挖孔桩工程。

（四）地下暗挖工程、顶管工程、水下作业工程。